高等学校土木建筑专业应用型本科系列规划教材

土木工程材料

（第4版）

主　编　余丽武

主　审　符　芳

副主编　叶翼翔　孟　玮　刘美景

参　编　董　祥　胡　阳　张士萍

东南大学出版社

·南京·

内 容 提 要

本书以无机胶凝材料、混凝土和砂浆、钢材、沥青及沥青混合料为重点,分别介绍了这些土木工程材料的性能和应用,同时还介绍了木材、合成高分子材料、墙体材料以及功能材料等。教材还介绍了常用的土木工程材料的质量检测试验方法,以及新型土木工程材料的基本知识。全书共分10章,每章除附有复习思考题外,还设置创新思考题,供学生思考和讨论。

本书力求让学生在学习知识的同时培养创新精神,提高能力,增强素质,为进一步学习专业课以及毕业后从事专业工作打下必要的基础。

本书可作为高等院校土建类、工程管理类专业教材,教材的配套课件也为各高校教师备课提供了便利;也可供土木工程专业技术人员参考使用。

图书在版编目(CIP)数据

土木工程材料 / 余丽武主编. — 4 版. — 南京:
东南大学出版社,2023.5
高等学校土木建筑专业应用型本科系列规划教材
ISBN 978-7-5766-0743-7

Ⅰ.①土… Ⅱ.①余… Ⅲ.①土木工程-建筑材料-
高等学校-教材 Ⅳ.①TU5

中国国家版本馆 CIP 数据核字(2023)第 079246 号

责任编辑:戴坚敏 责任校对:韩小亮 封面设计:余武莉 责任印制:周荣虎

土木工程材料(第 4 版)
Tumu Gongcheng Cailiao(Di-si Ban)

主 编:余丽武
出版发行:东南大学出版社
社 址:南京市四牌楼 2 号 邮编:210096 电话:025-83793330
网 址:http://www.seupress.com
电子邮箱:press@seupress.com
经 销:全国各地新华书店
印 刷:大丰科星印刷有限责任公司
开 本:787 mm×1092 mm 1/16
印 张:22
字 数:561 千字
版 次:2023 年 5 月第 4 版
印 次:2023 年 5 月第 1 次印刷
书 号:ISBN 978-7-5766-0743-7
印 数:1~3 000 册
定 价:59.00 元

高等学校土木建筑专业应用型本科系列
规划教材编审委员会

前　　言

本教材自 2011 年第 1 次出版以来,已经历了多次修订及完善,有幸获得了众多高校师生及业内同行的认可,已多次重印。鉴于近些年来土木工程材料行业持续发展和技术进步,相应的规范做了较多的更新,因此再次将本教材进行了修订。本次修订保留了前版教材的基本构架,根据近年来我国新颁布的标准和规范,着重修改了相关内容,力求使新版能更好地适应行业的动态及教学内容的更新。

本版的主编为南京工程学院余丽武教授,副主编为叶翼翔、孟玮、刘美景。负责各章修编的人员如下:绪论、第 2 章以及附录由南京工程学院余丽武编写;第 1 章、第 5 章由南京理工大学泰州科技学院孟玮编写;第 3 章由南京工程学院余丽武和华东交通大学叶翼翔共同编写;第 4 章、第 9 章由东南大学刘美景编写;第 6 章由金陵科技学院胡阳编写;第 7 章由南京工程学院董祥编写;第 8 章、第 10 章由南京工程学院张士萍编写。

全书由余丽武教授统稿,主审为东南大学符芳教授。

由于我们的经验和能力有限,在教材的修订方面难免还会存在问题,诚请广大读者在使用本教材的过程中,继续给予批评和建议,我们将不胜感激!

编者

2023 年 4 月

目　　录

0 绪论

0.1 土木工程材料的含义

土木工程材料指土木工程中使用的各种材料及制品,是一切土木工程的物质基础。土木工程材料可分为广义和狭义两种。广义上的土木工程材料是指用于土木工程中的所有材料,它包括三个部分:一是构成建筑物、构筑物本身的材料,如石灰、水泥、混凝土、钢材、墙体与屋面材料、防水材料、装饰材料等;二是施工过程中所需要的辅助材料,如脚手架、模板等;三是各种建筑器材,即给排水、暖通、消防、电气、网络通信设备等。狭义上的土木工程材料是指在基础、地面、墙体、承重结构(梁、柱、板等)、屋面、道路、桥梁、水坝等结构物中直接构成土木工程实体的材料,本课程中所涉及的材料即指这一类。

0.2 土木工程材料在土木工程建设中的意义

(1) 土木工程材料是保证工程质量的重要物质基础。任何一项工程建设,总是要取决于人力、机具和材料这三大要素,贯穿在整个施工过程中的人力组织和机具调配等环节,大多围绕着如何合理地运用各种材料和制品,以构成所需的工程实体。

(2) 土木工程材料在土木工程中不仅使用量大,而且有很强的经济性,其费用在工程总造价中占相当大的比例。目前,在我国土木工程的总造价中,土木工程材料的费用约占50%~60%。因此,是否合理运用土木工程材料,对降低材料费用及工程总造价有着重要的意义。

(3) 土木工程材料的性能、质量、品种和规格,直接影响着土木工程的结构形式和施工方法,进而也决定了土木工程的造价和安全、寿命。新材料的出现,导致建筑形式的变化、结构设计方法的改进和施工技术的革新,因此一个合格的工程技术人员必须准确熟练地掌握有关材料的知识,而且,应使所用的材料都能最大限度地发挥其效能,并合理、经济地满足土木工程上的各种需要。

0.3　土木工程材料的分类

土木工程材料种类繁多,为了便于研究及使用,常从不同角度对土木工程材料进行分类。根据材料的化学成分,可分为有机材料、无机材料和复合材料三大类(见表 0-1);根据土木工程材料在工程中的使用部位,可分为基础材料、结构材料、围护材料、屋面材料、地面材料、饰面材料等;根据材料在土木工程结构中的承载情况,大体上可分为承重材料、非承重材料和功能材料(如装饰材料、防水材料、绝热材料、吸声材料等)。

表 0-1　土木工程材料按化学成分分类

无机材料	金属材料	黑色金属	钢、铁及其合金等
		有色金属	铝、铜、铅及其合金等
	非金属材料	天然石材	砂、石及其石材制品等
		烧土制品	黏土砖、瓦、陶瓷制品等
		胶凝材料	石灰、石膏、水泥等
		混凝土及硅酸盐制品	混凝土、砂浆、灰砂砖、混凝土砌块等
		其他无机矿物材料及制品	石棉制品、玻璃纤维等
有机材料	植物材料		木材、竹材、植物纤维及制品等
	沥青材料		石油沥青、煤沥青及制品等
	合成高分子材料		塑料、涂料、胶黏剂、合成橡胶等
复合材料	有机与无机材料复合		沥青混合料、聚合物混凝土、玻璃钢等
	金属与非金属材料复合		钢筋混凝土、彩色涂层钢板、钢纤维增强塑料等

0.4　土木工程材料的发展史及发展趋势

材料是人类赖以生存和得以发展的重要物质基础,是人类文明的里程碑。正是材料的使用、发现和发明,才使人类在与自然界的斗争中,走出了混沌蒙昧的时代,发展到科学技术高度发达的今天。因此,人类的文明史可以说就是材料的发展史,不同特征的材料成为划分人类历史时期的标志,诸如石器时代、青铜器时代、铁器时代、高分子时代等。统计表明,至1976 年底,全世界正式注册的材料有 25 万种,并以每年约 5% 的速度递增。因此可以推算,目前全世界的材料总数已经超过 100 万种。

对建筑结构的发展起关键作用的,要数作为工程物质基础的土木工程材料,每当出现新的优良的土木工程材料时,建筑结构就会有飞跃式的发展。

原始社会,我们的祖先在与猛兽和大自然的斗争中,由于没有工具,只能住在洞穴里;旧石器时代,有了简单的工具,人们伐木搭建草棚,居住条件得到一定的改善,但此时人们仍处于"穴居巢处"的落后时代。远在距今 4 000～10 000 年的新石器时代,由于石器工具的进步,劳动生产力提高,人们以土、木和石等天然材料为主建设自己的家园。这时人们主要使用黏土来抹砌简易的建筑物,有时还掺入稻草、稻壳等植物纤维加筋增强,有的甚至经过烧烤处理。火的使用,使烧土制品如砖、瓦和石灰等成为可能。于是,土木工程材料由单纯的天然进入到人工生产阶段。砖、瓦和石灰的出现被认为是建筑结构的第一次飞跃。与土相比,砖、瓦和石灰具有更优越的力学性能,其用于房屋的建造,牢固性大大增强,且可以隔绝潮气。从此,人们开始大量、广泛地修建房屋、水利和防御工程。所以说,砖、瓦和石灰的出现是人类建筑结构史上的一个里程碑。在长达三千多年的时间里,砖、瓦和石灰一直是土木工程领域的重要建筑材料,为人类文明作出了伟大的贡献。

混凝土的大量应用是建筑结构的第二次飞跃。19 世纪 20 年代,波特兰水泥制成后,混凝土开始大量应用于建筑结构。混凝土中砂、石可以就地取材,混凝土构件易于成型,这是混凝土能广泛应用于结构物的得天独厚的条件。19 世纪中叶以后,钢铁生产激增,随之出现了钢筋混凝土这种复合建筑材料,其中钢筋承担拉力,混凝土承担压力,发挥了各自的优点,从此,钢筋混凝土广泛地应用于建筑结构。20 世纪 30 年代,预应力混凝土的出现,更是弥补了钢筋混凝土结构抗裂性能、刚度和承载能力差的缺点,因而用途更为广阔。

钢材的大规模应用是建筑结构的第三次飞跃。人们在 17 世纪 70 年代开始使用生铁,19 世纪初开始使用熟铁建造桥梁和房屋,到 19 世纪中期,冶金业生产出强度高、延性好、质量均匀的建筑钢材,随后又生产出高强度钢丝、钢索。于是,钢结构得到蓬勃发展,并逐渐应用于新兴的桁架、框架、网架和悬索结构,出现了结构形式百花争艳的局面。建筑物的跨径随之从砖结构、石结构、木结构的几米、几十米发展到百米、几百米,直到现代的千米以上。于是,在地面上建造起摩天大楼和高耸铁塔,在大江、海峡上架起大桥,甚至在地面下铺设铁路,创造出史无前例的奇迹。

从建筑结构经历的三次大飞跃可以看出,土木工程材料的技术水平决定着建筑结构的发展。如今,各种混凝土外加剂的生产和应用,使得高强混凝土、自密实混凝土、高性能混凝土的配制和施工应用易如反掌,加之钢材与混凝土组合形式的多样化,土木工程材料的内涵不断丰富,极大地促进了土木工程技术的发展。

随着社会的进步,环境保护和节能降耗的需要对土木工程材料提出了更多更高的要求,因此,今后一段时间内,土木工程材料将向以下几个方向发展:

(1)轻质高强型材料

随着城市化进程加快,城市人口密度日趋加大,城市功能日益集中和强化,需要建造高层建筑以解决众多人口的居住问题和行政、金融、商贸、文化等部门的办公空间。然而现今钢筋混凝土结构材料自重大,限制了建筑物向高层、大跨度的延伸,因此要求结构材料向轻质高强方向发展。

(2)高耐久性

传统建筑物的寿命一般是 50～100 年。现代社会基础设施的建设日趋大型化、综合化,例如超高层建筑、大型水利设施、海底隧道等大型工程,耗资巨大,建设周期长,维修困难,因此对其耐久性的要求越来越高。目前主要的开发目标有高耐久性混凝土、防锈钢筋、陶瓷质外壁贴面材料、防虫蛀材料、耐低温材料,以及在地下、海洋、高温等恶劣环境下能长久保持性能的材料。

(3) 多功能化

进入 20 世纪后,由于社会生产力突飞猛进以及材料科学与工程学的形成和发展,土木工程材料不仅性能和质量不断改善,而且品种不断增加,以有机材料为主的化学建材异军突起,一些具有特殊功能的新型土木工程材料,如绝热材料、吸声隔声材料、各种装饰材料、耐热防火材料、防水抗渗材料以及耐磨、耐腐蚀、防爆和防辐射材料等应运而生。据预测,21 世纪从食品和医疗方面发展起来的抗菌剂将应用于日常生活和新型建筑材料方面,发展成为兼有抗菌和净化功能的生态建材。它以传统的建筑材料为载体,采用催化剂和抗菌剂使之功能化;这些外加剂又选用新的催化剂来提高各种新型建筑材料的二次催化新功能,从而将开发出一系列生态建材。主要有:具有大气净化功能的外墙材料及涂料;具有抗菌、防霉、防污、除臭功能的室内装饰材料;具有除臭、抗菌、防射线的镀膜调光节能功能的玻璃窗;具有除臭、抗菌、净化空间功能的卫生间;具有空气净化功能的内墙材料及涂料等。通过在建筑材料配料中掺加一些特殊的功能性物质,科学家们已经可以制作光致变色、自调湿、灭菌、处理汽车尾气等具有各种功能的材料。

(4) 智能化材料

随着电子信息技术和材料科学的不断进步,社会及其各个组成部分,如交通系统、办公场所、居住社区等正在向智能化方向发展,作为最主要的建筑材料的混凝土材料也是如此。作为混凝土材料发展的高级阶段,研究和开发具有主动、自动地对结构进行自诊断、自调节、自修复、自恢复的智能混凝土已成为结构—功能一体化的发展趋势。国内外学者于 20 世纪 80 年代中后期提出了机敏材料与智能材料概念。机敏材料能够感受外界环境的变化,而智能材料要求材料体系集感知、驱动和信息处理于一体,形成类似于生物材料那样的具有智能属性的材料,具有自感知、自诊断、自修复等功能。1989 年,美国的 D. D. L. Chung 发现将一定形状、尺寸和掺量的短切碳纤维掺入到混凝土中,可以使混凝土具有自感知内部应力、应变和损伤程度的功能。将碳纤维应用于机场跑道、桥梁路面等工程中,利用混凝土的电热效应,可实现自动融雪和除冰功能。

(5) 低碳节能材料

在全球气候变暖的背景下,以低能耗、低污染为基础的"低碳经济"成为全球热点。欧美发达国家大力推进以高能效、低排放为核心的"低碳革命",着力发展"低碳技术",并对产业、能源、技术、贸易等政策进行重大调整,以抢占先机和产业制高点。低碳经济的争夺战,已在全球悄然打响。这对中国而言,是压力,也是挑战。新能源、新材料产业是转变经济发展方式和调整经济结构中要大力发展的战略性新兴产业。

(6) 绿色环保材料

世界上用量最多的材料是建筑材料,特别是墙体材料和水泥,其原料来源于绿色大地,每年约有 5 亿 m^2 的土地遭到破坏。同时,工业废渣、建筑垃圾和生活垃圾的堆放也占用大量的绿色土地,造成了地球环境的恶化。绿色材料是指采用清洁生产技术,不用或少用天然资源和能源,大量使用工业、农业或城市固态废弃物生产的无毒害、无污染、无放射性,达到使用周期后可回收利用,有利于环境保护和人体健康的建筑材料,是人类历史上继天然材料、金属材料、合成材料、复合材料、智能材料之后又一新概念材料。随着时代的发展和社会文明的进步,材料的环境性能将成为材料的一个基本性能,结合资源保护、资源综合利用,对不可再生资源的替代和再资源化研究将成为材料产业的一大热门,各种绿色环保材料的开发将成为材料产业发展的方向。

基础学科及相关工程学科的发展为土木工程材料的高性能、多功能、智能化和绿色生态化创造了越来越充分的条件,日新月异的土木工程设计理念和建造技术对土木工程材料的发展提出了越来越多的新课题。作为土木工程的物质基础,土木工程材料必将成为多项技术的复合体,继续发挥其不可替代的作用。

0.5 土木工程材料的标准化

材料的性质对保证土木工程质量具有决定性作用。然而,不同类型的工程或工程所处的部位不同,对于材料的技术指标或要求会有所差别。因此,土木工程材料要实现现代化的科学管理,必须对材料产品的各项技术制定统一的执行标准。这些标准涉及产品规格、分类、技术要求、检验方法、验收规则、标志、运输和储存等方面内容。

根据技术标准的发布单位与使用范围,可分为国家标准、行业标准、企业和地方标准三级。

(1) 国家标准

通常由国家标准主管部门委托有关单位起草,由有关部委提出报批,经国家技术监督局会同有关部委审批,并由国家技术监督局发布。国家标准在全国范围内适用,分为强制性标准(代号 GB)和推荐性标准(代号 GB/T)。

(2) 行业标准

行业标准是指全国性的某行业范围的技术标准,由中央部委标准机构制定,有关研究院所、大专院校、工厂、企业等单位提出或联合提出,报请中央部委主管部门审批后发布,因此又被称为部颁标准,最后报国家技术监督局备案。例如建工行业标准(代号 JG)、建材行业标准(代号 JC)、交通行业标准(代号 JT)等。

(3) 企业标准(代号 QB)和地方标准(代号 DB)

企业和地方标准是指只能在某地区内或某类企业内使用的标准。凡国家、部委未能颁布的产品与工程的技术标准,可由相应的工厂、公司、院所等单位根据生产厂家能保证的产品质量水平所制定的技术标准,经报请本地区或本行业有关主管部门审批后,在该地区或行业中执行。凡没有制定国家标准、行业标准的产品,均应制定企业标准。

随着我国对外开放和加入世贸组织(WTO),常常还涉及一些与土木工程材料关系密切的国际标准或国外标准,其中主要有国际标准(代号 ISO)、美国材料试验学会标准(代号 ASTM)、日本工业标准(代号 JIS)、德国工业标准(代号 DIN)、英国标准(代号 BS)、法国标准(代号 NF)等。

0.6　本课程的性质与任务

　　本课程是土木工程等专业的一门技术基础课,并兼有专业课的性质。课程的目的是使学生通过学习,获得土木工程材料的基础知识,掌握土木工程材料的技术性能和应用方法以及实验检验技能,同时对土木工程材料的储运和保护也有所了解,以便在今后的工作实践中能正确选择与合理使用土木工程材料,也为进一步学习其他有关的专业课打下基础。

　　本课程主要涉及各种常用土木工程材料的原料生产、组成与结构、性质与应用、技术要求及检验、运输与储存等方面内容。从本课程目的出发,应着重掌握各种材料的性质与应用,以及工程上对材料的技术要求。

　　土木工程材料种类繁多,课程内容繁杂,因而要学好本门课程,掌握良好的学习方法是至关重要的。在学习过程中,要注意了解事物的本质和内在联系,还应当知道形成这些性质的内在原因和性质之间的相互关系。对于同一类属的材料,不但要学习它们的共性,更重要的是要了解它们各自的特性和具备这些特性的原因。为了保证工程的耐久性和控制材料在使用前的变质问题,还必须了解引起变化的外界条件和材料本身的内在原因,从而了解变化的规律。土木工程材料各方面内容的相互联系如图0-1。

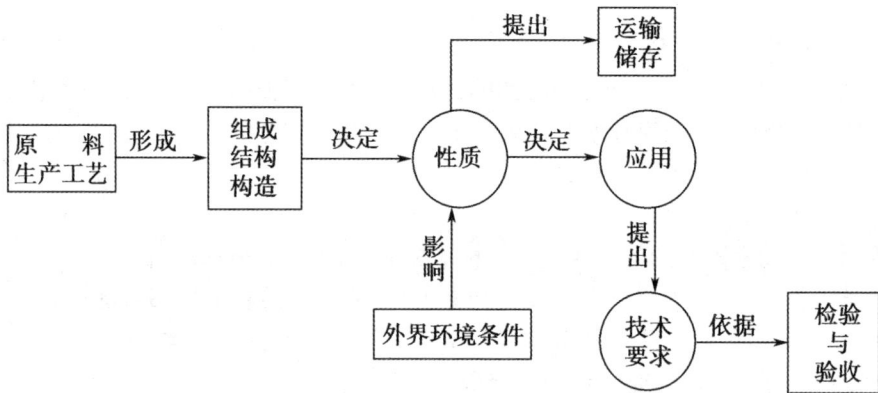

图 0-1　土木工程材料各方面内容的联系

　　此外,本课程是一门以生产实践和科学实验为基础的实践性很强的课程,因而实验课是本课程的重要教学环节。通过实验,可以使学生加深对理论知识的理解,掌握材料基本性能的试验检验和质量评定的方法,培养学生的实践技能、综合素质和创新能力,为日后从事相关的技术工作打下基础,因此必须重视实验课。在实验课的学习过程中,要求学生必须具备严谨的科学态度和实事求是的工作作风,通过亲自动手进行实验来增加对材料的感性认识,并结合实验操作和结果评定的过程,检验对已学的有关材料基本知识、检验和评定材料质量方法的掌握程度。

1　土木工程材料的基本性质

土木工程材料的基本性质主要包括了材料的物理性质、力学性质、耐久性等方面。作为土木工程的物质基础,正确选择和使用土木工程材料是保证工程质量的关键所在,而这都要建立在对材料基本性质研究的基础上。作为结构材料,要求具备相应的力学性质;作为围护结构,要求具有一定的保温、隔热、防水及适应环境要求的能力;长期暴露在大气环境或有腐蚀性介质的环境中,还要研究材料的耐久性。土木工程材料的基本性质是多方面的,往往是几个指标共同起作用。为了能够在土木工程的设计及施工、使用、维护等各阶段合理地使用材料,必须熟悉和掌握材料的基本性质。

1.1　材料的组成、结构与构造

材料的组成、结构和构造是决定材料基本性质的内因,要了解材料的基本性质,必须先研究材料的组成、结构和构造。

1.1.1　材料的组成

材料的组成包括材料的化学组成、矿物组成和相组成。材料组成是材料性质的基础,它对材料的性质起着决定性的作用。

1) 化学组成

化学组成是指构成材料的化学元素及化合物的种类和数量。当材料处于某一环境中,材料与环境中的物质间必然按化学规律发生作用或反应。材料在各种化学作用下所表现出来的性质都是由其化学组成所决定的。

2) 矿物组成

无机非金属材料中具有特定的晶体构造、具有特定的物理力学性能的组织结构称为矿物。矿物组成是指构成材料的矿物种类和数量。矿物组成是在材料化学组成确定的条件下,决定材料性质的主要因素。

3) 相组成

材料中具有相同物理、化学性质的均匀部分称为相。凡由两相或两相以上物质组成的材料称为复合材料。土木工程材料大多数是多相固体,可看作复合材料。如钢筋混凝土、沥青混凝土等,它们的配比和构造形式不同,性质变化较大。

1.1.2 结构与构造

材料的结构和构造是决定材料性质的重要因素。材料的结构可分为宏观结构、亚微观结构和微观结构。

1) 宏观结构

宏观结构是指用肉眼或放大镜就可分辨的毫米级组织。分类及特点如下：

（1）致密结构

密实结构的材料内部基本上无孔隙，结构致密。这类材料的特点是强度和硬度较高，吸水性小，抗渗和抗冻性较好，耐磨性较好，绝热性差。如钢材、天然石材、玻璃钢、塑料等。

（2）多孔材料

多孔材料是指材料内部孔隙率高的结构。例如，加气混凝土、泡沫塑料、多孔砖、石膏制品等。这类材料质轻、吸水率高、保温隔热、吸声隔声性能好，但抗渗性差。

（3）纤维结构

材料内部质点排列具有方向性，其平行纤维方向、垂直纤维方向的强度和导热性等性质具有明显的方向性，即各向异性，如木材、竹、石棉、玻璃纤维、钢纤维混凝土等。一般平行于纤维方向的抗拉强度较高，质轻，保温绝热，吸声性能好。

（4）层状结构

层状结构是指天然形成或人工黏结等方法将材料叠合而成层状的材料结构，如胶合板、纸面石膏板、蜂窝夹心板、各种节能复合墙板等。这类结构各层材料性质不同，但叠合后材料综合性能较好，扩大了材料的适用范围。

（5）散粒结构

散粒结构是指松散颗粒状的材料。如砂子、石子、陶粒、膨胀珍珠岩等。散粒结构的材料颗粒间存在大量的空隙，其孔隙率主要取决于颗粒大小之间的搭配。

表 1-1 为宏观结构的材料性能及常用的土木工程材料。

表 1-1　宏观结构材料性能

宏观结构		结构特征	常见的土木工程材料
孔隙尺度	致密结构	无宏观尺度的孔隙	钢铁、玻璃、塑料
	微孔结构	主要具有微细孔隙	石膏制品、烧土制品
	多孔结构	具有较多粗大孔隙	加气混凝土、泡沫玻璃
构造特征	聚集结构	由骨料和胶结材料构成	混凝土、砂浆、陶瓷
	纤维结构	主要由纤维状材料构成	木材、玻璃钢、岩棉、GRC
	层状结构	由多层材料迭合构成	复合墙板、胶合板
	散粒结构	由松散粒状材料构成	砂石材料、膨胀珍珠岩

2) 亚微观结构

亚微观结构是指用光学显微镜和一般扫描透射电子显微镜下能观察到的微米级组织，是介于宏观和微观之间的结构。其尺度范围在 $10^{-3} \sim 10^{-9}$ m。如分析金属材料的金相组织,观察木材的木纤维、导管、髓线、树脂道等组织,以及观察混凝土内的微裂缝等。

3)微观结构

微观结构是指用电子显微镜或X射线等手段来研究的材料的原子、分子级的结构,其分辨程度可达Å级($1\text{Å}=10^{-10}$ m)。材料的许多物理性质(如强度、硬度、弹塑性、熔点、导热性、导电性)都是由微观结构所决定的。

材料在微观结构层次上可分为晶体、玻璃体、胶体。

(1)晶体

晶体是质点(离子、原子、分子)在空间上按特定的规则呈周期性排列时所形成的。晶体具有特定的几何外形、各向异性、固定的熔点和化学稳定性好等特点。根据组成晶体的质点及化学键的不同可分为:①原子晶体,如石英等;②离子晶体,如石膏等;③分子晶体,如有机化合物等;④金属晶体,如钢材等。

晶体内质点的相对密集程度,质点间的结合力和晶粒的大小,对晶体材料的性质有着重要的影响。以碳素钢为例,因为晶体内的质点相对密集程度高,质点间又以金属键联结,其结合力强,所以钢材具有较高的强度,较大的塑性变形能力。若再经热处理使晶粒更细小、均匀,则钢材的强度还可以提高。又因为其晶格间隙中存在有自由运动的电子,所以使钢材具有良好的导电性和导热性。晶体特性可参见表1-2。

表1-2　晶体的类型及性质

晶体的类型	离子晶体	原子晶体	分子晶体	金属晶体
微粒间的作用力	离子键	共价键	分子间力(范德华力)	金属键
熔点、沸点	较高	高	低	一般较高
强度、硬度	较大	大	小	一般较大
延展性	差	差	差	良
导电性	水溶液或熔融体导电性良好	绝缘体或半导体	绝缘体	良
实例	$NaCl$、MgO、Na_2SO_4	石英、金刚石、碳化硅	CO_2、H_2O、CH_4	Na、Al、Fe 合金

(2)玻璃体

具有一定的化学成分的熔融物质,经急冷,使质点来不及按一定的规则排列,便凝固成固体,即得玻璃体。

玻璃体的特点:无一定的几何外形,无熔点而只有软化现象,各向同性,化学性质不稳定等,如水淬粒化高炉矿渣、火山灰、粉煤灰等均属玻璃体。在一定的条件下,具有较大的化学潜能,因此,大量用作硅酸盐水泥的掺合料,改善其性能。

(3)胶体

物质以极微小的质点(粒径为$1\sim100$ μm)分散在连续相介质中形成的分散体系称为胶体。胶体的总表面积很大,因而表面能很大,有很强的吸附力,所以具有较强的黏结力。

胶体由于脱水作用或质点的凝聚而形成凝胶,凝胶具有固体的性质,在长期应力下,又具有黏性液体流动的性质,如水泥水化物中的凝胶体。

4）构造

材料的构造是指特定性质的材料结构单元间的相互组合搭配情况。"构造"这一概念与结构相比,更强调了相同材料或不同材料的搭配组合关系。例如,节能墙板就是具有不同性质的材料经特定组合搭配而成的一种复合材料,使其具有良好的保温隔热、吸声隔声、防火抗震等性能。对同种材料来讲,其构造越密实、越均匀,强度越高,表观密度越大。

1.2 土木工程材料的物理性质

1.2.1 材料的密度、表观密度与堆积密度

1）密度(ρ)

密度是指材料在绝对密实状态下单位体积的质量。按下式计算:

$$\rho = \frac{m}{V} \tag{1-1}$$

式中:ρ——材料的密度(g/cm^3);

m——材料的质量(干燥至恒重)(g);

V——材料在绝对密实状态下的体积(cm^3)。

绝对密实状态下的体积,是指不包括材料内部孔隙的固体物质的实体积。

密度的测定:

对近于绝对密实的材料:如金属、玻璃等且有规则几何外形时,可量测几何体积V,称出材料质量m,然后代入式(1-1)中计算;如无规则外形时,可用排水(液)置换法测量其体积V,称出材料质量m,然后代入式(1-1)中计算;或称出材料在空气中质量m,再称出材料浸没在水中的质量m_1,利用水的密度为$1\ g/cm^3$,算出其体积($V = m - m_1$),然后代入式(1-1)中计算。

土木工程材料中除了钢材、玻璃等少数材料外,绝大多数材料都含有一定的孔隙,如砖、砌块、石材等常见的块状材料。对于这些有孔隙的材料,无论其外形是否规则,测定其密度,须将材料磨成细粉,经干燥至恒重后,用李氏瓶测定其体积,然后按式(1-1)计算得到密度值。材料磨得越细,测得的数值就越精确。

2）表观密度(ρ_0)

表观密度是材料在自然状态下,单位体积的质量。按下式计算:

$$\rho_0 = \frac{m}{V_0} \tag{1-2}$$

式中:ρ_0——材料的表观密度(kg/m^3 或 g/cm^3);

m——材料的质量(kg 或 g);

V_0——材料在自然状态下包含内部孔隙条件下的体积(即包含内部闭口孔和开口孔)(m^3 或 cm^3)。

当材料内部空隙含水时,其质量和体积均将发生变化,故测定材料表观密度时,应注明其含水率。通常表观密度是指气干状态下的表观密度;而烘干状态下的表观密度,称为干表观密度。

表观密度的测定:

材料具有规则几何外形时,可量测几何体积 V_0,称出材料质量 m,然后代入式(1-2)中计算;如无规则外形时,可将材料吸水至饱和,然后擦干至饱和面干状态,用排水(液)置换法测量其体积 V_0;或称出饱和面干状态下材料在空气中质量 m_1,再称出饱和面干状态下材料浸没在水中的质量 m_2,利用水的密度为 $1~g/cm^3$,算出其体积($V_0 = m_1 - m_2$),然后代入式(1-2)中计算。

3)堆积密度(ρ_0')

堆积密度是指粉状或颗粒状材料在堆积状态下单位体积质量。按下式计算:

$$\rho_0' = \frac{m}{V_0'} \tag{1-3}$$

式中:ρ_0'——堆积密度(kg/m^3);

m——材料的质量(kg);

V_0'——材料的堆积体积(m^3)。

堆积密度的测定:

测定散粒材料的堆积密度时,材料的质量是指堆积在一定容器内的材料质量;材料的堆积体积是指在自然、松散状态下,按一定方法装入一定容器的容积,所用容器的体积(一般为已知),因此材料的堆积体积包括材料绝对密实体积、内部所有孔体积和颗粒间的空隙体积。

在土木工程中,计算材料的用量、构件的自重、配料计算以及材料的堆放空间时,经常需用到材料的密度、表观密度和堆积密度。常用土木工程材料的密度、表观密度和堆积密度见表1-3。

表1-3 常用土木工程材料的密度、表观密度和堆积密度

材　料	密度 ρ （g/cm^3）	表观密度 ρ_0 （kg/m^3）	堆积密度 ρ_0' （kg/m^3）
石灰岩	2.60	1 800~2 600	—
花岗岩	2.80	2 500~2 900	—
碎石(石灰岩)	2.60	—	1 400~1 600
砂	2.60	—	1 400~1 600
普通黏土砖	2.50	1 600~1 800	—
空心黏土砖	2.50	1 000~1 400	—
水泥	3.10	—	1 100~1 300
普通混凝土	—	2 400	—
轻集料混凝土	—	800~1 900	—
木材	1.55	400~800	—
钢材	7.85	7 850	—
EPS、XPS保温板	—	20~50	—

1.2.2 材料的密实度与孔隙率

1) 孔隙率

孔隙率是指材料中,孔隙体积所占整个体积的比例。孔隙率(P)可用下式计算:

$$P = \frac{V_0 - V}{V_0} \times 100\% = \left(1 - \frac{V}{V_0}\right) \times 100\% = \left(1 - \frac{\rho_0}{\rho}\right) \times 100\% \tag{1-4}$$

2) 密实度

与孔隙率对应的密实度,是指材料体积内被固体物质充实的程度。用下式计算:

$$D = \frac{V}{V_0} \times 100\% = \frac{\rho_0}{\rho} \times 100\% = 1 - P \tag{1-5}$$

对于绝对密实材料,因 $\rho_0 = \rho$,故密实度 $D=1$ 或 100%。对于大多数土木工程材料,密实度 $D<1(<100\%)$。

孔隙率的大小直接反映了材料的致密程度,它对材料的物理、力学性质均有影响。材料内部孔隙的构造,可分为连通的与封闭的两种。连通孔隙不仅彼此贯通且与外界相通,而封闭空隙则不仅彼此不连通而且与外界隔绝。孔隙按尺寸分为极微细孔隙、细小孔隙、较粗大孔隙。孔隙的大小及其分布、特征对材料的性能影响较大。

孔隙率和孔隙特征反映材料的密实程度,并和材料的许多性质都有密切关系,如强度、吸水性、保温性、耐久性等。

1.2.3 材料的填充率与空隙率

1) 空隙率

空隙率是指散粒材料堆积体积中,颗粒之间的空隙体积所占的比例。按下式计算:

$$P' = \frac{V_0' - V_0}{V_0'} \times 100\% = \left(1 - \frac{\rho_0'}{\rho_0}\right) \times 100\% \tag{1-6}$$

2) 填充率

与空隙率对应的填充率,是指散粒材料(颗粒状或粉末状)堆积体积中,颗粒填充的程度。按下式计算:

$$D' = \frac{V_0}{V_0'} \times 100\% = \frac{\rho_0'}{\rho_0} \times 100\% = 1 - P' \tag{1-7}$$

空隙率的大小反映了散粒材料的颗粒相互填充的致密程度。空隙率可作为控制混凝土骨料级配与计算配合比时的重要依据。

1.3 材料与水有关的性质

1.3.1 材料的亲水性与憎水性

材料在使用过程中,经常与水分接触,然而水分与材料表面的亲和情况是不同的。

1) 亲水性

材料与水接触时能被水润湿的性质称为亲水性。具备这种性质的材料称为亲水性材料。大多数的土木工程材料,如混凝土、砖、瓦、陶瓷、玻璃、木材等都属于亲水性材料。

2) 憎水性

材料与水接触时不能被水润湿的性质称为憎水性。具备这种性质的材料称为憎水性材料,如石蜡、沥青基防水材料、聚氯乙烯管材等。

材料被水润湿的情况,可用润湿边角 θ 表示。当材料与水接触时,在材料、水、空气三相的交点处,沿水滴表面的切线与材料和水接触面的夹角 θ,称为"润湿边角",如图 1-1 所示。θ 愈小,表明材料愈易被水润湿。一般认为,当 $\theta \leqslant 90°$ 时,这种材料称为亲水性材料,如图 1-1(a)所示;当 $\theta > 90°$ 时,这种材料称为憎水性材料,如图 1-1(b)所示;当 $\theta = 0°$ 时,表明材料完全被水润湿。

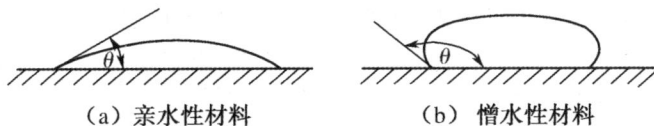

（a）亲水性材料　　　　（b）憎水性材料

图 1-1 材料湿润示意图

亲水性材料可以被水润湿,即水可以在材料表面铺展开,而且当材料存在孔隙时,水分能通过孔隙的毛细作用自动渗入材料内部;而憎水性材料则不能被水润湿,水分不易渗入材料毛细管中。憎水性材料常用作防水材料。对亲水性材料表面进行憎水性处理,可改善其耐水性能。

1.3.2 材料的吸水性与吸湿性

1) 吸水性

材料在水中吸收并保持水分的性质称为吸水性。材料的吸水性用吸水率表示,按下式计算:

$$W_m = \frac{(m_1 - m)}{m} \times 100\% \tag{1-8}$$

式中：W_m——材料质量吸水率(%);

m_1——饱水状态下材料质量(g);

m——烘干状态下材料质量(g);

吸水性也可以用体积吸水率表示,即材料吸入水的体积占材料自然状态体积的百分率:

$$W_V = \frac{V_水}{V_0} \times 100\% = \frac{(m_1 - m)/\rho_水}{m/\rho_0} \times 100\%$$

$$= \frac{(m_1 - m)}{m} \times 100\% \times \frac{\rho_0}{\rho_水} = W_m \times \rho_0 \qquad (1-9)$$

式中:W_V——材料体积吸水率(%);

m_1——饱水状态下材料质量(g);

m——烘干状态下材料质量(g);

$V_水$——材料吸收的水的体积(cm^3);

V_0——材料烘干状态下的体积(cm^3);

ρ_0——材料表观密度(g/cm^3);

$\rho_水$——水的密度(g/cm^3)。

质量吸水率与体积吸水率的关系为:

$$W_V = W_m \times \rho_0 \qquad (1-10)$$

封闭孔隙较多的材料,吸水率不大时通常用质量吸水率公式进行计算。对一些轻质多孔材料,如加气混凝土、木材等,由于质量吸水率往往超过100%,故可用体积吸水率进行计算。

材料的吸水性与材料的孔隙率和孔隙特征有关。对于细微连通孔隙,孔隙率愈大,则吸水率愈大。闭口孔隙水分不能进去,而开口大孔虽然水分易进入,但不能存留,只能润湿孔壁,所以吸水率仍然较小。

各种材料的吸水率很不相同,差异很大,如花岗岩的吸水率只有0.5%～0.7%,混凝土的吸水率为2%～3%,黏土砖的吸水率达8%～20%,而木材的吸水率可超过100%。

2)吸湿性

在一定温湿度条件下,材料在潮湿空气中吸收水分的性质,称为吸湿性。材料的吸湿性用含水率表示,按下式计算:

$$W_含 = \frac{(m_含 - m)}{m} \times 100\% \qquad (1-11)$$

式中:$W_含$——材料含水率(%);

$m_含$——含水状态下材料质量(g);

m——烘干状态下材料质量(g)。

材料的含水率(吸湿性)表示材料在某一状态的含水能力,随着空气温度、湿度的变化而变化,即材料既能从空气中吸收水分,也能向空气中释放水分,在一定温湿度环境条件下,材料吸收和释放的水分达到相等即平衡时,材料的含水率称为平衡含水率。

材料吸水或吸湿后,对材料性质将产生一定不良影响,会使材料的表观密度增大、体积膨胀、强度下降、保湿性能降低、抗冻性变差等,故材料的含水状态对于材料性质有很大的影响。因此,某些材料在储存、运输和使用过程中应特别注意采取有效的防潮、防水措施。

1.3.3 材料的耐水性

材料抵抗水破坏作用的性质称为耐水性。

水分子进入材料后由于材料表面张力的作用，产生劈裂破坏作用，使材料强度降低；同时，材料内部某些可溶性物质产生溶解，导致材料空隙率增加，从而降低强度。

材料的耐水性用软化系数表示，即

$$K_p = \frac{f_b}{f_g} \tag{1-12}$$

式中：K_p——材料的软化系数；

f_b——材料在饱水状态下的强度（MPa）；

f_g——材料在干燥状态下的强度（MPa）。

材料的软化系数范围介于 $0 \sim 1$ 之间。用于水中、潮湿环境中的重要结构材料，必须选用软化系数不低于（$\geqslant$）0.85 的材料；用于受潮湿较轻或次要结构的材料，则不宜小于 $0.70 \sim 0.85$。通常软化系数 $\geqslant 0.85$ 的材料称为耐水材料。处于干燥环境中的材料可以不考虑软化系数。

1.3.4 材料的抗冻性与抗渗性

1）抗冻性

材料在吸水饱和状态下，能经受多次冻融循环作用而不破坏，也不严重降低强度的性质称为抗冻性。

材料的抗冻性用抗冻等级表示。抗冻等级是以规定的试件，在规定的试验条件下，测得其强度不超过规定值，并无明显损坏和剥落时所能经受的冻融循环次数，以此作为抗冻等级，用符号 Fn 或 Dn 表示，其中 n 即为最大冻融循环次数，如 F25、F100 等。

材料受冻融破坏的主要原因是由其孔隙中的水结冰所致。水结冰时体积增大约 9%，若材料孔隙中充满水，则结冰膨胀对孔壁产生很大应力，当此应力超过材料的抗拉强度时，孔壁将产生局部开裂。随着冻融次数的增多，材料破坏加重。所以材料的抗冻性取决于其孔隙率、孔隙特征及充水程度。如果孔隙不充满水，即远未达饱和，具有足够的自由空间，则即使受冻也不致产生很大的冻胀应力。

材料的变形能力大、强度高、软化系数大时，其抗冻性较好。另外，从外界条件来看，材料受冻融破坏的程度，与冻融温度、结冰速度、冻融频繁程度等因素有关。环境温度愈低、降温愈快、冻融愈频繁，则材料受冻破坏愈严重。

抗冻性良好的材料，对于抵抗大气温度变化、干湿交替等风化作用的能力较强，所以抗冻性常作为考查材料耐久性的一项指标。在设计寒冷地区及寒冷环境（如冷库）的建筑物时，必须要考虑材料的抗冻性。处于温暖地区的建筑物，虽无冰冻作用，但为抵抗大气的风化作用，确保建筑物的耐久性，也常对材料提出一定的抗冻性要求。

2）抗渗性

材料抵抗压力水渗透的性质称为抗渗性，或称不透水性。

当材料两侧存在不同水压时,破坏因素(如腐蚀性介质)可通过水或气体进入材料内部,然后把所分解的产物压出材料,使材料逐渐破坏,如地下建筑、基础、压力管道、水工建筑等经常受到压力水或水头差的作用,故要求所用材料具有一定的抗渗性,对于各种防水材料,则要求具有更高的抗渗性。

材料的抗渗性通常用两种指标表示:渗透系数和抗渗等级。

渗透系数的物理意义是:在一定时间 t 内,透过材料试件的水量 Q,与试件的渗水面积 A 及水头差 H 成正比,与渗透距离(试件的厚度)d 成反比,用公式表示为:

$$K = \frac{Qd}{AtH}$$ (1-13)

式中:K——材料的渗透系数(cm/h);

Q——渗透水量(cm^3);

d——材料的厚度(cm);

A——渗水面积(cm^2);

t——渗水时间(h);

H——静水压力水头(cm)。

K 值愈大,表示材料渗透的水量愈多,即抗渗性愈差。抗渗性是决定材料耐久性的主要指标。

建筑工程中大量使用的砂浆、混凝土材料的抗渗性用抗渗等级表示。

抗渗等级是指材料在标准试验方法下进行透水试验,以规定的试件在透水前所能承受的最大水压力来确定。以符号"P"和材料透水前的最大水压力表示,如 P4、P6、P8 等分别表示材料能承受 0.4 MPa、0.6 MPa、0.8 MPa 的水压而不渗水。用公式表示为:

$$P = 10H - 1$$ (1-14)

式中:P——抗渗等级;

H——试件开始渗水时的压力(MPa)。

材料的抗渗性与其密实度和孔隙特征有关。松散的材料或者含有较多孔隙的材料,细微连通的孔隙水易渗入,故这种孔隙愈多,材料的抗渗性愈差。闭口孔水不能渗入,因此闭口孔隙率大的材料,其抗渗性仍然良好。开口大孔水最易渗入,故其抗渗性最差。

材料的抗渗性还与材料的憎水性和亲水性有关,憎水性材料的抗渗性优于亲水性材料。材料的抗渗性与材料的耐久性有着密切的关系。

1.3.5 材料的热工性质

1) 导热性

材料能够把热量从一面传至另一面,或由某一部位传至另一部位的性质,称为导热性。材料的导热性用热导率 λ 表示,其物理意义为:单位厚度的材料,当两侧热力学温差为 1 K(开尔文)时,单位时间内通过单位面积的热量。其计算公式为:

$$\lambda = \frac{Qa}{F(t_2 - t_1)A}$$ (1-15)

式中:λ——热导率[W/(m·K)];

　　　Q——传导热量(J);

　　　a——材料厚度(m);

　　　A——传热面积(m^2);

　　　F——传热时间(s);

　　　t_2-t_1——材料传热时两面的温度差(K)。

常见材料的热导率见表1-4。

表1-4　常见材料的热工性质参考指标

材料名称	热导率[W/(m·K)]	比热容[J/(g·K)]
钢	55	0.46
铜	370	0.38
花岗石	3.49	0.92
普通混凝土	28	0.88
水泥砂浆	0.93	0.84
黏土空心砖	0.64	0.92
松木	0.17～0.35	2.51
泡沫塑料	0.03	1.30
水	0.60	4.19
冰	2.20	2.05
静止空气	0.025	1.0

　　材料的化学成分和分子结构不同,材料的热导率各不相同。同时,材料的表观密度和孔隙率对材料的热导率影响较大。材料的表观密度在某种程度上取决于孔隙率。材料密度一定时,孔隙率越大,其表观密度越大,热导率也就越小。一般情况下材料的热导率随着表观密度的增大而增大,这是由于材料的热导率由材料孔隙中空气的热导率所决定,因为空气的热导率很小,当其在静态下,0℃时的热导率为0.025 W/(m·K),与材料的固体物质的热导率相差很大,因此表观密度小的材料其热导率小。

　　材料的导热率与温度、湿度也有很大关系。固体材料含水率越大,导热率将越大。

　　2）比热容

　　材料在加热时吸收热量,冷却时放出热量的性质,称为材料的热容量。热容量的大小用比热容来表示。

　　比热容表示1 g材料温度升高或降低1 K时所吸收的热量或放出的热量。可用式(1-16)表示:

$$Q = cm(t_2-t_1) \tag{1-16}$$

式中:Q——材料吸收或放出的热量(J);

c——材料的比热容$[J/(g \cdot K)]$;

$t_2 - t_1$——材料受热或冷却前后的温度差(K)。

材料的热导率和热容量是建筑物围护结构热工计算的重要参数,设计时应选用热导率较小而热容量较大的材料。常见材料的比热容见表1-4。

3) 线膨胀系数

材料由于温度升高或降低,体积或长度会有所膨胀或收缩,其比率以两点间的距离计算,称为线膨胀系数;若以材料体积变化计算,则称为体积膨胀系数。

线膨胀系数描述的是温度上升或下降1℃所引起的长度增长或收缩与其在0℃时的长度之比值。如钢筋线膨胀系数为$(10 \sim 12) \times 10^{-6}/℃$,混凝土线膨胀系数为$(5.8 \sim 12.6) \times 10^{-6}/℃$,二者较接近,这也是为何二者能在钢筋混凝土结构中协同工作的原因之一。

4) 耐燃性

材料在火灾时,能抵制燃烧的性质称为耐燃性。根据耐燃性的程度不同,将材料分为不燃、难燃及易燃。

(1) 不燃材料是指在空气中受到火烧或高温高热作用不起火、不碳化、不微燃的材料。如钢材、砖等。钢材受到火烧或高温作用会发生变形、熔融,虽然是不燃材料,但是是不耐火的材料。

(2) 难燃材料是指在空气中受到火烧或高温高热作用时难起火、难微燃、难碳化的材料。如沥青混凝土、经过防火处理的木材等。

(3) 易燃材料是指在空气中受到火烧或高温高热作用时立即起火或微燃,且火源移走后继续燃烧的材料。如木材。

5) 耐火性

材料抵抗长期高温的性质称为耐火性。根据材料耐火度的不同,可分为:

(1) 耐火材料。在1 580℃以上不熔化,如耐火砖等。

(2) 难熔材料。在1 350~1 580℃不熔化,如耐火混凝土等。

(3) 易熔材料。在1 350℃以下不熔融,如砖瓦等。

1.4 土木工程材料的力学性质

1.4.1 材料的强度

材料在外力(荷载)作用下抵抗破坏的能力,称为材料的强度。

材料受外力作用时,内部就产生应力。外力增加,应力相应增大,直至材料内部质点间结合力不足以抵抗所作用的外力时,材料即发生破坏。此时的极限应力值,就是材料的强度,也称极限强度。

根据外力作用方式的不同,材料的强度有抗压强度、抗拉强度、抗弯强度(或抗折强度)及抗剪强度。

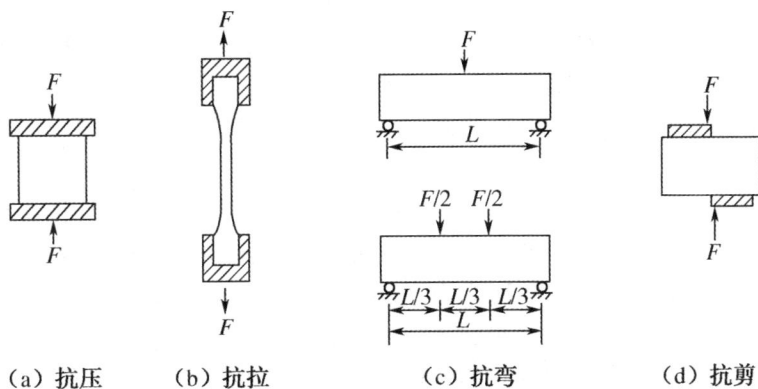

（a）抗压　　　（b）抗拉　　　　（c）抗弯　　　　（d）抗剪

图 1-2　材料受外力作用示意图

材料的抗压、抗拉、抗剪强度可直接按下式计算：

$$f = \frac{F_{max}}{A} \tag{1-17}$$

式中：f——材料的抗压、抗拉或抗剪强度（MPa）；

　　　F_{max}——材料破坏时的最大荷载（N）；

　　　A——受力截面面积（mm²）。

材料的抗弯强度计算与加载方式有关。将抗弯试件放在两支点上，当外力为作用在试件中心的集中荷载，且试件截面为矩形时，抗弯强度（也称抗折强度）可用下式计算：

$$f = \frac{3F_{max}L}{2bh^2} \tag{1-18}$$

当外力为作用在跨距的三分点上加两个相等的集中荷载，抗弯强度按下式计算：

$$f = \frac{F_{max}L}{bh^2} \tag{1-19}$$

式中：f——抗弯强度（MPa）；

　　　F_{max}——弯曲破坏时的最大荷载（N）；

　　　L——两支点间的距离（mm）；

　　　b、h——试件横截面的宽和高（mm）。

影响材料强度的因素：

（1）材料的组成、结构与构造。材料的强度与其组成及结构有关，即使材料的组成相同，其构造不同，强度也不一样。

（2）孔隙率与孔隙特征。材料的孔隙率愈大，则强度愈小。对于同一品种的材料，其强度与孔隙率之间存在近似直线的反比关系。一般表观密度大的材料，其强度也大。

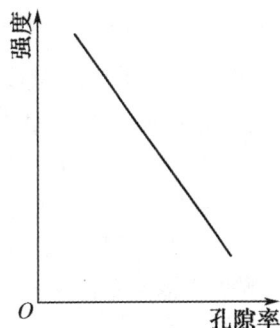

图 1-3　材料强度与孔隙率的关系

（3）试件的形状和尺寸。受压时，立方体试件的强度值要高于棱柱体试件的强度值，相同材料采用小试件测得的强度较大试件高。

（4）加荷速度。当加荷速度快时，由于变形速度落后于荷载增长的速度，故测得的强度值偏高；反之，因材料有充裕的变形时间，测得的强度值偏低。

（5）试验环境的温度、湿度。温度高、湿度大时，试件会有体积膨胀，材料内部质点距离加大，质点间的作用力减弱，测得的强度值偏低。

（6）受力面状态。受力面的平整度、润滑情况等。试件表面不平或表面涂润滑剂时，所测强度值偏低。

土木材料通常根据其强度的大小，划分为若干不同的强度等级。如混凝土按抗压强度划分为 C15～C80，水泥按抗压和抗拉强度划分为 32.5～62.5，砂浆按抗压强度划分为 M2.5～M20 六个等级，热轧钢筋按屈服强度和抗拉强度划分四级等。在实际工程中，必须按照有关规范来选择材料的强度等级。

比强度是指按单位体积质量计算的材料强度，即材料的强度与表观密度之比，它是反映材料是否轻质高强的力学参数，在高层建筑及大跨结构中常采用比强度较高的材料。

1.4.2 弹性与塑性

材料在外力作用下产生变形，当外力去除后能完全恢复到原始形状的性质称为弹性，这种可恢复的变形称弹性变形（或瞬时变形）。

材料在外力作用下产生变形，当外力去除后，有一部分变形不能恢复，这种性质称为材料的塑性，这种不可恢复的变形称为塑性变形（或永久变形）。

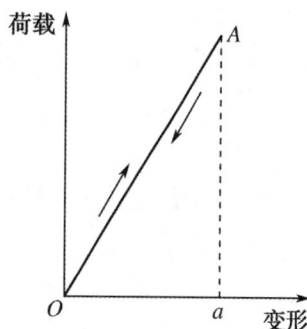

图 1-4　弹性变形曲线　　　　图 1-5　弹、塑性变形曲线

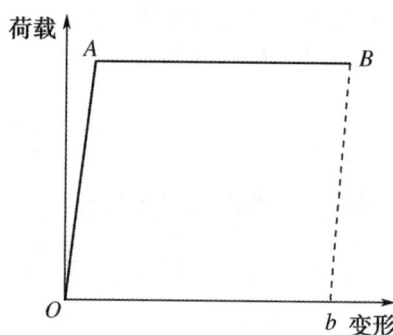

弹性变形为可逆变形，其数值大小与外力成正比，其比例系数称为弹性模量，材料在弹性变形范围内，弹性模量为常数。弹性模量是衡量材料抵抗变形能力的一个指标，弹性模量愈大，材料愈不易变形，弹性模量是结构设计的重要参数。塑性变形为不可逆变形。

实际上，单纯的弹性材料是没有的，大多数材料在受力不大的情况下表现为弹性，受力超过一定限度后则表现为塑性，所以可称之为弹塑性材料，如建筑钢材。有的材料在受力后，弹性变形及塑性变形同时产生，外力去除后，弹性变形可恢复，而塑性变形不可恢复，如混凝土。

1.4.3 脆性与韧性

材料受外力作用，当外力达一定值时，材料发生突然破坏，且破坏时无明显的塑性变形，这种性质称为脆性。如天然石材、烧结普通砖、陶瓷、玻璃、混凝土、砂浆等属于脆性材料。它们抵抗冲击作用的能力差,但是抗压强度较高。

材料在冲击或振动荷载作用下,能吸收较大的能量,同时产生较大的变形而不破坏,这种性质称为韧性。如木材、钢材中的低碳钢、低合金钢属于韧性材料,可用于受震动、冲击荷载作用的厂房、铁路、桥梁等。其力学性质为抗压强度和抗拉、抗折强度相当。

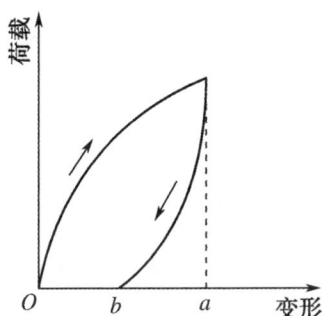

图 1-6 弹、塑性变形曲线

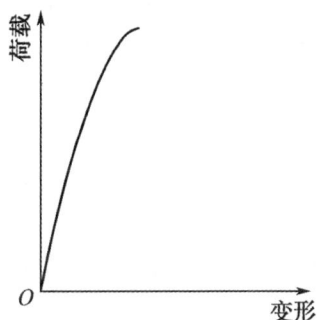

图 1-7 脆性材料的变形曲线

1.5 土木工程材料的耐久性

材料的耐久性是指材料使用过程中,在环境中综合因素的作用下,能长期正常工作,不破坏、不失去原来工作性能的性质。环境中各种因素的作用,可以概括为以下几方面:

(1)物理作用

物理作用包括环境温度、湿度的交替变化,即冷热、干湿、冻融等循环作用。材料经受这些作用后,将发生膨胀、收缩。长期的反复作用,将使材料渐渐遭受破坏。在寒冷地区,冻融变化对材料的破坏作用更为明显。

(2)化学作用

化学作用包括大气和环境水中的酸、碱、盐等溶液或其他有害物质对材料的侵蚀作用,以及日光、紫外线等对材料的作用。

(3)机械作用

机械作用包括持续荷载和交变荷载对材料的作用,从而引起材料的疲劳、冲击、磨损等。

(4)生物作用

生物作用包括菌类、昆虫等的侵害作用,导致材料发生腐朽、虫蛀而破坏。

砖、石料等矿物材料,多是由于物理作用而破坏。金属材料主要是由于化学作用引起的腐蚀。木材等有机质材料常因生物作用而破坏。地面材料多因机械作用而破坏。涂料、塑料等高分子材料在阳光、空气和热的作用下,会逐渐老化而使材料变脆。

材料的耐久性是一项综合性质,它反映了材料的抗渗性、抗冻性、抗风化性、抗化学侵蚀性、抗碳化性、大气稳定性及耐磨性等。

检查土木材料的耐久性,根据需要除了要做某些专门试验,如材料的碳化、老化、耐热性等试验之外,有时候也通过材料的抗冻性来代表,因为材料的抗冻性与其他多种破坏作用下的耐久性有较为密切的关系。

材料的耐久性直接影响了建筑物的安全性和经济性,是土木工程材料的一项重要的技术性质。只有深入了解并掌握土木工程材料耐久性的本质,从材料、设计、施工、使用各个方面共同努力,采取相应的措施,如采取各种方法尽可能降低材料的孔隙率,改善材料的孔隙结构,对材料表面进行表面处理以增强材料抵抗环境作用的能力,甚至可以从改善环境条件入手减轻对材料的破坏等,才能保证工程材料和结构的耐久性,延长工程结构的使用寿命。

复习思考题

1. 材料的堆积密度、表观密度、密度有何区别?如何通过实验方法测定各自的数值大小?

2. 如何判别亲水性、憎水性材料?土木工程材料中有哪些常见的亲水性和憎水性材料?应如何使用它们?

3. 材料孔隙的特征影响了材料的哪些基本性质?

4. 为何钢筋和混凝土这两种材料能在钢筋混凝土结构中协同工作?

5. 材料的耐久性是指什么?为何要注重研究材料的耐久性?

6. 某岩石在气干、绝干、饱水状态下测得的抗压强度分别为 172 MPa、178 MPa、168 MPa。该岩石可否用于水下工程?

7. 收到含水率 5% 的砂子 500 t,实为干砂多少吨?若需干砂 500 t,应进含水率 5% 的砂子多少吨?

8. 某种岩石的试样,外形尺寸为 50 mm×50 mm×50 mm,测得该试件干燥状态、自然状态、吸水饱和后的质量分别为 325 g、325.3 g、326.1 g,已知岩石的密度为 2.68 g/cm³,试求该材料的表观密度、孔隙率、体积吸水率、质量吸水率、含水率。

创新思考题

低碳已成为当今生活中的热门话题,低碳建筑也已逐渐成为国际建筑界的主流趋势。低碳建筑主要从两方面实现:一是低碳材料;二是低碳建筑技术。试利用网络资源,查阅相关资料,给出低碳材料的性能要求及应用实例。

2 无机胶凝材料

2.1 胶凝材料的定义与分类

2.1.1 胶凝材料的定义、分类和组成

建筑胶凝材料是指这样一类材料,即在一定介质条件下,通过发生物理化学变化,自身能形成可塑造成型的浆体,逐渐凝结、硬化,在此过程中把散粒或块状材料黏结成具有强度要求的整体。

根据胶凝材料的化学成分和结构,可分为无机和有机两大类,它们具有各自不同的优越性能和缺陷。但在实际过程中,无机胶凝材料用量最大,也是最重要的胶结料。所以,本章也仅限于讨论常用的几种主要无机胶凝材料。另外,根据无机胶凝材料硬化环境的不同,又可分为气硬性和水硬性两大类胶凝材料。只能在空气中硬化,并保持强度或继续提高强度,称为气硬性胶凝材料;既能在空气中硬化,保持强度或继续提高强度,又能在水中很好地硬化和提高强度的胶凝材料,称为水硬性胶凝材料。显然,气硬性胶凝材料一般只宜用于地上,不宜用于过分潮湿处和水下;而水硬性胶凝材料,则既能用于地上较干燥的地方,也能用于水下、地下、地上潮湿之处。

无机胶凝材料是由无机生料,如岩石、黏土等按一定配比,在一定工艺制度下煅烧急冷而制得的。生料在高温时吸收了大量的能量,发生了一系列的化学反应,最后转成熟料。由于熟料在急速冷却过程中,其能量来不及充分释放,因此,在常温下急冷熟料处于不稳定状态(即介稳状态)。通常我们把这种在室温下处于介稳状态的物质称为"活性矿物"。当熟料处于适当的介质里或与介质部分接触时,其活性矿物便与介质发生反应,同时释放能量,在此过程中形成新的产物,该产物逐渐凝结、硬化,从而把片状材料或与其拌和在一起的散粒材料黏结在一起。

2.1.2 水化、凝结、硬化

胶凝材料的水化、凝结、硬化是其黏结材料时的三个必须经历的连续过程,为了更好地了解胶凝材料的黏结过程,我们分别对这三个过程简述如下。

1) 水化

胶凝材料的水化是"活性矿物"与水介质发生化学反应的过程。在宏观现象上,表现为胶凝材料与水介质拌和的浆体逐渐变稠的过程。

水化过程进行的快慢与胶凝材料产品的细度、水介质条件、水化产物转移的速度、环境

温度等有关。

（1）胶凝材料产品的细度。胶凝材料愈细，比表面积愈大，与水介质的接触面愈大，显然，水化进行得愈快；反之，则慢，甚至不水化。所以细度指标是胶凝材料产品的一项重要的质量指标。

（2）水介质条件。在水介质中掺入适量的外加剂后，则改变了原有水介质的环境，从而使水化速度的快慢得到人为的调节。

（3）水化产物的转移速度。胶凝材料的水化总是由表及里地进行。因此，当水化产物不易转移，而富集在胶凝材料颗粒的表面时，将阻碍胶凝材料的进一步水化。根据水化产物在水中的溶解度，把水化产物分为溶于水和不溶于水两种。因此，在实际使用胶凝材料的过程中，前者通过在水介质中掺入外加剂，以提高溶于水的水化产物的转移速度；后者则主要是通过搅拌来提高不溶于水的水化产物的转移速度。

（4）环境温度。任何化学反应的发生都必须有适宜的温度。吸热反应，提高温度，有利于反应的进行；放热反应，降低温度，有利于反应的进行。但是，在胶凝材料的实际水化过程中，还必须考虑降低温度时会降低"活性矿物"活性的不利因素。因此，环境温度也是胶凝材料水化反应不可缺少的必要条件。

2）凝结

胶凝材料的凝结是水化产物之间开始相互吸附连锁或结晶的整个过程。在宏观现象上，表现为可塑造成型的浆体开始失去可塑造成型性能，直到浆体完全转变为固体的过程。

胶凝材料的凝结主要与胶凝材料的水化速度、结晶速度、水化产物数量有关。水化速度、结晶速度的提高，将使浆体更快地失去塑性，向固体转变。水化产物数量的增多，将使水化产物分子之间在布朗运动的作用下碰撞机会增多，从而加速浆体凝结过程的进行。

3）硬化

胶凝材料的硬化，是浆体转变成固体后，水化产物之间相互吸附连锁或结晶加强以及存在于固体内部的水介质继续与未水化的胶凝材料颗粒水化（但这种水化已进行得相当缓慢）的过程。在宏观现象上，表现为固体内部水介质占据的空间由新生水化产物取代，固体内部孔隙逐渐减少，固体强度随时间不断增长的过程。

胶凝材料的硬化，主要与水分蒸发以及未水化胶结料颗粒是否继续水化、水化速度有关。水分蒸发是由表及里进行的。水分从硬化体中蒸发出来的过程中毛细管收缩，从而使硬化体接近表面的一段承受拉应力，又因为硬化体早期强度低，故易引起裂缝，而且还会留下与外界连通的孔道，使未水化胶凝材料颗粒无法再继续水化，从而影响胶凝材料硬化体的硬化过程，并使硬化体不够密实，进一步影响硬化体的强度和耐久性。在实际工程中，为了使硬化过程得以进行，常对进入硬化阶段的由胶凝材料制备的构件或制品进行养护。所谓养护，就是保持产品或构件硬化过程所需的温度和湿度，以便使构件或制品的质量得到保证和提高。

2.2 气硬性胶凝材料

2.2.1 石灰

1) 生产原理

石灰是以碳酸钙($CaCO_3$)为主要成分的原料(如石灰石),经过适当的煅烧,尽可能地分解和排出二氧化碳(CO_2)后所得到的白色或灰色成品。生产石灰的反应式如下:

$$CaCO_3 \xrightarrow{900 \sim 1\,000℃} CaO + CO_2 \uparrow$$

这样煅烧的石灰,又称生石灰。其主要矿物是 CaO,它的活性随煅烧温度的不同而不同。正常煅烧的石灰即正火石灰,颜色洁白,质地松软,重量轻,易于熟化,产生的灰膏多,堆积密度一般为 $800\sim1\,000$ kg/m³,其 CaO 活性正常。煅烧温度过高的石灰称为过火石灰,其 CaO 活性很低,在水中水化缓慢。在实际工程中,如果正火石灰浆中混有较多的过火石灰,则这部分过火石灰,将在石灰浆硬化后,继续吸潮水化,并且水化时体积膨胀,从而造成石灰浆硬化层的隆起和开裂,影响工程质量。煅烧温度低的石灰称为欠火石灰,由于煅烧温度低,仍有一部分原料未分解,这部分原料显然没有石灰的活性,从而降低了石灰的质量。

2) 石灰的品种

(1) 根据成品加工方法的不同,石灰可分以下几种:

① 块状生石灰。由原料煅烧而得的原产品,主要成分是 CaO。

② 磨细生石灰。由块状生石灰磨细而得的细粉。

③ 消(熟)石灰。将生石灰用适量的水消化而得的粉末,主要成分为 $Ca(OH)_2$。

④ 石灰浆。将生石灰用多量水(约为生石灰体积的 $3\sim4$ 倍)消化而得的可塑浆体,也称石灰膏,主要成分为 $Ca(OH)_2$ 和水。如果水分加得更多,所得到的白色悬浊液,称为石灰乳。在 15℃时溶有 0.3% $Ca(OH)_2$ 的透明液体,称为石灰水。

(2) 根据 MgO 含量的多少,石灰可分为以下几种:

① 钙质石灰。MgO 含量不大于 5%。

② 镁质石灰。MgO 含量在 5%~20%之间。

③ 白云质石灰(高镁石灰)。MgO 含量在 20%~40%。

(3) 根据石灰消化速度不同,石灰可分为以下几种:

① 快熟石灰。熟化速度在 10 min 以内。

② 中熟石灰。熟化速度在 10~30 min 以内。

③ 慢熟石灰。熟化速度在 30 min 以上。

3) 石灰的水化和硬化

(1) 水化特点

生石灰(CaO)加水后水化为熟石灰[$Ca(OH)_2$]的过程称为熟化,即石灰的水化,其反应式如下:

$$CaO + H_2O \Longrightarrow Ca(OH)_2 + Q \uparrow$$

其水化特点如下：

① 放热量大，放热速度快。每摩生石灰水化时放出的热量可达 64.8 kJ/mol，其 1 h 放出的热量是普通硅酸盐水泥一天所放热量的 9 倍。

② 体积剧烈膨胀。质量为 1 份的生石灰可生成 1.31 份质量的熟石灰，其体积也增大 1～2.5 倍。

煅烧良好，氧化钙含量高，杂质含量少的生石灰（块灰），其熟化速度快，放热量大，体积膨胀也大，容重轻。

（2）熟化方法

① 熟石灰粉。生石灰中均匀加入 70% 左右的水（理论值为 31.2%）便得到颗粒细小、分散的熟石灰粉。工地调制熟石灰粉时，常用淋灰方法，即每堆放半米高的生石灰块，淋 60%～80% 的水，再堆放再淋，使之成粉不结团为止。

② 石灰膏。调制石灰膏是在化灰池和储灰坑中进行。其方法是将块灰和水加入化灰池中，熟化后的浆体和尚未熟化的小块颗粒通过 5 mm 的筛网流入储灰坑中，而大块的欠火和过火石灰块则予以清除。为了消除过火石灰在使用中造成的危害，应在储灰坑中存放不少于半个月，然后才能使用，这一过程称为"陈伏"。一般用于砌筑的石灰膏陈伏时间≥7 d，用于抹灰的石灰膏≥14 d。陈伏期间，石灰浆表面应敷盖一层水，使其与空气隔绝，以防止石灰浆与空气中二氧化碳发生碳化反应。优质的生石灰制成的石灰膏量大。一般每千克石灰可制成容重为 1 300～1 400 kg/m³ 的石灰膏约 1.5～3.0 L。

（3）硬化

通常石灰浆体的硬化是在空气中逐渐进行的，主要有以下两个过程：① 结晶作用：石灰浆中的水分蒸发，$Ca(OH)_2$ 逐渐从饱和溶液中结晶析出。② 碳化作用：$Ca(OH)_2$ 与空气中的 CO_2 化合生成碳酸钙晶体，并释放出水分，其反应式如下：

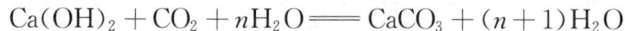

$$Ca(OH)_2 + CO_2 + nH_2O \Longrightarrow CaCO_3 + (n+1)H_2O$$

碳化作用是从表面开始缓慢进行的。生成的碳酸钙晶体与氢氧化钙晶体交叉共生，从而使石灰浆体获得一定强度。石灰硬化时的特点如下：

① 硬化慢，强度低。由于表面生成的碳酸钙结构致密，会阻碍 CO_2 向浆体内渗入，也阻止水分向外蒸发，再加上空气中 CO_2 浓度很低，因此碳化作用十分缓慢。为了加强碳化作用，可采用人工炭化方法，增加 CO_2 浓度，从而加速炭化。

② 体积收缩大。石灰浆体硬化过程中，蒸发出大量的水分，毛细管由于失水而收缩，引起体积收缩，其收缩会使制品开裂，因此，常把石灰与骨料，如砂或纤维材料（如纸筋、麻刀）混合使用。

③ 耐水性差。若石灰浆体尚未硬化前就处于潮湿环境中，由于石灰中水分不能蒸发出去，则其硬化停止；若是已硬化的石灰，长期受潮或受水浸泡，则由于 $Ca(OH)_2$ 易溶于水，甚至会使已硬化的石灰溃散。因此，石灰胶结料不宜用于潮湿环境及易受水侵蚀的部位。

4）石灰的特性和技术要求

（1）石灰的特性

① 保水性和可塑性好。保水性是指固体材料与水混合时，保持水分不泌出的能力。由

于石灰消解后$Ca(OH)_2$粒子极小,呈胶体状态,比表面积很大,颗粒表面能吸附一层较厚的水膜,因而石灰膏具有良好的保水性和可塑性。将其配制成石灰砂浆或石灰水泥混合砂浆,可用于砌筑或抹灰。

② 凝结硬化慢,强度低。石灰浆体的凝结硬化包括了干燥、结晶和碳化过程。因碳化作用生成的碳酸钙晶体,虽然有较好的强度和耐久性,但在自然条件下,这个过程却大多只发生在浆体表层,而且硬化极其缓慢。干燥后的氢氧化钙浆体和结晶虽然可增加强度,但结晶量少,一经遇水,强度就会降低,所以石灰浆体的强度不高,一般1:3的石灰砂浆,28天抗压强度仅有 0.2~0.5 MPa,因此多用于砌筑和抹灰,既不能像水泥那样用于主要建筑结构,也不像石膏那样可直接浇筑成各种建筑装饰装修构件。

③ 耐水性差。石灰是气硬性胶凝材料,不能在水中硬化。对于已硬化的石灰浆体,若长期受到水的作用,会因 $Ca(OH)_2$ 的溶解而导致溃散。所以石灰耐水性差,不宜用于潮湿环境及易遭受水侵蚀的部位。

④ 体积收缩大。在石灰浆体的凝结硬化中,干燥、结晶及碳化过程都会因大量的水分蒸发及内部网状毛细管的失水收缩而导致体积收缩,这种较大的干燥收缩变形会使石灰浆体开裂。所以工程中除了石灰乳粉刷外,一般不单独使用。通常加入砂子、纸筋、麻刀类集料或纤维材料,以防止或抵抗收缩变形。

(2) 石灰的技术要求

生石灰经由石灰石焙烧而成,主要成分是氧化钙(CaO),呈块状、粒状或粉状。由于石灰的生产原料中或多或少含有一些碳酸镁($MgCO_3$),因此生石灰中还含有少量的氧化镁(MgO)。根据我国建材行业标准的规定,按生石灰的加工情况分为建筑生石灰和建筑生石灰粉;按生石灰中氧化镁的含量,将生石灰分为钙质生石灰($MgO<5\%$)和镁质生石灰($MgO>5\%$)两类,代号分别为 CL 和 ML。建筑生石灰的主要技术指标见表 2-1。

表 2-1 建筑生石灰的主要技术指标

类别		钙质生石灰						镁质生石灰			
名称		钙质生石灰 90		钙质生石灰 85		钙质生石灰 75		镁质生石灰 85		镁质生石灰 80	
代号		CL90-Q	CL90-QP	CL85-Q	CL85-QP	CL75-Q	CL75-QP	ML85-Q	ML85-QP	ML80-Q	ML80-QP
$CaO+MgO$ 含量(%)		≥ 90		≥ 85		≥ 75		≥ 85		≥ 80	
MgO%		≤ 5		≤ 5		≤ 5		> 5		> 5	
SO_3(%)		≤ 2		≤ 2		≤ 2		≤ 2		≤ 2	
CO_2(%)		≤ 4		≤ 7		≤ 12		≤ 7		≤ 7	
产浆量 (dm³/10 kg)		≥ 26	—	≥ 26	—	≥ 26	—	—			
细度	0.2 mm 筛余量(%)	—	≤ 2	—	≤ 2	—	≤ 2	—	≤ 2	—	≤ 7
	90 μm 筛余量(%)	—	≤ 7	—	≤ 7	—	≤ 7	—	≤ 7	—	≤ 2

说明:生石灰块在代号后加 Q,生石灰粉在代号后加 QP。

5）石灰的应用

（1）各种石灰品种的用途

① 石灰膏的用途

用熟化并陈伏好的石灰膏稀释成石灰乳，可用作内、外墙及天棚粉刷的涂料，一般多用于内墙。石灰乳中还可以掺入碱性矿质颜料，使粉刷的墙面具有需要的颜色。

用熟化并陈伏好的石灰膏与砂或纤维材料及水拌和，可制得拌灰石灰砂浆或砌筑砂浆。

② 熟石灰粉的用途

建筑消石灰粉优等品、一等品适用于饰面层和中间涂层，合格品用于砌筑。将石灰粉掺入黏土或掺入黏土及砂中，即可制得灰土或三合土，应用于一些建造物的基础和地面的垫层及公路路面。

③ 磨细生石灰粉的用途

磨细生石灰粉用于配制无熟料水泥、硅酸盐制品和碳化石灰板等。

（2）石灰的保管

① 磨细生石灰及质量要求严格的块灰，最好存放在地基干燥的仓库内。仓库门窗应密闭，屋面不得漏水，灰堆必须与墙壁距离 70 cm。

② 生石灰露天存放时，存放期不宜过长，地基必须干燥不积水，石灰应尽量堆高。为防止水分及空气渗入灰堆内部，可在灰堆表面洒水拍实，使表面结成硬壳，以防碳化。

③ 直接运到现场使用的生石灰，最好立即进行熟化，喷淋处理后，存放在淋灰池内，并用草席等遮盖，冬天应注意防冻。

④ 生石灰应与可燃物及有机物隔离保管，以免腐蚀有机物或引起火灾。

2.2.2 石膏

石膏是以硫酸钙为主要成分的气硬性胶凝材料。因其制品具有质轻、隔热、防火、吸声、装饰美观、易加工等优良特性，在建筑中被广泛用于内墙、天花吊顶及室内装饰。我国石膏资源极其丰富，储量大、分布广，已成为现代极具发展前景的新型建筑材料之一。

1）石膏的生产

石膏是由生石膏（$CaSO_4 \cdot 2H_2O$，又称二水石膏）或硬石膏（$CaSO_4$，又称无水石膏），在一定工艺制度下煅烧磨细所得的成品。

根据不同的煅烧条件，能生产出不同性质的石膏产品（见表 2-2）。当加热温度为 107～170℃时，部分结晶水脱出，二水石膏变成 β 型半水石膏（又称建筑石膏）；当温度升至 200～250℃时，半水石膏继续脱水，成为可溶性硬石膏，这种石膏凝结快，但强度较低；当加热温度高于 400℃，石膏完全失去水分，成为不溶性硬石膏，失去凝结硬化能力，也称为死烧石膏；当煅烧温度在 800℃以上时，由于部分石膏分解出氧化钙（CaO）起催化作用，其产品又重新具有水化硬化性能，而且水化后强度较高，耐磨性较好，称为地板石膏；当温度高于 1 600℃时，$CaSO_4$ 全部分解成 CaO。若将二水石膏在 0.13 MPa 压力和 125℃的条件下用蒸压锅蒸炼脱水，就能得到 α 型半水石膏，也称为高强石膏。

表 2-2 不同煅烧条件下的石膏品种

石膏品种	普通建筑石膏	高强建筑石膏	不溶性硬石膏	地板石膏
主要矿物	$\beta-CaSO_4 \cdot 0.5H_2O$	$\alpha-CaSO_4 \cdot 0.5H_2O$	$CaSO_4 \cdot I$	$CaSO_4 \cdot I + CaO$

2）石膏的水化、凝结和硬化

石膏与适量的水混合,最初成为可塑的浆体,但很快失去塑性,这个过程称为凝结;以后迅速产生强度,并发展成为坚硬的固体,这个过程称为硬化。石膏的凝结硬化是一个连续的溶解、水化、胶化、结晶的过程。以 β 型半水石膏(即建筑石膏)为例,其水化、凝结硬化示意图见图 2-1。

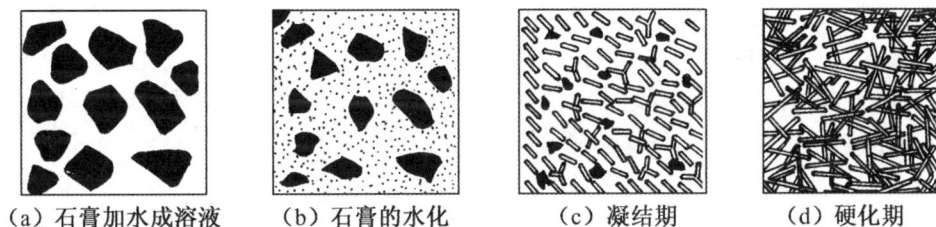

（a）石膏加水成溶液　　（b）石膏的水化　　（c）凝结期　　（d）硬化期

图 2-1 建筑石膏硬化图

图 2-1(a)、(b)表示 β 型半水石膏在布朗运动作用下,石膏颗粒分散在水中,并发生水化反应。同时,水化产物二水石膏在半水石膏的溶液里达到过饱和状态,水化产物也在不断地析晶,石膏浆体逐渐变稠。其水化反应式如下:

$$\beta-CaSO_4 \cdot \tfrac{1}{2}H_2O + \tfrac{3}{2}H_2O = CaSO_4 \cdot 2H_2O$$

图 2-1(c)表示随着析出晶粒的增多,在局部区域开始有结晶结构网形成。从图中可见,浆体开始具有一定的剪切强度,其值随时间增长速度很快。所谓浆体的剪切强度,就是浆体发生剪切变形时所能承受的最大剪应力。说明这段时期,浆体由水化阶段进入了凝结期。结晶结构大区域地连网,浆体完全失去塑性,逐渐转变为固体,开始进入硬化期。

图 2-1(d)表示石膏的硬化过程、结晶结构网全区域地连网,硬化石膏的强度在一定时间里不断发展。

其他石膏的水化与其相似,凝结硬化过程也符合结晶理论。所不同的是 α 型半水石膏水化时需水量小,因此其制品较密实,故称高强建筑石膏。另外,硬石膏的水化必须在激发剂的作用下才能进行。通常的激发剂有:5％硫酸钠或硫酸氢钠与 1％的铁矾(或铜矾)的混合物;1％～5％石灰或石灰与少量半水石膏的混合物;10％～15％的碱性粒状矿渣;2％的硫酸铝或硫酸锌等。其反应式如下:

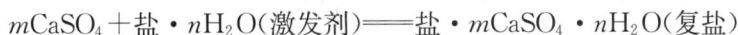

$$mCaSO_4 + 盐 \cdot nH_2O(激发剂) = 盐 \cdot mCaSO_4 \cdot nH_2O(复盐)$$

$$盐 \cdot mCaSO_4 \cdot nH_2O = m(CaSO_4 \cdot 2H_2O) + 盐 \cdot (n-2m)H_2O$$

地板石膏由于自身矿物中含有活性 CaO 作激发剂,因此在 CaO 与水作用形成的高碱性环境中可以自身水化、凝结、硬化。

在实际工程中,石膏浆体的水化和凝结时间是可以调整的。常用的缓凝剂有硼砂、草果酸及柠檬酸、亚硫酸盐酒精废液、石灰活化的骨胶、皮胶和蛋白质等。常用的促凝剂有硅氟酸钠、氯化钠、硫酸钠等盐类。

石膏硬化体的强度不高,除与其本身活性矿物及细度有关外,主要与配制石膏浆体时的用水量有关。实际参与石膏水化的用水量并不大,但为了使石膏浆体具有一定的可塑性,往往要增加大量的水。这一部分水从石膏硬化体中蒸发后,将留下大量的孔隙,因而石膏制品密实度和强度不高。例如,建筑石膏水化需水量为其自身重量的18.6%,而实际的加水量却为60%～80%。当然,在石膏浆体中掺入外加剂也可以降低其实际用水量。常用的外加剂有:糖蜜、糊精(均与石灰混合使用);亚硫酸酒精废液、水解血等。

3) 建筑石膏的特点

(1) 水化凝结硬化快。建筑石膏在加水拌和后,浆体在几分钟内开始凝结,施工成型困难,故在使用时需加入缓凝剂(如硼砂、柠檬酸等),以延缓其初凝时间。

(2) 凝结硬化时体积微膨胀。石膏浆体在凝结硬化初期会产生微膨胀(膨胀率为0.5%～1.0%),具有良好的成型性能,石膏制品成型过程中,石膏浆体能挤密模具的每一个空间,成型的制品光滑、细腻、图案清晰准确,特别适合制作装饰制品。

(3) 硬化结构多孔。为使石膏浆体具有可塑性,成型石膏制品时需加大量的水(约60%～80%),而实际石膏只需其质量18%左右的水,故有大量的水在石膏浆体硬化后蒸发出来,留下大量的开口细小的毛细孔。

(4) 轻质、保温、吸声。由于石膏有大量的孔隙,其表观密度为800～1 000 kg/m³,属于轻质材料。其导热系数小,一般为0.12～0.20 W/(m·K),属保温材料。由于其孔隙特征是细小开口的毛细孔,对声波的吸收能力强,因此也是一种良好的吸声材料。

(5) 具有一定的调湿性。石膏制品的细小开口的毛细孔对空气中的水汽有一定的吸附能力,当室内空气湿度高于其湿度时,它吸潮,当室内空气湿度低于其湿度时,石膏排湿,因此具有调节室内湿度的作用。

(6) 防火,但不耐火。建筑石膏制品的导热系数小,传热慢,且二水石膏受热脱水产生的水蒸气能阻碍火势的蔓延,起到防火作用。但二水石膏脱水后强度下降,因而不耐火。

(7) 强度低。建筑石膏的强度较低,但强度发展快,2 h的抗压强度可达3～6 MPa,但7 d后的抗压强度仅为8～12 MPa,接近其最终强度。

(8) 装饰性好。石膏色白细腻,对光线的反应柔和,表面图案丰富、逼真,有很好的装饰性。

(9) 耐水性差。建筑石膏制品孔隙率大,且二水石膏微溶于水,遇水后强度大大降低,其软化系数只有0.2～0.3,是不耐水的材料。因此,石膏制品若长期受潮,在自重作用下会产生弯曲变形。为了提高石膏制品的耐水性,可以在石膏中掺入适当的防水剂,常用有机硅防水剂,或掺入适量的水泥、粉煤灰、磨细粒化高炉矿渣等。

4) 建筑石膏的技术指标及应用

根据国家标准规定,建筑石膏按强度、细度、凝结时间指标分为3.0、2.0和1.6三个等级(见表2-3)。其中,抗折强度和抗压强度为试样与水接触2 h后测得的。

建筑石膏加水调成浆体,可用作室内高级粉刷。其粉刷后的表面光滑、细腻、洁白,而且还具有绝热、防火、吸音的功能。另外,它还有施工方便、凝结硬化快、黏结牢固等优点。

表 2-3 建筑石膏的技术指标

等级	细度(0.2 mm 方孔筛,筛余量%)	凝结时间(min)		2 h 强度(MPa)	
		初凝	终凝	抗折强度	抗压强度
3.0				≥3.0	≥6.0
2.0	≤10	≥3	≤30	≥2.0	≥4.0
1.6				≥1.6	≥3.0

把建筑石膏磨得更细一些,可制得模型石膏。以模型石膏为主要胶结料,掺加少量纤维增强材料和胶结料,搅拌成石膏浆体。将浆体注入各种各样的金属(或玻璃)模具中,就获得了花样、形状不同的石膏装饰制品。如平板、多孔板、花纹板、浮雕板等。它们主要用于建筑物的墙面和顶棚。

建筑石膏还用于生产轻质石膏板,具有隔热保温、吸音、防火、施工简便的特点,例如纸面石膏板、纤维石膏板、空心石膏板等,它们主要用作墙板和地面基层板。

5)其他石膏

(1)高强石膏

建筑石膏是在常压下生产的,称为 β 型半水石膏。将二水石膏放在 1.3 个大气压(124℃)的蒸压锅内蒸炼,则生成 α 型半水石膏,即为高强石膏。由于高强度石膏晶体较粗,调成可塑性浆体的需水量仅为半水石膏的 35%~40%,比建筑石膏的需水量小得多,因此硬化后具有较高的密实度和强度,硬化 7 d 后的抗压强度可达 15~40 MPa。

高强度石膏用于要求较高的装饰装修工程,与纤维材料一起可生产高质量的石膏板材。掺入防水剂,其制品能大大提高耐水性,用于湿度较高的环境。加入有机类的水溶性胶液和乳液,能配制成无收缩的黏结剂。

根据高强石膏结晶良好、坚实、晶体较粗、强度高的特点,掺入砂或纤维材料制成砂浆,可用于建筑装饰抹灰或制成石膏制品(如石膏吸声板、石膏装饰板、纤维石膏板、石膏蜂窝板及微孔石膏、泡沫石膏、加气石膏等多孔石膏制品),也可用来制作石膏模型等。

(2)硬石膏水泥和地板石膏

在不溶性硬石膏($CaSO_4 \cdot$ Ⅰ型)中掺入适量激发剂,混合磨细后,便可制得硬石膏水泥。硬石膏水泥主要用于室内或用于制作石膏板,也可用于制成具有较高的耐火性与抵抗酸碱侵蚀能力的制品,还可用于原子反应堆及热核试验的围护墙。

将二水石膏或无水石膏在 800~1 100℃的温度下煅烧,部分 $CaSO_4$ 会分解出 CaO,将其磨细后就制成高温煅烧石膏(或称地板石膏)。地板石膏的凝结硬化一般较慢,CaO 的碱性激发作用可使地板石膏硬化后有较高的强度、耐磨性和抗水性。

2.2.3 水玻璃

水玻璃又称泡花碱,是由碱金属氧化物和二氧化硅结合而成的能溶解于水的一种硅酸盐材料,其化学通式为 $R_2O \cdot nSiO_2$。式中 R_2O 为碱金属氧化物;n 为 SiO_2 和 R_2O 的摩尔比值,称为水玻璃模数。

根据碱金属氧化物不同,其品种有:硅酸钠水玻璃($Na_2O \cdot nSiO_2$)、硅酸钾水玻璃

（$K_2O \cdot nSiO_2$）、硅酸锂水玻璃（$Li_2O \cdot nSiO_2$）、硅酸钠钾水玻璃（$K_2O \cdot Na_2O \cdot nSiO_2$）和硅酸季胺水玻璃（$NR_4 \cdot nSiO_2$）等。

1）生产原理

建筑上通常使用的是硅酸钠水玻璃（$Na_2O \cdot nSiO_2$）。它是由石英砂粉或石英岩粉与 Na_2CO_3 或 Na_2SO_4 混合，在玻璃熔炉内 1 300～1 400℃下熔化，冷却后形成的固态水玻璃，其反应式如下：

$$Na_2CO_3 + nSiO_2 \longrightarrow Na_2O \cdot nSiO_2 + CO_2 \uparrow$$

固态水玻璃放在 3～8 个大气压的蒸汽锅内，将其溶解成无色、淡黄色或青灰色透明或半透明的黏稠液体，即成液态水玻璃。

2）水玻璃的硬化

液态水玻璃在空气中二氧化碳的作用下，由于干燥和析出无定形二氧化硅而硬化：

$$Na_2O \cdot nSiO_2 + CO_2 + mH_2O = Na_2CO_3 + nSiO_2 \cdot mH_2O$$

但上述反应进行得很慢，可持续数月之久。为促进其分解硬化，常掺入适量的氧化钠或氟硅酸钠（Na_2SiF_6），氟硅酸钠的适宜掺量为 12%～15%。氟硅酸钠是一种白色结晶粉粒，有腐蚀性，使用时应予以注意。

水玻璃和氟硅酸钠互相作用，反应后生成硅酸凝胶和可溶性的氟化钠，硅酸凝胶 $Si(OH)_4$ 再脱水生成二氧化硅而具有强度和耐腐蚀性能。其化学反应如下：

第一步，水玻璃同氟硅酸钠反应：

$$2Na_2SiO_3 + Na_2SiF_6 + 6H_2O \longrightarrow 6NaF + 3Si(OH)_4$$

第二步，凝胶脱水：

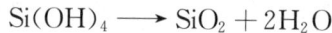

$$Si(OH)_4 \longrightarrow SiO_2 + 2H_2O$$

3）水玻璃的技术指标

水玻璃的主要技术指标有模数值 n 和浓度。水玻璃的模数值 n 是二氧化硅的光分子数与氧化钠的光分子数之比。在水中溶解的难易随水玻璃的模数 n 的大小而异。n 值大，水玻璃黏度大，较难溶于水，但较易分解、硬化。建筑上通常使用的水玻璃模数值为 2.0～3.5。

水玻璃的浓度（即水玻璃在其水溶液中的含量）用密度（D）或波美度（°$B'e$）表示。建筑中常用的液体水玻璃的密度为 1.32～1.50 g/cm³。一般情况下，密度大，表明溶液中水玻璃含量高，其黏度大，水玻璃的模数也大。

4）水玻璃模数值 n 及密度的调整

当市场供应的水玻璃模数值 n 和密度不符合使用要求时，可以进行调整。

（1）模数调整法

① 水玻璃模数过低或过高时，可以加入高模数或低模数的水玻璃，进行模数调整。调整时，将两种模数的水玻璃在常温下混合，并不断搅拌直至均匀。其中，加入高模数的水玻璃重量按下式计算：

$$G_1 = \frac{M - M_2}{M_1 - M} \times G_2$$

式中：G_1——高模数水玻璃的重量(g)；

　　　G_2——低模数水玻璃的重量(g)；

　　　M_1、M_2、M——分别为高、低和要求模数水玻璃的模数值。

② 水玻璃模数过高时(大于2.8)，可加入氢氧化钠(配成水溶液)进行模数调整。调整时，将高模数的水玻璃置于容器内，然后加入氢氧化钠的水溶液，并不断搅拌均匀。加入氢氧化钠的重量按下式计算：

$$G = \frac{(M_1 - M_2) \times N \times G_1}{M_2 \times P} \times 1.29$$

式中：G——加入氢氧化钠的重量(g)；

　　　G_1——高模数水玻璃的重量(g)；

　　　M_1、M_2——分别为高、低模数水玻璃的模数值；

　　　N——高模数水玻璃的氧化钠含量(%)；

　　　P——氢氧化钠的纯度。

（2）密度调整法

① 水玻璃密度较小时可加热脱水进行调整。

② 水玻璃密度过大时可在常温下加水进行调整。

5）水玻璃的应用

（1）涂刷材料表面，浸渍多孔性材料，加固土壤

以密度1.35 g/cm³ 的水玻璃浸渍或多次涂刷黏土砖、水泥混凝土等多孔性材料，可以提高材料的密实度和强度，且其抗渗性、耐水性均可提高。

以模数为2.5～3.0的水玻璃和氯化钙溶液一起灌入土壤中，生成的冻结状硅酸凝胶在潮湿环境下，因吸收土壤中水分而处于膨胀状态，使土壤固结，抗渗性得到提高。

（2）配制防水剂

以水玻璃为基料，加入两种或四种矾的水溶液，称为二矾或四矾防水剂。这种防水剂可以掺入硅酸盐水泥砂浆或混凝土中，以提高砂浆或混凝土的密度和凝结硬化速度。

二矾防水剂是以1份胆矾($CuSO_4 \cdot 5H_2O$)和1份红矾($K_2Cr_2O_7 \cdot 2H_2O$)，加入60份的沸水中，将冷却至30～40℃的水溶液加入400份的水玻璃溶液中，静止半小时即成。四矾防水剂与二矾防水剂所不同的是，除加入胆矾和红矾外，还加入明矾[$KAl(SO_4)_2 \cdot 12H_2O$]和紫矾[$KCr(SO_4)_2 \cdot 12H_2O$]，并控制四矾水溶液加入水玻璃时的温度为50℃。这种四矾防水剂凝结速度快，一般不超过1 min，适用于堵塞漏洞、缝隙等抢修工程。

（3）水玻璃混凝土

以水玻璃为胶结材料，以氟硅酸钠为固化剂，掺入铸石粉等粉状填料和砂、石骨料，经混合搅拌、振捣成型、干燥养护及酸化处理等加工而成的复合材料叫水玻璃混凝土。若采用耐酸、耐热骨料，则可分别制得水玻璃耐酸、耐热混凝土。

2.3　水泥

水泥呈粉末状，与水拌和后能形成具有流动性、可塑性的浆体。随着时间的延长，经自

身一系列物理化学作用,能由可塑性浆体变成坚硬的石状物,并能将散粒状材料胶结成为整体,所以水泥是一种良好的矿物胶凝材料。就硬化条件而言,水泥不仅能在空气中硬化,还能更好地在水中硬化,保持并继续增长其强度,故水泥属于水硬性胶凝材料。

水泥是目前使用量最大的土木工程材料之一,不仅大量应用于工业和民用建筑,还广泛应用于公路、铁路、水利、海港和机场等工程,制造各种形式的混凝土、钢筋混凝土以及预应力混凝土构件和构筑物。目前,全世界每年大约生产 14 亿吨水泥,品种多达上百种。

水泥按主要熟料矿物成分可分为硅酸盐水泥、铝酸盐水泥、硫酸盐水泥、硫铝酸盐水泥、铁铝酸盐水泥、氟铝酸盐水泥等;按其用途和性能可分为通用水泥、专用水泥和特性水泥。通用硅酸盐水泥是用于一般土木建筑工程的水泥,按照我国国家标准规定:以硅酸盐水泥熟料和适量的石膏及规定的混合材料制成的水硬性胶凝材料,称为通用硅酸盐水泥。其基本组成材料是:① 硅酸盐熟料;② 混合材料;③ 生石膏。按混合材料的品种和掺量分为硅酸盐水泥、普通硅酸盐水泥、矿渣硅酸盐水泥、火山灰质硅酸盐水泥、粉煤灰硅酸盐水泥和复合硅酸盐水泥。适用专门用途的水泥称为专用水泥,如道路水泥、砌筑水泥、大坝水泥、油井水泥等。具有比较突出的某种特殊性能的水泥,称为特性水泥,如快硬水泥、膨胀水泥、抗硫酸盐水泥、低热水泥、白色硅酸盐水泥和彩色硅酸盐水泥等。除以上介绍的水泥品种以外,还有一类以火山灰质混合材料和具有潜在水硬性的材料为主要组分材料配以各种激发剂做成的水泥。这类水泥地方性强,常常就地取材,而且性能比通用水泥差,一般用于要求较低的工程。这类水泥主要有石膏矿渣水泥、石灰火山灰水泥等。

水泥的品种虽然很多,但以通用硅酸盐水泥应用得最为广泛,在讨论它们的性质和应用时,硅酸盐水泥是最基本的。本章将首先对硅酸盐水泥作较详细的阐述,对其他几种常用水泥仅作一般介绍。

2.3.1 硅酸盐水泥

硅酸盐水泥是以适当成分的生料烧至部分熔融,所得以硅酸钙为主要矿物成分的水泥熟料,加入 0%～5%石灰石或粒化高炉矿渣、适量石膏磨细制成的水硬性胶凝材料。硅酸盐水泥分为两种类型,不掺石灰石或粒化高炉矿渣混合材料的称为Ⅰ型硅酸盐水泥,代号 P·Ⅰ。在硅酸盐水泥熟料粉磨时掺加不超过水泥重量 5%的石灰石或粒化高炉矿渣混合材料的称为Ⅱ型硅酸盐水泥,代号 P·Ⅱ。

所谓水泥熟料,是指由主要含 CaO、SiO_2、Al_2O_3、Fe_2O_3 的原料,按适当比例磨成细粉烧至部分熔融所得以硅酸钙为主要矿物成分的水硬性胶凝物质。其中硅酸钙矿物不小于 66%,氧化钙和氧化硅质量比不小于 2.0。

1)硅酸盐水泥的生产及其基本组成

(1)硅酸盐水泥生产

生产硅酸盐水泥的原料主要有石灰质原料和黏土质原料两类。石灰质原料主要提供 CaO,它可以采用石灰石、白垩、石灰质凝灰岩等。黏土质原料主要提供 SiO_2、Al_2O_3 及少量 Fe_2O_3,它可以采用黏土质岩、铁矿石和硅藻土等。把含有以上四种化学成分的材料按适当比例调整配合后,在磨机中磨细制成水泥生料,将生料置入窑内进行高温煅烧,在高温下反应生成以硅酸钙为主要成分的水泥熟料,再与适量石膏及一些矿质混合材料共同磨细,即可制成硅酸盐水泥。

硅酸盐水泥的生产工艺过程概括起来,可谓"两磨一烧"。其生产工艺流程如图 2-2 所示。

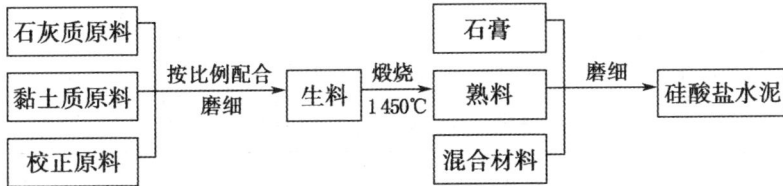

图 2-2 水泥生产工艺示意图

① 生料的制备

制备生料首先要根据所要求的水泥熟料矿物成分,计算出生料应含有的各种化学成分的比例,再根据现有的原材料的化学成分、煅烧条件,按制定的化学成分确定各种原材料的合适比例,同时或分别将这些原料磨细到规定的细度,并使它们混合均匀,为煅烧创造好的条件。按照硅酸盐水泥熟料的组成要求,生料中各化学成分的适当含量范围如表 2-4 所示。

表 2-4 生料化学成分的含量范围

CaO	SiO_2	Al_2O_3	Fe_2O_3	MgO
62%~67%	20%~24%	4%~7%	2.5%~6.0%	<5%

② 熟料的煅烧

将生料送入煅烧窑中经过干燥、预热、分解、烧成和冷却五个阶段,产生一系列复杂的物理化学和热化学反应的过程,最后形成所需要的矿物成分(以硅酸钙为主),称为熟料。其中,烧成阶段是水泥熟料矿物形成的关键,其煅烧温度(通常控制在 1 300~1 450℃)、煅烧时间、煅烧过程中的混合均匀性等对于熟料的质量具有重要的影响。

水泥生料在窑内的烧成过程,虽方法各异,但都要经历干燥、预热、分解熟料烧成以及冷却等几个阶段。在不同阶段其反应大致如下:

100~200℃左右,生料被加热,自由水逐渐蒸发而干燥。

300~500℃,生料被预热。

100~200℃,黏土质原料脱水并分解为无定形的 Al_2O_3 和 SiO_2;在 600℃以后,石灰质原料中的 $CaCO_3$ 开始微弱分解成 CaO 和 CO_2。

800℃左右生成铝酸一钙,也可能有铁酸二钙及硅酸二钙开始形成。

900~1 100℃,铝酸三钙和铁铝酸四钙开始形成。900℃时 $CaCO_3$ 进行大量分解,直至分解完毕。

1 100~1 200℃,大量形成铝酸三钙和铁铝酸四钙,硅酸二钙生成量最大。

1 300~1 450℃,铝酸三钙和铁铝酸四钙呈熔融状态,产生的液相把 CaO 及部分硅酸二钙溶解于其中,在此液相中,硅酸二钙吸收 CaO 化合成硅酸三钙。这一过程是煅烧水泥的关键,必须有足够的时间,以保证水泥熟料的质量。

烧成的水泥熟料经迅速冷却,即得到水泥熟料块。

③ 熟料的粉磨与包装

将煅烧后的水泥熟料在熟料库内存放 15 天左右,经破碎后,加入适量石膏(3%～5%)、不超过规定数量的混合材料(石灰石或粒化高炉矿渣)共同磨细之后包装,制成水泥成品。

(2) 水泥熟料矿物组成

硅酸盐水泥熟料的主要矿物组成及其含量范围如表 2-5 所示。

表 2-5　硅酸盐水泥熟料的矿物组成及其含量

熟料矿物名称	分子式	代号	含量范围(%)
硅酸三钙	$3CaO \cdot SiO_2$	C_3S	45～65
硅酸二钙	$2CaO \cdot SiO_2$	C_2S	15～30
铝酸三钙	$3CaO \cdot Al_2O_3$	C_3A	7～15
铁铝酸四钙	$4CaO \cdot Al_2O_3 \cdot Fe_2O_3$	C_4AF	10～18

上述四种主要熟料矿物中,硅酸三钙和硅酸二钙是主要成分,统称为硅酸盐矿物,约占水泥熟料总量的 75%;铝酸三钙和铁铝酸四钙称为溶剂型矿物,一般占水泥熟料总量的 18%～25%。

在水泥熟料的四种主要矿物成分中,C_3S 的水化速率较快,水化热较大,其水化物主要在早期产生。因此,C_3S 早期强度最高,且能不断地得到增长,它通常是决定水泥强度等级高低的最主要矿物。

C_2S 的水化速率最慢,水化热最小,其水化产物和水化热主要表现在后期;它对水泥早期强度贡献很小,但对后期强度的增长至关重要。因此,C_2S 是保证水泥后期强度增长的主要矿物。

C_3A 的水化速率极快,水化热也最集中。由于其水化产物主要在早期产生,它对水泥的凝结与早期(3 d 以内)的强度影响最大,硬化时所表现的体积减缩也最大。尽管 C_3A 可促使水泥的早期强度增长很快,但其实际强度并不高,而且后期几乎不再增长,甚至会使水泥的后期强度有所降低。

C_4AF 是水泥中水化速率较快的成分,仅次于 C_3A,其水化热中等,抗压强度较低,但抗折强度相对较高。当水泥中 C_4AF 含量增多时,有助于水泥抗折强度的提高,因此,它可降低水泥的脆性。

在反光显微镜下,硅酸盐水泥熟料矿物一般如图 2-3 所示,C_3S 呈多角形,C_2S 呈圆形,表面常有双晶纹,两者均为暗色;C_3A 和 C_4AF 填充在 C_3S 和 C_2S 之间,形状不规则,C_4AF 为亮色,C_3A 呈深色。

四种矿物单独与水作用时所表现的特性见表2-6,其强度发展规律如图 2-4 所示,图 2-5 为 C_3S 和 C_2S 的水化程度随龄期增长的情况。

图 2-3　硅酸盐水泥熟料矿物的微观结构

表 2-6 水泥熟料矿物的水化特征

性　　能	熟料矿物名称			
	C₃S	C₂S	C₃A	C₄AF
凝结硬化速度	快	慢	最快	较快
28 d 水化放热量	大	小	最大	中
强度增进率	快	慢	最快	中
耐化学侵蚀性	中	最大	小	大
干缩性	中	大	最大	小

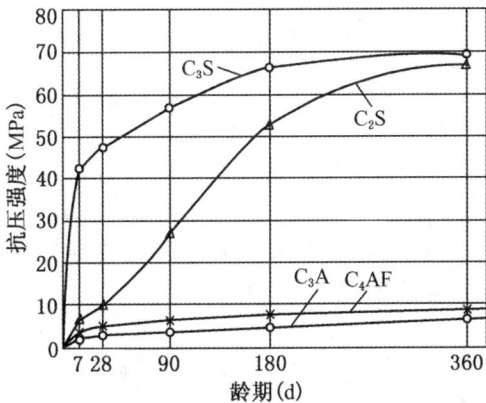

图 2-4　水泥熟料矿物硬化时的强度增长曲线

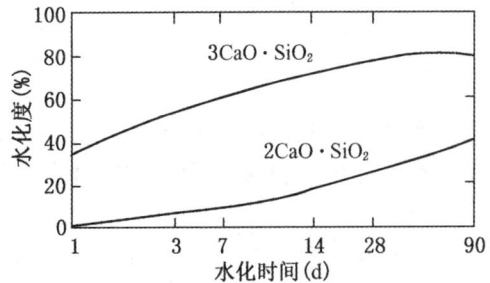

图 2-5　C₃S 和 C₂S 水化程度变化曲线

除了在表中所列主要化合物之外,水泥中还存在少量的有害成分,如游离氧化钙(f-CaO)、氧化镁(MgO)、硫酸盐(折合 SO₃ 计算)等。

① 游离氧化钙(f-CaO)是煅烧过程中未能熟化而残存下来的呈游离态的 CaO。如果它的含量较高,则由于其滞后的水化并产生结晶膨胀而导致水泥石开裂,甚至结构崩溃。通常熟料中对其含量应严格控制在 1%～2% 以下。

② 游离氧化镁(MgO)是原料中代入的杂质,属于有害成分,其含量多时会使水泥在硬化过程中产生体积不均匀变化,导致结构破坏。为此,国家标准规定水泥中 MgO 含量不得超过 5.0%,否则任何工程中不得使用。

③ 三氧化硫(SO₃)可能是掺入石膏过多或其他原料中所带来的硫酸盐。为调节水泥凝结时间以满足施工工作的要求,在水泥生产中通常必须掺加适量的石膏,但是,当石膏掺入量过高时,过量的石膏会使水泥在硬化过程中产生体积不均匀变化而使其结构破坏。为此,国家标准规定硅酸盐水泥中 SO₃ 的含量不得超过 3.5%,否则不得在工程中应用。

④ 含碱矿物是指含有 Na₂O 或 K₂O 及其盐类的物质,当其含量较高时,容易与某些碱活性材料产生局部膨胀反应而造成结构破坏。水泥中的碱含量按 Na₂O+0.658K₂O 计算值表示,一般应不大于 0.60% 或由买卖双方协商确定。

(3) 水泥混合材料

混合材料是生产水泥时为改善水泥的性能、调节水泥的强度等级而掺入的人工或天然矿物材料,也称为掺合料。当硅酸盐水泥熟料与大量掺入的混合材料共同磨细制成水泥后,不仅可以调节水泥的强度等级、增加产量、降低成本,还可以调整水泥的性能,扩大水泥的等级范围,满足不同工程的需要。混合材料按其在水泥中的作用,可分为活性和非活性两类,近年来也采用兼具活性和非活性的窑灰。

① 活性混合材料

活性混合材料是指具有火山灰性或潜在水硬性,或兼有火山灰性和水硬性的矿物质材料,磨细后与石灰、石膏或硅酸盐水泥混合后,加水在常温下能生成具有胶凝性的水化产物,并能在水中硬化的材料,主要包括粒化高炉矿渣、粒化高炉矿渣粉、火山灰质混合材料和粉煤灰。

活性混合材料的主要成分是活性 SiO_2、Al_2O_3,单独与水拌和不具备水硬性,但是磨细后与石灰、石膏或硅酸盐水泥等一起加水拌和,其潜在的活性会因碱性激发和硫酸盐激发作用而挥发出来,与水泥水化浆体中的氢氧化钙及石膏反应,生成低碱度的胶凝性物质,且具有水硬性。

② 非活性混合材料

将活性指标分别低于标准要求的粒化高炉矿渣、粒化高炉矿渣粉、粉煤灰、火山灰质混合材料、石灰石和砂岩等掺入水泥中(其中石灰石中的三氧化二铝含量应不大于 2.5%),与水泥不起或起微弱的化学作用,仅起提高产量、降低强度等级、降低水化热和改善新拌混凝土和易性等作用,这些材料称为非活性混合材料,也称为填充性混合材料。

③ 窑灰

窑灰是从水泥回转窑尾气中收集下的粉尘。窑灰的性能介于非活性混合材料和活性混合材料之间,窑灰的主要组成物质是碳酸钙、脱水黏土、玻璃态物质、氧化钙,另有少量熟料矿物、碱金属硫酸盐和石膏等,用于水泥生产的窑灰应符合《掺入水泥中的回转窑窑灰》(JC/T 742—2009)的规定要求。

(4) 石膏

一般水泥熟料磨成细粉与水拌和会产生速凝现象,掺入适量石膏,不仅可调节凝结时间,同时还能提高早期强度,降低干缩变形,改善耐久性、抗渗性等一系列性能;对于掺混合材料的水泥,石膏还对混合材料起活性激发剂作用。

用于水泥中的石膏一般是二水石膏或无水石膏,所使用的石膏品质有明确的规定,天然石膏必须符合国家标准《天然石膏》(GB/T 5483—2008)中规定的 G 类、M 类或 A 类二级(含)以上的石膏、混合石膏或硬石膏,采用工业副产品时,必须经过试验证明对水泥无害。

水泥中石膏掺量与熟料的 C_3A 含量有关,并且与混合材料的种类有关。一般来说,熟料中 C_3A 愈多,石膏需多掺;掺混合材料的水泥应比硅酸盐水泥多掺石膏。石膏的掺量以水泥中 SO_3 含量作为控制标准,国家标准对不同种类的水泥有具体的 SO_3 限量指标。石膏掺量过少,不能合适地调节水泥正常的凝结时间;但掺量过多,则可能导致水泥体积安定性不良。

2) 水泥的水化与凝结硬化

水泥加水拌和后就开始了水化反应,并称为可塑的水泥浆体。随着水化的不断进行,水泥浆体逐渐变稠、失去可塑性,但尚不具有强度的过程,称为水泥的"凝结"。随着水化过程的进一步深入,水泥浆体的强度持续发展提高,并逐渐变成坚硬的石状物质——水泥石,这一过程称为水泥"硬化"。水泥的凝结和硬化过程是人为划分的,实际上是一个连续的复杂的物理化学变化过程,是不能截然分开的。这些变化过程与水泥熟料矿物的组成、水化反应条件及环境等密切相关,其变化的结果直接影响到硬化后水泥石的结构状态,从而决定了水泥石的物理力学性质与化学性质。

(1) 硅酸盐水泥的水化过程

水泥与水接触后,熟料矿物表面会立即与水发生化学反应,称为水化作用,在熟料矿物颗粒周围不断有新的水化产物生成,同时伴随着热量的释放。其反应方程式如下:

$$2(3CaO \cdot SiO_2) + 6H_2O \longrightarrow 3CaO \cdot 2SiO_2 \cdot 3H_2O + 3Ca(OH)_2$$

$$2(2CaO \cdot SiO_2) + 4H_2O \longrightarrow 3CaO \cdot 2SiO_2 \cdot 3H_2O + Ca(OH)_2$$

$$3CaO \cdot Al_2O_3 + 6H_2O \longrightarrow 3CaO \cdot Al_2O_3 \cdot 6H_2O$$

$$4CaO \cdot Al_2O_3 \cdot Fe_2O_3 + 7H_2O \longrightarrow 3CaO \cdot Al_2O_3 \cdot 6H_2O + CaO \cdot Fe_2O_3 \cdot H_2O$$

从上面的反应式中可知,硅酸三钙 C_3S 和硅酸二钙 C_2S 的水化产物都是水化硅酸钙和氢氧化钙,它们构成了水泥石的主体。式中的 $3CaO \cdot 2SiO_2 \cdot 3H_2O$ 是水化硅酸钙的理论分子式,实际上水化硅酸钙的矿物成分相当复杂,化学组成并不固定,所以通常水化硅酸钙用 C-S-H 来表示。由于水化硅酸钙呈凝胶和微晶结构状态,因此把水化硅酸钙称为 C-S-H 凝胶。氢氧化钙 $Ca(OH)_2$(简式 CH)则是以晶体状态存在于水化产物中。

铝酸三钙 C_3A 的水化产物在不同条件下可以形成不同的水化铝酸钙,而 $3CaO \cdot Al_2O_3 \cdot 6H_2O$(简式 C_3AH_6)只是水化铝酸钙的一种表达形式,也是最终稳定的产物,一般在水泥石中都以晶体的形式存在。

铁铝酸四钙 C_4AF 的水化产物一般认为是水化铝酸钙和水化铁酸钙的固溶体。水化铁酸钙 $CaO \cdot Fe_2O_3 \cdot H_2O$(简式 CFH)是一种凝胶体,它和水化铝酸钙晶体以固溶体的状态存在于水泥石中。

水泥熟料的水化速度很快,尤其是 C_3A 矿物的水化,使得水泥浆体的凝结时间很短,不便实际应用。为了使水泥有适当的凝结时间,通常掺入适量的石膏(约 3%),与熟料一起共同磨细。这些石膏与反应速度最快的 C_3A 作用,生成难溶的水化硫铝酸钙晶体,和其他一些无定形的水化产物一起覆盖于未水化的水泥颗粒周围,阻滞水泥的水化,因而延缓了水泥的凝结时间。其反应式为:

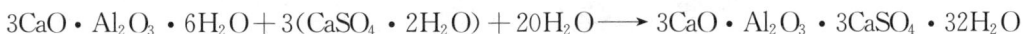

$$3CaO \cdot Al_2O_3 \cdot 6H_2O + 3(CaSO_4 \cdot 2H_2O) + 20H_2O \longrightarrow 3CaO \cdot Al_2O_3 \cdot 3CaSO_4 \cdot 32H_2O$$

上式中的水化产物称为三硫型(或高硫型)的水化硫铝酸钙,又称作钙矾石(简式 AFt)。随着石膏的消耗与耗尽,则会生成单硫型(或低硫型)的水化硫铝酸钙(简式 AFm),即

$$3CaO \cdot Al_2O_3 \cdot 3CaSO_4 \cdot 32H_2O + 2C_3A + 4H_2O \longrightarrow 3[3CaO \cdot Al_2O_3 \cdot CaSO_4 \cdot 12H_2O]$$

由以上各化学反应方程式可知,C_3S、C_2S、C_3A 和 C_4AF 四种熟料矿物在用石膏作为调凝剂的情况下,主要水化生成物有水化硅酸钙凝胶、氢氧化钙、水化硫铝酸钙、水化铝酸钙晶体和水化铁酸钙凝胶。在充分水化的水泥石中,水化硅酸钙凝胶约占 70%,氢氧化钙约占 20%,水化硫铝酸钙约占 7%。

对于掺有混合材的硅酸盐水泥来说,其水化过程中除了水泥熟料矿物成分的水化之外,活性混合材料还会在饱和的氢氧化钙溶液中发生显著的二次水化作用。水化时首先是熟料矿物的水化,称之为一次水化;然后是熟料矿物水化后生成的 $Ca(OH)_2$ 与混合材料中的活性成分发生水化反应,生成水化硅酸钙和水化铝酸钙;当有石膏存在时,则还反应生成水化硫铝酸钙。水化产物 $Ca(OH)_2$ 及石膏与混合材料中活性组分的反应称为二次水化。其水化反应一般认为是:

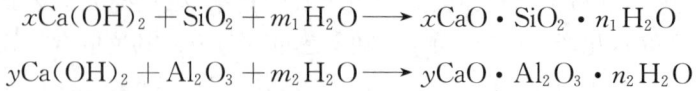

$$xCa(OH)_2 + SiO_2 + m_1H_2O \longrightarrow xCaO \cdot SiO_2 \cdot n_1H_2O$$

$$yCa(OH)_2 + Al_2O_3 + m_2H_2O \longrightarrow yCaO \cdot Al_2O_3 \cdot n_2H_2O$$

式中,x,y 值一般为不小于 1 的整数,它取决于混合材料的种类、石灰与活性氧化硅、氧化铝的比例、环境温度以及反应所延续的时间等因素;n 值一般为 $1\sim2.5$,其中,$Ca(OH)_2$ 和 SiO_2 相互作用的过程是无定形的硅酸吸收钙离子,起初为不定成分的吸附系统,然后形成无定形的水化硅酸钙、水化铝酸钙,再经过较长一段时间后慢慢地转变成为晶体或结晶不完善的凝胶体结构。

由此可见,水泥的水化反应是一个复杂的过程,所生成的产物并非单一组成的物质,而是一个多种组成的集合体。

(2) 硅酸盐水泥的凝结硬化机理

关于水泥的凝结硬化过程与水化发硬的内在联系,许多学者先后提出了不同的学说理论。自 1882 年法国学者吕·查德里(H. Le-Chatelier)首先提出水泥凝结硬化的结晶理论以来,硅酸盐水泥的凝结硬化机理的研究已有百余年的历史,人们一直在不断探索水泥的凝结硬化机理,至今学术界仍存在着分歧,尚无定论。到目前为止,比较一致的看法是将水泥的凝结硬化过程分为四个阶段,即初始反应期、诱导期、水化反应加速期和硬化期,如图 2-6 所示。

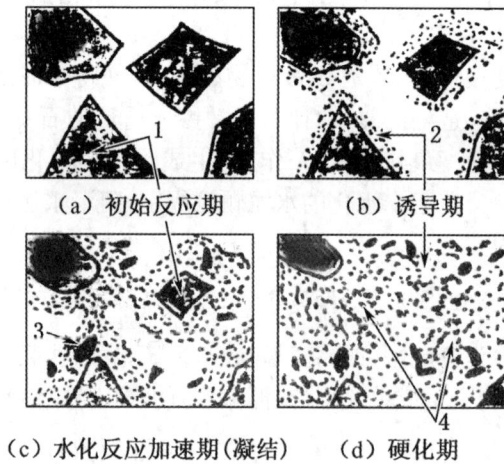

（a）初始反应期　　　（b）诱导期

（c）水化反应加速期（凝结）　　（d）硬化期

图 2-6　水泥凝结硬化过程示意图

1—未水化水泥颗粒;2—凝胶;3—$Ca(OH)_2$ 等晶体;4—毛细孔

① 初始反应期(持续大约 $5\sim10$ min)

水泥加水拌和,未水化的水泥颗粒分散于水中,称为水泥浆体(图 2-6(a))。

水泥颗粒的水化从其表面开始。水泥加水后,首先石膏迅速溶解于水,C_3A 立即发生反应,C_4AF 与 C_3S 也很快水化,而 C_2S 则稍慢。一般在几秒钟或几分钟内,在水泥颗粒周围的液相中,氢氧化钙、石膏、水化硅酸钙、水化铝酸钙、水化硫铝酸钙等相继从液相中析出,包裹在水泥颗粒表面。电子显微镜下可以观察得到水泥颗粒表面生成立方板状的氢氧化钙晶体、针状钙矾石晶体和无定形的水化硅酸钙凝胶体。接着由于三硫型水化硫铝酸钙的不断生成，使得液相中 SO_4^{2-} 逐渐耗尽，C_3A、C_4AF 与三硫型水化硫铝酸钙作用生成单硫型水化硫铝酸钙。以上水化产物中，氢氧化钙、水化硫铝酸钙以结晶程度较好的形态析出，水化硅酸钙则是以大小为 $10\sim1\,000\,Å$ 的胶体粒子(或微晶)形态存在，比表面积高达 $100\sim700\,m^2/g$，其在水化产物中所占的比例最大。由此可见，水泥水化物中有晶体和凝胶(见图2-7)。

图 2-7　电子显微镜下的水泥水化产物形貌

凝胶内部含有孔隙称为凝胶孔隙(胶孔)，胶孔尺寸在 $15\sim20\,Å$ 之间，只比水分子大一个数量级。胶孔占凝胶总体积的 28%，对于给定的水泥，当养护环境的湿度不变时，这一孔隙率的实际数值在水化的任何时期保持不变，并与调拌水泥浆时的水灰比无关。

② 诱导期(持续大约 1 h)

由于水化反应在水泥颗粒表面进行，形成以水化硅酸钙凝胶体为主的渗透膜层。该膜层阻碍了水泥颗粒与水的直接接触，所以水化反应速度减慢，进入诱导期(图2-6(b))。但是这层水化物硅酸钙凝胶构成的膜层并不是完全密实的，水能够通过该膜层向内渗透，在膜层内与水泥进行水化反应，使膜层向内增厚；而生成的水化产物则通过膜层向外渗透，使膜层向外增厚。

然而，水通过膜层向内渗透的速度要比水化产物向外渗透的速度快，所以在膜层内外将产生由内向外的渗透压，当该渗透压增大到一定程度时，膜层破裂，使水泥颗粒未水化的表面重新暴露与水接触，水化反应重新加快，直至新的凝胶体重新修补破裂的膜层为止。这种膜层的破裂、水化重新加速的行为在水泥-水体系中是无定时、无定向发生的，因此在一段时期后水化反应有加速倾向。

这里需要指出一点，即水泥凝胶体实际上是水化硅酸钙晶坯和水化铁酸钙晶坯胶体化后连网形成的无秩序的大分子，其内尚存在许多凝胶水。凝胶水的蒸发形成凝胶孔并使凝胶强度增大，但同时由于存在凝胶孔，又使水泥石强度比理论的估计值低许多。在混凝土中，凝胶水的蒸发对混凝土性能影响不大，但却使混凝土长期处于潮湿状态，从而影响混凝土表面涂料装修的质量。

③ 水化反应加速期(持续大约 6 h)

随着水化加速进行，水泥浆体中水化产物的比例越来越大，各个水泥颗粒周围的水化产物膜层逐渐增厚，其中的氢氧化钙、钙矾石等晶体不断长大，相互搭接形成强的结晶接触点，水化硅酸钙凝胶体的数量不断增多，形成凝聚接触点，将各个水泥颗粒初步连接成网络，使水泥浆逐渐失去流动性和可塑性，即发生凝结(图2-6(c))。在这种情况下，由于水泥颗粒的不断水化,水化产物愈来愈多,并填充着原来自由水所占据的空间。因此,毛细水是随水化的进行逐渐减少的。也就是说,水泥水化愈充分,毛细孔径愈小。这一过程大约持续 6 h。

④ 硬化期(持续大约 6 h 至几年)

凝胶体填充剩余毛细孔,水泥浆体达到终凝,浆体产生强度进入硬化阶段(图 2-6(d))。这时的突出特征是六角形板块状的 $Ca(OH)_2$ 和放射状的水化硅酸钙数量增加,同时,水泥胶粒形成的网络结构进一步加强,未水化水泥粒子继续水化,孔隙率开始明显减小,逐步形成具有强度的水泥石。

F. W. 罗歇尔(Locher)等根据研究资料将水泥凝结硬化过程绘制成水泥浆体结构发展图(如图 2-8),更具体地描绘了水泥浆体的物理-力学性质:孔隙率、渗透性、强度以及水泥水化产物随时间的变化情况,并描述了水化各个阶段水泥浆体结构形成变化的图像。

综上所述,硅酸盐水泥水化生成的主要水化产物有 C-S-H 凝胶、氢氧化钙、水化铝(铁)酸钙和水化硫铝酸钙晶体。在充分水化的水泥石中,C-S-H 凝胶约占 70%,$Ca(OH)_2$ 约占 20%,钙矾石和单硫型水化硫铝酸钙约占 7%。

在水泥浆整体中,上述物理化学变化(形成凝胶体膜层增厚和破裂,凝胶体填充剩余毛细孔等)不能按时间截然划分,但在凝胶硬化的不同阶段将由某种反应起主要作用。

图 2-9 是水泥浆体硬化后水泥石的结构示意图。水泥石的结构组分有晶体胶体、未完全水化的水泥颗粒、游离水分、气孔(毛细孔、凝胶孔、过渡带)等。一般气孔越多,未完全水化的水泥颗粒越多,晶体、胶体等胶凝物质越少,水泥石强度越低。

(3) 水化、凝结、硬化特点

① 水化过程放热。水泥放热曲线如图 2-10。从图中可知水化反应在最初 5 min 内进行得很快,放热很快达到峰值。这是水泥的初始反应期。初始反应期后,水泥水化进入休止期,这一时期水化反应和放热速度缓慢,这是由于石膏缓凝作用的结果。大约 2 h 后,水泥浆体进入凝结期。随着石膏缓凝作用的减弱,水化反应和放热的再次加速,水化产物继续增多,在未水化颗粒表面形成了厚保护层阻止水泥水化,从而放热下降。大约经历了 12 h 后,水泥石进入硬化期,水化反应、放热愈来愈慢。图中第二放热高峰部分表示石膏在水泥中的掺量较低时,石膏与铝酸钙作用完后,矿物 C_3A 的进一步水化、放热。另外,温度对水化热有明显的影响。环境温度愈高,水化热愈大。因此,炎热气候混凝土

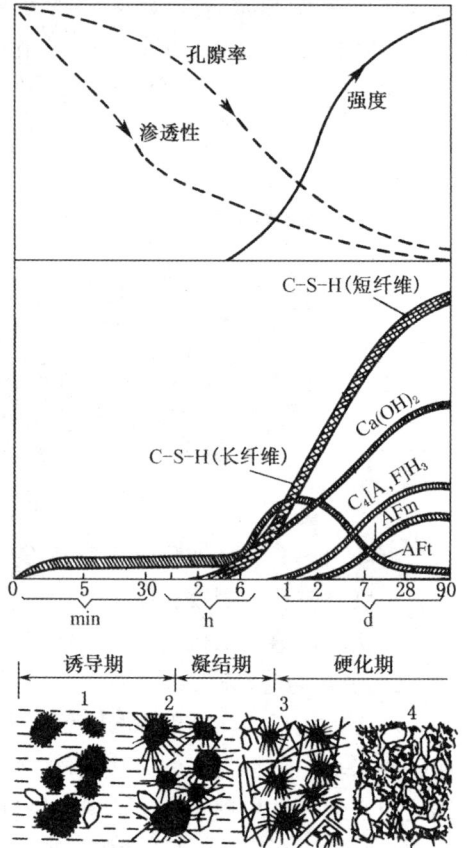

图 2-8 水泥强度发展曲线图

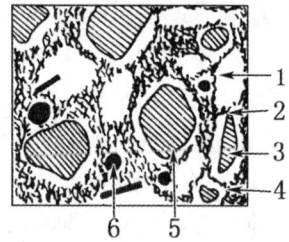

图 2-9 水泥石结构示意图

1—毛细孔;2—凝胶孔;3—未水化的水泥颗粒
4—凝胶;5—过渡带;6—$Ca(OH)_2$ 晶体

工程施工应重视水泥水化热问题,防止水泥水化热过大产生混凝土温度裂缝。

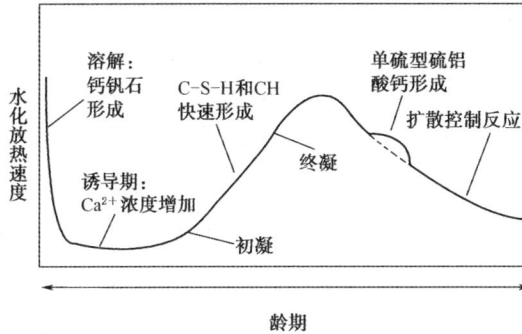

图 2-10 水泥水化时的放热曲线

② 水化反应不彻底。如图 2-11,水泥厂经历 28 d 龄期后,水泥矿物 C_3S、C_3A、C_4AF、C_2S 分别只水化 70%、50%、40%、10% 左右。根据矿物在水泥熟料中的相对比例,可以估算出水泥石经历 28 d 后,水泥只水化了大约 50%。这也就是说,仍然存在一部分水泥未水化,因此,后期的养护对水泥石是十分有益的。

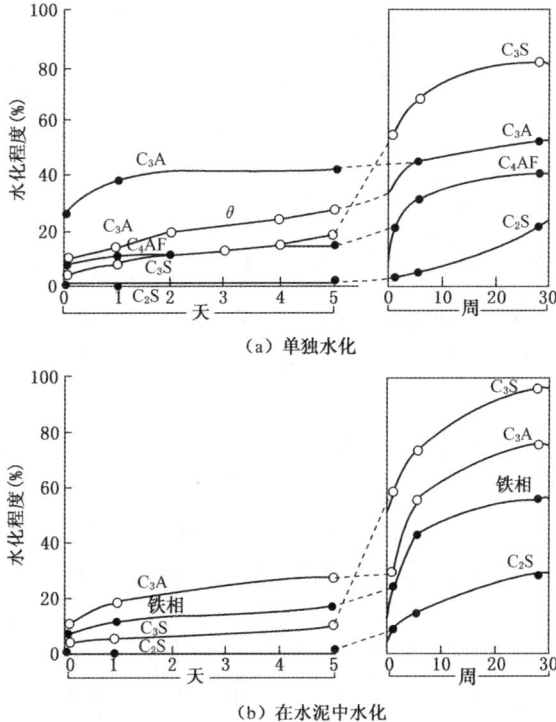

图 2-11 水泥熟料矿物的水化动力学曲线

③ 水泥在凝结期间发挥黏聚性能。水泥浆体进入这一时期后,不允许再受到诸如搅拌、振动、翻动等破坏性外力的作用。否则,这种已黏聚的内部结构遭到破坏,从而使硬化水泥石变得松散。研究表明,水灰比小于 0.3 的水泥浆体,其黏聚性能差,也使硬化水泥石变得松散。

④ 水泥浆体在凝结期间易出现泌水现象。研究表明,这种情况只在水灰比大于 0.5 时发生。因此,为避免发生泌水现象,水灰比尽可能不要偏离 0.5 这个值过大。

⑤ 水泥石硬化时体积收缩。如图 2-12、图 2-13 所示,这种收缩是由于失水和碳化(即水泥石中 $Ca(OH)_2$ 与空气中 CO_2 在一定温度下,作用生成 $CaCO_3$ 的过程)双重作用引起的,它将会使正在硬化的水泥石遭受拉应力的作用,从而出现裂缝,导致水泥石强度的下降。所以,通常水泥浆不单独使用,一般与各种骨料(如石子、砂子)拌和成混凝土或砂浆使用。骨料在其中起到了阻止水泥石收缩的作用,从而避免水泥石内部引起过大的破坏性裂纹。

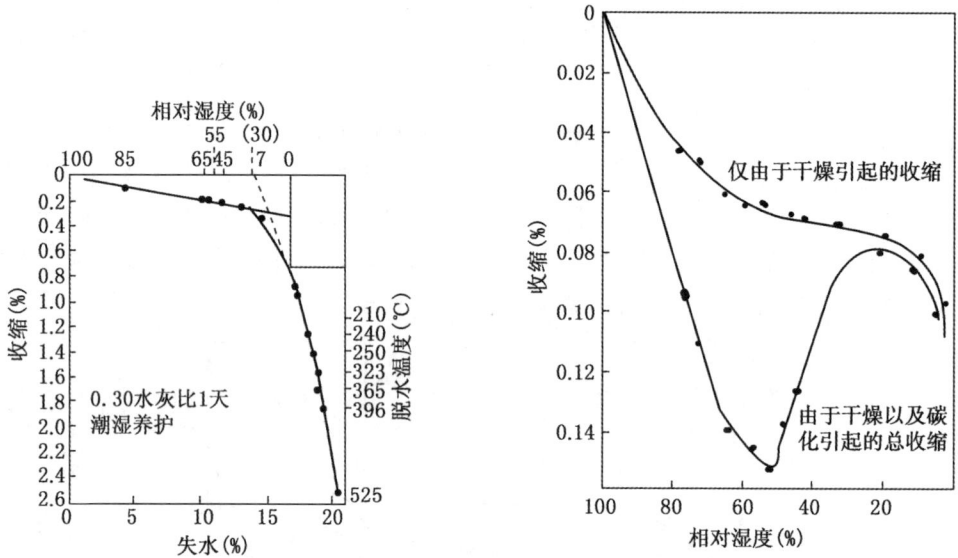

图 2-12 水泥石收缩与脱水时的湿度及温度的关系　图 2-13 水泥石的干燥与碳化收缩与湿度的关系

⑥ 水泥石的强度随龄期逐渐增长(如图 2-4)。其根本原因是水化随时间不断进行,水化产物愈来愈多,水泥石中毛细水和毛细空间愈来愈少,从而使水泥石更加密实,强度也逐渐增长。

（4）硅酸盐水泥凝结硬化的影响因素

① 熟料的矿物组成。熟料中水化速度快的组分含量越多,整体上水泥的水化速度也越快。水泥熟料单矿物的水化速度由快到慢的顺序排列为 $C_3A > C_4AF > C_3S > C_2S$。由于 C_3A 和 C_4AF 的含量较小,且后期水化速度慢,所以水泥的水化速度主要取决于 C_3S 含量的多少。

② 水泥细度。水泥颗粒的粗细程度将直接影响水化、凝结及硬化速度。水泥颗粒越细,水与水泥接触的比表面积就越大,与水反应的机会也就越多,水化反应进行得越充分。促使凝结硬化的速度加快,早期强度就越高。通常水泥颗粒粒径在 $7 \sim 200 \ \mu m$ 的范围内。

③ 石膏掺量。如果不加入石膏,在硅酸盐水泥浆中,熟料中的 C_3A 实际上是在 $Ca(OH)_2$ 饱和溶液中进行水化反应,其水化反应可以用下式表述:

$$C_3A + CH + 12H_2O = C_4AH_{13}$$

处于水泥浆的碱性介质中,C_4AH_{13} 在室温下能稳定存在,其数量增长也较快,据认为这是水泥浆体产生瞬时凝结的主要原因之一。在水泥熟料加入石膏之后,则生成难溶的水化硫铝酸钙晶体,减少了溶液中的铝离子,因而延缓了水泥浆体的凝结速度。

水泥中石膏掺量必须严格控制。特别是用量过多时,在后期将引起水泥膨胀破坏。合理的石膏掺量,主要取决于水泥中铝酸三钙的含量和石膏的品质,同时与水泥细度和熟料中SO_3含量有关,一般掺量占水泥总量的3%～5%,具体掺量由试验确定。

④ 环境条件。与大多数化学反应类似,水泥的水化反应随着温度的升高而加快,当温度低于5℃时,水化反应大大减慢;当温度低于0℃,水化反应基本停止。同时,水泥颗粒表面的水分将结冰,破坏水泥石的结构,以后即使温度回升也难以恢复正常结构,所以在水泥水化初期一定要避免温度过低,寒冷地区冬季施工混凝土,要采取有效的保温措施。但是,如果温度过高,水化过快,短期内水化产物生成过多,难以密实堆积,同时将放出大量水化热,造成温度裂缝。

湿度是水泥水化的必备条件。如果环境过于干燥,浆体中的水分蒸发,将影响水泥的正常水化,所以水泥在水化过程中要保持潮湿的环境。保持一定湿度和温度使水泥石强度不断增长的措施,称为养护。另外,保持一定的温湿度,也可以减少水泥石早期失水和碳化收缩值。

⑤ 龄期。水泥的水化是一个较长期不断进行的过程,随着龄期的增长,水泥颗粒内各熟料矿物水化程度的不断提高,水化产物也不断增加,并填充毛细孔,使毛细孔隙相应减少,从而使水泥石的强度逐渐提高。由于熟料矿物中对强度起决定性作用的C_3S在早期强度发展较快,所以水泥在3～14 d内强度增长较快,28 d后强度增长渐趋于稳定。

⑥ 化学外加剂。为了控制水泥的凝结硬化时间,以满足施工及某些特殊要求,在实际工程中,经常要加入调节水泥凝结时间的外加剂,如缓凝剂、促凝剂等。促凝剂($CaCl_2$、Na_2SO_4等)就能促进水泥水化硬化,提高早期强度。相反,缓凝剂(木钙,糖类)则延缓水泥的水化硬化,影响水泥早期强度的发展。

⑦ 保存时间与受潮。水泥久存如果受潮,因表面吸收空气中水分,发生水化而变硬结块,丧失胶凝能力,强度大为降低。而且,即使在良好的储存条件下,也不可储存过久,因此在使用之前要重新检验其实际强度,如果发现过期现象要重新粉磨,使其暴露新的表面而恢复部分活性。

3) 硅酸盐水泥的技术性质

水泥是混凝土的重要原材料之一,对混凝土的性能具有决定性的影响。为了保证混凝土材料的性能满足工程要求,国家标准对通用硅酸盐水泥的各项性能指标有严格的规定,出厂的水泥必须经检验符合这些性能要求;同时,在工程中使用水泥之前,还要按照规定对水泥的一些性能进行复试检验,以确保工程质量。

(1)密度

硅酸盐水泥的密度主要取决于熟料的矿物组成,它是测定水泥细度指标比表面积的重要参数。通常硅酸盐水泥的密度为3.05～3.20 g/cm³,平均可取3.10 g/cm³。堆积密度按松紧程度在1 000～1 600 kg/m³之间,平均可取1 300 kg/m³。

(2)化学指标

① 不溶物。不溶物指水泥中用盐酸或碳酸钠溶液处理而不溶的部分,不溶成分的含量可以作为评价水泥在制造过程中烧成反应完全的指标。国家标准中规定Ⅰ型硅酸盐水泥中不溶物不得超过0.75%,Ⅱ型硅酸盐水泥中不溶物不得超过1.5%。

② 烧失量。烧失量是指将水泥在(950±50)℃温度的电炉中加热15 min的重量减少

率。这些失去的物质主要是水泥中所含的水分和二氧化碳,根据烧失量可以大致判断水泥的吸潮及风化程度。国家标准中规定Ⅰ型硅酸盐水泥中烧失量不得大于3.0%,Ⅱ型硅酸盐水泥中烧失量不得大于3.5%。普通硅酸盐水泥中烧失量不得大于5.0%。

③ MgO。水泥中氧化镁含量偏高是导致水泥长期安定性不良的因素之一。国家标准规定,水泥中氧化镁的含量不得超过6.0%。

④ SO_3含量。水泥中的三氧化硫主要来自石膏,水泥中过量的三氧化硫会与铝酸三钙形成较多的钙矾石,体积膨胀,危害安定性。国家标准是通过限定水泥中三氧化硫含量控制石膏掺量,水泥中三氧化硫的含量不得超过3.5%。

⑤ 碱含量。水泥中的碱会与具有碱活性成分的骨料发生化学反应,引起混凝土膨胀破坏,这种现象称为"碱-骨料反应"。它是影响混凝土耐久性的一个重要因素,严重时会导致混凝土不均匀膨胀破坏,因此国家标准对水泥中碱性物质的含量有严格规定。水泥中碱含量按 $Na_2O+0.658K_2O$ 计算值表示,若使用活性骨料,用户要求提供低碱水泥时,水泥中的碱含量由供需双方协商确定。

(3) 细度

细度指水泥颗粒的粗细程度,是影响水泥的水化速度、水化放热速率及强度发展趋势的重要性质,同时又影响水泥的生产成本和易保存性。水泥的细度有两种表示方法,其一是采用一定孔径的标准筛进行筛分,用筛余百分率表示水泥颗粒的粗细程度;其二是用比表面积,即单位质量的水泥所具有的总的表面积表示。按照国家标准的规定,硅酸盐水泥的细度以比表面积表示,要求比表面积不小于 $300\ m^2/kg$,但不大于 $400\ m^2/kg$。普通硅酸盐水泥、矿渣硅酸盐水泥、火山灰质硅酸盐水泥、粉煤灰硅酸盐水泥和复合硅酸盐水泥以筛余表示,$45\ \mu m$ 方孔筛筛余不小于5%。

水泥的细度对水泥安定性、需水量、凝结时间及强度有较大影响。水泥颗粒粒径愈小,与水起反应的表面积愈大,水化愈快,产生的胶凝物质愈多,水泥强度发展愈快,水泥强度愈高。一般说来,水泥颗粒愈细,水泥质量愈好。

(4) 标准稠度水量

标准稠度需水量指水泥浆体达到规定的标准稠度时的用水量以占水泥质量的百分比来表示。检验水泥的体积安定性和凝结时间时,为了使检验的这两种性质具有可比性,国家标准规定了水泥浆的稠度。

标准稠度用水量对水泥的性质没有直接的影响,只是水泥与水拌和达到某一规定的稀稠程度时需水量的客观反映,在测定水泥的凝结时间和安定性等性质时需要拌制标准稠度的水泥浆,所以是为了进行水泥技术检验的一个准备指标。一般硅酸盐水泥的标准稠度用水量为 21%~28%。

影响水泥需水性的因素主要是水泥细度和外加剂,水泥颗粒愈细,水泥标准稠度用水量愈大。

(5) 凝结时间

凝结时间是指水泥从加水拌和开始到失去流动性,即从可塑状态发展到固体所需要的时间,是影响混凝土施工难易程度和速度的重要性质。水泥的凝结时间分初凝时间和终凝时间,初凝时间是指自水泥加水至水泥浆开始失去可塑性和流动性所需的时间;终凝时间是指水泥自加水时至水泥浆完全失去可塑性、开始产生强度所需的时间。在水泥浆初凝之前,要完成混凝土的搅拌、注成、振实等工序,需要有较充足的时间比较从容地进行施工,因此水泥的初凝时间不能太短;为了提高施工效率,在成型之后需要尽快增长强度,以便拆除模板,进行下一步施工,所以水泥的凝结时间不能太长。按照国家标准规定,硅酸盐水泥初凝不少于 45 min,终凝不大于 390 min。

影响水泥凝结时间的因素主要是水泥的矿物组成、细度、环境温度和外加剂,水泥含有愈多水化快的矿物,水泥颗粒愈细,环境温度愈高,水泥水化愈快,凝结时间愈短。

（6）安定性

所谓安定性是指水泥浆体在凝结硬化过程中体积变化的均匀性,也叫做体积安定性。如果在水泥已经硬化后,产生不均匀的体积变化,即所谓的体积安定性不良,就会使构件产生膨胀性裂缝,降低工程质量,甚至引起严重事故,所以对水泥的安定性应有严格要求。

引起水泥安定性不良的原因是熟料中含有过量的游离氧化钙或游离氧化镁,以及在水泥粉磨时掺入的石膏超量等。游离氧化钙、氧化镁是在水泥烧成过程中没有与氧化硅或氧化铝分子结合形成盐类,而是呈游离、死烧状态,相当于过火石灰,水化极为缓慢,通常在水泥的其他成分正常水化硬化、产生强度之后才开始水化,并伴随着大量放热和体积膨胀,使周围已经硬化的水泥石受到膨胀压力而导致开裂破坏。适量的石膏是为了调节水泥的凝结时间,但如果过量则为铝酸盐的水化产物提供继续反应的条件,石膏将与铝酸钙、水反应生成具有膨胀作用的钙矾石晶体,导致水泥硬化体膨胀破坏。

国家标准规定,用试饼法或雷氏夹法来检验水泥的体积安定性。试饼法是观察水泥净浆试饼沸煮后的外形变化来检验水泥的体积安定性;雷氏夹法是测定水泥净浆在雷氏夹中沸煮后的膨胀值。两种试验方法的结论有争议时以雷氏夹法为准。

试饼法和雷氏夹法均属于沸煮法,只能检验游离氧化钙对安定性的作用。对于游离氧化镁需要采用压蒸法,将水泥净浆试件置于一定压力的湿热条件下检验其变形和开裂性能。对于石膏的危害则需要采用时间较长的温水浸泡检验。由于压蒸法和温水浸泡法不易操作,不便于检验,所以通常对其含量进行严格控制。国家标准规定,硅酸盐水泥中游离氧化镁含量不得超过 5.0%,三氧化硫含量不得超过 3.5%。

（7）强度

强度是水泥的重要力学性能指标,是划分水泥强度等级的依据。水泥的强度不仅反映硬化后水泥凝胶体自身的强度,而且还反映胶结能力。所以检验水泥强度的试件不采用水泥净浆,而是加入细骨料,与水、水泥一起拌制成砂浆,制作胶砂试件。目前我国测定水泥强度采用国家标准《水泥胶砂强度检验方法》(ISO 法),即将水泥和标准砂按质量以 1∶3 混合,用水灰比为 0.5 的拌和水量,按规定方法制成 40 mm×40 mm×160 mm 的试件,24 h 脱模后放入(20±1)℃的水中养护,分别测定其 3 d、28 d 龄期的抗折和抗压强度,作为确定水泥强度等级的依据。根据测定结果,硅酸盐水泥分为 42.5、42.5R、52.5、52.5R、62.5、62.5R 六个强度等级。此外,依据水泥 3 d 的不同强度又分为普通型和早强型两种类型,其中有代号 R 者为早强型水泥。表 2-7 列出了通用硅酸盐水泥的强度等级及其相应的 3 d、28 d 强度值,通过胶砂强度试验测得的水泥各龄期的强度值均不得低于表中相应强度等级所要求的数值,按照此原则确定所检测的水泥的强度等级。

表 2-7 通用硅酸盐类水泥不同龄期的强度要求

品种	强度等级	抗压强度（MPa）		抗折强度（MPa）	
		3 d	28 d	3 d	28 d
硅酸盐水泥 普通硅酸盐水泥	42.5	≥17.0	≥42.5	≥4.0	≥6.5
	42.5R	≥22.0		≥4.5	
	52.5	≥22.0	≥52.5	≥4.5	≥7.0
	52.5R	≥27.0		≥5.0	
	62.5	≥27.0	≥62.5	≥5.0	≥8.0
	62.5R	≥32.0		≥5.5	
矿渣硅酸盐水泥 火山灰硅酸盐水泥 粉煤灰硅酸盐水泥	32.5	≥12.0	≥32.5	≥3.0	≥5.5
	32.5R	≥17.0		≥4.0	
	42.5	≥17.0	≥42.5	≥4.0	≥6.5
	42.5R	≥22.0		≥4.5	
	52.5	≥22.0	≥52.5	≥4.5	≥7.0
	52.5R	≥27.0		≥5.0	
复合硅酸盐水泥	42.5	≥17.0	≥42.5	≥4.0	≥6.5
	42.5R	≥22.0		≥4.5	
	52.5	≥22.0	≥52.5	≥4.5	≥7.0
	52.5R	≥27.0		≥5.0	

（8）水化热

水泥在水化过程中所放出的热量,称为水泥的水化热。大部分水化热是在水化初期（7 d 内）放出的,以后则逐步减少。水化放热量和放热速度不仅取决于水泥的矿物成分,还与水泥细度、水泥中掺混合材料及外加剂的品种、数量等有关。水泥矿物进行水化时,C_3A 放热量最大,速度也最快;C_3S 其次;C_2S 放热量最低,速度也最慢。一般来说,水化放热量越大,放热速度也越快。

鲍格（Bogue）研究得出,对于硅酸盐水泥,1～3 d 龄期内水化放热量为总放热量的 50%,7 d 为 75%,6 个月为 83%～91%。由此可见,水泥水化放热量大部分在早期（3～7 d）放出,以后逐渐减少。

水泥的水化热对于大体积工程是不利的,因为水化热积蓄在内部不易发散,致使内外产生较大的温度差,引起内应力,使混凝土产生裂缝。对于大体积混凝土工程,应采用低热水泥,若使用水化热较高的水泥施工时应采取必要的降温措施。

国家标准规定,凡化学指标、凝结时间、安定性及强度中任何一项技术要求不符合标准规定时均为不合格品。

4）硅酸盐水泥的特性与应用

硅酸盐水泥强度较高,主要用于重要结构的高强度混凝土和预应力混凝土工程。

硅酸盐水泥凝结硬化较快、耐冻性好,适用于早期强度要求高、凝结快、冬季施工及严寒地区遭受反复冻融的工程。

由于水泥石中有较多的氢氧化钙,耐软水侵蚀和耐化学腐蚀性差,硅酸盐水泥不宜用于经常与流动的淡水接触及有水压作用的工程,也不适用于受海水、矿物水等作用的工程。

硅酸盐水泥在水化过程中,水化热的热量大,不宜用于大体积混凝土工程。

5) 水泥石的腐蚀与防止

硅酸盐水泥在凝结硬化后,通常都有较好的耐久性。但若处于某些腐蚀性介质的环境侵蚀下则可能发生一系列的物理、化学变化,从而导致水泥石结构的破坏,最终丧失强度和耐久性。

水泥石遭到腐蚀破坏,一般有三种表现形式:一是水泥石中的氢氧化钙[$Ca(OH)_2$]遭溶解,造成水泥石中氢氧化钙浓度降低,进而造成其他水化产物的分解;二是水泥石中的氢氧化钙与溶于水中的酸类和盐类相互作用生成易溶于水的盐类或无胶结能力的物质;三是水泥石中的水化铝酸钙与硫酸盐作用形成膨胀性结晶产物。

(1) 水泥石受到的主要腐蚀作用

① 软水侵蚀(溶出性侵蚀)。硬化的水泥石中含有 $20\%\sim25\%$ 的氢氧化钙晶体,具有溶解性。如果水泥石长期处于流动的软水环境下,其中的氢氧化钙将逐渐溶出并被水流带走,使水泥石中的成分溶失,出现孔洞,降低水泥石的密实性以及其他性能,这种现象叫做水泥石受到了软水侵蚀或溶出性侵蚀。

如果环境中含有较多的重碳酸盐[$Ca(HCO_3)_2$],即水的硬度较高,则重碳酸盐与水泥石中的氢氧化钙反应,生成几乎不溶于水的碳酸钙,并沉淀于水泥石孔隙中起密实作用,从而可阻止外界水的继续侵入及内部氢氧化钙的扩散析出,反应式为:

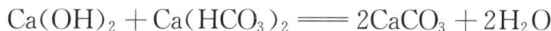

$$Ca(OH)_2 + Ca(HCO_3)_2 === 2CaCO_3 + 2H_2O$$

但普通的淡水中(即软水)重碳酸盐的浓度较低,水泥石中的氢氧化钙容易被流动的淡水溶出并被带走。其结果不仅使水泥中氢氧化钙成分减少,还有可能引起其他水化物的分解,从而导致水泥石的破坏。因此频繁接触软水的混凝土,可预先在空气中存放一段时间,使其中的氢氧化钙吸收空气中的二氧化碳,并反应生成一部分不溶性的碳酸钙,可减轻溶出性侵蚀的危害。

② 硫酸盐侵蚀。在海水、湖水、地下水及工业污水中,常含有较多的硫酸根离子,与水泥石中的氢氧化钙起置换作用生成硫酸钙。硫酸钙与水泥石中固态水化铝酸钙作用将生成高硫型水化硫铝酸钙,其反应式为:

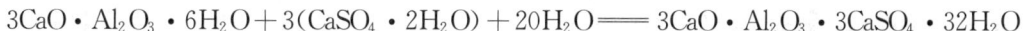

$$3CaO \cdot Al_2O_3 \cdot 6H_2O + 3(CaSO_4 \cdot 2H_2O) + 20H_2O === 3CaO \cdot Al_2O_3 \cdot 3CaSO_4 \cdot 32H_2O$$

生成的高硫型水化硫铝酸钙比原来反应物的体积大 $1.5\sim2.0$ 倍,由于水泥石已经完全硬化,变形能力很差,体积膨胀带来的强大压力将使水泥石开裂破坏。由于生成的高硫型水化硫铝酸钙属于针状晶体,其危害作用很大,所以称之为"水泥杆菌",如图 2-14 所示。

③ 镁盐侵蚀。在海水及地下水中含有的镁盐,将与水泥中的氢氧化钙发生复分解反应:

图 2-14 水化硫铝酸钙——"水泥杆菌"

$$MgSO_4 + Ca(OH)_2 + 2H_2O \Longrightarrow CaSO_4 \cdot 2H_2O + Mg(OH)_2$$

$$MgCl_2 + Ca(OH)_2 \Longrightarrow CaCl_2 + Mg(OH)_2$$

生成的氢氧化镁松软,无胶结能力,氯化钙易溶于水,二水石膏还可能引起硫酸盐侵蚀作用。在此,镁盐对水泥石起着镁盐和硫酸盐的双重作用。

④ 酸类侵蚀。水泥石属于碱性物质,含有较多的氢氧化钙,因此遇酸类将发生中和反应,生成盐类。酸类对水泥石的侵蚀主要包括碳酸侵蚀和一般酸的侵蚀作用。

碳酸的侵蚀指溶于环境水中的二氧化碳与水泥石的侵蚀作用,其反应式如下:

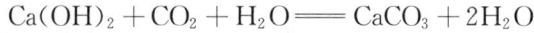

$$Ca(OH)_2 + CO_2 + H_2O \Longrightarrow CaCO_3 + 2H_2O$$

生成的碳酸钙再与含碳酸的水反应生成重碳酸盐,其反应式如下:

$$CaCO_3 + CO_2 + H_2O \Longleftrightarrow Ca(HCO_3)_2$$

上式是可逆反应,如果环境水中碳酸含量较少,则生成较多的碳酸钙,只有少量的碳酸氢钙生成,对水泥石没有侵蚀作用;但是如果环境水中碳酸浓度较高,则大量生成易溶于水的碳酸氢钙,则水泥石中的氢氧化钙大量溶失,导致破坏。

除了碳酸、硫酸、盐酸等无机酸之外,环境中的有机酸对水泥石也有侵蚀作用。例如醋酸、蚁酸、乳酸等,这些酸类可能与水泥石中的氢氧化钙反应,或者生成易溶于水的物质,或者生成体积膨胀性的物质,从而对水泥石起侵蚀作用。

⑤ 强碱侵蚀。碱类溶液如果浓度不大时一般是无害的,但铝酸盐含量较高的硅酸盐水泥遇到强碱(如氢氧化钠)作用后也会遭到破坏。氢氧化钠与水泥熟料中未水化的铝酸盐作用,生成易溶的铝酸钠:

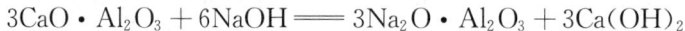

$$3CaO \cdot Al_2O_3 + 6NaOH \Longrightarrow 3Na_2O \cdot Al_2O_3 + 3Ca(OH)_2$$

当水泥石被氢氧化钠溶液浸透后又在空气中干燥,与空气中的二氧化碳作用生成碳酸钠:

$$2NaOH + CO_2 \Longrightarrow Na_2CO_3 + H_2O$$

碳酸钠在水泥石毛细孔中结晶沉积,而使水泥石胀裂。

除上述腐蚀类型外,对水泥石有腐蚀作用的还有一些其他物质,如糖、氨盐、动物脂肪、含环烷酸的石油产品等。

(2) 防止水泥腐蚀的措施

从以上几种腐蚀作用可以看出,水泥石受到腐蚀的内在原因是内部成分中存在着易被腐蚀的组分,主要有氢氧化钙和水化铝酸钙;同时水泥石的结构不密实,存在着很多毛细孔通道、微裂缝等缺陷,使得侵蚀性介质随着水或空气能够进入水泥石内部。实际上水泥石的腐蚀是一个极为复杂的物理化学作用过程,它在遭受腐蚀时,很少仅有单一的侵蚀作用,往往是几种同时存在,互相影响。因此,为了防止水泥石受到腐蚀,可采用下列防止措施:

① 尽量减少水泥石中易受侵蚀的组分,根据环境特点,合理选择水泥品种。可采用水化产物中氢氧化钙、水化铝酸钙含量少的水泥品种,例如矿渣水泥、粉煤灰、水等掺混合材料的水泥,提高对软水等侵蚀作用的抵抗能力。

② 提高水泥石的密实度,合理进行混凝土的配比设计。通过降低水灰比、选择良好级配的骨料、掺外加剂等方法提高密实度,减少内部结构缺陷,使侵蚀性介质不易进入水泥石内部。

③ 采取在混凝土表面施加保护层等手段,隔断侵蚀性介质与水泥石的接触,避免或减轻侵蚀作用。

6) 水泥的验收与储存

水泥出厂时可以袋装或散装,袋装水泥每袋净含量 50 kg,验收时应注意核对包装上所注明的工厂名称、生产许可证编号、水泥品种、代号、混合材料名称、出厂日期及包装标志等项目。掺火山灰混合材料的水泥还要在包装袋上标上"掺火山灰"字样。硅酸盐水泥和普通硅酸盐水泥包装袋采用红色印刷,矿渣水泥采用绿色印刷,火山灰水泥、粉煤灰水泥和复合水泥采用黑色或蓝色印刷。散装水泥运输时应提交与袋装水泥标志相同内容的卡片。

通用水泥的产品质量水平,按《通用水泥质量等级》(JC/T 452—2009)的规定,分为三个质量等级,即优等品、一等品、合格品(见表 2-8)。

表 2-8　通用水泥的质量等级

项　目		优等品		一等品		合格品
		硅酸盐水泥;普通硅酸盐水泥;复合硅酸盐水泥;石灰石硅酸盐水泥	矿渣硅酸盐水泥;火山灰质硅酸盐水泥;粉煤灰硅酸盐水泥	硅酸盐水泥;普通硅酸盐水泥;复合硅酸盐水泥;石灰石硅酸盐水泥	矿渣硅酸盐水泥;火山灰质硅酸盐水泥;粉煤灰硅酸盐水泥	通用水泥各品种
抗压强度(MPa)	3 d 不小于	24.0	21.0	19.0	16.0	符合通用水泥各品种的技术要求
	28 d 不小于	48.0	48.0	36.0	36.0	
	28 d 不大于	$1.1\overline{R}$	$1.1\overline{R}$	$1.1\overline{R}$	$1.1\overline{R}$	
终凝时间(min) 不大于		300	330	360	420	

注:$\overline{R}$ 为同品种同强度等级水泥 28 d 抗压强度上月平均值,至少以 20 个编号平均,不足 20 个编号时,可两个月或三个月合并计算。对于 62.5(含 62.5)以上水泥,28 d 抗压强度不大于 $1.1\overline{R}$ 的要求不作规定。

水泥是一种有较大表面积,易于吸潮变质的粉状材料。在储运过程中,与空气接触,吸收水分和二氧化碳而发生部分水化和炭化反应现象,称为水泥的风化,俗称水泥受潮。水泥风化后会凝固结块,水化活性下降,凝结硬化迟缓,强度也不同程度地降低,烧失量增加,严重时会整体板结而报废。即使在条件良好的仓库里储存,时间也不宜过长。一般储存 3 个月后,水泥强度降低 10%～20%,6 个月降低 15%～30%,1 年后降低 25%～40%。因此,水泥自出厂至使用,不宜超过 6 个月。建设工程中使用水泥之前,要对同一生产厂家、同期出厂的同品种、同强度等级的水泥,以一次进场的、同一出厂编号的水泥为一批,按照规定的抽样方法抽取样品,对水泥性能进行检验,重点检验水泥的凝结时间、安定性和强度等级,合格后方可投入使用。超过期限的,应在使用前对其质量进行复验,鉴定后方可使用。

2.3.2　掺混合材料的通用硅酸盐水泥

1) 混合材料

在水泥磨细时所掺入的天然或人工的矿物质材料,叫做混合材料。混合材料按其性能分为活性和非活性两类。

（1）常用混合材料

在常温下，加水拌和后能与水泥、石灰或石膏发生化学反应，生成具有一定水硬性的胶凝产物的混合材料，称为活性混合材料。常用的活性混合材料有：

① 粒化高炉矿渣。粒化高炉矿渣是将炼铁高炉的熔融物，经水淬急冷处理后得到粒径为 0.5～5 mm 的疏松颗粒材料。由于在短时间内温度急剧下降，粒化高炉矿渣的内部结构形成玻璃体，其活性成分一般认为含有 CaO、MgO、SiO_2、Al_2O_3、FeO 等氧化物和少量的硫化物如 CaS、MnS、FeS 等。其中 CaO、MgO、SiO_2、Al_2O_3 的含量通常在各种矿渣中占总量的 90% 以上。粒化高炉矿渣磨成细粉后，易与 $Ca(OH)_2$ 起作用而具有强度，又因其中含有 C_2S 等成分，所以本身也具有微弱的水硬性。

② 火山灰质混合材料。以活性 SiO_2 和活性 Al_2O_3 为主要成分的矿物质材料叫做火山灰质混合材料。主要有天然的硅藻、硅藻石、蛋白石、火山灰、凝灰岩、烧黏土，以及工业废渣中的煅烧煤矸石、粉煤灰、煤渣、沸腾炉渣和钢渣等。

③ 粉煤灰。火力发电厂以煤粉为燃料，燃烧后排出的废渣叫做粉煤灰，属于火山灰质混合材料的一种。主要化学成分是活性 SiO_2 和活性 Al_2O_3，不仅具有化学活性，而且颗粒形貌大多为球形，掺入水泥中具有改善和易性、提高水泥石密度的作用。

非活性混合材料不具有活性或活性甚低，这类材料一般不与水泥成分起化学反应，或者反应甚微，只起填充作用，所以也叫做填充性混合材料。常用的非活性混合材料有磨细的石英砂、石灰石、黏土、慢冷矿渣及各种废渣等。

（2）活性混合材料的作用机理

活性混合材料单独与水拌和，不具有水硬性或硬化极为缓慢，强度很低。但是在有碱性物质 $Ca(OH)_2$ 存在的条件下，将产生水化反应，生成具有水硬性的胶凝物质。

$$x Ca(OH)_2 + SiO_2 + m H_2O \longrightarrow x CaO \cdot SiO_2 \cdot n H_2O$$

$$y Ca(OH)_2 + Al_2O_3 + m H_2O \longrightarrow y CaO \cdot Al_2O_3 \cdot n H_2O$$

此外，当体系中有石膏存在时，生成的水化铝酸钙还会与石膏进一步反应，生成水化硫铝酸钙。这些水化产物与硅酸盐水泥的水化产物类似，具有一定的强度和较高的水硬性。

对于掺有活性混合材料的硅酸盐水泥来说，水化时首先是熟料矿物的水化，称之为"一次水化"；然后是熟料矿物水化后生成的氢氧化钙与混合材料中的活性组分发生水化反应，生成水化硅酸钙和水化铝酸钙；当有石膏存在时，还反应生成水化硫铝酸钙。水化产物氢氧化钙和石膏与混合材料中的活性成分的反应称为"二次水化"。活性混合材料一定要在水泥水化生成一定量的氢氧化钙之后才能发挥其活性，发生水化硬化反应。尽管活性混合材料的掺入使水泥熟料中硅酸三钙、硅酸二钙等强度组分相对减少，但是二次水化可以在一定程度上弥补水化硅酸钙、水化铝酸钙的量，使水泥的强度不至于明显降低。同时，根据二次水化反应原理，活性混合材料将与水泥凝胶体中的氢氧化钙作用，转变为硅酸盐凝胶物质，有利于水泥石抗腐蚀和结构密实性。

（3）混合材料的作用及用途

混合材料掺入水泥中具有以下作用：

① 代替部分水泥熟料，增加水泥产量，降低成本。生产水泥熟料需要经过生料磨细、高温煅烧等工艺过程，消耗大量能量，并排放大致与水泥熟料相等的二氧化碳气体。而混合材

料大部分是工业废渣,不需要煅烧,只需要与熟料一起磨细即可,既可以减少熟料的生产量,又消费了工业废料,具有明显的经济效益和社会环保效益。

② 调节水泥强度,避免不必要的强度浪费。水泥的强度等级以 28 d 抗压强度为基准划分,且每相差 10 MPa 划分一个强度等级。完全使用熟料有时将造成活性的浪费,合理掺入混合材料可达到既降低成本又满足强度要求的目的。

③ 改善水泥性能。掺入适量的混合材料,相对减少水泥中熟料的比例,能明显降低水泥的水化放热量;由于二次水化作用,使水泥石中的氢氧化钙含量减少,增加了水化硅酸盐凝胶体的含量,因此能够提高水泥石的抗软水侵蚀和抗硫酸盐侵蚀能力;如果采用粉煤灰作混合材料,由于其球形颗粒的作用,能够改善水泥浆体的和易性,减少水泥的需水量,从而提高水泥硬化体的密度。

④ 降低早期强度。掺入混合材料之后,早期水泥的水化产物数量将相对减少,所以水泥石或混凝土的早期强度有所降低。对于早期强度要求较高的工程不宜掺入过多的混合材料。如果掺入活性混合材料,由于二次水化作用,其后期强度与不掺混合材料的水泥相比不会相差太多。

混合材料除了用做水泥之外,还可以作为矿物掺合料直接掺入混凝土中。活性混合材料和适量的石灰、石膏共同混合磨细可制成无熟料水泥,生产工艺简单,成本低,可用于调制砂浆或低强度等级的混凝土,用于一些小型、次要工程。例如石灰矿渣水泥、沸腾炉渣水泥以及煤矸石水泥、钢渣水泥等。

此外,活性混合材料还是生产硅酸盐制品的主要材料之一。将活性混合材料、适量石灰、石膏及细骨料合理配合,制成板材或块状坯体后,在高温、高压下进行压蒸或湿热养护,使活性混合材料中的活性氧化硅、氧化铝、氧化钙、硫酸钙等成分直接反应生成硅酸钙盐类,成为具有一定强度的硅酸盐制品。

2) 普通硅酸盐水泥

普通硅酸盐水泥,简称普通水泥。是由硅酸盐水泥熟料、少量混合材料、适量石膏磨细制成的水硬性胶凝材料,代号 P·O。采用符合标准规定的粒化高炉矿渣、粉煤灰、火山灰质混合材料中的 1~3 种混合材料,掺加量为>5%且≤20%,其中允许用 0~5%的符合标准规定的非活性混合材料或窑灰代替。

普通硅酸盐水泥的主要性质应符合国家标准的如下规定:烧失量不得大于 5.0%;细度以比表面积表示,不小于 300 m²/kg;初凝不小于 45 min,终凝不大于 600 min;强度等级分为 42.5、42.5R、52.5、52.5R、62.5、62.5R 六个等级、两种类型(普通型和早强型),各种类型水泥的龄期强度值应不低于表 2-7 中的规定;体积安定性、氧化镁和三氧化硫含量、碱含量等其他技术性质均与硅酸盐水泥规定值相同。

普通硅酸盐水泥由于掺加了少量的混合材料,与硅酸盐水泥相比,其性能和应用与同等级的硅酸盐水泥相近,但其早期硬化速度稍慢,水化热及早期强度略有降低,抗冻性和耐磨性也较硅酸盐水泥稍差。

3) 矿渣硅酸盐水泥

(1) 定义

矿渣硅酸盐水泥是由硅酸盐水泥熟料、水泥质量>20%且≤70%的粒化高炉矿渣、适量石膏磨细制成的水硬性胶凝材料,简称矿渣水泥,代号 P·S。矿渣硅酸盐水泥又分为 A 型和 B 型,A 型矿渣掺量>20%且≤50%,代号 P·S·A;B 型矿渣掺量>50%且≤70%,代号 P·S·B。其中允许用不超过水泥质量 8%且符合标准的粉煤灰、火山灰、石灰岩、砂岩、窑灰中的任何一种材料代替。

（2）技术要求

矿渣硅酸盐水泥的细度以筛余表示,80 μm 方孔筛筛余不大于 10%或 45 μm 方孔筛筛余不大于 30%。

矿渣硅酸盐水泥初凝不小于 45 min,终凝不大于 600 min。

根据标准规定,矿渣硅酸盐水泥的安定性用沸煮法检验必须合格,其熟料中氧化镁含量≤4.0%,三氧化硫含量≤6.0%。如果水泥中氧化镁的含量（质量分数）大于 6.0%时,需进行水泥压蒸安定性试验并合格。

矿渣硅酸盐水泥的强度等级分为 32.5、32.5R、42.5、42.5R、52.5、52.5R 六个等级,各龄期的强度要求见表 2-7。

（3）特性及应用

① 凝结硬化慢,早期强度低,但后期强度增长快,有时甚至超过同等级的普通硅酸盐水泥。

粒化高炉矿渣中虽然含有较多的活性 SiO_2 和 AlO_3,但是这些活性物质一方面需要水泥水化生成 $Ca(OH)_2$ 后才能进行二次反应,同时常温下二次水化反应速度较慢,所以矿渣水泥早期强度较低。但是由于矿渣中大量活性物质的存在,后期强度发展速率较快,28 d 强度与硅酸盐水泥和普通水泥基本相同,而且 28 d 以后矿渣水泥的强度可能高于普通硅酸盐水泥。

② 抗侵蚀能力强。由于矿渣中活性组分的二次水化作用使大部分 $Ca(OH)_2$ 转变为稳定的水化硅酸钙和水化铝酸钙,水泥中游离 $Ca(OH)_2$ 含量降低,所以抗溶出性侵蚀能力提高。

矿渣水泥抗酸盐侵蚀的能力高于硅酸盐水泥,其主要原因是掺入大量矿渣后,水泥中熟料的成分大为减少,相应地 C_3A 含量也降低,因此水化产物中的水化铝酸钙减少,抵抗硫酸盐腐蚀能力增强。

基于上述特点,矿渣水泥适用于水工、海港工程及基础等有抗侵蚀要求的工程。

③ 水化放热慢,水化热偏低,适用于大体积混凝土,如水库大坝、大型结构物基础等。

④ 对环境温度、湿度条件敏感。由于矿渣早期水化速度慢、水化热低等特性,矿渣水泥若早期养护不当,易干缩开裂,使强度过早停止发展,因此施工时尤其要注意早期养护温度和湿度,采用高温高湿的养护条件有利于矿渣的强度发展,适用于制作蒸汽养护混凝土构件。矿渣水泥一般不适宜用于冬季施工和早期强度要求较高的工程。

⑤ 保水性差,泌水量大,干缩性较大。粒化矿渣颗粒比较坚硬,和水泥熟料一起粉磨时难以将其磨细,而且矿渣本身亲水性就差,吸水和涵养水分的能力低,如养护不当,易析出多余水分,在混凝土内形成毛细管通道或在大颗粒骨料的下方形成水囊,降低水泥石的均质性,造成其干缩大,抗冻性、抗渗性和抗干湿交替性能不及普通硅酸盐水泥,使用时要特别注意早期保湿养护。因此矿渣水泥不适用于受干湿交替或冻融循环作用的地方,也不宜用于抗渗性、耐磨性要求较高的工程。

⑥ 抗碳化能力差。由于矿渣水泥水化产物中 $Ca(OH)_2$ 含量较少,碱度低,同时由于矿渣水泥保水性差、干缩性大等原因,硬化后的水泥石毛细孔通道和微裂缝较多,密实性较差,

空气中 CO_2 向内部的扩散更加容易,所以抵抗碳化作用能力差,导致其对钢筋的保护能力减弱。

⑦ 耐热性较强。高炉水淬矿渣本身耐火性、耐热性强,矿渣水泥水化产物中 $Ca(OH)_2$ 含量又低,所以矿渣水泥硬化体耐火性能良好,在 $300\sim400℃$ 高温下可保持强度不明显降低。因此,矿渣水泥适用于冶炼车间、高炉基础、热气通道和窑炉外壳等受热结构物,若与耐火材料搭配,可承受更高温度,用于配制耐热混凝土。

4) 火山灰质硅酸盐水泥

凡由硅酸盐水泥熟料、水泥质量>20%且≤40%火山灰质混合材料,适量石膏磨细制成的水硬性胶凝材料,称为火山灰质硅酸盐水泥,简称火山灰水泥,代号 P·P。

火山灰硅酸盐水泥的强度等级以及各龄期的强度要求见表 2-7,细度、凝结时间、体积安定性的要求与普通硅酸盐水泥相同,强度试验方法与硅酸盐水泥相同。

火山灰质混合材料也属于常用的活性混合材料,掺入水泥所起的作用及其机理与粒化高炉矿渣基本相同,因此,火山灰水泥的特点与矿渣水泥相同。但是与粒化高炉矿渣相比,火山灰质材料质地比较柔软易磨,颗粒较细,且内部多孔,与水的亲和性也比矿渣好。因此火山灰水泥保水性好,泌水量低,硬化后的水泥结构比较密实,抗渗性能好,适用于抗渗性能要求较高的部位。火山灰水泥的水化产物中有大量的凝胶体,在干燥空气中易干缩开裂,因此碱度低、抗炭化性能差,在干燥环境中表面易“起粉”,所以不能用于干燥环境及高温干燥车间。

5) 粉煤灰硅酸盐水泥

凡由硅酸盐水泥熟料和粉煤灰、水泥质量>20%且≤40%粉煤灰、适量石膏磨细制成的水硬性胶凝材料称为粉煤灰硅酸盐水泥,简称粉煤灰水泥,代号 P·F。

粉煤灰硅酸盐水泥的强度等级以及各龄期的强度要求见表 2-7,细度、凝结时间、体积安定性的要求与普通硅酸盐水泥相同,强度试验方法与硅酸盐水泥相同。

粉煤灰属于火山灰质混合材料的一种,粉煤灰水泥的特性与火山灰水泥基本相同。由于粉煤灰颗粒大多数呈球形,比表面积小,所以掺入水泥中后能够降低水泥的标准稠度需水量,致使粉煤灰水泥早强更低,干缩小,抗裂性能较高。粉煤灰的颗粒较细,与水泥基本相同,一级灰甚至比水泥还细,且粒形好,可以不必再磨细而直接用于水泥或混凝土。用粉煤灰水泥或在拌制混凝土时直接掺入粉煤灰,可改善混凝土的流动性,且水泥石内部结构比较密实,抗渗性能良好,因此具有良好的经济和社会效益。

6) 复合硅酸盐水泥

由硅酸盐水泥熟料、水泥质量>20%且≤50%符合标准要求的粒化高炉矿渣、粉煤灰、火山灰质混合材料、石灰石和砂岩中的三种或三种以上混合材料、适量石膏磨细制成的水硬性胶凝材料,称为复合硅酸盐水泥,简称复合水泥,代号 P·C。其中允许用不超过水泥质量8%且符合标准的窑灰代替。掺矿渣时混合材料掺量不得与矿渣硅酸盐水泥重复。

复合水泥的强度等级以及各龄期所要求的强度值见表 2-7,细度、凝结时间、体积安定性的要求与普通硅酸盐水泥相同,强度试验方法与硅酸盐水泥相同。

大量的试验已证明,水泥中掺入多种复合要求的混合材料,可以更好地改善水泥性能。根据当地混合材料的资源和水泥性能的要求掺入两种或更多的混合材料,可克服单掺时所带来水泥性能在某一方面明显的不足,从而在水泥浆的需水性、泌水性、抗腐蚀性方面都有所改善和提高,并在一定程度上改变水泥石的微观结构,促进早期水化及早期强度的发展。

7) 通用硅酸盐水泥的主要性能及适用范围

上述六个品种的硅酸盐类水泥均以硅酸盐水泥熟料为基本原料,在矿物组成、水化机理、凝结硬化过程、细度、凝结时间、安定性、强度等级划分等方面有许多相近之处。但由于掺入混合材料的数量、品种有较大差别,所以各种水泥的特性及其适用范围有较大差别。表2-9归纳总结了六种通用水泥的成分、技术特性和适用范围。

表 2-9　通用硅酸盐水泥的主要性能及适用范围

名称	硅酸盐水泥	普通水泥	矿渣水泥	火山灰水泥	粉煤灰水泥	复合水泥
特性	1. 凝结时间短; 2. 快硬,早强,高强; 3. 抗冻性好; 4. 耐磨性好; 5. 耐热性好; 6. 水化放热集中; 7. 水化热大; 8. 抗硫酸盐侵蚀能力较差	与硅酸盐水泥性能相近;相比硅酸盐水泥,早期强度增进率稍有降低,抗冻性和耐磨性稍有下降,抗硫酸盐侵蚀能力有所增强	1. 需水性小; 2. 早强低; 3. 水化热较低; 4. 抗硫酸盐能力强; 5. 受热性好; 6. 保水性差; 7. 抗冻性差	1. 较强的抗硫酸盐侵蚀能力; 2. 保水性好; 3. 水化热低; 4. 需水量大; 5. 低温凝结慢; 6. 干缩性大; 7. 抗冻性差	与火山灰质硅酸盐水泥性能相近;相比火山灰质硅酸盐水泥,其具有需水量小、干缩性小的特点	除了具有矿渣水泥、火山灰水泥、粉煤灰水泥所具有的水化热低、耐蚀性好、韧性好的优点外,还能通过混合材料的复掺优化水泥的性能,如改善保水性、降低需水性、减少干燥收缩、适宜的早期和后期强度发展
适用范围	用于配制高强度混凝土、先张预应力制品、道路、低温下施工的工程和一般受热(<250℃)的工程	可用于任何无特殊要求的工程	可用于无特殊要求的一般结构工程,适用于地下、水利和大体积等混凝土工程,在一般受热工程(<250℃)和蒸汽养护构件中可优先采用矿渣硅酸盐水泥	可用于一般无特殊要求的结构工程,适用于地下、水利和大体积等混凝土工程		可用于无特殊要求的一般结构工程,适用于地下、水利和大体积等混凝土工程,特别是有化学侵蚀的工程
不适用范围	一般不适用于大体积混凝土和地下工程,特别是有化学侵蚀的工程	一般不适用于受热工程、道路、低温下施工工程、大体积混凝土工程和地下工程,特别是有化学侵蚀的工程	不宜用于需要早强和受冻融循环、干湿交替的工程	不宜用于冻融循环、干湿交替的工程		不要用于需要早强和受冻融循环、干湿交替的工程中

2.3.3 其他品种的水泥

1) 白色硅酸盐水泥和彩色硅酸盐水泥

凡适当成分的生料烧至部分熔融,所得以硅酸钙为主要成分且氧化铁含量少的熟料、适量石膏及适量混合材料,磨细制成的水硬性胶结料,称为白色硅酸盐水泥(简称"白水泥"),代号 P·W。根据国家标准规定,白色硅酸盐水泥的各项技术指标必须符合表 2-10 中的要求。

表 2-10 白色水泥的技术指标

项　　目	指　　标			
MgO(%)	水泥熟料中不得超过 5.0%;如果水泥压蒸安定性试验合格,则熟料中氧化镁的含量允许放宽到 6.0%			
SO₃(%)	水泥中不得超过 3.5%			
细度	80 μm 方孔筛筛余量应不超过 10%			
凝结时间	初凝应不早于 45 min,终凝应不迟于 10 h			
安定性	用沸煮法检验合格			
白度	白度值应不低于 87			
强度等级(MPa)	抗压强度		抗折强度	
	3 d	28 d	3 d	28 d
32.5	12.0	32.5	3.0	6.0
42.5	78.0	42.5	3.5	6.5
52.5	22.0	52.5	4.0	7.0

由硅酸盐水泥熟料及适量石膏(或白色硅酸盐水泥)、混合材及着色剂磨细或混合而成的带有颜色的水硬性胶凝材料,称为彩色硅酸盐水泥。

彩色硅酸盐水泥基本色有红色、黄色、蓝色、绿色、棕色和黑色等;彩色硅酸盐水泥中三氧化硫的含量不大于 4.0%,初凝不得早于 1 h,终凝不得迟于 10 h,强度等级分为 27.5、32.5、42.5 三个等级。

白色水泥及彩色水泥主要应用于建筑物的装饰,如地面、楼板、楼梯、墙面、柱等的水磨石、水刷石、斩假石饰面;加入适量滑石粉或硬脂酸镁等外加剂,可制成保水性及防水性能好的彩色粉刷水泥。

2) 快硬水泥

(1) 快硬硫铝酸盐水泥

凡以适当成分的生料,经煅烧所得以无水硫铝酸钙和硅酸二钙为主要矿物成分的水泥熟料与适量石灰石、石膏共同磨细制成的具有早期强度高的水硬性胶凝材料,称为快硬硫铝酸盐水泥。

按国家标准规定,快硬硫铝酸盐水泥的技术要求如下:

水泥的比表面积应不小于 350 m^2/kg;

初凝不得早于 25 min,终凝不得迟于 180 min,用户要求时可以变动;

快硬硫铝酸盐水泥的各龄期强度不得低于表 2-11 的规定。

表 2-11 快硬硫铝酸盐水泥的强度指标

强度等级	抗压强度(MPa)			抗折强度(MPa)		
	1 d	3 d	28 d	1 d	3 d	28 d
42.5	33.0	42.5	45.0	6.0	6.5	7.0
52.5	42.0	52.5	55.0	6.5	7.0	7.5
62.5	50.0	62.5	65.0	7.0	7.5	8.0
72.5	56.0	72.5	75.0	7.5	8.0	8.5

快硬硫铝酸盐水泥的主要特性为:

① 凝结硬化快,早期强度高。快硬硫铝酸盐水泥的一天抗压强度可达到 33.0～56.0 MPa,三天可达到 42.5～72.5 MPa,并且随着养护龄期的增长强度还能不断增长。

② 碱度低。快硬硫铝酸盐水泥浆体液相碱度低,pH<10.5,对钢筋的保护能力差,不适用于重要的钢筋混凝土结构,而特别适用于玻璃纤维增强水泥(GRC)制品。

③ 高抗冻性。快硬硫铝酸盐水泥可在 0～10℃的低温下使用,早期强度是硅酸盐水泥的 5～6 倍;在 0～20℃加入少量外加剂,3～7 天强度可达到设计标号的 70%～80%;冻融循环 300 次强度损失不明显。

④ 微膨胀,有较高的抗渗性能。快硬硫铝酸盐水泥水化生成大量钙矾石晶体,产生微膨胀,而且水化需要大量结晶水,因此水泥石结构致密,混凝土抗渗性能是同标号硅酸盐水泥的 2～3 倍。

⑤ 抗腐蚀好。快硬硫铝酸盐水泥石中不含氢氧化钙和水化铝酸三钙,且水泥石密实度高,所以其抗海水腐蚀和盐碱地施工抗腐蚀性能优越,是理想的抗腐蚀胶凝材料。

快硬硅酸盐水泥主要用于配制早期强度高的混凝土,适用于抢修抢建工程、喷锚支护工程、水工海工工程、桥梁道路工程以及配制 GRC 水泥制品、负温混凝土和喷射混凝土。

(2)铝酸盐水泥

凡以铝酸钙为主的铝酸盐水泥熟料,磨细制成的水硬性胶凝材料,称为铝酸盐水泥,又称高铝水泥,代号 CA。根据需要也可在磨制 Al_2O_3 含量大于 68%的水泥时掺加适量的 α-Al_2O_3 粉。铝酸盐水泥熟料以铝矾土和石灰石为原料,经煅烧制得,主要矿物成分为铝酸一钙(CaO·Al_2O_3,简写 CA),另外还有二铝酸一钙(CaO·2Al_2O_3,简写 CA_2)、硅铝酸二钙(2CaO·Al_2O_3·SiO_2,简写 C_2AS)、七铝酸十二钙(12CaO·7Al_2O_3,简写 $C_{12}A_7$),以及少量的硅酸二钙(2CaO·SiO_2)等。

铝酸盐水泥的水化和硬化,主要是铝酸一钙的水化及其水化产物的结晶情况。主要水化产物是十水铝酸一钙(CAH_{10})、八水铝酸二钙(C_2AH_8)和铝胶(Al_2O_3·3H_2O)。CAH_{10} 和 C_2AH_8 均属六方晶系,具有细长的针状和板状结构,能互相结成坚固的结晶连生体,形成晶体骨架。析出的氢氧化铝凝胶难溶于水,填充于晶体骨架的空隙中,形成较密实的水泥石结构。铝酸盐水泥初期强度增长很快,但后期强度增长不显著。

铝酸盐水泥常为黄褐色,也有呈灰色的。铝酸盐水泥按 Al_2O_3 含量分为 CA-50、CA-60、CA-70 和 CA-80 四类。各类型铝酸盐水泥的细度、凝结时间应符合表 2-12 的要求,其各龄期强度值均不得低于表中所列数值。

表 2-12　各类型铝酸盐水泥的技术指标

细　度	比表面积不小于 $300\ m^2/kg$ 或 $0.045\ mm$ 筛余不大于 20%								
凝结时间	CA-50、CA-70、CA-80:初凝不早于 30 min,终凝不迟于 6 h CA-60:初凝不早于 60 min,终凝不迟于 18 h								
强度	水泥类型	抗压强度(MPa)				抗折强度(MPa)			
		6 h	1 d	3 d	28 d	6 h	1 d	3 d	28 d
	CA-50	20	40	50	—	3.0	5.5	6.5	—
	CA-60	—	20	45	85	—	2.5	5.0	10.0
	CA-70		30	40			5.0	6.0	
	CA-80	—	25	30		—	4.0	5.0	

铝酸盐水泥的主要特性:① 快硬高强。一天强度可达 80% 以上,三天几乎达到 100%。② 低温硬化快。即使是在 -10℃ 下施工,也能很快凝结硬化。③ 耐热性好,能耐 1 300~1 400℃ 高温;在干热处理过程中强度下降较少,且高温时有良好体积稳定性。④ 抗硫酸盐侵蚀能力强。

铝酸盐水泥主要用于:紧急抢修工程及军事工程,有早强要求的工程和冬季施工工程,抗硫酸盐侵蚀及冻融交替的工程,以及制作耐热砂浆、耐热混凝土和配制膨胀自应力水泥。

使用高铝水泥时应特别注意的事项:① 储存运输时,特别注意防潮;② 铝酸盐水泥耐碱性差,不宜与硅酸盐水泥、石灰等能析出氢氧化钙的胶凝材料混用;③ 研究表明,在高于 30℃ 的条件下养护,强度明显下降,因此铝酸盐水泥只宜在较低温度下养护;④ 铝酸盐水泥水化热集中于早期释放,因此硬化一开始应立即浇水养护,一般不宜用于厚大体积的混凝土和热天施工的混凝土。

3) 膨胀水泥和自应力水泥

硅酸盐水泥在空气中硬化时,通常都会产生一定的收缩,使受约束状态的混凝土内部产生拉应力,当拉应力大于混凝土的抗拉强度时则形成微裂纹,对混凝土的整体性不利。膨胀水泥是一种能在水泥凝结之后的早期硬化阶段产生体积膨胀的水硬性水泥,在约束条件下适量的膨胀,可在结构内部产生预压应力(0.1~0.7 MPa),从而抵消部分因约束条件下干燥收缩引起的拉应力。

膨胀水泥按自应力的大小可分为两类:当其自应力值达 2.0 MPa 以上时,称为自应力水泥;当自应力值为 0.5 MPa 左右,则称为膨胀水泥。

膨胀水泥和自应力水泥的配制途径有以下几种:① 以硅酸盐水泥为主,外加高铝水泥和石膏按一定比例共同磨细或分别粉磨再经混匀而成,俗称硅酸盐型;② 以高铝水泥为主,外加二水石膏磨细而成,俗称铝酸盐型;③ 以无水硫铝酸钙和硅酸二钙为主要成分,外加石膏磨细而成,俗称硫铝酸盐型;④ 以铁相、污水硫铝酸钙和硅酸二钙为主要矿物,外加石膏磨细而成,俗称铁铝酸钙型。

膨胀水泥适用于补偿收缩混凝土,用作防渗混凝土,填灌混凝土结构及构件的接缝及管道接头,结构的加固与修补,浇注机器底座及固结地脚螺丝等。自应力水泥适用于制造自应力钢筋混凝土压力管及配件。

使用膨胀水泥的混凝土工程应特别注意早期的潮湿养护,以便让水泥在早期充分水化,防止在后期形成钙矾石而引起开裂。

4) 砌筑水泥

凡由一种或一种以上的水泥混合材料,加入适量硅酸盐水泥熟料和石膏,经磨细制成的和易性较好的水硬性胶凝材料,称为砌筑水泥,代号 M。

按国家标准规定,砌筑水泥中三氧化硫含量应不大于 4.0%,细度要求为 80 μm 方孔筛筛余不大于 10%,初凝不早于 60 min,终凝不迟于 12 h。砌筑水泥分 12.5 和 22.5 两个强度等级,各等级水泥各龄期强度不能低于表 2-13 中数值。

表 2-13　砌筑水泥的强度指标

强度等级	抗压强度(MPa)		抗折强度(MPa)	
	3 d	28 d	3 d	28 d
12.5	7.0	12.5	1.5	3.0
22.5	10.0	22.5	2.0	4.0

砌筑水泥是低强度水泥,硬化慢,但和易性好,特别适合配制砂浆,也可用于基础混凝土的垫层或蒸养混凝土砌块,不应用于结构混凝土。

5) 道路水泥

依据国家标准规定,凡由适当成分的生料烧成部分熔融,所得以硅酸钙为主要成分,并且铁铝酸钙含量较多的硅酸盐水泥熟料,称为道路硅酸盐水泥熟料。

以道路硅酸盐水泥熟料、适量石膏,可加入符合规定的混合材料,磨细制成的水硬性胶凝材料,称为道路硅酸盐水泥,简称道路水泥,代号 P·R。道路硅酸盐水泥熟料中铝酸三钙的含量不得大于 5.0%,铁铝酸四钙的含量不低于 16.0%,游离氧化钙的含量旋窑生产不大于 1.0%,立窑生产不大于 1.8%。

根据国家标准规定,道路水泥的比表面积应为 300～450m²/kg;初凝不早于 1.5 h,终凝不得迟于 10 h;水泥中 SO_3 的含量不得超过 3.5%;MgO 的含量不得超过 5.0%;28 d 干缩率应不大于 0.10%,28 d 磨耗量应不大于 3.0%;道路水泥的强度等级分为 32.5、42.5 和 52.5 三个级别,各龄期的强度值应不低于表 2-14 中的数值。

表 2-14　道路硅酸盐水泥强度指标

强度等级	抗折强度(MPa)		抗压强度(MPa)	
	3 d	28 d	3 d	28 d
42.5	4.0	7.0	21.0	42.5
52.5	5.0	7.5	26.0	52.5

道路硅酸盐水泥是一种专用水泥,其主要特性是抗折强度高,干缩性小,耐磨性好,抗冲击性、抗冻性、抗硫酸盐能力较好,主要用于公路路面、机场跑道、车站和公共广场等混凝土

工程,也可用于要求较高的工厂地面和停车场等结构工程。

6)大坝水泥

对于大坝水泥没有一个明确的定义。主要是指用于建造水利工程用的具有中等、低等水化热的水泥。我国把以硅酸钙为主要成分的特定矿物组成的熟料经加工磨制成水化热低而强度相当高的水工用特种水泥称为大坝水泥。

在我国,常用的大坝水泥有中热硅酸盐水泥、低热硅酸盐水泥和低热矿渣硅酸盐水泥。此外,还有低热粉煤灰硅酸盐水泥、低热微膨胀水泥和粉煤灰低热微膨胀水泥。

中热硅酸盐水泥,简称中热水泥,是指由适当成分的硅酸盐水泥熟料加入适量石膏,经磨细制成的具有中等水化热的水硬性胶凝材料。

低热硅酸盐水泥,简称低热水泥,是指由适当成分的硅酸盐水泥熟料加入适量石膏,经磨细制成的具有低水化热的水硬性胶凝材料。

低热矿渣硅酸盐水泥,简称低热矿渣水泥,是指由适当成分的硅酸盐水泥熟料加入矿渣、适量石膏磨细制成的具有低水化热的水硬性胶凝材料。

低热粉煤灰硅酸盐水泥,简称低热粉煤灰水泥,是指由适当成分的硅酸盐水泥熟料加入粉煤灰和适量的石膏经磨细制成的具有低水化热的水硬性胶凝材料。

低热微膨胀水泥,是指以粒化高炉矿渣为主要组分,加入适量硅酸盐水泥熟料和石膏,经磨细制成的水硬性胶凝材料。

粉煤灰低热微膨胀水泥,是指以矿渣为基础的低热微膨胀水泥的基础上发展起来的一种水工水泥,其主要特点是熟料用量少,粉煤灰掺入量多,水化热低。

中热水泥和低热水泥中氧化镁的含量不宜大于 5.0%。如果水泥经压蒸安定性试验合格,则中热水泥和低热水泥中氧化镁的含量允许放宽到 6.0%。水泥中三氧化硫的含量应不大于 3.5%。水泥的比表面积应不低于 250 m²/kg。初凝应不早于 60 min,终凝应不迟于 12 h。中热水泥和低热水泥的强度等级为 42.5,低热矿渣水泥强度等级为 32.5。中热硅酸盐水泥、低热硅酸盐水泥和低热矿渣硅酸盐水泥的强度等级按规定龄期的抗压强度和抗折强度划分,各龄期的抗压强度和抗折强度应不低于表 2-15 中的数值。水泥的水化热允许采用直接法或溶解热法进行检验,各龄期的水化热应不大于表 2-15 中的数值。

表 2-15　中热硅酸盐水泥、低热硅酸盐水泥和低热矿渣硅酸盐水泥的强度指标

品种	强度等级	抗压强度(MPa)			抗折强度(MPa)			水化热(kJ/kg)		
		3 d	7 d	28 d	3 d	7 d	28 d	3 d	7 d	28 d
中热水泥	42.5	12.0	22.0	42.5	3.0	4.5	6.0	251	298	—
低热水泥	42.5	—	18.0	42.5	—	3.5	6.5	230	260	310
低热矿渣水泥	32.5	—	12.9	32.5	—	3.0	5.5	197	230	—

大坝水泥的水化、凝结硬化慢,水化热较低,抗冻性、耐磨性较高,具有一定的抗硫酸盐能力。主要用于大坝溢流面或大体积水工建筑物,水位变动区域的覆面层,要求具有较低水化热和较高抗冻性、耐磨性的部位,以及清水或含有较低硫酸盐类侵蚀的水中工程。

7)绿色水泥

随着人口增长,生产力发达,地球承受的负荷剧增,可利用的资源逐步趋于枯竭,环境破

坏问题日益变得严重。20 世纪 90 年代以后,出现了"废物资源化水泥""生态水泥"等新概念。这是随着可持续发展意识的深入,水泥工业在提高新型干法水泥生产技术的同时,研究和开发的新技术生产出的新型水泥。这些水泥就其性能而言,仍然可以归类于普通硅酸盐水泥、快硬水泥等,但其区别于普通水泥的总的生产特点是,利用水泥生产的回转窑,焚烧废弃物,如城市垃圾、下水道污泥、废轮胎、铸型废砂、废机油、废塑料、废木材等,使这些废弃物含有的热量和水泥有效组分得以充分利用,减少废气排放,可以有效降低环境负荷,因而称为绿色水泥,也称为生态水泥。

绿色水泥是在传统水泥基础上完善和进步的,其区别于传统水泥的特点主要表现在以下几个方面:

(1) 提高资源利用率。包括合理利用天然资源,提高其他工业废渣水泥资源化率。

(2) 降低能源消耗。包括降低燃料煤的消耗和电能的消耗。

(3) 采用先进技术,降低废气排放,有效治理粉尘及有害气体的污染。

(4) 充分利用水泥窑的环保功能,降解生活垃圾及危险废弃物。

具体而言,绿色水泥工业将资源利用率和二次能源回收率提升到尽可能高的水平,绿色水泥工业循环利用其他工业的废渣和废料。

绿色水泥是符合生态保护原则的产品,它以可持续发展理论为指导,在生产制造过程中,依靠注重环保、保障生产与生态协调的绿色技术,实现全过程的清洁生产。绿色水泥、绿色技术和清洁生产相互间是有机联系着的,其最终目的,就是让水泥产品与生态环境协调,实现水泥工业的可持续发展。

复习思考题

1. 试述胶凝材料的分类。

2. 生石灰熟化时为什么必须进行"陈伏"?

3. 试述石灰的特性及应用。

4. 试述建筑石膏的特性及应用。

5. 试述水玻璃的特性及应用。

6. 硅酸盐水泥熟料矿物组分是什么? 这些熟料矿物有何特性?

7. 通用硅酸盐水泥有哪些主要技术要求? 哪几项不符合要求时视为不合格品?

8. 什么是混合材料? 混合材料与水反应有何特点? 硅酸盐水泥掺加混合材料具有哪些技术特性和经济效益?

9. 什么是水泥的安定性? 产生安定性不良的原因及危害是什么? 如何检验水泥的安定性?

10. 试说明采取以下措施的原因: ① 制造硅酸盐水泥时必须掺入适量石膏;② 水泥必须具有一定细度;③ 检验水泥体积安定性;④ 测定水泥强度等级、凝结时间和体积安定性时都必须规定加水量。

11. 有下列混凝土构件和工程,试分别选用合适的水泥品种,并说明选用的理由。

① 现浇混凝土楼板、梁、柱;② 采用蒸汽养护的混凝土预制构件;③ 紧急抢修的工程或紧急军事工程;④ 大体积混凝土坝和大型设备基础;⑤ 有硫酸盐腐蚀的地下工程;⑥ 高炉基础;⑦ 海港码头工程;⑧ 道路工程。

12. 现有甲、乙两个品种的硅酸盐水泥,其矿物组成如表 2-16 所示。若用它们分别制成硅酸盐水泥,试估计其强度发展情况,说明其水化放热的差异,并阐明其理由。

表 2-16

品种及主要矿物成分	熟料矿物组成(%)			
	C_3S	C_2S	C_3A	C_4AF
甲	56	20	11	13
乙	44	31	7	18

创新思考题

根据已学过的胶凝材料知识,以及胶凝材料中主要矿物的特性,通过矿物的组合,设计一种具有特性的胶凝材料,并阐述为什么。

大多数的无机胶凝材料在其凝结硬化过程中均易产生收缩裂纹,在力学性能方面表现出较大的脆性,这是大多数无机胶凝材料缺陷的共性。试根据你所掌握的知识,结合调查实训基地所提供的资料,设计解决上述缺陷问题可能的技术途径。

3 普通混凝土材料

3.1 概述

3.1.1 混凝土的定义

混凝土是由胶凝材料(如水泥)、溶剂(如水)、细集料(如砂子)、粗集料(如石子)以及必要时掺入化学外加剂与矿物掺合料,按一定比例配合,通过搅拌、成型等工艺制得的具有堆聚结构的人造石。混凝土组成材料搅拌混合在一起形成的塑性状态拌合物,称为未凝固混凝土。未凝固混凝土在一定条件下随着时间逐渐硬化成具有强度和其他性能的块体,则称作硬化混凝土。混凝土中没有粗集料的称作细集料混凝土或细集料浆(如砂浆)。既无粗集料也无细集料的,则称为净浆。

3.1.2 混凝土的材料组成及各组成在混凝土中的作用

通常混凝土的材料组成有胶凝材料、集料、溶剂、外加剂以及混合材料等。其在混凝土中的比例,是按一定的理论和实验来确定的。

1) 胶凝材料

胶凝材料通常与溶剂形成浆体,包裹在集料表面,并与溶剂发生一系列物理化学作用产生黏结物质,使浆体黏稠具有黏性,并逐渐凝结硬化,把集料胶结在一起形成具有强度、要求变形性能及其他性能的块体。因此胶凝材料主要是起黏结作用,并形成具有黏性的可塑浆体。

2) 集料

集料也分无机和有机两大类。无机集料中包含重集料(重晶石、磁铁矿等)、普通集料(河砂、卵石、碎石、矿渣等)和轻集料(陶粒、膨珠、珍珠岩、蛭石、浮石等);合成树脂(如泡沫苯乙烯颗粒)、木质类集料(木片、锯末)等属于有机集料。按照形状分类,集料有颗粒状、片状、纤维状等。按照颗粒直径分类,集料有粗集料、细集料、超细集料等。

粗集料在混凝土中主要起骨架作用(所以集料也称骨料)。细集料则起填充粗集料颗粒空隙和润滑作用,使硬化混凝土密实和未硬化混凝土具有可塑性。通常大量使用的无机胶结料(如水泥、石灰等)在硬化时都会有体积收缩。在这种情况下,粗集料又起阻止细集料浆体硬化时的体积收缩,细集料则起阻止浆体体积收缩的作用。

3) 溶剂

对于无机胶结料而言,使用的溶剂大多是淡水;而有机胶结料则有时使用有机溶剂(如苯、汽油、丙酮等),它们易蒸发,蒸发后胶结材料便具有胶结性能。有时也不使用溶剂,而使其在高温下软化成液态,在热状态下使用,它冷却的过程,即是其凝结硬化过程。

溶剂在混凝土中主要起两方面的作用。一方面是与胶结材料发生反应,生成具有黏结性能的新生产物;另一方面是与新生产物来形成浆体,使混凝土拌合物具有易于成型的流动性。

4) 外加剂

目前的混凝土外加剂,大多是针对无机材料制作的混凝土而言的。外加剂改变水泥等其他胶结料的水化、凝结、硬化各环节的进程及作用机理,从而也就改变着未凝固水泥混凝土(或其他混凝土)或硬化水泥混凝土(或其他混凝土)的某些性能。实际上,目前的混凝土外加剂,也可以说成是水泥外加剂。

5) 矿物掺合料

矿物掺合料在混凝土中主要有两方面的作用,一方面替代一部分胶结材料,降低混凝土生产成本;另一方面改善或加强混凝土某一项或某几项性能。例如,目前用工业粉煤灰掺入普通混凝土中,取得了良好的技术和经济效果。粉煤灰掺入混凝土中,不仅可以代替一部分水泥和细集料,而且可以提高混凝土拌合物的性能,使混凝土拌合物易于成型。

3.1.3 混凝土的分类

当前混凝土的品种日益增多,它们的性能和应用也各不相同。不同胶结材料和集料,可制得不同种类和不同性能的混凝土。因此混凝土分类可从不同角度出发,其方式多种多样,如可按胶结材料种类、集料种类、密度、强度、和易性、施工方法(搅拌、运输、浇灌、成型等)、用途等分类。

1) 根据胶凝材料分类

(1) 水泥混凝土:包括全部硅酸盐类常用六大品种水泥、铝酸盐类铝酸盐水泥等水泥配制的混凝土。

(2) 硅酸盐混凝土:主要由石灰—硅质胶结材料经蒸压养护和常压养护形成的混凝土。例如粉煤灰加气混凝土等。

(3) 石膏混凝土:由石膏胶结料生产的混凝土。

(4) 硫黄混凝土:由硫黄加热熔融,与集料混合,再冷却硬化制作的混凝土。

(5) 沥青混凝土:由沥青制得的混凝土,主要用于做柏油路面。

(6)树脂混凝土:由黏结力强的人工或天然树脂生产的混凝土。

(7)聚合物混凝土(浸渍):将水泥混凝土基材在低黏度单体中浸渍,用加热或射线作用使其表面固化而制得的混凝土。

(8)聚合物水泥混凝土:将乳状或水溶性聚合物掺入水泥中制得的混凝土。

2) 根据集料分类

碎石混凝土、卵石混凝土、细集料混凝土、大孔混凝土(仅由粗集料制得的混凝土)、多孔混凝土(混凝土中没有粗集料)、纤维混凝土。

3) 根据混凝土密度分类

重混凝土(密度值大于 2 800 kg/m³)、普通混凝土(密度为 2 000~2 800 kg/m³)、轻集料混凝土(密度小于 2 000 kg/m³)、泡沫混凝土等。

4) 根据硬化混凝土性能分类

按强度可分为普通强度混凝土(抗压强度＜60 MPa)、高强混凝土(抗压强度 60～80 MPa)、超高强混凝土(抗压强度＞80 MPa);按耐久性可分为抗渗混凝土、抗冻混凝土等。

5) 根据水泥用量分类

贫水泥混凝土(大体积内部≤170 kg/m³ 混凝土)、富水泥混凝土(大体积外部≥230 kg/m³ 混凝土)。

6) 根据混凝土和易性分类

特干硬性混凝土(坍落度为 0 或干硬度 32～18 s)、干硬性混凝土(干硬度为 5～18 s)、塑性混凝土(坍落度为 10～90 mm)、流动性混凝土(坍落度为 100～150 mm)、大流动性混凝土(坍落度大于 160 mm)。

7) 根据施工方法分类

灌浆混凝土、喷射混凝土、泵送混凝土、真空混凝土、热拌混凝土、预应力混凝土、商品混凝土等。

8) 根据施工场地和季节分类

水下混凝土、海洋混凝土、寒冷季节混凝土、炎热季节混凝土等。

9) 根据用途分类

结构用混凝土、防射线混凝土、大坝混凝土、道路混凝土、隧道混凝土、耐蚀混凝土、耐热混凝土、耐火混凝土等。

3.1.4 普通混凝土的定义和特点

普通混凝土是指由通用水泥、普通砂石集料、水、外加剂和掺合料等,按一定比例混合,经搅拌、运输、灌注、成型、捣实和养护制得的具有堆聚结构的人造石。普通混凝土具有良好的性能、低廉的成本等突出特点,广泛应用在建筑、交通、水利、铁路、港口、机场等各行各业基本建设中。

普通混凝土具有以下特点:

(1) 从性能方面具有以下特点:① 普通混凝土具有良好的成型性能,可方便地制得各种形状和任意尺寸的构件、整体结构和实体。② 普通混凝土具有较高的抗压强度,能承受较大的荷载。③ 普通混凝土具有很好的耐久性能,在普通环境里采用普通混凝土制作的结构或实体不需要维护。

(2) 从经济性方面来看具有以下特点:① 成本低廉,原材料来源广泛。普通混凝土中的砂石集料约占 80%,属地方材料,各地都有,而普通混凝土所用的胶凝材料为通用水泥,通用水泥以石灰石和黏土为主要原料制得。② 普通混凝土制作工艺简单,对操作工人的技术要求不高。

(3) 从性能改善方面来看具有以下特点:① 普通混凝土的抗拉强度低,但它与钢筋之间有良好的复合性能,钢筋的抗拉强度高,弥补了混凝土的这种缺陷。普通混凝土与钢筋之间有良好的复合性能,这是因为普通混凝土与钢筋之间有相近的热膨胀系数,互相黏结牢固,普通混凝土包裹钢筋后,对钢筋又具有保护作用,避免钢筋锈蚀。② 普通混凝土中掺用混凝土外加剂、矿粉和纤维等材料,使混凝土性能愈来愈好;混凝土中埋入或植入电子元件、器件等,使混凝土的功能愈来愈强大。

3.2　普通混凝土中各组成材料的性质指标及选择

普通混凝土是由水泥、普通石子、普通砂子、混合材料以及外加剂拌和后,经浇注成型、凝结硬化后形成的人造石。配制符合性能要求的混凝土,对组成混凝土的各材料的性能质量控制至关重要。

3.2.1　水泥

1) 水泥的技术指标

用于配制普通混凝土的水泥,其技术指标必须符合相应品种国家标准规定。

2) 水泥品种和等级的选择

水泥的性能对混凝土的强度和耐久性有重大影响,因此必须根据混凝土的设计强度、耐久性及使用环境特点来选用水泥等级和品种。选用的水泥等级应使混凝土中加入水泥量合适。这不仅节省水泥,也减少混凝土的收缩。实践证明,水泥等级不应低于配制的混凝土等级。水泥等级低于混凝土等级,混凝土强度难以保证;水泥等级接近混凝土等级,水泥用量过大,配制混凝土成本较高;水泥等级也不宜过分高于混凝土等级,因为为了保证混凝土耐久性必须限制最低水泥用量,反而使混凝土成本增加。选用的水泥品种,一方面应与混凝土所处的环境相适应,保证混凝土的耐久性;另一方面,应与工程特点相适应,保证施工工期和质量。

混凝土中水泥品种的选择,见表 3-1。

表 3-1　常用水泥品种选择

	混凝土工程特点或所处环境条件	优先选用	可以使用	不得使用
普通混凝土	1. 普通气候环境中的混凝土	普通水泥	矿渣水泥 火山灰水泥 粉煤灰水泥	
	2. 在干燥环境中的混凝土	普通水泥	矿渣水泥	不宜使用火山灰水泥
	3. 在高湿度环境或永远处于水下的混凝土	矿渣水泥 火山灰水泥 粉煤灰水泥	普通水泥	
	4. 厚大体积的混凝土	矿渣水泥 火山灰水泥 粉煤灰水泥	普通水泥	

续表 3-1

混凝土工程特点或所处环境条件		优先选用	可以使用	不得使用
有特殊要求的混凝土	1. 要求快硬高强(≥C30)的混凝土	硅酸盐水泥 快硬硅酸盐水泥		
	2. 严寒地区的露天混凝土,寒冷地区处于水位升降范围内的混凝土	普通水泥 (等级≥42.5级) 硅酸盐水泥	矿渣水泥 (等级≥42.5级)	
	3. 有抗渗要求的混凝土	普通水泥 火山灰水泥	硅酸盐水泥 粉煤灰水泥	不宜使用 矿渣水泥
	4. 受侵蚀性的环境水或侵蚀性的气体作用的混凝土	根据侵蚀性介质的种类、浓度等具体条件按专门规定选用		

3.2.2 混凝土细集料——砂子

砂分为天然砂和人工砂。天然砂是由自然风化、水流搬运、分选、堆积形成的,粒径小于 4.75 mm 的岩石颗粒,但不包括软质岩、风化岩石的颗粒。人工砂是经除土处理的机制砂、混合砂的统称。机制砂是由机械破碎、筛分制成的,粒径小于 4.75 mm 岩石颗粒。混合砂是由机制砂和天然砂混合制成的砂。天然砂又可分为河砂、海砂、山砂。河砂干净,适宜配制普通混凝土,海砂含有腐蚀水泥石的镁盐、硫酸盐等,还含有腐蚀钢筋的氯离子,一般不能用于配制钢筋混凝土,只能洗干净后配制素混凝土。山砂颗粒细,含泥量大,轻物质含量多,阻止水泥浆收缩能力较差,配制的混凝土易收缩开裂。

按技术要求将砂分为三类:Ⅰ类宜用于强度等级大于 C60 的混凝土;Ⅱ类宜用于强度等级 C30~C60 及抗冻、抗渗或其他要求的混凝土;Ⅲ类宜用于强度等级小于 C30 的混凝土及建筑砂浆。

1) 杂质含量

细集料砂中存在三类杂质。第一类是影响砂与水泥浆黏结的杂质,它包括泥、泥块、云母、轻物质等。砂中的泥是指天然砂中小于 75 μm 的颗粒含量。砂中的泥块指砂中原粒径不小于 1.18 mm,经水浸洗、手捏后小于 0.60 mm 的颗粒含量。第二类是影响水泥正常水化、凝结、硬化的杂质,它包括有机物等。一般有机物对水泥起缓凝作用,其含量过高,混凝土中的水泥浆甚至不凝固,严重影响混凝土质量。第三类是对水泥石或钢筋会产生腐蚀的物质,包括硫化物、硫酸盐、氯离子等。细集料砂子有害杂质允许含量见表 3-2、表 3-3。

表 3-2 砂中含泥量和泥块的含量

项 目	指 标		
	Ⅰ类	Ⅱ类	Ⅲ类
含泥量(按质量计,%)	<1.0	<3.0	<5.0
泥块含量(按质量计,%)	0	<1.0	<2.0

表3-3 砂中有害物质含量

项 目	指 标		
	Ⅰ类	Ⅱ类	Ⅲ类
云母(按质量计,%)	1.0	2.0	2.0
轻物质(按质量计,%)	1.0	1.0	1.0
有机物(比色法)	合格	合格	合格
硫化物及硫酸盐(按SO_3质量计,%)	0.5	0.5	0.5
氯化物(以氯离子质量计,%)	0.01	0.02	0.06

2)级配

级配是指砂子大小颗粒的搭配情况,常用砂子通过不同孔径标准筛的累计筛余百分量表示。砂子级配愈好,砂子搭配密实,空隙率小,配制混凝土密实,混凝土质量好,并节约水泥。砂的级配常用砂筛分析的方法进行测定,筛分析是用一套孔径为 4.75 mm、2.36 mm、1.18 mm、0.60mm、0.30 mm 及 0.15 mm 的标准筛,按照筛子孔径由大到小层叠排列,将一定质量(常为500 g)的干砂放入依次过筛,然后称得余留在各个筛上的质量(即筛余量)分别为 g_1、g_2、g_3、g_4、g_5、g_6,计算出各筛上的分计筛余百分率 a_1、a_2、a_3、a_4、a_5、a_6 及累计筛余百分率 β_1、β_2、β_3、β_4、β_5、β_6(见表3-4)。

表3-4 砂的筛分试验

筛孔尺寸(mm)	筛余量(g)	分计筛余(%)	累计筛余(%)
4.75	g_1	$a_1 = g_1/G$	$\beta_1 = a_1$
2.36	g_2	$a_2 = g_2/G$	$\beta_2 = a_1 + a_2$
1.18	g_3	$a_3 = g_3/G$	$\beta_3 = a_1 + a_2 + a_3$
0.60	g_4	$a_4 = g_4/G$	$\beta_4 = a_1 + a_2 + a_3 + a_4$
0.30	g_5	$a_5 = g_5/G$	$\beta_5 = a_1 + a_2 + a_3 + a_4 + a_5$
0.15	g_6	$a_6 = g_6/G$	$\beta_6 = a_1 + a_2 + a_3 + a_4 + a_5 + a_6$

砂的级配用累计筛余百分率来表示或筛分曲线表示,见图 3-1。根据砂的累计筛余百分率,砂的级配分三区(见表3-5),1区砂是粗砂,2区砂是中砂,3区砂为细砂。配制普通混凝土的砂的级配应符合表3-5。

表3-5 砂颗粒级配区的规定

筛孔尺寸(mm)	级配区		
	1 区	2 区	3 区
	累计筛余		
9.50	0	0	0
4.75	0～10	0～10	0～10

续表 3-5

筛孔尺寸(mm)	级配区		
	1 区	2 区	3 区
	累计筛余		
2.36	5～35	0～25	0～15
1.18	35～65	10～50	0～25
0.60	71～85	41～70	16～40
0.30	80～95	70～92	55～85
0.15	90～100	90～100	90～100

注:砂的实际颗粒级配与表中所列数字相比,除 4.75 mm 和 0.60 mm 筛档外,可以略有超出,但超出总量应小于 5%。

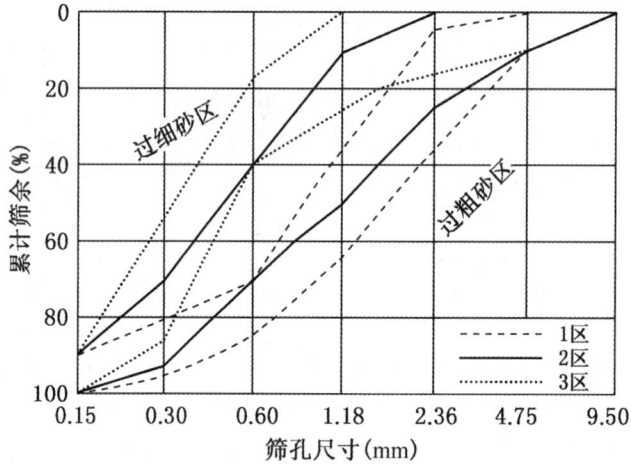

图 3-1 砂的 1、2、3 区级配区曲线

3）细度

细度是指砂粒的粗细程度,常用细度模数表示。细度模数越大,砂颗粒越粗,总表面积越小,配制的混凝土拌合物易出现离析、泌浆泌水,混凝土硬化结构易分层,难以保证混凝土的匀质性;细度模数越小,砂颗粒越细,总表面积越大,配制混凝土的水泥用量增多,混凝土收缩随之增大,也难以保证混凝土的质量。一般配制混凝土的砂细度模数要适中。细度模数常用筛分析法检测。细度模数按下式计算:

$$\mu_f = \frac{(\beta_2 + \beta_3 + \beta_4 + \beta_5 + \beta_6) - 5\beta_1}{100 - \beta_1} \tag{3-1}$$

砂子细度模数值愈小,表示砂子平均粒径小,砂子愈细,包裹砂子的水泥浆愈多。在混凝土净浆量不变的情况下,将使混凝土拌合物流动性下降。经验表明,细度模数值每增减 0.2,混凝土坍落度减增 10～20 m。如果混凝土拌合物坍落度不变,用细度小的砂子配制混凝土拌合物时,因砂子颗粒小表面积大,将使胶凝材料用量增加,不仅增加混凝土成本,也会增加混凝土硬化时的收缩。如果砂子的细度模数值过大,则砂子颗粒的表面积减

小,在砂子自重作用下,使混凝土拌合物易发生泌水、泌浆现象,从而影响混凝土的强度与耐久性等性能。

砂子根据细度模数值分粗砂($M_x = 3.1 \sim 3.7$)、中砂($M_x = 2.3 \sim 3.0$)、细砂($M_x = 1.6 \sim 2.2$)、特细砂($M_x = 0.7 \sim 1.5$)、粉砂($M_x < 0.7$)。一般混凝土宜用中砂。

4)坚固性

坚固性是指砂在气候、环境变化或其他物理因素作用下抵抗破裂的能力,常用硫酸钠溶液检验,试样经规定次数冻融循环后的质量损失表示。冻融循环质量损失小,砂粒坚固,刚度大,能有效阻止水泥浆的收缩,配制混凝土耐久性能愈好。砂的坚固性见表3-6。

表3-6 砂的坚固性指标

项　目	指　标		
	Ⅰ类	Ⅱ类	Ⅲ类
单级最大压碎指标(%)　<	8	8	10

5)碱集料反应

碱集料反应指水泥、外加剂等混凝土组成物及环境中的碱,与集料中碱活性矿物在潮湿环境下缓慢发生导致混凝土破坏的膨胀反应。细集料经碱集料的反应试验后,由其制备的试件无裂缝、酥裂、胶体外溢等现象,在规定的试验龄期膨胀率小于0.10%,可以认为该细集料无碱集料不良反应。

6)表观密度、堆积密度、空隙率

砂表观密度应大于$2\,500\ kg/m^3$,松散堆积密度应大于$1\,350\ kg/m^3$,空隙率小于47%。一般砂的表观密度为$2\,600 \sim 2\,700\ kg/m^3$,松散堆积密度为$1\,350 \sim 1\,650\ kg/m^3$,空隙率为$40\% \sim 45\%$。

7)砂的吸湿溶胀性

砂的含水率在一定范围变化,砂的体积会发生变化。一般砂吸潮后体积会膨胀,称砂的容胀性,见图3-2。由图3-2可知砂的含水率约在5%时,砂的体积膨胀值最大,可达干燥砂体积的1.3倍,因此配制普通混凝土时不允许按砂的体积下料。砂的含水率大于25%时,砂的体积收缩,工程中常用冲水法来加大回填砂的密实度。

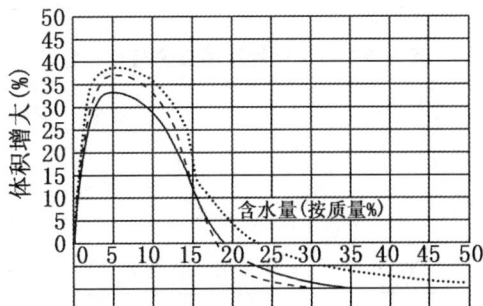

图3-2 砂的体积变化和含水率的关系

3.2.3 混凝土粗集料——石子

普通混凝土中使用的粗集料一般是河卵石和人工碎石。碎石是天然岩石或卵石经机械破碎、筛分制成的,粒径大于 4.75 mm 及小于 90 mm 的岩石颗粒。卵石是由自然风化、水流搬运、分选、堆积形成的,粒径大于 4.75 mm 及小于 90 mm 的岩石颗粒。按技术要求,粗集料分三类:Ⅰ类宜用于强度等级大于 C60 的混凝土;Ⅱ类宜用于强度等级 C30～C60 及抗冻、抗渗或其他要求的混凝土;Ⅲ类宜用于强度等级小于 C30 的混凝土。粗集料的技术要求如下:

1) 杂质含量

粗集料内存在四类杂质。第一类是影响粗集料与水泥浆黏结的杂质,它包括泥、泥块等。泥是指卵石、碎石中粒径小于 75 μm 的颗粒含量。泥块是指卵石、碎石中原粒径大于 4.75 mm,经水浸洗、手捏后小于 2.36 mm 的颗粒含量。泥、泥块等不但影响集料与水泥浆的黏结,而且泥块因强度非常低,在混凝土中不能起骨架作用,混入混凝土中,其占有的空间相当于混凝土内部形成了大孔洞,严重影响混凝土的承载能力。第二类是给混凝土带来承载缺陷的杂质,它包括针状、片状颗粒等。卵石或碎石颗粒的长度大于该颗粒所属相应粒级的平均粒径 2.4 倍者为针状颗粒,厚度小于平均粒径 0.4 倍者为片状颗粒。混凝土承受荷载作用时,其内部针片状颗粒易受弯折断,使混凝土内部出现微裂缝,在裂缝处产生应力集中,从而使混凝土强度下降。第三类是影响水泥正常水化、凝结、硬化的杂质,如有机物、淤泥等。集料中有机物过多会对水泥起缓凝作用,甚至使水泥不凝固。第四类杂质是对水泥石或钢筋有腐蚀作用的物质,如硫化物、硫酸盐等。

粗集料有害杂质允许含量见表 3-7～表 3-9。

表 3-7 石子含泥量和泥块含量允许值

项　　目	指　　标		
	Ⅰ类	Ⅱ类	Ⅲ类
含泥量(按质量计,%)　<	0.5	1.0	1.5
泥块含量(按质量计,%)　<	0	0.5	0.7

表 3-8 石子针片状颗粒含量允许值

项　　目	指　　标		
	Ⅰ类	Ⅱ类	Ⅲ类
针片状颗粒(按质量计,%)　<	5	15	25

表 3-9 石子有害物质含量允许值

项　　目	指　　标		
	Ⅰ类	Ⅱ类	Ⅲ类
有机物	合格	合格	合格
硫化物及硫酸盐(按 SO_3 质量计,%)　<	0.5	1.0	1.0

2）粗集料的强度

粗集料在混凝土中主要起骨架作用。为了保证混凝土的强度,粗集料的强度应高于普通混凝土的强度等级,一般为普通混凝土等级的2～3倍。强度大的粗集料,弹性模量也高,将增强其对砂浆收缩的抵抗能力,其配制的混凝土硬化时收缩值小。粗集料的强度一般以其母岩50 mm×50 mm×50 mm立方体测定的极限抗压强度来表示,一般配制混凝土的集料抗压强度,火成岩不应小于80 MPa,变质岩不应小于60 MPa,水成岩不应小于30 MPa。但由于这种表示方法与粗集料在混凝土中的真实强度相差较大,且这种岩石试块难以加工,所以常用压碎指标来间接表示粗集料的强度。压碎指标是将一定量气干状态下的9.5～19 mm的石子,装入规定圆筒内,放在压力机上,在3～5 min内均匀地加荷至200 kN,卸荷后称出试样重量(G),然后再用孔径为试样颗粒粒径下限尺寸1/4的筛即2.36 mm筛进行筛分,称出试样的筛余量(G_1),按下式计算:

$$压碎值 = \frac{G - G_1}{G} \times 100\% \qquad (3\text{-}2)$$

显然,压碎值越小,表示粗集料强度越高。混凝土中使用粗集料的压碎值指标应符合表3-10。

表 3-10　压碎指标值

项　　目	指　　标		
	Ⅰ类	Ⅱ类	Ⅲ类
碎石压碎指标,<	10	20	30
卵石压碎指标,<	12	16	16

3）粗集料的坚固性

粗集料的坚固性是指卵石、碎石在自然风化和其他外界物理化学因素作用下抵抗破裂的能力。常用硫酸钠溶液检验,试样经规定次数冻融循环后的质量损失表示。冻融循环质量损失小,粗集料坚固耐久。集料的坚固性检验方法,一般用硫酸钠溶液浸泡集料规定时间后,再在烘箱中烘干,使硫酸钠在集料中快速结晶(相当于结冰的作用),然后取出再用硫酸钠溶液浸泡集料规定时间,如此反复循环5次,其质量损失应符合规定。粗集料的坚固性应符合表3-11的规定。

表 3-11　石子的坚固性指标

项　　目	指　　标		
	Ⅰ类	Ⅱ类	Ⅲ类
质量损失(%)　<	5	8	12

4）级配

粗集料的级配是指不同粗集料粒径的大小颗粒的搭配,见图3-3。粗集料的级配好,有三方面的含义,①粗集料空隙率低,配制混凝土时需填充粗集料空隙的砂浆量减少,即节约胶凝材料;②级配好表示着粗集料大小粒级配范围的颗粒搭配较合适,在制备未凝固混凝土拌合物时,大小颗粒不易分离,拌合物可塑性较好;③粗集料之间的空隙直径小,减少混凝土的收缩和混凝土的原生缺陷。

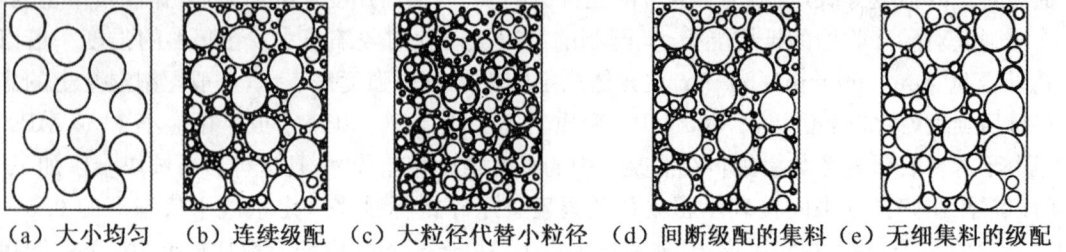

(a) 大小均匀　(b) 连续级配　(c) 大粒径代替小粒径　(d) 间断级配的集料　(e) 无细集料的级配

图 3-3　石子级配

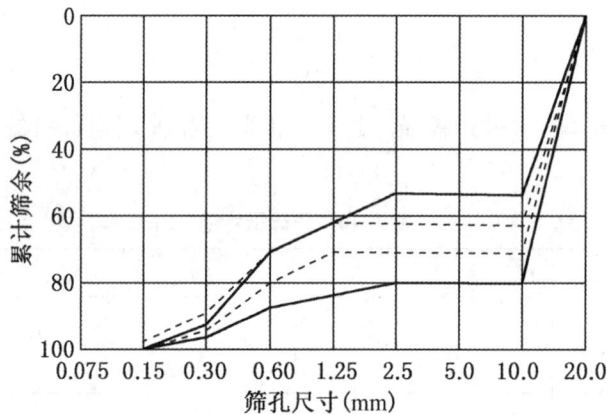

图 3-4　间断级配曲线

　　通常粗集料的级配有两种。一种是连续级配,即每一粒级范围的粗集料颗粒都有适当比例的级配,见图 3-5。采用连续级配的集料配制的混凝土拌合物施工时,拌合物各组成材料不易分层离析,容易保证硬化混凝土的均匀性。目前现场制备混凝土多采用连续级配。但连续级配的粗集料,其空隙率却不能最大限度地降低。另一种是间断级配,即某些中间粒级范围的粗集料颗粒没有的级配,见图 3-4。这种级配能最大限度地降低粗集料空隙率,最有效地节约水泥和砂子。但是,当混凝土拌合物有较大流动性时,大颗粒与小颗粒粗集料之间易分离。因此,这种级配只适应在低流动性和干硬性的混凝土中使用。

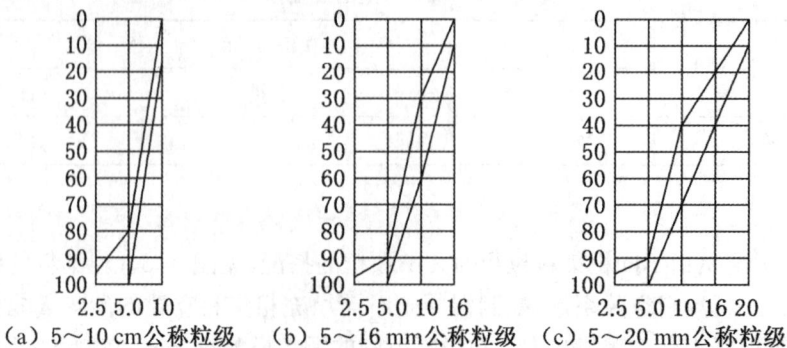

(a) 5～10 cm公称粒级　(b) 5～16 mm公称粒级　(c) 5～20 mm公称粒级

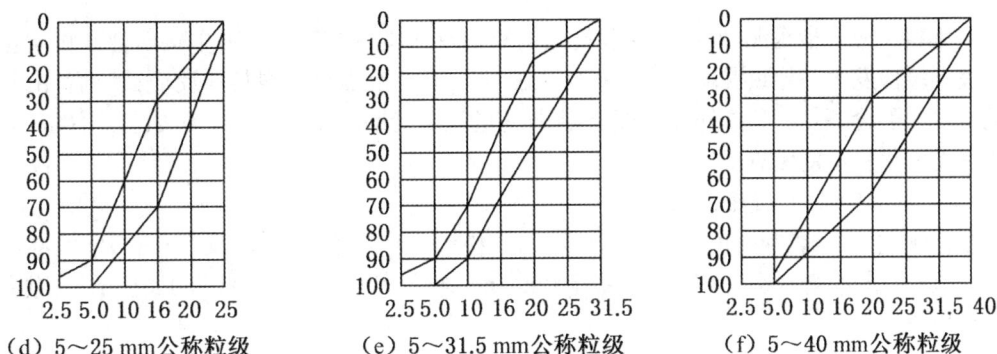

（d）5～25 mm公称粒级　　（e）5～31.5 mm公称粒级　　（f）5～40 mm公称粒级

图 3-5　石子的连续级配曲线

混凝土中粗集料的级配见表 3-12。

表 3-12　碎石或卵石的颗粒级配范围

级配情况	公称粒级(mm)	累计筛余,按质量计(%)											
		筛孔尺寸(圆孔筛)(mm)											
		2.36	4.75	9.50	16.0	19.0	26.5	31.5	37.5	53	63	75	90
连续粒级	5～10	95～100	80～100	0～15	0								
	5～16	95～100	85～100	30～60	0～10	0							
	5～20	95～100	90～100	40～80	—	0～10	0						
	5～25	95～100	90～100	—	30～70	—	0～5	0					
	5～31.5	95～100	90～100	70～90	—	15～45	—	0～5	0				
	5～40	—	95～100	70～90	—	30～65	—	—	0～5	0			
单粒级	10～20		95～100	85～100		0～15							
	16～31.5		95～100		85～100			0～10	0				
	20～40			95～100		80～100			0～10	0			
	31.5～63				95～100		75～100	45～75			0～10	0	
	40～80					95～100			70～100		30～60	0～10	0

5）最大粒径

粗集料公称粒级的上限为该粒级范围的最大粒径。无论是连续级配还是间断级配的粗集料,粗集料最大粒径愈大,将使混凝土中粗集料总表面积降低,包裹粗集料的砂浆减少,既节约砂子又节约水泥,所以在配制混凝土时,总是希望把最大粒径选得大些。但是应注意,最大粒径的增大易使混凝土振捣时粗集料之间发生楔形作用,使混凝土内部形成空洞,降低混凝土密实度,降低混凝土强度。同时,使硬化混凝土的抗渗性下降,耐久性下降。研究表明,只有在最大粒径小于 50 mm 时,增大最大粒径才有益。此外,由于实际上混凝土常与钢筋结合起来使用,因此粗集料最大粒径还必须受钢筋混凝土构件的形状、钢筋疏密程度的限制。否则,混凝土浇捣困难,易使钢筋移位,或使钢筋下方形成空洞,影响钢筋与混凝土的黏结。规范规定:混凝土用的粗集料其最大粒径不得大于结构截面最小尺寸的 1/4。同时不大于钢筋最小净距的 3/4。混凝土实心板,允许采用最大粒径为 1/2 板厚的颗粒,但最大粒径不得超过 50 mm。

6) 碱集料反应

碱集料反应是指水泥、外加剂等混凝土构成物及环境中的碱与集料中碱活性矿物质在潮湿环境下缓慢发生并导致混凝土开裂破坏的膨胀反应。粗集料经碱集料反应试验后,由其制备的试件无裂缝、酥缝、胶体外溢等现象,在规定的试验龄期的膨胀率小于 0.01%,可以认为该粗集料无碱集料不良反应。

7) 表观密度、堆积密度、空隙率

规范规定,石子表观密度大于 2 500 kg/m³,松散堆积密度大于 1 350 kg/m³,空隙率小于 47%。一般石子的表观密度在 2 600～2 700 kg/m³,堆积密度在 1 450～1 650 kg/m³,空隙率在 40%～45%。

3.2.4 水

1) 工程中混凝土用水的原则要求

(1) 不影响水泥正常水化、凝结、硬化。

(2) 对水泥石不产生腐蚀。

2) 一般工程中混凝土用水的技术要求(见表 3-13)

3) 工程中混凝土用水应注意的事项

(1) 工业污水、沼泽水不得用于拌制和养护混凝土。

(2) 天然的水应符合表 3-13 规定,才能用于拌制普通水泥、矿渣水泥和火山灰水泥配制的混凝土。

表 3-13 混凝土拌和用水质量要求(JGJ 63—2006)

项　目	素混凝土	钢筋混凝土	预应力混凝土	项　目	素混凝土	钢筋混凝土	预应力混凝土
1. pH,不小于	4.5	4.5	5	4. 氯化物(以 Cl^- 计)(mg/L),不大于	3 500	1 000	500
2. 不溶物(mg/L),不大于	5 000	2 000	2 000	5. 硫酸盐(以 SO_4^{2-} 计)(mg/L),不大于	2 700	2 000	600
3. 可溶物(mg/L),不大于	10 000	5 000	2 000	6. 碱含量(mg/L),不大于	1 500	1 500	1 500

(3) 采用其他品种水泥时,矿化水是否适用,应根据与饮用水作砂浆强度对比确定,在强度上应无降低。

(4) 采用抗硫酸盐水泥时,水中 SO_4^{2-} 允许放大到 10 mg/mL。

(5) 含糖类、油脂大于 1% 的水一般均不得使用。

(6) 钢筋混凝土一般不得使用海水拌制,须试验硫酸盐含量后经批准方可使用。

3.2.5 混凝土外加剂

1) 混凝土外加剂的定义及分类

混凝土外加剂是指在拌制混凝土过程中掺入的用以改善混凝土性能的物质,其掺量一般不大于水泥质量的 5%(特殊情况除外)。混凝土许多性能的改善或提高,往往依赖于混凝土外加剂,混凝土外加剂量已成为混凝土的组分之一。

2)混凝土外加剂的分类

(1)用于改善混凝土和易性:减水剂、引气剂、泵送剂等。

① 减水剂。根据减水率的不同,减水剂分为普通型和高效型。普通型减水剂主要是木质磺酸盐类如木质素磺酸钙、木质素磺酸钠、木质素磺酸镁、丹宁等;高效减水剂主要有多环芳香族磺酸盐类如萘和萘的同系磺化物与甲醛综合的盐类、氨基磺酸盐等,水溶性树脂磺酸盐类如磺化三聚氰胺树脂、磺化古马隆树脂,脂肪族类如聚羧酸盐类、聚丙烯酸类、脂肪族羟甲基磺酸盐高缩聚物等,其他类如改性木质磺酸钙、改性丹宁等;根据凝结时间不同,减水剂分缓凝型、标准型、早强型;根据引气量不同,减水剂分为引气型和非引气型。

② 引气剂及引气型减水剂。常用的引气剂有:松香树脂类,如松香热聚物、松香皂类等;烷基和烷基芳烃磺酸盐类,如十二烷基磺酸盐、烷基醇聚氧乙烯磺酸钠、烷基苯酚聚氧乙烯醚等;脂肪醇磺酸盐类,如脂肪醇聚氧乙烯醚、脂肪醇聚氧乙烯磺酸钠、脂肪醇硫酸钠等;皂甙类,如三萜甙等;其他类,如蛋白质盐、石油磺酸盐等。

③ 泵送剂。混凝土工程中,可采用由减水剂、缓凝剂、引气剂等复合而成的泵送剂。

(2)调节混凝土凝结、硬化时间:早强剂、缓凝剂、速凝剂等。

① 缓凝剂、缓凝减水剂、缓凝高效减水剂。混凝土工程中常用的缓凝剂及缓凝减水剂有:糖类,如糖钙、葡萄糖酸盐等;木质素磺酸盐类,如木质素磺酸钙、木质素磺酸钠等;羟基羧及其盐类,如柠檬酸、酒石酸钾钠等;无机盐类,如锌盐、磷酸盐等;其他类,如胺盐及其衍生物、纤维素醚等。混凝土工程中可采用由缓凝剂与高效减水剂复合而成的缓凝高效减水剂。

② 早强剂及早强减水剂。混凝土工程中常用的早强剂有:强电解质无机盐类早强剂,如硫酸盐、硫酸复盐、硝酸盐、亚硝酸盐、氯盐等;水溶性有机化合物,如三乙醇胺、甲酸盐、乙酸盐、丙酸盐等;其他类,如有机化合物、无机化合物。混凝土工程中可采用由早强剂与减水剂复合而成的早强减水剂。

③ 速凝剂。在喷射混凝土工程可采用的粉状速凝剂:以铝酸盐、碳酸盐等为主要成分的无机可卡因混合物等。在喷射混凝土工程采用的液体速凝剂:以铝酸盐、水玻璃等为主要成分,与其他无机盐复合而成的复合物。

(3)改善混凝土耐久性:防水剂、膨胀剂。

① 防水剂。常用的防水剂有:无机化合物类,如氯化铁、硅灰粉末、锆化合物等;有机化合物类,如脂肪酸及其盐类、有机硅表面活性剂(甲基硅醇钠、乙基硅醇钠、聚乙基羟基硅氧烷)、石蜡、地沥青、橡胶及水溶性树脂乳液等;混合物类,如无机类混合物、有机类混合物、无机类与有机类混合物;复合类,上述各类与引气、减水、调凝等外加剂复合的复合型防水剂。

② 膨胀剂。混凝土工程中常用的膨胀剂有硫铝酸钙类、硫铝酸钙-氧化钙类、氧化钙类。

(4)改善混凝土其他性能:防冻剂、钢筋防锈剂等。

混凝土工程中常用防冻剂有:强电解质无机盐类,如氯盐类(以氯盐为防冻组分的外加剂)、氯盐阻锈类(以氯盐与阻锈组分为防冻组分的外加剂)、无氯盐类(以亚硝酸盐、硝酸盐等无机盐为防冻组分的外加剂);水溶性有机化合物类,以某些醇类等有机化合物为防冻组分的外加剂;有机化合物与无机盐复合类;复合型号防冻剂,以防冻组分复合早强、引气、减水等组分的外加剂。

3) 常用混凝土外加剂及作用机理

(1) 减水剂

① 减水剂的作用机理。

减水剂多数为表面活性剂,在了解减水剂的作用机理前,有必要先了解表面活性剂的特点。表面活性剂的分子结构由两部分构成,且两部分大小不等相差悬殊,往往大的一部分为憎水基集团,与水分子结合非常弱,小的一部分为亲水基集团,与水的结合强。表面活性剂与水接触,亲水基与水分子结合形成稳定结构,而由于憎水基与水分子的结合力非常小,与空气或固体表面的结合力超过与水的结合力,表面活性剂憎水基就会向水面富集形成稳定结构,或向水中固体物质表面富集形成稳定结构,当水面和水中固体物质的表面被憎水基占满,多余的憎水基将在水中互相结合形成稳定的胶束结构。表面活性剂的这种性能使其对物质表面产生作用,通常这种作用称为表面作用,这种作用能改变被作用物质的表面性能,如降低表面能、改变表面液体的浸润性能。当表面活性剂在水中能电离时,易形成带电胶粒等。

减水剂的作用机理:减水剂能降低水的表面张力(即水的内聚力),吸附于水泥颗粒表面,使水泥颗料表面形成溶剂化膜层,减小水泥颗粒之间的摩阻力,同时由于减水剂在水中的电离,使水泥颗粒带上同种静电电荷,水泥颗粒则因静电作用而相互排斥,水泥颗粒被分散,将吸附在水泥凝胶内部的大量水释放,见图3-6、图3-7,从而达到减水目的。另外,由于加入减水剂,水泥颗粒表面形成吸附膜,影响水泥水化速度,使水泥晶体生长更完善,水泥凝胶也由于水泥颗粒被分散水化进行得更彻底而数量增多,从而使水泥晶体与凝胶形成的网络结构更为密实,有效地提高水泥混凝土的强度与密实性。

混凝土减水剂的技术经济效果主要有:① 混凝土其他组成材料不变,仅掺入减水剂,可以大幅度提高混凝土拌合物的流动性。② 保持混凝土强度不变(即混凝土水灰比不变)和水泥用量不变,掺入减水剂,减水的同时可以显著节约水泥。③ 保持混凝土水泥用量不变,掺入减水剂,减水的同时,可以减小混凝土的水胶比,提高混凝土的强度。

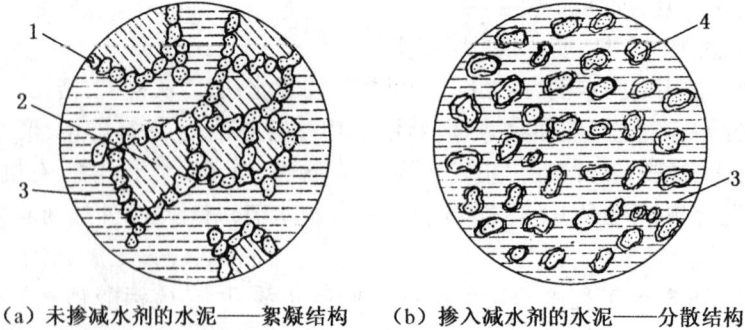

(a) 未掺减水剂的水泥——絮凝结构　　　(b) 掺入减水剂的水泥——分散结构

图3-6　减水剂对水泥絮凝结构的分散作用

1—水泥颗粒;2—包裹在水泥颗粒絮凝结构中的游离水;3—游离水;4—带有电性斥力和溶剂化水膜的水泥颗粒

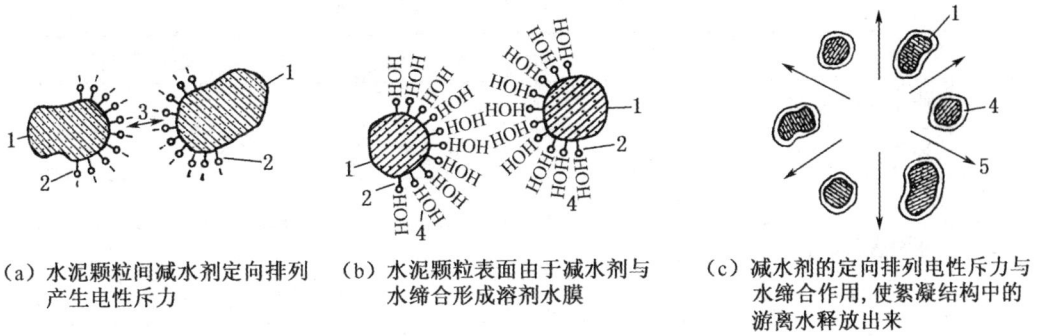

（a）水泥颗粒间减水剂定向排列 产生电性斥力 （b）水泥颗粒表面由于减水剂与 水缔合形成溶剂水膜 （c）减水剂的定向排列电性斥力与 水缔合作用，使絮凝结构中的 游离水释放出来

图 3-7 减水剂对水泥颗粒的分散作用

1—水泥颗粒；2—减水剂；3—电性斥力；4—溶剂化水膜；5—释放出的游离水

② 常用减水剂

A. 普通型减水剂

普通型减水剂是指包括木质素类及腐殖酸类的减水剂。

木质素类减水剂，是以造纸厂或化学纤维浆厂，采用化学法（酸法或碱法）制造纸浆或化纤浆后废液为原料。由于所采用的化学药剂及原料（木材及草类）品种不同，其废液的性能也各有差异，一般说来，以酸法制浆的废液性能好，质量也较稳定。

腐殖酸类减水剂，腐殖酸又称为胡敏酸、可由草炭、泥煤或褐煤中提炼。

普通型减水剂的主要技术见表 3-14。

表 3-14 普通型减水剂的技术指标

项　目		指　标
减水率（%）		≥5
泌水率比（%）		≤100
含气量（%）		≤3.0
凝结时间之差 （时：分）	初凝	−1:00～+2:00
	终凝	−1:00～+2:00
抗压强度比（%）	3 d	≥110
	7 d	≥110
	28 d	≥110
	90 d	≥110
混凝土收缩值（三个月）增加不大于（mm/m）		0.1

注：（1）除含气量外，表中所列数据为掺外加剂混凝土与基准混凝土的差值或比值。

（2）凝结时间指标"−"号表示提前，"+"号表示延缓。

普通型减水剂最常用的是木质素磺酸钙减水剂，其产品技术指标见表 3-15。此外，还有 MY、CF—G、WN—I、JM—11、CH、HM 减水剂。普通减水剂多用于一般工业及民用建筑。适用于大体积混凝土、滑模、大模板、泵送等混凝土施工工艺。

表 3-15　木质素磺酸钙减水剂的技术指标

项　　目	指　标	主要生产单位
木质素磺酸钙(%)	>55	
还原物质(%)	<12	
水不溶物质(%)	<2~5	
水分含量(%)	<9	
pH	4~6	
砂浆含气量(%)	<15	
砂浆流动度(mm)	185±5	

B. 高效减水剂

高效减水剂分硫化煤焦油类与硫化水溶性树脂减水剂。高效能硫化煤焦油类又分为：a. 非引气型萘系减水剂。用萘作原料的高效减水剂，一般为用浓硫酸将萘磺化再水解去掉 β 位的磺基；用甲醛溶液将其缩合至核体数 12—9 的缩聚物，再用碱中和使之成为萘磺酸钠缩合物的盐，最后干燥即成。常用品种有 FDN、UNF、NF 等。b. 引气型萘系减水剂。以甲醛萘磺酸钠甲醛缩合盐为主要成分的减水剂，其主要特点是有一定引气性，掺后能使混凝土含气量增加到 5% 左右。常用品种主要有建—1、MF 等。c. 多环芳烃磺酸盐。成分较为复杂，主要是萘蒽、酚及其一些多环芳烃硫酸盐的甲醛缩合混合物，效果逊于纯萘磺酸盐，但由于料源较广、成本较低而有较大工业价值。常用的品种有 AF、AV 减水剂等。硫化水溶性减水剂虽然品种少，但性能优良。常用品种有 SM、CRS 减水剂。

高效减水剂的技术指标见表 3-16。

表 3-16　高效减水剂的技术指标

项　　目		指　　标
减水率(%)		>12
泌水率比(%)		≤100
含气量(%)		≤3
凝结时间之差 (时:分)	初凝	−1:00~+2:00
	终凝	−1:00~+2:00
抗压强度比(%)	1 d	≥135
	3 d	≥125
	7 d	≥120
	28 d	≥115
	90 d	≥100

高效减水剂适用于工业与民用建筑、水利、港口、交通等工程建设中的预制及现浇混凝土、预应力钢筋混凝土工程，适应了成型需要加热养护的预制构件，适用于常温下要求早强、

高强的混凝土。

C. 早强型减水剂

早强型减水剂是由普通减水剂或高效减水剂复合而制得的。前者品种有 NC、MS—F、MES、JES、SF、H 等型;后者品种有 ESJ、NSE、FDN—S、VNF—4、AN—2、S、DW 等型。早强型减水剂技术指标见表 3-17。早强减水剂尤其适用于－3℃(混凝土表面温度)以上各种温度条件下硬化的混凝土,自然气温正负交变环境下硬化的混凝土、蒸汽养护的混凝土。

表 3-17　早强型减水剂的主要技术指标

项　　目		指　　标
减水率(%)		≥5
泌水率比(%)		≤100
含气量(%)		≤3.0
凝结时间之差 (时:分)	初凝	－1:00～＋2:00
	终凝	－1:00～＋2:00
抗压强度比(%)	1 d	≥125
	3 d	≥125
	7 d	≥115
	28 d	≥110
	90 d	≥100
混凝土收缩值(三个月)增加不大于(mm/m)		0.1

D. 缓凝型减水剂

通常在市场购买的缓凝减水剂主要是由单一天然原料制成。用糖蜜为主要原料与石灰中和而成的。它有多种牌号:HC、ST、QA、ET 等型。

缓凝型减水剂适用范围:a. 由于能降低水泥水化热,因而不会使混凝土水化初期温度升高,造成内外温差应力而开裂。因此,这种减水剂适用于大体积混凝土、夏季和炎热地区的混凝土施工、泵送混凝土、长时间停放或长距离运输的混凝土等。b. 不宜用于日最低气温＋5℃以下施工的混凝土、有早强要求的混凝土及蒸养混凝土。

缓凝型减水剂技术指标见表 3-18。

表 3-18　缓凝型减水剂技术指标

项　　目		指　　标
减水率(%)		≥5
泌水率比(%)		≤100
含气量(%)		≤3.0
凝结时间之差 (时:分)	初凝	＋2:00～＋6:00
	终凝	＋2:00～＋6:00

续表 3-18

项 目		指 标
抗压强度比(%)	3 d	≥100
	7 d	≥100
	28 d	≥110
	90 d	≥110
混凝土收缩值(三个月)增加不大于(mm/m)		0.1

（2）缓凝剂

① 缓凝剂的作用机理

缓凝剂用于要求缓凝的炎热气候施工的混凝土、大体积混凝土施工等。缓凝剂的作用机理主要是缓凝剂分子吸附于水泥颗粒表面，使水泥颗粒延缓水化反应而延缓凝结，也即延缓了水泥混凝土的凝结时间。对于羟基羧酸类，主要是水泥颗粒中 C_3A 成分首先吸附羟基羧基分子，使它们难以较快生成水化硫铝酸钙结晶而起了缓凝作用。磷酸盐类缓凝剂溶于水中生成离子，被水泥颗粒吸附生成溶解度很小的磷酸盐薄层，使 C_3A 的水化和水化硫铝酸钙形成过程被延缓而起了缓凝作用。有机缓凝剂通常延缓 C_3A 的水化。缓凝剂对水泥的水化的延缓作用，也使水泥小时水化热量降低了，使水泥更适宜用于大体积混凝土工程、炎热气候施工的混凝土工程。

② 常用缓凝剂

常用缓凝剂的类型见表 3-19。缓凝剂的技术指标见表 3-20。

表 3-19　常用缓凝剂类型

羟基羧酸类	酒石酸、乳酸、柠檬酸、水杨酸、醋酸、酒石酸钠等
无机盐类	各种磷酸盐、硼酸盐、锌盐、氟硅化物、亚硫酸钠、$FeSO_4$ 等
含糖碳水化合物	蔗糖、葡萄糖、糖蜜、己糖酸钙、葡萄糖酸钠、庚糖化合物等
木质素磺酸盐	木质素磺酸钠、木质素硫酸镁、木质素磺酸钙

表 3-20　缓凝剂技术指标

项 目		指 标
凝结时间之差（时:分）	初凝	3:00～8:00
	终凝	3:30～12:00
抗压强度比(%)	3 d	80
	7 d	90
	28 d	100
	90 d	≥110
泌水率比(%)		≤100
混凝土收缩值(三个月)增加不大于(mm/m)		0.1

（3）早强剂

早强剂有氯化物系及硫酸盐系以及有机物三乙醇胺，不同的早强剂其作用原理也不完全相同。氯化物系的早强剂作用机理是氯盐溶解于水后将全部电离成离子，氯离子吸附于水泥熟料 C_3S 和 C_2S 的表面，增加水泥颗粒的分散度，加速水泥初期水化反应；由于溶液中大量的钙离子与氯离子的存在，加速了水化物晶核的形成及成长。另外，氯盐也会与水泥水化产物发生反应生成固相复盐或固溶体，增加水泥浆体中的固相比例，促使水泥凝结硬化，早期强度提高。由于氯盐的这一优点，因此也常用它来制作水泥混凝土的防水剂。

硫酸盐系早强剂的作用机理是硫酸钠等硫酸盐溶解于水中与水泥水化时产生氢氧化钙作用，生成氢氧化钠与硫酸钙，此硫酸钙的颗粒很细，活性比外掺硫酸钙要高，因而与 C_3A 反应生成水化硫铝酸钙的速度要快得多，而氢氧化钠是一种活性剂，能提高 C_3A 和石膏的溶解度，加速硫铝酸钙的形成，增加水泥石中硫铝酸钙的数量，导致水泥凝结硬化和早期强度的提高。

三乙醇胺系的作用机理是促使 C_3A 与石膏之间形成硫铝酸钙的反应，而且与无机盐类材料复合使用时，不但能催化水泥颗粒本身水化，而且能在无机盐类与水泥的反应中起催化作用。所以在早期，三乙酸胺复合早强剂的早强效果大于单掺早强剂。

（4）引气剂

① 引气剂作用机理

引气剂掺入混凝土中，使混凝土内部形成封闭微小独立、均匀的气泡，从而改善混凝土拌合物的和易性及提高硬化混凝土的抗渗性与抗冻性。引气剂一般都是阴离子表面活性剂，它的憎水基是由非极性分子组成的长碳链。在水与气界面上，憎水基向空气一面定向吸附，在水泥颗粒与水界面上，水泥颗粒或其水化粒子与亲水基相吸附，憎水基背离粒子，形成憎水化吸附层，并力图靠近空气表面。由于这种离子向空气泡表面靠近，易在空气泡中形成胶束稳定气泡，同时引气剂分子在空气与水界面上的吸附作用，将显著降低水的表面张力，使空气气泡更加稳定，而且阴离子表面活性剂在含钙溶液中，作为钙盐沉淀，吸附在气泡膜上，使气泡更趋稳定。在搅拌力作用下，一方面水泥浆体将引入空气，另一方面引气剂分散均匀，水泥浆体内将形成大量微小独立的稳定气泡。混凝土中掺入引气剂后，形成的大量微小独立的稳定气泡，一方面能缓解水泥收缩应力，减少混凝土收缩裂缝，另一方面缓解混凝土硬化后受冻时的冻融应力，因而能提高水泥混凝土的抗渗性和抗冻性。水工混凝土常掺入适量的引气剂，来改善和提高水工混凝土的抗渗性和抗冻性。但注意混凝土中掺入过量的引气剂，由于混凝土中的含气量增加较多，混凝土密实度大幅降低，将严重影响混凝土的强度。

② 常用引气剂

常用的引气剂品种有：a. 松香热聚物类，如 PC—2；b. 烷基磺酸类；c. 高级脂肪醇衍生物；d. 烷基苯酚聚氧乙烯醚；e. 脂肪醇与环氧乙烷缩合物（平平加）。尤以松香热聚物应用最为广泛。一般在混凝土中的掺量为水泥重量的 $0.005\%\sim0.2\%$。混凝土引气剂的技术指标见表 3-21。

表 3-21　混凝土引气剂技术指标

项　　目		指　　标
减水率(%)		≥5
泌水率比(%)		≤80
含气量(%)		3.0～5.5
凝结时间之差 (时:分)	初凝	−1:00～+1:00
	终凝	−1:00～+1:00
抗压强度比(%)	3 d	≥80
	7 d	≥80
	28 d	≥80
	90 d	≥80
抗冻融性比(%)		≥300
钢筋锈蚀		对钢筋无锈蚀危害
混凝土收缩值增加量不大于(mm/m)		0.1

（5）防冻剂

防冻剂用于混凝土冬季施工,防止冬季施工时混凝土结冰冻裂。通常防冻剂是由早强剂(多用氢盐早强剂)及其他材料复合制取的。由于亚硝酸盐具有阻止 Cl^- 腐蚀钢筋的作用,因此在防冻剂内常含有亚硝酸盐。防冻剂的作用机理为:① 降低液相冰点;② 降低水泥混凝土受冻临界温度;③ 防冻剂析出的冰对水泥混凝土不产生显著损害。

4）外加剂的选择原则

（1）根据使用要求,选择应用性能符合要求的外加剂。

（2）在选择外加剂时,还应考虑一些特殊情况。

① 在下列情况下不得应用氯盐及含氯的早强剂及早强减水剂:

A. 在高湿度的空气环境中使用的混凝土结构(如排出大量蒸汽的车间)。

B. 处于水位升降部位的混凝土结构、受水淋的混凝土结构及露天混凝土结构。

C. 易引起混凝土内钢筋发生化学腐蚀的结构(如镀锌钢材或铝铁相接触部位的混凝土结构,酸碱等侵蚀的部位混凝土结构等)。

D. 使用过程中经常处于环境温度为 60℃ 以上的混凝土结构。

E. 使用冷拉钢筋或冷拔低碳钢丝的结构以及预应力混凝土结构。

F. 薄壁结构中或重级工作制吊车梁、屋架、落锤或锻锤基础等混凝土结构。

② 硫酸盐及复合剂不得用于有活性集料的混凝土以及易发生电化学腐蚀的钢筋混凝土。

③ 引气剂及引气减水剂不适用于蒸养混凝土、高强混凝土及预应力混凝土。

④ 普通减水剂不宜单独用于蒸养混凝土。

⑤ 缓凝剂及缓凝减水剂不适用于日最低气温 +5℃ 以下硬化的混凝土。

⑥ 饮水工程不得使用含有毒性的外加剂。

3.2.6 掺合料

混凝土掺合料是指在拌制混凝土拌合物时掺入,用于改善混凝土性能或降低混凝土成本,其掺量超过水泥质量的5%的外加材料。普通混凝土中常用的掺合料通常是活性混合材料。混凝土中掺加普通掺合料由于其活性的作用,可以改善水泥浆的稠度和黏性,显著降低混凝土拌合物的泌水性和泌浆性,改善混凝土拌合物的和易性,一般泵送混凝土均需掺加掺合料。另外混凝土中掺入掺合料对混凝土集料颗粒之间的空隙起填充作用,或者可以认为掺合料的粉状颗粒对混凝土集料颗粒级配起调节改善作用,增大了颗粒间的密实性,从而节约水泥,提高混凝土的密实度,进而提高混凝土的耐久性。如果混凝土中掺入的掺合料是超细活性矿粉,除起上述作用外,还能改善混凝土集料与浆体之间的界面,对水泥凝胶结构改性,显著提高混凝土的强度。因而,配制高强混凝土一般应掺入超细活性矿粉。常用混凝土掺合料有粉煤灰、粒化高炉矿渣、硅灰等。

1)粉煤灰

粉煤灰是从煤粉炉烟道气体中收集的粉末,以氧化硅和氧化铝为主要成分,含少量氧化钙,具有火山灰性。其活性高低与其所含氧化钙的多少关系密切,与低钙粉煤灰相比较,高钙粉煤灰活性较高。粉煤灰颗粒为玻璃球状,掺入混凝土中能有效改善混凝土的拌合性能,因此,它常用作混凝土的外掺料。粉煤灰中含有未燃尽的碳粒,影响粉煤灰质量,因此粉煤灰的碳粒应在规定范围以内。根据粉煤灰CaO含量的高低可分为低钙粉煤灰(即F类粉煤灰)和高钙粉煤灰(即C类粉煤灰)。低钙粉煤灰的CaO含量低于10%,一般是无烟煤或烟煤燃烧所得的副产品;高钙粉煤灰的CaO含量大于10%,一般可达15%~30%,通常是褐煤和次烟煤燃烧所得的副产品。根据质量,粉煤灰分三级。Ⅰ级粉煤灰适用于钢筋混凝土和跨度小于6 m的预应力混凝土;Ⅱ级粉煤灰适用于钢筋混凝土和无筋混凝土;Ⅲ级粉煤灰适用于无筋混凝土。混凝土的粉煤灰技术指标见表3-22。

表 3-22 粉煤灰的技术指标

项 目		技术要求		
		Ⅰ级	Ⅱ级	Ⅲ级
细度(45 μm方孔筛筛余)(%) 不大于	F类粉煤灰	12.0	25.0	45.0
	C类粉煤灰			
需水量(%) 不大于	F类粉煤灰	95.0	105.0	115.0
	C类粉煤灰			
含水量(%) 不大于	F类粉煤灰	1.0	1.0	1.0
	C类粉煤灰			
烧失量(%) 不大于	F类粉煤灰	5.0	8.0	15.0
	C类粉煤灰			
三氧化硫(%) 不大于	F类粉煤灰	3.0	3.0	3.0
	C类粉煤灰			

续表 3-22

项 目		技术要求		
		Ⅰ级	Ⅱ级	Ⅲ级
游离氯化钙(%) 不大于	F类粉煤灰	1.0	1.0	1.0
	C类粉煤灰	4.0	4.0	4.0
安定性(雷氏夹沸煮后增加的距离)(mm) 不大于	F类粉煤灰	5.0	5.0	5.0
	C类粉煤灰			
放射性	F类粉煤灰	合格	合格	合格
	C类粉煤灰			

2）粒化高炉矿渣

粒化高炉矿渣是高炉冶炼生铁所得，以硅酸钙与铝酸钙为主要成分的熔融物，经淬冷成粒后的产品。其粒径为 0.5～5 mm，结构为玻璃体，具有较高的潜在活性。用于混凝土的粒化矿渣技术指标见表 3-23。表中活性指数是指用规定比例的粒化高炉矿渣、水泥和标准砂混合制得的胶砂试件抗压强度，与不含粒化高炉矿渣由水泥和标准砂混合制得的胶砂抗压强度之比。

表 3-23 矿渣的技术指标

项 目		级 别		
		S 105	S 95	S 75
密度(g/cm³) ≥		2.8		
比表面积(cm²/g) ≥		500	400	300
活性指数 ≥	7 d	95	75	55
	28 d	105	95	75
流动度比(%) ≥		95		
含水量(质量分数)(%) ≤		1.0		
三氧化硫(质量分数)(%) ≤		4.0		
氯离子(质量分数)(%) ≤		0.06		
烧失量(%) ≤		3.0		
玻璃体含量(%) ≥		85		
放射性		合 格		

3.3　普通混凝土的形成及特征现象

3.3.1　普通混凝土的形成

普通混凝土是由通用水泥、普通砂石子、掺合料和外加剂等组成材料按一定配合比,经搅拌、运输、浇注、振捣、养护等工艺制成的具有堆聚结构宏观均匀的人造石。或者说,普通混凝土是由水泥石与粗细集料黏结形成的均匀复合材料。它的形成可分为以下三个过程。

1) 普通混凝土拌合物的形成过程

当普通混凝土配合比设计好以后,按照设计的配合比,把符合技术要求的混凝土各组成材料,按一定顺序投料,然后搅拌(人工搅拌或机械搅拌),在搅拌力作用下水泥颗粒分散在水中,水泥与水接触后发生物理化学作用,形成水泥浆体。同时,在搅拌力作用下细集料颗粒会分散在水泥浆体,随着搅拌的不断进行,细集料颗粒表面包裹一层一定厚度的水泥浆体,形成均匀的砂浆体。在搅拌力作用下粗集料颗粒也逐渐分散在砂浆体中,当粗集料颗粒表面都包裹一层一定厚度的砂浆体后,就形成了混凝土材料各相分布均匀的具有一定可塑性的液态拌合物。

由上可知,混凝土拌合物形成,实际上就是在搅拌力作用下,混凝土各固相材料在液相中的均匀分散过程,以及由于搅拌卷入拌合物中的空气泡或混凝土引气性的外加剂在混凝土拌合物中形成的微小气泡在液相中的均匀分散过程。即:固相水泥颗粒在水溶剂液相中均匀分散,形成水泥浆体的过程;固相细集料颗粒和气相在水泥浆体液相中均匀分散形成砂浆的过程;固相粗集料颗粒在砂浆中均匀分散,形成均匀的、具有可塑性的拌合物的过程。

2) 拌合物的凝结过程

把搅拌好的拌合物运输到浇注地点,注入事先根据混凝土构件形状和尺寸制好的模具内,经振捣密实成型后,混凝土拌合物逐渐失去塑性的过程,称混凝土拌合物的凝结过程。

混凝土拌合物的凝结,实质上就是拌合物中水泥的凝结。因此,混凝土拌合物的凝结机理与其中水泥的凝结机理相似,影响其中水泥凝结的因素如水泥细度、水泥等级、环境温度、外加剂等都将影响混凝土的凝结。但是混凝土拌合物的凝结时间与其中的水泥凝结时间不相同,这是因为:① 混凝土中的水泥水化是在存在集料的拌合物中进行,与水泥凝结试验中的水化环境不同;② 混凝土中的水灰比与水泥凝结试验中的水灰比不同;③ 混凝土中可能掺有影响水泥凝结时间的外加剂。一般混凝土的凝结时间比水泥的凝结时间长。

目前,混凝土拌合物的凝结时间采用贯入阻力法来测定。该方法是通过测试规定试杆,在不同时间,插入混凝土拌合物中所受到的阻力,来判断混凝土拌合物的凝结,规定贯入阻力为 0.35 MPa 时为混凝土的初凝,贯入阻力为 28 MPa 时为混凝土的终凝,如图 3-8。

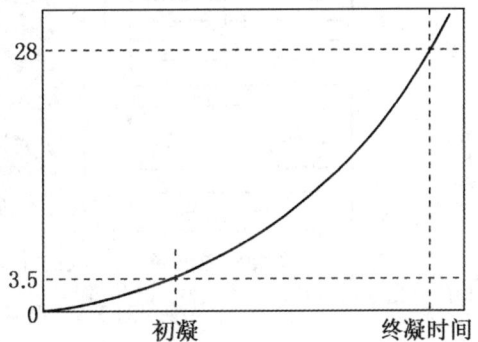

图 3-8　贯入阻力与时间关系曲线

混凝土拌合物的凝结时间随水泥种类、是否掺用外加剂、水化温度、混凝土等级等因素而变化。一般混凝土等级愈高,配制混凝土的水泥等级愈高,环境温度愈高,水泥水化愈快,凝结时间愈短。

3) 混凝土的硬化过程

在养护条件下,混凝土强度随时间逐渐增长的过程,称为混凝土的硬化过程。混凝土的硬化过程实际上就是未水化的水泥颗粒不断水化的过程,在此过程中水泥胶凝物质逐渐增多,黏结力逐渐增强,水泥石逐渐密实,混凝土强度逐渐增长。

目前,一般认为混凝土强度的形成过程为:① 未水化水泥颗粒的继续水化,减少了毛细水和毛细孔,并形成了更多的水化产物来加强水化产物之间的网络结构;② 混凝土在硬化过程中,水分的蒸发使水泥凝胶颗粒之间的吸附进一步加强,晶体与凝胶之间的网络结构进一步加强;③ 参加联网的水泥胶粒与晶体包围混凝土集料表面,在集料表面发生机械啮合、化学吸附和化学结合,把集料与水泥石黏结成具有强度的整体。

根据混凝土强度的形成过程,可知提高水泥粒子的水化深度,或者在混凝土硬化时采取适当的养护措施,或者改变集料的表面状况,将能有效地提高混凝土的强度,同时也能提高混凝土的密实度,改善混凝土的耐久性能和长期性能。

3.3.2 混凝土形成时的特征现象

混凝土形成时,伴随有许多现象发生,了解混凝土形成时的一些主要特征现象,将有助于更深入理解混凝土和应用混凝土。

1) 离析、泌浆、泌水

混凝土拌合物中各相分离,使混凝土拌合物不均匀和失去连续性的现象称为离析。混凝土拌合物发生离析现象,主要是其中固相粒子由于粒径不同,在重力或其他外力作用下,沉降速度不同而引起的,如图3-9。当包裹固相粒子表面的水泥浆体或砂浆体有一定的厚度,形成的黏聚力较大时,可以减轻混凝土拌合物的离析,减轻由于离析对混凝土造成的损害。

伴随混凝土拌合物的离析现象,混凝土拌合物常常会发生泌浆和泌水现象。

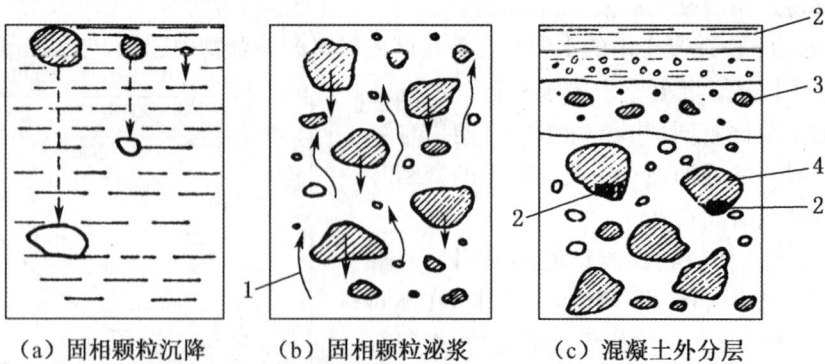

(a) 固相颗粒沉降　　(b) 固相颗粒泌浆　　(c) 混凝土外分层

图3-9　混凝土固相颗粒的沉降与泌浆

1—泌浆方向;2—固相颗粒;3—小粒径集料;4—大粒径集料

泌浆是混凝土拌合物固相粒子发生沉降时水泥浆上浮的现象,如图 3-9(b)。混凝土拌合物泌浆的发生,大多是由于集料级配不好,细集料用量不足或细度模数值太大(即砂粒径太大)等因素引起的。泌浆是混凝土拌合物严重离析时产生的现象,将使混凝土产生外分层现象,如图 3-9(c),严重破坏混凝土的宏观均匀性。如果在混凝土施工中,模具漏浆,混凝土拌合物的泌浆将使混凝土构件表面出现蜂窝麻面等现象,因此泌浆会严重损害混凝土的质量。

泌水是混凝土拌合物浇注成型后,砂石集料的表面吸水作用,水分从水泥浆中析出,上升到混凝土表面层或集聚在大颗粒集料及钢筋下面的现象。混凝土拌合物的泌水大多是由于泌浆或混凝土拌和时单位用水量太大或水泥用量太少引起的。泌水将使混凝土发生内分层现象。如图 3-10,内分层划分成三个区域,区域 1 位于粗集料的下方,如在砂浆中则位于粗砂粒的下方。这个区域称为充水区域,含水量最大,在其蒸发后则形成孔隙,是混凝土中最弱的部分,也是混凝土渗水的主要通道和裂缝的发源地。区域 2 的砂浆则比较正常,称为正常区。区域 3 是混凝土中最密实和最强的部位,称为密实区。泌水使内分层现象明显,将导

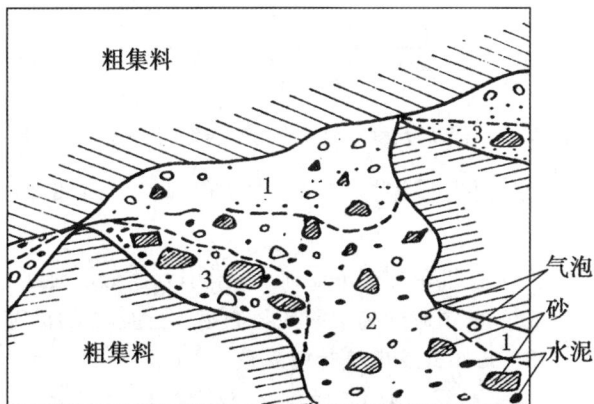

图 3-10 混凝土的内分层

致混凝土中水泥石与集料黏结不牢,或钢筋混凝土中钢筋与混凝土黏结不牢。同时,混凝土干燥速度快时,如泌水速度快,由于混凝土拌合物在凝结过程中早期抗拉强度很低,过快的失水引起的毛细管收缩,将使混凝土拌合物极易出现早期干缩裂缝。而且混凝土泌水时的水通道在水分蒸发完后,将变成连通的毛细孔,降低混凝土的密实度,影响混凝土的强度性能、耐久性能和长期性能。泌水严重时混凝土质量将受到极大损害。因此,在混凝土拌合物中,不希望出现过大的泌水。

2) 混凝土的温度上升现象

由于水泥水化是伴随发热的化学反应,因此混凝土在凝结硬化过程中温度会上升,其温度上升规律见图 3-11、图 3-12。由图 3-11 知,混凝土体积愈大,混凝土温度上升愈高。这是因为大体积混凝土中混凝土体积愈大,水泥用量愈多,水化热愈大的缘故。由图 3-12 知,环境温度愈高,混凝土中水泥水化热不易释放,混凝土温度上升愈高。

对于大体积混凝土工程,混凝土内部的热量很难较快地散发出去,常常使混凝土内部温度比混凝土表面温度高许多,这种温度差使混凝土表面产生拉应力。由于混凝土在凝结时期混凝土抗拉强度很低,因此最易发生温度裂缝,如发生温度裂缝,将严重影响混凝土的质量。

为了避免混凝土内部温度上升过快引起的裂缝,通常采用下列措施:

(1) 采用掺入有缓凝作用的外加剂。在大体积混凝土中,常掺入混凝土缓凝剂,减小水泥的小时放热量。

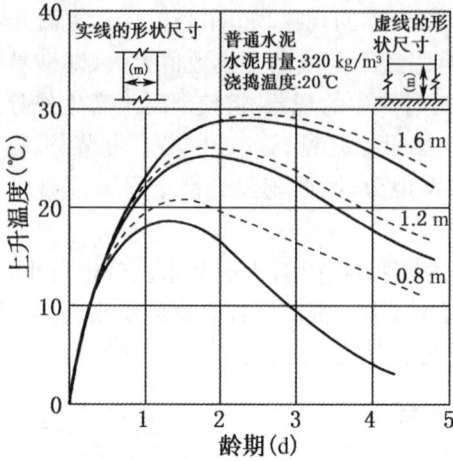

图 3-11 形状、尺寸对混凝土材料温度的影响

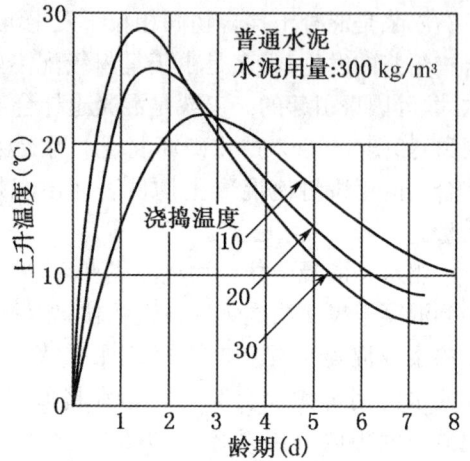

图 3-12 浇捣温度对混凝土构件温度上升的影响

（2）采用降温措施。在大体积混凝土内部埋设散热设备（如冷水管），尽可能降低温度的上升。

（3）合理组织混凝土施工，采用分段分层施工措施。

（4）采用避开高温时段进行混凝土施工的措施。

3）混凝土强度随时间发展

由于混凝土中水泥的水化反应是从水泥颗粒的表面逐渐深入内部的，因此混凝土在凝结、硬化时，强度将随时间而发展。显然，这种强度发展是与水泥水化的环境特点密切相关。混凝土不同的养护条件将使混凝土强度随时间的发展不同，所谓混凝土的养护条件，实际上就是影响其中水泥水化的温度和湿度条件。由图 3-13 知，混凝土潮湿养护时间越长，混凝土强度持续发展愈好，这是因为未水化水泥颗粒水化条件好，产生更多的胶凝物质，同时，又减少了混凝土的干燥收缩和碳化收缩的缘故。由图 3-14 知，环境温度愈高，混凝土强度发展愈快。这是因为环境温度高，混凝土中水泥水化愈快，产生的胶凝物速度愈快的缘故。

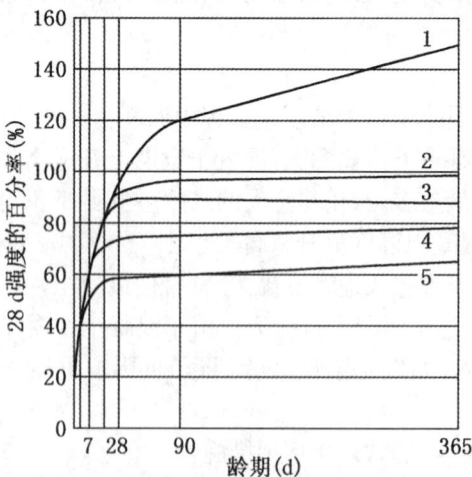

图 3-13 混凝土强度与保持潮湿时间的关系

1—长期保持潮湿；2—保持潮湿 14 d；
3—保持潮湿 7 d；4—保持潮湿 3 d；5—保持潮湿 1 d

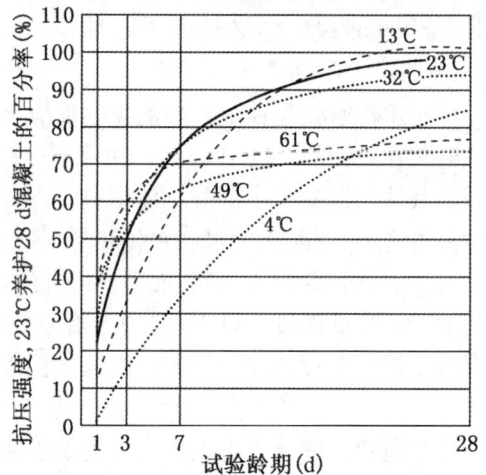

图 3-14 养护温度对混凝土强度的影响

4）混凝土的收缩

混凝土的收缩分早期收缩和后期收缩。

早期收缩是指发生在混凝土凝结期间的收缩。它包括由于混凝土拌合物集料沉降、泌水、失水引起毛细管收缩，以及水泥浆体自身水泥水化过程中产生的收缩。由于这种收缩发生在迅速失去塑性的混凝土凝结期，而混凝土凝结期间抗拉强度很低，极易发生早期收缩裂缝。例如，用普通水泥配制的混凝土 10 h 时的抗拉强度约 1 MPa，为了避免发生早期收缩裂缝，应特别注意在混凝土凝结期间加强养护，避免混凝土失水过快，同时避免混凝土在此期间受扰动。

后期收缩是指发生在混凝土硬化期的收缩。它是由混凝土失水、水泥石碳化收缩而引起的。由于这种收缩发生在混凝土硬化期，而混凝土在硬化期间抗拉强度较大，足以抵抗混凝土硬化期收缩产生的收缩应力，对混凝土质量损害不是太大。但是，如果在混凝土硬化期，失水过快将影响混凝土中未水化水泥颗粒的继续水化，同时也或多或少引起混凝土内部出现更多的干缩微裂缝，因此混凝土硬化初期仍应当重视养护，保持良好的养护条件和足够的养护时间。

3.4　混凝土的技术性质

混凝土的技术性质包括搅拌后的混凝土拌合物技术性质和硬化混凝土的技术性质。

3.4.1　混凝土拌合物技术性质

对搅拌后混凝土拌合物的技术性质的要求，主要着眼于使运输、浇注、振捣和成型等工艺过程易于进行，以及使混凝土成型后具有良好的匀质性，减少混凝土施工过程中的离析、泌浆和泌水等现象的发生。

1）和易性的定义

和易性是混凝土拌合物的重要性能，对硬化混凝土的质量有重大影响。和易性是指混凝土拌合物易于施工，在运输、浇注等施工过程中能保持均匀、密实而不发生分层、离析现象的性质。它反映了混凝土拌合物从搅拌起到振捣完毕各施工阶段作业的难易程度，以及为了获得均质混凝土而抵抗分离的程度。它是混凝土拌合物流动性、黏聚性、保水性、易密性的综合体现。

流动性是混凝土拌合物在重力作用下，填充模具空间的能力。它主要受混凝土拌合物系统中固相、液相比率的影响，增加水泥浆量，拌合物的流动性则提高。混凝土拌合物流动性大，混凝土拌合物易于运输、浇注、振捣成型等施工，但降低混凝土拌合物的黏聚性和保水性。

黏聚性是混凝土拌合物在一定外力作用下不产生脆断的塑性变形的能力。它主要受混凝土拌合物系统中固相粒子表面包裹的砂浆层或水泥净浆层的厚度和稠度的影响，即与混凝土各组成材料的相对比率有关。此外，还与固相粒子的级配有关。混凝土拌合物黏聚性好,混凝土运输、浇注、振捣成型过程中不易发生严重的离析、泌浆和泌水现象,但降低混凝土拌合物流动性和易密性。

保水性是指混凝土拌合物保持水分,不发生过大泌水的能力。它主要受混凝土拌合物中水泥浆体的稠度影响,与水灰比以及是否掺入粉状混合材料等有关。混凝土拌合物保水性好,减轻混凝土的内分层程度,减少硬化混凝土的原生缺陷,但降低混凝土拌合物流动性和易密性。

易密性是指混凝土拌合物在进行捣实或振动时,克服内部的和模板表面之间的阻力,以达到完全密实的能力。它决定于混凝土各组成材料的相对比率、固相粒子的粒径。混凝土拌合物易密性好,混凝土拌合物易振捣密实,但降低混凝土拌合物的黏聚性和保水性。

2)测试方法

对和易性的测试方法有坍落度法、拓展度法和维勃法,分别以测定的坍落度、拓展度和维勃秒来表示和易性。坍落法测试混凝土拌合物和易性,是将搅拌均匀的混凝土拌合物按规定的方法装入上底直径 100 mm、下底直径 200 mm、高 300 mm 的空心圆台体坍落筒,然后垂直提起坍落度筒,测试混凝土拌合物坍落的高度,同时观察混凝土拌合物的黏聚性和保水性,以混凝土拌合物黏聚性和保水性符合要求时的流动性测定值即坍落度来表示和易性,见图 3-15 所示。坍落度值的大小反映了混凝土和易性的好坏。坍落度值愈大,混凝土和易性愈好,混凝土拌合物施工容易,但混凝土成本上升,因混凝土拌合物流动性大,水泥浆用量大或须掺入减水剂等。当混凝土拌合物流动性很大时,混凝土拌合物坍落时向四周扩展,这时再用坍落度值来表示和易性不够准确,而采用测试混凝土拌合物坍落时向四周扩展的直径即拓展度来表示和易性。当混凝土拌合物流动性很差,表现干硬时,混凝土拌合物坍落度值几乎为零,在混凝土拌合物上方压一规定质量和尺寸的透明圆盘,使混凝土拌合物振动到泛浆,记录从振动开始至透明圆盘粘满水泥浆时所经历的时间(即维勃秒),以维勃秒来表示和易性。

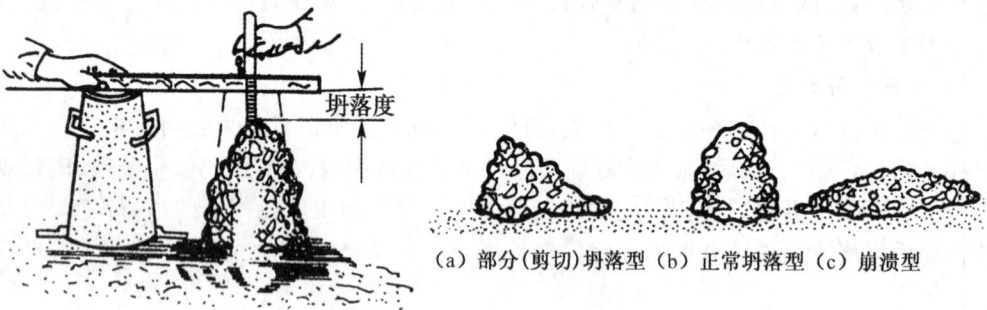

坍落度

(a) 部分(剪切)坍落型 (b) 正常坍落型 (c) 崩溃型

图 3-15 坍落度试验示意图

3)和易性的选择

混凝土和易性的选择主要依据构件的形状、钢筋的疏密、振捣设备等,一般混凝土浇注时的坍落度按表 3-24 选用。

表 3-24　混凝土浇注时坍落度(GB 50204—92)

项　目	结　构　种　类	坍落度(mm)
1	基础或地面等的垫层,无筋的厚大或配筋稀疏结构	10~30
2	梁板和大、中型截面柱子等	35~50
3	配筋密列的结构(筒仓、细柱、头号斗仓等)	55~70
4	配筋特密的结构	75~90

4) 影响混凝土拌合物和易性的因素

影响混凝土拌合物和易性的因素很多,主要有三方面的因素:一是混凝土配合比方面的因素,如用水量、砂率、集灰比等;二是原材料方面的因素,如外加剂、水泥品种、石子级配、砂子粗细等;三是施工方面的因素,如环境温度、混凝土拌合物运输距离和运输时间等。

(1) 用水量

以不同粗集料配制的塑性混凝土拌合物,其坍落度与用水量成正比关系,即用水量大,其坍落度大。实验表明,单位用水量一定,水泥用量在 $200~400 \text{ kg/m}^3$ 范围内变化时,对坍落度影响不大。这说明,混凝土坍落度与水泥浆的稀稠程度关系不大,或者与水泥水化产物无关,只与单位用水量有关。混凝土拌合物单位用水量增加,混凝土拌合物的坍落度增大,但同时混凝土拌合物水胶比增大,使硬化混凝土强度等性能下降,所以在实际工程中,常常不采用加水的方法来提高混凝土的坍落度,通常采用增加水泥浆数量,增加总用水量来提高混凝土坍落度,而不显著影响混凝土硬化后的性能。经验表明,每增加 2%~5% 的水泥浆量,坍落度混凝土拌合物将增减 10~20 mm。

(2) 砂率

砂率是普通混凝土中砂子质量占混凝土粗细集料总质量的百分比。在用水量一定时,选用合理砂率,能使拌合物具有最大的流动性,且能保持良好的黏聚性和保水性。这一合理砂率,也就是混凝土拌合物的最佳砂率,也可以把它描述为坍落度、用水量一定时,混凝土拌合物水泥用量最少时的砂率值。

含砂率对坍落度与维勃稠度的影响见图 3-16。最佳砂率应由试验确定,见图 3-17。

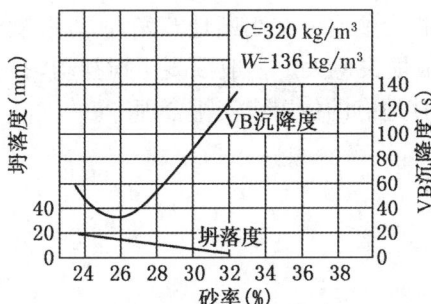

图 3-16　含砂率对坍落度与维勃稠度的影响

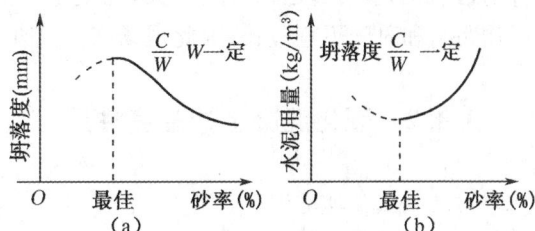

图 3-17　最佳砂率的确定

由图可知,砂率太大,坍落度减小,这是由于混凝土拌合物中砂浆体增多的原因。砂率太小,坍落度也减小,这是由于混凝土拌合物泌浆、泌水,使混凝土拌合物在测定过程中大小集料颗粒之间产生楔形堆积作用所致。当砂率太小时,混凝土拌合物泌浆、泌水十分严重,使混凝土拌合物在坍落度试验中产生崩坍。显然,这种拌合物的和易性极差,不能用于实际工程。

（3）集灰比

集灰比是集料与水泥用量之间的质量比。对给定的水灰比和集料,集灰比适当减少,将使混凝土和易性得到改善。当集灰比太大时,混凝土拌合物可塑性下降。当集灰比太小时,混凝土拌合物变稠,流动性下降。同时,由于混凝土中集料的相对减少,水泥用量的相对增加,混凝土拌合物在凝结、硬化过程中的收缩增大,混凝土在早期易产生收缩裂缝,影响混凝土的质量。

（4）集料的级配

配制混凝土的集料级配差,混凝土拌合物黏聚性、保水性差,易泌浆、泌水、离析,很难制备均匀的混凝土拌合物。一般现场拌制的混凝土拌合物为塑性或流动性拌合物,要求采用集料大小颗粒搭配比例合适的级配,使混凝土拌合物具有良好的黏聚性、保水性,又有满足施工要求的流动性。

（5）水泥品种

不同水泥需水性不同,例如硅酸盐水泥需水量小,普通硅酸盐水泥需水量稍大;而掺混合材料量大的矿渣水泥、火山灰水泥、粉煤灰水泥等则需水性很强。相同水灰比,相同单位用水量时,用掺混合材料量大的水泥配制的混凝土拌合物流动性小,黏聚性大,如使其达到与硅酸盐水泥配制的混凝土拌合物相同的和易性,在强度不变,即水灰比不变的条件下,必然要增加水泥浆数量。因此,用掺混合材料大的水泥配制混凝土时,往往水泥用量大。

（6）外加剂和掺合料

一般掺用减水剂和引气剂可提高混凝土拌合物的流动性,一般掺用粉状掺合料如粉煤灰、硅灰、矿渣粉等,能提高大流动性混凝土拌合物的黏聚性和保水性。

（7）环境温度

环境温度高水泥水化凝结快,同时水分蒸发快,混凝土坍落度随时间损失大。环境温度低,水泥水化凝结慢,水分蒸发慢,混凝土坍落度损失小。一般在炎热气候下可适当增加混凝土拌合物单位用水量以弥补水分蒸发所损失的水量,保证混凝土浇注时的坍落度。

（8）运输距离和运输时间

由于运输过程水泥在不断地水化,同时混凝土拌合物水分在不断地蒸发,所以混凝土拌合物运输距离愈长,运输时间愈长,混凝土坍落度值损失愈大。一般混凝土搅拌均匀后,其运输距离和时间不宜过长,因此现场施工混凝土搅拌地点的位置应安排合理。

3.4.2 硬化混凝土的强度性质

1)混凝土强度类型

（1）抗压强度

抗压强度是混凝土各种强度中最重要的一项指标,它与混凝土的其他力学强度有密切的联系,是划分混凝土等级和评定混凝土质量的依据。混凝土抗压强度视测试试件形状的不同,分为立方抗压强度与轴心抗压强度。

① 立方抗压强度

混凝土立方抗压强度,是混凝土立方体试件在标准养护条件下(相对湿度≥90%,温度20℃±2℃)养护28天,经试压所测的强度值。

立方体试件尺寸有边长 200 mm、150 mm、100 mm 三种。由于不同尺寸的立方体试块,其所测强度值存在差异。因此,规定以边长 150 mm 的立方体试件为标准试件。它在标准养护条件下所测强度值为标准抗压强度。其他不同尺寸的立方体试件,在标准条件下所测抗压强度值可以换算成 150 mm 标准立方体试块的标准强度值,换算系数分别为 1.05 和 0.95。

评定混凝土质量和划分混凝土等级是以混凝土标准抗压强度为依据的。根据混凝土标准抗压强度值,把混凝土分成 C15、C20、C25、C30、C35、C40、C45、C50、C80 等几个等级。

② 轴心抗压强度

立方体试件承压时,由于承压板与试件压缩时的横向变形不一致,承压板与受压试件端部存在摩擦力,当试件高宽比较小时,该摩擦力将约束受压试件的横向变形,使试件抗压强度有较大提高,所以混凝土立方抗压强度不能代表结构中混凝土的实际受压情况,也不能直接作为结构设计的依据。采用棱柱体试件时,其中部已超越摩阻力影响区,测得的强度值较真实地反映了混凝土的抗压强度,其值称为棱柱体抗压强度或轴心抗压强度,它能代表结构中混凝土的实际受压情况,是混凝土结构设计的依据。但是在实际测试混凝土强度时,立方体抗压强度对测试设备精度要求低,易测试误差小,而轴心抗压强度的测试对测试设备精度要求高,难测试误差大,又轴心抗压强度(f_{cua})与立方体抗压强度(f_{cu})间存在一定关系,一般抗压强度为 8.6～66.5 MPa 的普通混凝土,f_{cua}/f_{cu} 的平均值为 0.815,其关系式如下:$f_{cua}=(0.75\sim0.85)f_{cu}$(一般取 0.76)。因此,常用立方抗压强度来评定混凝土质量和划分混凝土等级,而以轴心抗压强度作为混凝土的承载依据。

(2) 抗拉强度

混凝土在轴向拉力作用下达到破坏时单位受拉面积上所能承受的最大力,称轴心抗拉强度 f_{ccl}。在立方体试件中心平面内,用垫条施加两个方向相反均匀分布的压力,当压力增大至一定程度时,试件就沿此平面劈裂破坏,这样测得的强度为劈裂抗拉强度 f_{ccpe}。

轴心抗拉强度 f_{ccl} 和劈裂抗拉强度 f_{ccpe} 与混凝土立方体抗压强度存在一定的关系,即:

$$f_{ccl} = 0.5\sqrt[3]{f_{cu}^2} \qquad f_{ccpe} = 0.32 f_{cu}^{0.765} \qquad (3-3)$$

(3) 抗折强度

混凝土小梁(尺寸 150 mm×150 mm×600 mm)承受弯曲作用达到破坏时的最大应力称为混凝土的抗折强度。混凝土抗折强度约为抗拉强度的 10%～20%,为劈裂抗拉强度的 1.5～3.0 倍。

(4) 黏结强度

黏结强度反映了混凝土与钢筋之间摩擦力与黏结力,它是钢筋混凝土受弯构件设计中的一个重要技术参数。黏结强度与抗压强度近似成正比。影响黏结强度的因素较多,如钢筋的直径、表面状态、埋设位置、混凝土收缩、混凝土等级等。

(5) 抗剪强度

抗剪强度与抗压强度的比值随抗压强度增大而降低,但呈直线关系,一般为抗压强度的 1/4～1/6,为抗拉强度的 2.5 倍左右。

（6）疲劳强度

普通混凝土在 $10^6 \sim 10^7$ 次反复荷载下的抗压疲劳强度为静力抗压强度的 $50\% \sim 60\%$。

2）影响混凝土强度的因素

影响混凝土强度性能的因素很多，主要有三方面的影响因素：一是配合比方面的因素，如水胶比、集灰比等；二是材性方面的因素，如水泥强度、砂石级配和形状、石子强度、外加剂、活性矿粉等；三是施工方面的因素，如搅拌、养护、浇注、振捣等。

（1）水胶比和水泥强度

水胶比是指混凝土配合比中水乃是与水泥用量和粉状矿粉用量之和的比值。水灰比和水泥强度是影响混凝土强度的决定性因素。研究证明，混凝土的立方抗压强度与其水胶比及所用水泥的强度呈线性关系。国家把通过试验求得的这种线性关系式列于《普通混凝土配合比设计规程》（JGJ 55—2011）中，即：

采用碎石集料时 $\qquad f_{cu.o} = 0.53 f_b \left(\dfrac{B}{W} - 0.20 \right)$ （3-4）

采用卵石集料时 $\qquad f_{cu.o} = 0.49 f_b \left(\dfrac{B}{W} - 0.13 \right)$ （3-5）

式中：$f_{cu.o}$——混凝土 28 d 试配强度（MPa）；

$\quad f_b$——水泥的实际强度（MPa）；

$\quad B/W$——混凝土的胶水比；

$\quad W/B$——混凝土的水胶比。

混凝土强度与水胶比的关系。一方面混凝土强度与胶水比成正比，与水胶比成反比，水胶比越大，易发生泌浆、泌水，石子下方易形成泌水坑，减少水泥与集料的黏结面积，并减弱水泥与石子的黏结强度，从而大大降低混凝土强度。另一方面，混凝土凝结硬化时水分蒸发留下更多毛细管导致混凝土不密实，且引起毛细管收缩增加混凝土原生裂缝缺陷，进一步降低混凝土强度。

混凝土强度与水泥强度成正比，水泥强度越高，水泥与砂石表面的黏结越牢，混凝土强度越高。反之，混凝土强度越低。因此不宜用低强度水泥配制高等级的混凝土。一般配制混凝土的水泥等级不低于混凝土等级。

（2）集料表面状态与级配

粗集料的强度和表面状态对混凝土强度有一定影响。集料强度高，弹性模量大，能有效地阻止混凝土水泥浆体硬化时的收缩，提高混凝土强度。集料表面粗糙，例如人工碎石、人工砂石表面粗糙，有棱角，表面积大，能增强与水泥石的黏结面积和黏结力，从而提高混凝土强度。例如，当水灰比低于 0.4 时，用碎石比用卵石配制的混凝土强度增高了 8%。

集料级配愈好，配制的混凝土孔隙率愈小，混凝土密实度愈大，愈能发挥砂石集料对水泥浆的约束作用，减少混凝土原生缺陷，混凝土强度愈高，耐久性愈好。

（3）集灰比

集灰比对混凝土强度的影响一般认为是次要因素，但对于抗压强度大于 35 MPa 的混凝土，集灰比的影响较明显，在相同水胶比时，混凝土强度随着集灰比的增大而有提高的趋势，见图 3-18。集灰比愈大，集料的骨架作用愈强，因而混凝土强度愈高。

（4）外加剂和矿粉

混凝土中掺入外加剂对混凝土强度有影响。例如，掺入减水剂配制的混凝土，可以大幅度降低用水量,在胶凝材料不变的情况下,相当于降低了水胶比,因而可以大幅度提高混凝土强度。掺入引气剂的混凝土,增加混凝土的含气量,降低混凝土密实度,因而使混凝土强度降低。掺入活性矿粉,可大幅度提高水泥黏结力,提高水泥石密实度,从而大幅度提高混凝土的强度。

（5）搅拌

搅拌机的类型和搅拌时间对混凝土强度有影响。这是因为,搅拌工艺影响混凝土拌合物的均匀性。干硬性拌合物宜用强制式搅拌机搅拌,塑性拌合物则宜用自落式搅拌机。

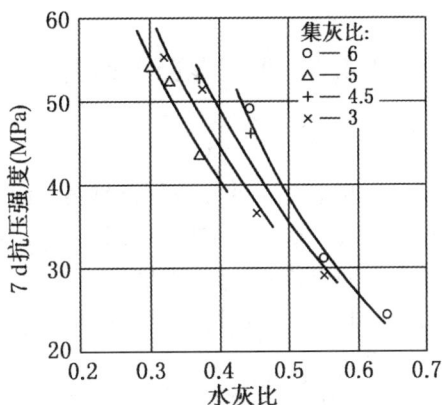

图3-18　集灰比对混凝土强度的影响

研究采用多次投料的新搅拌工艺配制造壳混凝土,以达到增强的效果。所谓造壳,就是对细集料或粗集料裹上一层低水胶比的薄壳,使混凝土内分层不明显,减少粗集料下方的泌水坑,加强水泥与集料的黏结,从而达到增强效果。如日本的裹砂法,我国的净浆裹石法、裹砂石法等。

（6）捣固方法和捣实程度

混凝土拌合物在制作过程中,一方面混凝土内部必然出现分层现象,即在集料、钢筋下方形成较稀的水泥浆,水分蒸发后,形成泌水坑或薄弱黏结;另一方面混凝土搅拌时会引入气泡,采用强烈的振捣可以排除更多混凝土中内分层泌水浆和气泡,使混凝土更加密实,强度更高。不同的捣固方法具有不同的捣实程度,对混凝土强度有不同的影响。例如,机械振捣比人工插捣作用更强烈,使混凝土更密实,强度更高,因而现场混凝土施工一般不允许采用人工插捣。又如采用加压振动方法捣实干硬性混凝土,可使干硬性混凝土早期强度提高20%～30%。

（7）养护

由于混凝土在短时期内,水泥水化不能彻底,活性材料的活性不能充分发挥,因此在混凝土硬化期加强养护,未水化水泥颗粒将继续水化,活性混合材将不断发挥活性,混凝土的强度将随龄期增长,见图3-19。在混凝土材料组成相同的情况下,混凝土强度的增长速度取决于养护龄期、养护时的湿度和温度条件等。采用潮湿养护的时间愈长,水泥水化愈彻底,混凝土强度愈高;在相同的养护条件,混凝土的强度增长速度取决于水泥品种、等级及水灰比的大小。因为不同品种、不同等级的水泥水化速度不一样,水泥本身混合材的掺量和质量也存在差别。

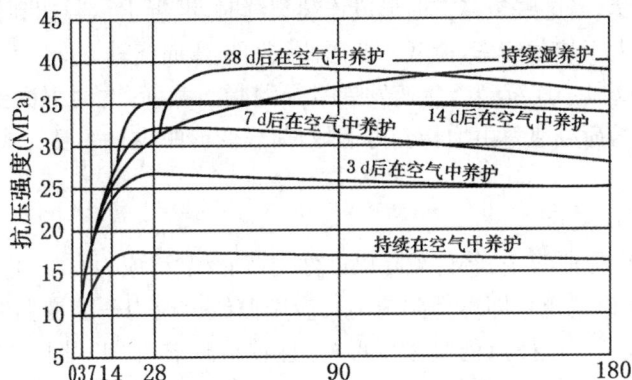

图3-19　混凝土抗压强度与养护的关系

3.4.3 硬化混凝土的变形性质

1）混凝土的破坏

混凝土是一种多项复合材料,其受荷破坏过程为:在荷载作用下,混凝土逐渐变形,内部逐渐开裂产生裂缝,裂缝由内部向外部逐渐扩展,混凝土强度逐渐下降,当裂缝贯通混凝土整个截面时,混凝土随即破坏。混凝土的受荷破坏过程是混凝土在外力作用下的变形破坏过程,即混凝土内部微裂缝发展的过程。其棱柱体抗压试验加荷时的典型荷载—变形图,见图 3-20。

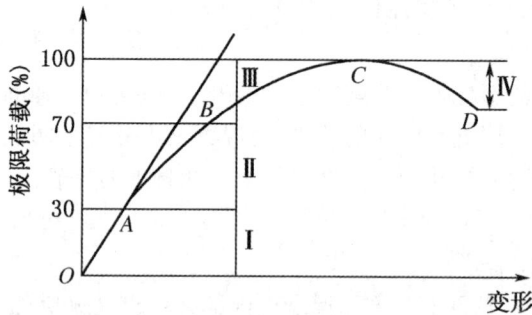

图 3-20　混凝土受压变形曲线

Ⅰ—界面裂缝无明显变化;Ⅱ—界面裂缝增长;Ⅲ—出现砂浆裂缝和连续裂缝;Ⅳ—连续裂缝迅速发展

如图 3-20 所示,混凝土受压破坏可分为四个阶段。

曲线 OA 段为第一阶段,此阶段荷载与变形接近于一条直线,荷载小于棱柱体极限荷载的 30%,此时混凝土内各相界面无甚变化,混凝土变形接近弹性变形。

第二阶段为曲线 AB 阶段,荷载约在棱柱体极限荷载的 30%～70%,水泥石与石子之间的界面上裂缝的数量、长度和宽度都不断增大,但界面借摩擦阻力能继续承担荷载,此时混凝土中砂浆体内无明显裂缝,裂缝尚未向水泥石内部延伸,但变形的增长速率大于荷载增大的速度,斜率逐渐减小,荷载与变形之间已不再是直线关系。

第三阶段为曲线 BC 段,荷载约在棱柱体极限荷载的 70%～100%,在水泥石和石子之间的界面上的微裂缝继续发展扩大,并逐渐深入水泥石内部,使水泥凝固体与砂子之间的界面开裂产生砂浆裂缝,当这些裂缝贯通形成连续裂缝时,混凝土承载达到极限荷载。在此阶段变形的增长率远大于加载速率,荷载—变形曲线明显弯向横轴方向。

第四阶段为 CD 段。连续裂缝急速发展贯穿混凝土截面,此时混凝土的承载能力迅速下降,变形迅速增大,荷载速率由增长变为下降,荷载变形曲线斜率已变成负值,混凝土完全崩溃。

2）混凝土的弹性模量

在混凝土荷载变形曲线中,将荷载除以试件受荷面积(称应力),试件规定长度(即标距)内变形量除以标距(称应变),即可得到应力—应变曲线。应力—应变曲线上任一点与原点的连接线的斜率,表示所选择点的实际变形,并且较易测准,在工程上常被采用,见图 3-21 和图 3-22。我国《普通混凝土长期性能和耐久性能试验方法标准》(GB/T 50082—2009)规定,取为0.4倍棱柱体极限抗压强度的应力点处的割线弹性模量为混凝土的弹性模量值。此应力值一般相当于结构中混凝土的容许应力,称为割线模量。

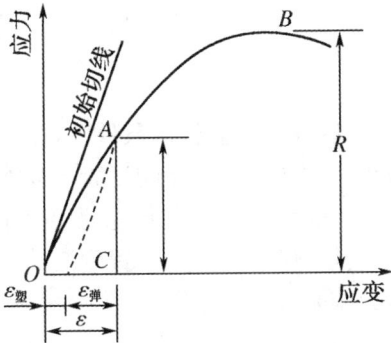

图 3-21 混凝土在压力作用下的应力—应变曲线

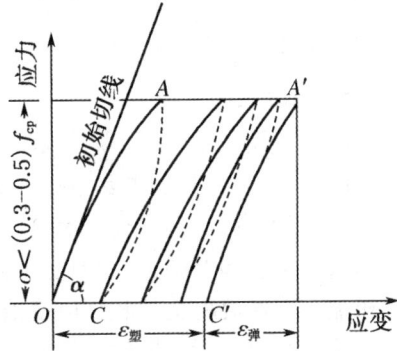

图 3-22 低应力下重复荷载的应力—应变曲线

混凝土弹性模量和强度一样,受许多因素影响。但一般可用以下经验公式求得:

$$E_c = \frac{10^5}{A + \dfrac{B}{10 f_{cu}}} \qquad (3\text{-}6)$$

式中:E_c——混凝土弹性模量(MPa);

A、B——试验常数,$A=2.2$,$B=330$;

f_{cu}——混凝土抗压强度(MPa)。

3) 混凝土的徐变

混凝土在持续荷载作用下,随时间增长和变形,称为徐变。它包括基本徐变和干燥徐变。当与周围介质没有湿度迁移时,混凝土的徐变称为基本徐变。由于干燥而引起的徐变称为干燥徐变。一般认为徐变是由于混凝土内部水泥凝胶在荷载作用下发生黏滞流动引起的,因此,影响徐变的因素很多,主要因素有集料弹性模量、水灰比、水泥品种、密实度、混凝土等级等。混凝土的徐变,在加荷载早期增加得比较快,然后逐渐减慢,若干年后则增加很少,如图 3-23。一般混凝土一年的徐变值可达混凝土总徐变值的 75%。

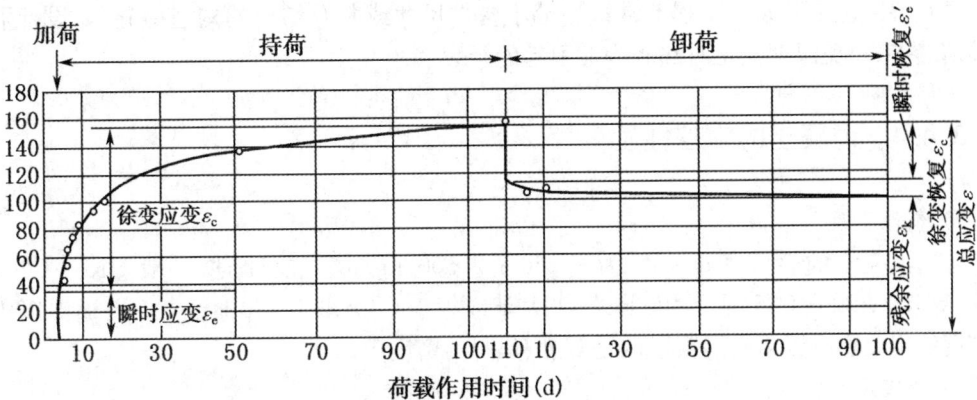

图 3-23 混凝土的变形与荷载作用时间的关系曲线

普通混凝土的徐变可用徐变系数 $\varphi(f)$ 表示,其经验计算式如下:

$$\varphi(f) = \frac{t^{0.6}}{4.168 + 0.312t^{0.6}} \tag{3-7}$$

式中:t——混凝土龄期(d)。

4) 硬化混凝土的收缩

混凝土的收缩是指从成型后算起,经过 3 d 标准养护后放入恒温恒湿条件下,在不同龄期所测得的混凝土收缩值,主要包括干燥收缩、化学收缩和碳化收缩。影响混凝土收缩的因素很多,主要因素有集料的强度、混凝土单位用水量、单位水泥用量、水泥碳化、温度升降等。混凝土的收缩会引起混凝土的开裂,工程上常在混凝土浇注施工中,采用设置后浇带的施工措施来避免。普通混凝土的收缩应变值可用下面经验公式来计算:

(1) 混凝土 28 d 后的收缩值计算公式:

$$\varepsilon(t) = \frac{t}{152.79 + 3.27t} \times 10^{-3} \tag{3-8}$$

(2) 混凝土 3 d 后的收缩值计算公式:

$$\varepsilon(t) = \frac{2.2t}{152.79 + 3.27t} \times 10^{-3} \tag{3-9}$$

式中:$\varepsilon(t)$——混凝土收缩变形率(mm/m);

t——混凝土收缩变形测试时间(d)。

5) 温度升降变形

温度发生变化时,混凝土会产生变形,一般是温度升高时膨胀,温度下降时收缩。混凝土的温度变形可分为温度线型变形和温度体积变形。混凝土的温度线型变形常用线膨胀系数(或线膨胀率)表示。混凝土线膨胀系数是指混凝土温度发生单位变化时,混凝土单位长度的膨胀量或收缩量。普通混凝土的热膨胀系数一般为 $10 \times 10^{-6}/℃$ 左右,变化范围大约是 $(6 \sim 13) \times 10^{-6}/℃$。混凝土的温度体积变形常用混凝土的体积膨胀率表示,其值约为线膨胀率的三倍。混凝土的温度升降变形率与混凝土集料的种类、混凝土密实度等有关。当混凝土的温度变化大时,混凝土产生热胀冷缩的变形大,混凝土内部产生很大的内应力(称温度应力),混凝土易开裂。工程上常采用减小构件尺寸或断开结构的构造措施,如设计混凝土伸缩缝,来避免温度变化时热胀冷缩引起的开裂。

3.4.4 混凝土的物理性质

1) 表观密度

普通混凝土的表观密度一般为 2 360~2 500 kg/m³。设计时,一般 C15~C20,取 2 390 kg/m³;C25~C35,取 2 400 kg/m³;大于或等于 C40,取 2 420 kg/m³。普通混凝土表观密度的主要影响因素是混凝土的密实度、集料的密度等。

2) 密实度

混凝土的密实度视材料配比、振捣工艺和是否掺入引气剂而不同。一般在实际应用时,混凝土密实度可采用下式计算:

$$D = V_c + V_s + V_g + V_w$$

$$= \frac{m_c}{\rho_c} + \frac{m_s}{\rho_s} + \frac{m_g}{\rho_g} + \frac{\beta m_e}{1\,000} \tag{3-10}$$

式中：m_c、m_s、m_g——分别表示每立方米混凝土中水泥、细集料、粗集料的用量(kg)；

ρ_c、ρ_s、ρ_g——分别表示水泥、细集料、粗集料的实际密度(kg/m)；

β——结合水系数，表示一定龄期的混凝土中结合水为水泥重量的百分数，其值见表 3-25。

表 3-25 不同状态下混凝土的结合水系数

水泥品种	β 值				
	3 d	7 d	28 d	90 d	360 d
快硬硅酸盐水泥	0.14	0.16	0.20	0.22	0.25
普通硅酸盐水泥	0.11	0.12	0.15	0.19	0.25
矿渣硅酸盐水泥	0.06	0.08	0.10	0.15	0.23

根据 28 d 龄期混凝土的密实度，可将其分为如表 3-26 所示等级。

表 3-26 混凝土的密实度

等 级	D 值
高密实混凝土	0.87～0.92
较高密实混凝土	0.84～0.86
普通密实混凝土	0.81～0.83
较低密实混凝土	0.78～0.80
低密实混凝土	0.75～0.77

3）混凝土的热性能

（1）比热

普通混凝土的比热容一般为 840～1 170 J/(kg·K)。集料的比热容为 710～840 J/(kg·K)。

（2）导热系数

混凝土导热系数主要与混凝土含水量、集料种类、集料用量、密实度等有关，其中含水量影响最大，见表 3-27。

表 3-27 不同状态下普通混凝土的导热系数

含水量(体积)(%)	0	2	4	8
$\lambda[W/(m·K)]$	1.279	1.860	2.035	2.326

3.4.5 混凝土的长期性能和耐久性

混凝土的长期性能是指混凝土在使用中，受到某些长期物理或化学作用时，混凝土的抵抗能力。混凝土的耐久性是混凝土在实际使用条件下，抵抗各种破坏因素作用，长期保持强度和外观完整性的能力。混凝土的长期性能和耐久性主要包括抗渗性能、抗冻性能、碳化性能、碱—集料反应、抗腐蚀等的性能。

1）抗渗性能

混凝土的抗渗性是指混凝土抵抗压力水渗透的性能。混凝土之所以透水，主要是混凝土内部存在贯通孔隙和微裂缝。混凝土的贯通孔隙和微裂缝主要是混凝土拌合物的离析泌水和混凝土的收缩造成的。混凝土拌合物的离析泌水，伴随混凝土中集料沉降，使集料和水泥石的界面产生微裂缝，尤其是集料下方形成泌水坑，水分蒸发后留下孔隙，构成了混凝土内部较大毛细孔的通道。混凝土的收缩使集料与水泥石之间产生收缩微裂缝，因而混凝土的渗透系数远远大于水泥石（约 100 倍）。减小水胶比，可以减弱混凝土拌合物泌水离析程度；选用较小粒径的粗集料，可以减小粗集料下方的泌水坑；加强混凝土的养护，水泥水化可以产生更多的黏结物质，填充混凝土孔隙和微裂缝；混凝土中掺入膨胀剂，可以减小或抵消混凝土的收缩；适当掺入引气剂、掺合料和矿粉，可以改善混凝土的孔隙构造，截断堵塞混凝土毛细孔。总之，采用能减弱混凝土拌合物泌水离析程度、减小混凝土收缩、改善混凝土孔隙构造、提高混凝土密实度等种种措施，都能提高混凝土的抗渗性能。

混凝土的抗渗性有许多表示方法，一般常用抗渗等级或渗透系数表示，也有采用相对抗渗系数来表示。抗渗等级是根据混凝土标准试件以每组六个试件中四个出现渗水时的最大水压力表示。分级为 P_6、P_8、P_{10}、P_{12} 等。渗透系数是指混凝土在单位水压作用下，透过单位厚度单位透水面积试件的水量值，渗透系数愈大，混凝土抗渗性能愈强。相对渗透系数是通过恒压下混凝土渗水高度计算求得。计算式如下：

$$S_h = \frac{W_a \cdot D_m^2}{2TH} \qquad (3-11)$$

式中：S_h——相对渗透系数（cm/h）；

$\quad\quad D_m$——平均渗透高度（cm）；

$\quad\quad H$——水压力，以水柱高度表示（cm）；

$\quad\quad T$——恒压持续时间（h）；

$\quad\quad W_a$——混凝土吸水率，一般为 0.03。

2）抗冻性能

混凝土抗冻性是指混凝土抵抗冻融循环作用而不破坏的能力。混凝土的抗冻性主要与影响混凝土的密实度的因素有关，如集料的级配与形状、水胶比、水泥用量等因素，此外还与是否掺入引气剂等因素有关。粗集料中扁平状集料多，混凝土冻结时受冻结应力的作用易折断，降低混凝土强度。集料级配差、水胶比太大、胶凝材料用量太小都将引起混凝土毛细孔的数量增大和孔径的增大，降低混凝土的抗冻性能，在实际工程中对混凝土的最大水胶比及最小胶凝材料用量必须加以控制。在混凝土中掺入引气剂，引入封闭微小的气泡来减缓冻结时的结冰压力，将显著改善混凝土的抗冻性。但要注意混凝土内部引入过多的气泡，将同时引起一些不利因素。例如，降低混凝土强度和弹性模量、增大徐变变形等。

混凝土的抗冻性常用抗冻等级或抗冻标号表示，也有采用混凝土耐久性指标、耐久性系数表示。抗冻等级是以同时满足强度损失率不超过 25％，质量损失率不超过 5％ 的最大循环次数来划分。混凝土耐久性指标是指混凝土经受快速冻融循环,以同时满足相对动弹性模量值不小于 60% 和质量损失率不超过 5% 时的最大循环次数。耐久性系数是指按 $K_n = P \cdot N/300$ 计算所得值。式中 P 是经 N 次冻融循环后试件的相对动弹性模量,N 是指达到要求时(冻融循环 300 次,或相对动弹性模量下降到 60% 以下,或质量损失率达到 5%)的冻融循环次数。

3) 碳化

空气中的 CO_2 气体渗透到混凝土内部,与其碱性物质起化学反应后生成碳酸盐和水,使混凝土碱度降低的过程称为混凝土碳化。其化学反应式如下:

$$Ca(OH)_2 + CO_2 + nH_2O === CaCO_3 + (n+1)H_2O \qquad (3\text{-}12)$$

水泥在水化过程中生成大量的氢氧化钙,因而混凝土中存在大量氢氧化钙,且混凝土碱度高,一般 pH 值为 12~13。碱性物质氢氧化钙与混凝土中钢铁作用,在钢铁表面生成难溶的 $Fe(OH)_3$ 钝化膜,能防止混凝土中钢铁发生电化学腐蚀,因而混凝土中钢材不易腐蚀。然而如果混凝土中钢材表面的碱性物质氢氧化钙,在空气中被碳化成了碳酸钙,钢铁表面难溶的 $Fe(OH)_3$ 钝化膜将消失,钢筋便开始生锈。工程中常用以下措施来防止混凝土碳化时造成的损害:① 钢筋混凝土工程设计中,常设计足够厚度的混凝土保护层来防止混凝土内部钢材腐蚀;② 严格控制混凝土的施工质量,防止混凝土表面出现缺陷如蜂窝、麻面、裂缝等。

混凝土的碳化主要与空气中 CO_2 的浓度、空气湿度、混凝土表面是否密实等因素有关,湿度为 60%~70% 时,混凝土最易碳化,混凝土表面不密实,混凝土愈易被碳化。实验证明,在正常的大气介质中,混凝土的碳化深度可用下式计算:

$$D = \sqrt[\alpha]{t} \qquad (3\text{-}13)$$

式中:D——混凝土的碳化深度(mm);

α——碳化速度系数,对普通混凝土来说 $\alpha = 2.32$;

t——混凝土龄期(年)。

4) 碱—集料反应

水泥混凝土中水泥的碱与某些碱活性集料发生化学反应,可引起混凝土产生膨胀开裂,甚至破坏,这种化学反应称为碱—集料反应。碱—集料反应有两种类型:第一种是碱—硅酸盐反应,指碱与集料中活性二氧化硅反应。第二种是碱—碳酸盐反应,指碱与集料中活性碳酸盐反应。

碱—集料反应机理甚为复杂,而且影响因素较多,但是发生碱—集料反应必须具备三个条件:① 混凝土中的集料具有活性;② 混凝土中含有一定量可溶性碱;③ 有一定的湿度。为防止碱—硅酸盐反应的危害,可采用以下措施:① 使用含碱量小于 0.6% 的水泥;② 混凝土掺入能抑制碱—集料反应的掺合料;③ 对重要工程的混凝土使用的碎石(卵石)应进行碱活性检验。当使用钾、钠离子含量高的混凝土外加剂时,也应进行碱活性检验试验。

5) 抗侵蚀性

当混凝土所处环境中含有侵蚀性介质时,混凝土便会遭受侵蚀,通常有软水侵蚀、硫酸盐侵蚀、镁盐侵蚀、碳酸侵蚀、一般酸侵蚀与强碱侵蚀等。混凝土常与钢筋复合使用,氯离子易使钢筋腐蚀,氯离子渗透入混凝土中侵蚀钢筋,是钢筋混凝土腐蚀破坏的主要原因之一,因此混凝土氯离子渗透侵蚀也可认为是混凝土受侵蚀的一种类型。混凝土的抗侵蚀性与其组成材料(水泥、集料、外加剂等)、混凝土的密实度和孔隙特征等有关。密实和孔隙封闭的混凝土,腐蚀介质不易侵入,抗侵蚀性强。工程中常用以下措施来提高混凝土抗蚀性能:① 根据混凝土所处环境的腐蚀介质情况,选择适宜的水泥品种和集料品种;② 混凝土中掺入适宜的抗腐蚀材料如硅灰等;③ 提高混凝土密实度;④ 设置混凝土保护层。

3.5 普通混凝土质量控制

3.5.1 普通混凝土的质量波动与统计

1)混凝土质量波动

普通混凝土是由普通砂子、石子、水泥、水、外加剂、外掺料等组分按一定工艺制度制成具有堆聚结构的块体。由于其原材料品种多,质量变化大,生产工艺精度低,普通混凝土的质量会不断波动。即使在正常的条件下,按同一配合比生产的混凝土质量也会产生波动。造成混凝土的强度波动的原因有:① 原材料方面:不同产地、不同时间进场的砂子、石子、水泥、质量在不断地变化,普通混凝土必然发生波动;② 生产工艺方面:不同的设备,不同的操作班组,不同的工艺方法,不同的管理水平,影响普通混凝土搅拌、运输、浇筑、振捣、养护的每一过程,从而影响普通混凝土的质量;③ 环境条件:普通混凝土往往在现场配制,受气温、雨季等影响;④ 试验方面:由于试验机的误差及试验人员的操作不一,也会造成混凝土强度试验值的波动。在正常条件下,上述因素都是随机的,因此混凝土强度也是随机的。对于随机变量,可以用数理统计的方法对其进行评定。

对在一定条件下生产的混凝土进行随机取样测定其强度,当取样次数足够多时,数据整理后绘成强度概率分布曲线,一般接近正态分布,如图 3-24、图 3-25 所示。

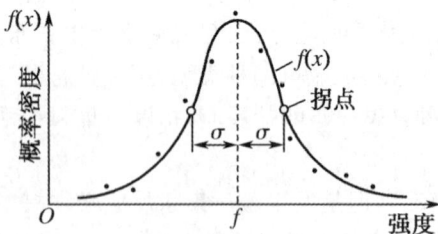

图 3-24 混凝土强度正态分布曲线　　图 3-25 不同 σ 值的正态分布曲线

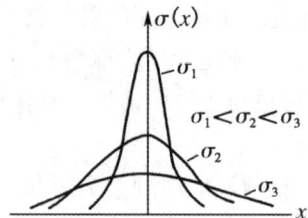

曲线的最高点为混凝土的平均强度($\mu_{f_{cu}}$)的概率。以平均强度为轴,左右两边曲线是对称的。距对称轴愈远,出现的概率愈小,并以横轴为渐近线,逐渐趋近于零。曲线与横轴之间的面积为概率总和,等于 100%。

当混凝土平均强度相同时,概率曲线窄且高,强度测定值比较集中,波动小,混凝土的均匀性好,施工水平高;曲线宽而矮,强度值离散程度大,混凝土的均匀性差,施工水平较低。

2) 混凝土质量的统计评定

混凝土的质量可以用数理统计方法中样本的算术平均值($\mu_{f_{cu}}$)、标准差(σ)、变异系数（离差系数）(C_v)、强度保证率(P_{ct})等参数评定。

强度平均值($\mu_{f_{cu}}$)：
$$\mu_{f_{cu}} = \frac{1}{n}\sum_{i=1}^{n} f_{cu,i} \qquad (3-14)$$

标准差：
$$\sigma = \sqrt{\frac{\sum_{i=1}^{n}(f_{cu,i} - \mu_{f_{cu}})^2}{n-1}}$$
$$= \sqrt{\frac{\sum_{i=1}^{n} f_{cu,i}^2 - n\mu_{f_{cu}}^2}{n-1}} \qquad (3-15)$$

变异系数：
$$C_v = \sigma/\mu_{f_{cu}} \qquad (3-16)$$

式中：$f_{cu,i}$——第 i 组混凝土立方体强度的试验值；

n——试验组数。

强度的算术平均值表示混凝土强度的总体平均水平，不能反映混凝土强度的波动情况。标准差（均方差）是评定混凝土质量均匀性的指标，在数值上等于曲线上的拐点距强度平均值的距离。标准差愈大，说明强度的散离程度愈大，混凝土的质量愈不稳定。变异系数又称离差系数，变异系数愈小，混凝土的质量愈稳定，生产水平愈高。

根据国家标准《混凝土强度检验评定标准》要求，混凝土的生产质量水平分为"优良""一般"及"差"三个等级，评定标准见表 3-28。

表 3-28　混凝土生产质量水平

评定	生产质量水平 / 混凝土强度等级 / 生产单位	优良		一般		差	
		低于 C20	不低于 C20	低于 C20	不低于 C20	低于 C20	不低于 C20
混凝土强度标准差 σ(MPa)	预拌混凝土工厂、预制混凝土构件厂	≤3.0	≤3.5	≤4.0	≤5.0	>4.0	>5.0
	集中搅拌混凝土的施工现场	≤3.5	≤4.0	≤4.5	≤5.5	>4.5	>5.5
强度不低于要求强度等级的百分率(%)	预拌混凝土工厂、预制混凝土构件厂、集中搅拌混凝土的施工现场	≥95		>85		≤85	

3.5.2　混凝土的取样、试件的制作、养护和试验

混凝土试样应在混凝土浇筑地点随机抽取，取样频率应符合下列规定：

（1）每 100 盘，但不超过 100 m³ 的同配合比的混凝土，取样次数不得少于一次。

（2）每一工作班拌制的同配合比的混凝土不足 100 盘时其取样次数不得少于一次。

注：预拌混凝土应在预拌混凝土厂内按上述规定取样。混凝土运到施工现场后，尚应按本条的规定抽样检验。

每批混凝土试样应制作的试件总组数，除应考虑标准规定的混凝土强度评定所必需的组数外，还应考虑为检验结构或构件施工阶段混凝土强度所必需的试件组数。

检验评定混凝土强度用的混凝土试件，其标准成型方法、标准养护条件及强度试验方法均应符合国家标准《普通混凝土力学性能试验方法》的规定。

当检验结构或构件拆模、出池、出厂、吊装、预应力筋张或放张，以及施工期间需短负荷的混凝土强度时，其试件的成型方法和养护条件应与施工中采用的成型方法和养护条件相同。

3.5.3 混凝土强度的检验评定

根据国家标准规定，混凝土强度评定分为统计方法及非统计方法两种。统计方法适用于预拌混凝土厂、预制混凝土构件厂和采用集中搅拌混凝土的施工单位；非统计方法适用于零星生产预制构件的混凝土或现场搅拌批量不大的混凝土。

1）统计方法评定

（1）混凝土的生产统计能在较长时间内保持一致，且同一品种混凝土的强度变异性能保持稳定时，应由连续的三组试件（每组 3 件）组成一个验收批，其强度应同时满足下列要求：

$$m_{f_{cu}} \geqslant f_{cu,k} + 0.70\sigma_0 \qquad (3-17)$$

$$f_{cu,min} \geqslant f_{cu,k} - 0.70\sigma_0 \qquad (3-18)$$

检验批混凝土立方体抗压强度的标准差，应根据前一个检验期内同一品种混凝土试件的强度数据，按下式计算：

$$\sigma_0 = \sqrt{\frac{\sum_{i=1}^{n} f_{cu,i}^2 - nm_{f_{cu}}^2}{n-1}} \qquad (3-19)$$

当混凝土强度等级不高于 C20 时，强度的最小值应满足：

$$f_{cu,min} \geqslant 0.85 f_{cu,k} \qquad (3-20)$$

当混凝土强度等级大于或等于 C20 时，其强度的最小值应满足：

$$f_{cu,min} \geqslant 0.90 f_{cu,k} \qquad (3-21)$$

式中：$m_{f_{cu}}$——同一验收批混凝土立方体抗压强度的平均值（MPa）；

$f_{cu,k}$——混凝土立方体抗压强度标准值，即该等级混凝土的抗压强度值（MPa）；

$f_{cu,min}$——同一验收批混凝土立方体抗压强度的最小值（MPa）；

σ_0——验收批混凝土立方体抗压强度的标准差（MPa）；

$f_{cu,i}$——前一个检验期内同一品种、同一强度等级的第 i 组混凝土试件的立方体抗压
强度代表值（MPa）；

n——前一检验期内的样本容量，在该期间内样本容量不应少于 45。

（2）混凝土的生产统计在较长时间内不能保持一致，且混凝土强度变异性不能保持稳定时，或在前一检验期内的同一品种混凝土没有足够的数据借以确定验收批混凝土立方体抗压强度的标准差时，应由不少于 10 组的试件组成一验收批，其强度应同时满足下列两式的要求：

$$m_{f_{cu}} \geqslant f_{cu,k} + \lambda_1 \cdot S_{f_{cu}} \tag{3-22}$$

$$f_{cu,min} \geqslant \lambda_2 \cdot f_{cu,k} \tag{3-23}$$

同一验收批混凝土立方体抗压强度标准差 $s_{f_{cu}}$ 应按下式计算：

$$s_{f_{cu}} = \sqrt{\frac{\sum_{i=1}^{n} f_{cu,i}^2 - n m_{f_{cu}}^2}{n-1}} \tag{3-24}$$

式中：$f_{cu,i}$——第 i 组混凝土试件的立方体抗压强度（MPa）；

n—— 本验收期内的混凝土试件的组数；

λ_1、λ_2——合格判定系数，按表 3-29 取值。

表 3-29　混凝土强度的合格判定系数 λ_1、λ_2 的取值

试件组数	10～14	15～19	≥20
λ_1	1.15	1.05	0.95
λ_2	0.90	0.85	0.85

2）非统计方法评定

对于零星生产预制构件的混凝土或现场搅拌批量不大的混凝土，可用非统计法评定。其强度应同时满足下列要求：

$$m_{f_{cu}} \geqslant 1.15 f_{cu,k} \tag{3-25}$$

$$f_{cu,min} \geqslant 0.95 f_{cu,k} \tag{3-26}$$

3）混凝土强度的合格判定

混凝土强度应分批进行检验评定，当评定结果能满足以上规定时，则该混凝土判定为合格，否则为不合格。

3.6　混凝土的配合比设计

混凝土配合比设计是根据混凝土制作工艺要求和硬化混凝土的性能要求，通过计算、试配和调整等步骤确定混凝土各项材料用量的过程。

3.6.1 设计要求

1）混凝土拌合物工艺要求

按设计的混凝土配合比，在正常的施工条件下，制作的混凝土拌合物具有符合要求的和易性，既便于施工，又能保证混凝土的宏观均匀性。

2）硬化混凝土性能要求

按设计的混凝土配合比，制作的硬化混凝土具有符合要求的强度性能、长期性能和耐久性能等。

3）经济要求

按设计的混凝土配合比，制作的混凝土成本低，经济节约，即混凝土使用的原材料能就地取材，节约胶凝材料。

3.6.2 设计的原始资料

1）工程特征方面

如构件类型、位于室内或露天、构件断面最小尺寸、钢筋最小净矩等。

2）混凝土性能方面

混凝土等级、长期性能和耐久性（如抗渗、抗冻、抗侵蚀、抗磨等）。

3）施工方法方面

如搅拌方法、运输方法、振捣方法、养护方法等。

4）原材料方面

水泥的品种和等级；砂石的种类、粒径、表观密度、堆积密度等。

3.6.3 配合比设计中的三个重要参数

1）水胶比

水胶比反映水与胶凝材料用量的相对比例，是影响混凝土强度性能、长期性能和耐久性能的重要因素。其微小的变化，混凝土强度有较大的变化，例如水胶比增减 0.05，混凝土强度提高或下降约 12%。水胶比初始由混凝土强度与水胶比、水泥强度关系式计算确定。

2）用水量

混凝土单位用水量，对混凝土拌合物流动性、泌水性有显著的影响。混凝土单位用水量有微小的变化，混凝土坍落度有较大变化。例如每立方米混凝土增减 5 kg 水，混凝土坍落度增减 10~20 mm。混凝土单位用水量大，混凝土坍落度大，但混凝土拌合物离析、泌水程度增加。用水量的初始值，根据混凝土设计的坍落度、粗集料品种和最大粒径、砂子的细度等查表确定，也可以由经验公式计算确定。

3）砂率

砂率反映砂子用量与砂子、石子总用量的相对比例，该值对混凝土拌合物的黏聚性、保水性有显著影响。砂率增减 1‰，混凝土坍落度减增 10～20 mm。砂率的初始值，根据计算的水胶比初始值、粗集料品种和最大粒径、砂子细度等查表确定，也可以根据实验确定最佳砂率，还可以由经验公式计算确定。

3.6.4　配合比设计理论

混凝土配合比设计的基本思路是：混凝土各组成材料的绝对体之和等于混凝土的立方体积。一般 1 m³ 混凝土约需用 0.8～0.9 m³ 的石子，其空隙由砂子填充，砂子空隙则由水泥与水形成的水泥浆填充，并考虑改善混凝土拌合物和易性，砂子应稍留有富余。

采用理论和经验相结合的方法来设计混凝土配合比，设计方法有体积法和质量法。体积法是依据混凝土各组成材料的绝对体之和等于混凝土的立方体积来设计混凝土配合比的方法。该法理论依据充分，但需测试混凝土各组成材料的实际密度。实验证明，混凝土的强度在一定范围变化时，混凝土拌合物的表观密度变化很小，接近一个固定值，因此可以根据混凝土设计等级来确定混凝土拌合物表观密度。质量法是依据每立方米混凝土各组成材料的质量等于混凝土拌合物表观密度来设计混凝土配合比的方法。该法理论依据不充分，但建立在经验基础上，计算简单实用。

3.6.5　混凝土配合比设计步骤

1）混凝土配制强度的确定

（1）混凝土配制强度按下式计算：

$$f_{cu,o} = f_{cu,k} + 1.645\sigma \tag{3-27}$$

式中：$f_{cu,o}$——混凝土配制强度（MPa）；

　　　$f_{cu,k}$——混凝土强度设计等级（MPa）；

　　　σ——混凝土强度标准差（MPa）。

（2）σ 值的确定

根据同类混凝土统计资料计算确定，计算时强度试件组数不少于 25 组，按下式计算：

$$\sigma = \sqrt{\frac{\sum\limits_{i=1}^{n} f_{cu,i}^2 - n m_{f_{cu}}^2}{n-1}} \tag{3-28}$$

式中：$f_{cu,i}$——第 i 组试件的强度值（MPa）；

　　　$m_{f_{cu}}$——N 组试件的强度算术平均值（MPa）；

　　　n——试件组数。

注：① 对于混凝土强度等级不大于 C30 级，计算的 $\sigma < 3.0$ MPa 时，σ 取 3.0 MPa。

　　② 对于混凝土等级大于 C30 且小于 C60 时，计算的 $\sigma < 4.0$ MPa 时，σ 应取 4.0 MPa。

　　③ 如无统计资料时，σ 按表 3-30 取值。

表 3-30　σ 取值表

混凝土强度等级	≤C20	C25~C45	C50~C55
σ	4.0	5.0	6.0

2）混凝土配合比计算

（1）计算水胶比

① 计算公式：

$$W/B = \frac{\alpha_a \cdot f_b}{f_{cu,0} + \alpha_a \cdot \alpha_b \cdot f_b} \tag{3-29}$$

式中：α_a、α_b——回归系数；

f_b——胶凝材料 28 d 胶砂抗压强度实测值。

② α_a、α_b 按表 3-31 取用。

表 3-31　α_a、α_b 的取值

石子品种	α_a	α_b
卵石	0.49	0.13
碎石	0.53	0.20

③ 当无胶凝材料 28 d 胶砂抗压强度实测值时，按下式计算：

$$f_b = \gamma_f \gamma_s f_{ce} \tag{3-30}$$

$$f_{ce} = \gamma_c f_{ce,g} \tag{3-31}$$

式中：γ_f、γ_s——粉煤灰影响系数和粒化高炉矿渣粉影响系数，按表 3-32 取值；

表 3-32　γ_f、γ_s 的取值

掺量（%）	种　类	
	粉煤灰影响系数 γ_f	粒化高炉矿渣粉影响系数 γ_s
0	1.00	1.00
10	0.85~0.95	1.00
20	0.75~0.85	0.95~1.00
30	0.65~0.75	0.90~1.00
40	0.55~0.65	0.80~0.90
50	—	0.70~0.85

注：（1）采用Ⅰ级、Ⅱ级粉煤灰宜取上限值。

（2）采用 S75 级粒化高炉矿渣粉宜取下限值，采用 S95 级粒化高炉矿渣粉宜取上限值，采用 S105 级粒化高炉矿渣粉可取上限值加 0.05。

（3）当超出表中的掺量时，粉煤灰和粒化高炉矿渣粉影响系数应经试验确定。

f_{ce}——水泥实际强度值，无实测值时，可按公式：$f_{ce} = \gamma_c f_{ce,g}$ 进行计算；

$f_{ce,g}$——水泥强度等级值；

γ_c——水泥强度等级值的富余系数，可按实际统计资料确定，无资料时按表 3-33 取值。

表 3-33 水泥强度等级值富余系数取值

水泥强度等级值	32.5	42.5	52.5
富余系数	1.12	1.16	1.10

（2）确定每立方米混凝土的用水量（m_{wo}）

根据混凝土拌合物坍落度、石子品种、石子最大粒径、砂子细度，可按表 3-34 取用。

表 3-34 塑性混凝土的用水量（kg/m³）

拌合物坍落度（mm）	卵石最大粒径（mm）				碎石最大粒径（mm）			
	10	20	31.5	40	16	20	31.5	40
10～30	190	170	160	150	200	185	175	165
35～50	200	180	170	160	210	195	185	175
55～70	210	190	180	170	220	205	195	185
75～90	215	195	185	175	230	215	205	195

注：（1）本表用水量采用中砂时的平均值。采用细砂时，每立方米混凝土用水量可增加 5～10 kg；采用粗砂时，可减少 5～10 kg。

（2）掺用矿物掺合料和外加剂时，用水量相应调整。

（3）计算每立方米混凝土胶凝材料用量 m_{bo}

可按下式计算：

$$m_{bo} = \frac{m_{wo}}{W/B} \quad\quad (3-32)$$

（4）确定砂率 β_s

① 查表法

根据计算水灰比、石子品种及最大粒径、砂子粗细，查表 3-35 取值。

表 3-35 普通混凝土砂率选用表

水灰比 W/C	卵石最大粒径（mm）			碎石最大粒径（mm）		
	10	20	40	16	20	40
0.40	26～32	25～31	24～30	30～35	29～34	27～32
0.50	30～35	29～34	28～33	33～38	32～37	30～35
0.60	33～38	32～37	31～36	36～41	35～40	33～38
0.70	36～41	35～40	34～39	39～44	38～43	36～41

注：（1）本表数值系数中砂的选用砂率，对细砂或粗砂，可相应地减少或增大砂率。

（2）采用人工砂配制混凝土时，砂率可适当增大。

（3）只用一个单粒级粗骨料配制混凝土时，砂率应适当增大。

② 计算法

可按下式计算：

$$\beta_s = \frac{\rho_g \rho'_{so} P'_g}{\rho'_{so} P_g + \rho'_{go}} \qquad P_g = 1 - \frac{\rho'_{go}}{\rho_{go}} \times 100\% \qquad (3-33)$$

式中：ρ'_{so}、ρ'_{go}——分别为砂子、石子堆积密度(kg/m^3)；

$\quad\quad\quad \rho_{go}$——石子表观密度($kg/m^3$)；

$\quad\quad\quad P_g$——石子孔隙率；

$\quad\quad\quad k$——拨开系数，采用人工振捣时取 1.1～1.2，机械振捣时取 1.2～1.4。

（5）计算砂石用量

① 当采用质量法时，应按下列公式计算：

$$m_{fo} + m_{co} + m_{go} + m_{so} + m_{wo} = m'_{cp} \qquad (3-34)$$

$$\beta_s = \frac{m_{so}}{m_{go} + m_{so}} \times 100\% \qquad (3-35)$$

式中：m_{fo}——每立方米混凝土中矿物掺合料用量(kg/m^3)；

$\quad\quad\quad m'_{cp}$——每立方米混凝土的假定质量(kg)，其值可取 2 350～2 450 kg，可按表 3-36 取用。

表 3-36 普通混凝土拌合物表观密度选用表

混凝土等级	≤C15	C20～C30	C35～C45	＞C45
m_{cp}(kg)	2 350	2 400	2 420	2 450

② 当采用体积法时，应按下列公式计算：

$$\frac{m_{co}}{\rho_c} + \frac{m_{fo}}{\rho_f} + \frac{m_{go}}{\rho_g} + \frac{m_{so}}{\rho_s} + \frac{m_w}{1\,000} + 0.01\alpha = 1 \qquad (3-36)$$

$$\beta_s = \frac{m_{so}}{m_{go} + m_{so}} \times 100\% \qquad (3-37)$$

式中：m_{fo}——每立方米矿物掺合料用量(kg/m^3)；

$\quad\quad\quad \rho_c$——水泥密度(kg/m^3)，可取 2 900～3 100 kg/m^3；

$\quad\quad\quad \rho_f$——矿物掺合料密度(kg/m^3)；

$\quad\quad\quad \rho_g$——石了的表观密度(kg/m^3)；

$\quad\quad\quad \rho_s$——砂子的表观密度(kg/m^3)；

$\quad\quad\quad \alpha$——混凝土的含气量分数，在不使用引气剂或引气型外加剂时，α 可取 1。

3）混凝土配合比试配、调整与确定

（1）一般规定

① 进行混凝土配合比试配时应采用工程中实际使用的原材料。混凝土的搅拌方法，适宜与生产时使用的方法相同。

② 混凝土配合比试配时，每盘混凝土的最小搅拌量应符合表 3-37 的规定；当采用机械搅拌时，其搅拌量不应小于搅拌机公称容量的 1/4，且不应大于搅拌机公称容量。

表 3-37 混凝土试配的最小搅拌量

骨料最大料径(mm)	拌合物数量(L)
31.5 以下	20
40.0	25

（2）检验混凝土性能

① 检验混凝土拌和物和易性

当坍落度不满足要求或黏聚性、保水性不好时,应在保证水胶比不变的条件下相应调整用水和胶凝材料用量或砂率,直到符合要求为止。然后提出供混凝土强度试验用的基准配合比。

② 检验混凝土强度

混凝土强度试验时至少应采用三个不同的配合比。当采用三个不同的配合比时,其中一个应为基准配合比,另外两个配合比的水胶比,较基准配合比的水胶比分别增加和减少0.05,用水量与基准配合比相同,砂率可分别增加或减少1%,根据试验得出的混凝土强度与其相对应的水胶比关系,用作图法或计算法求出与混凝土配制强度相对应的水胶比。进行混凝土强度试验时,拌合物性能应符合设计和施工要求。进行混凝土强度试验时,每种配合比至少应制作一组(三块)试件,标准养护到 28 d 或规定龄期时试压。

（3）配合比的调整与确定

① 用水量(m_w)应在基准配合比用水量的基础上,根据制作强度试验时测得的坍落度进行调整确定。

② 水泥用量(m_c)应以用水量乘以选定出来的水胶比计算确定。

③ 粗骨料和细骨料用量(m_g, m_s)应在基准配合比的粗骨料用量的基础上,按选定的水灰比进行调整和校正。

④ 混凝土表观密度调整,混凝土配合比校正系数为:

$$\delta = \frac{\rho_{ct}}{\rho_{cc}} \tag{3-38}$$

式中:ρ_{ct}——混凝土表观密度实测值(kg/m^3);

ρ_{cc}——混凝土表观密度计算值(kg/m^3)。

当混凝土表观密度实测值与计算值之差的绝对值不超过计算值的2%时,不予调整。当二者之差超过 2%,应将配合比中每项材料用量均乘以校正系数δ。

⑤ 写出混凝土试验室配合比

A. 表格法表示

表 3-38 每立方米各材料用量

水泥	砂子	石子	水
?	?	?	?

B. 比例法表示:水泥质量＝? 水灰比＝? 水泥质量：砂子质量：石子质量＝? ：? ：?

注:① 混凝土配合比设计中计算所得砂子、石子质量均指砂子、石子干燥状态下的质量。

② 为了满足混凝土的耐久性,混凝土配合比设计中,所得的水胶比、胶凝材料用量必须校核。所得水胶比应不大于表 3-39 中的最大水胶比。所得的胶凝材料用量应不小于表中混凝土最小胶凝材料用量的规定,按表 3-40 要求。

表 3-39　混凝土最大水胶比

环境条件		结构类别	最大水胶比		
			素混凝土	钢筋混凝土	预应力混凝土
干燥环境		正常居住或办公用房屋内部件	不作规定	0.65	0.60
潮湿环境	无冻害	高湿度的室内部件、室外部件在非侵蚀性土和(或)水中的部件	0.70	0.60	0.60
	有冻害	经受冻害的室外部件在非侵蚀性土和(或)水中且经受冻害的部件	0.55	0.55	0.55
有冻害和除冰剂的潮湿环境		经受冻害和除冰剂作用的室内和室外部件	0.50	0.50	0.50

表 3-40　混凝土的最小胶凝材料用量

最大水胶比	最小胶凝材料用量(kg/m³)		
	素混凝土	钢筋混凝土	预应力混凝土
0.60	250	280	300
0.55	280	300	300
0.50	320		
≤0.45	330		

4) 施工配合比

由于试验室配合比是根据集料干燥状态来设计的,而施工现场,集料都有一定的含水率。因此,试验室配合比还需再作一次扣除集料含水率的调整,转变成施工配合比方能使用。

假定施工现场石子、砂子含水率分别为 W_g、W_s,则混凝土材料实际用量可按下面方法调整。

$$水用量 = M_w - W_g \cdot M_g - W_s \cdot M_s$$
$$水泥用量 = M_c$$
$$石子用量 = (1 + M_g)M_g$$
$$砂子用量 = (1 + W_s)M_s$$

式中：M_w——试验室配合比中水用量(kg)；

M_g——试验室配合比中石子用量(kg)；

M_s——试验室配合比中砂子用量(kg)；

M_c——试验室配合比中水泥用量(kg)。

3.6.6 普通混凝土配合比设计实例

【**例 3-1**】 （1）用以下材料定出坍落度为 $35\sim50$ mm 的室内柱 C30 混凝土试验室配合比：

① 水泥——42.5 级普通硅酸盐水泥，由以往使用经验得知 $\gamma_c=1.10$；

② 粗集料——卵石，$5\sim40$ mm 连续级配；

③ 细集料——河砂、中砂，$M_f=2.7$。

（2）如已知施工现场混凝土搅拌机容量为 350 L，砂子含水率为 5%，石子含水率为 3%，按（1）确定的试验室配合比确定混凝土施工配合比。

【**解**】 （1）计算初步配合比

① 试配强度计算

取 $\sigma=5$ MPa，$f_{cu,o}=f_{cu,k}+1.645\sigma=30+1.645\times5=38.2$ MPa

② 水胶比计算

$$\frac{W}{B}=\frac{\alpha_a \cdot f_{ce}}{f_{cu,o}+\alpha_a \cdot \alpha_b f_{ce}}=\frac{0.49\times1.10\times42.5}{38.2+0.49\times0.13\times1.10\times42.5}=0.600$$

根据混凝土最大水胶比表复核水胶比，符合要求。

③ 用水量选用

由表查得 $\qquad\qquad m_{wo}=160$ kg/m³

④ 水泥用量计算

$$m_{co}=\frac{m_{wo}}{(W/B)}=160\div0.6=267 \text{ kg/m}^3$$

计算所得水泥用量不符合混凝土的最小胶凝材料用量表中的规定，m_{co} 按混凝土的最小胶凝材料用量表取为 280 kg/m³，水胶比调整为 $160/280=0.571$。

⑤ 砂率选择

由表查得 $\qquad\qquad \beta_s=30\%$

⑥ 按质量法计算集料用量

假定混凝土容重 $\qquad\qquad m'_{cp}=2\,420$ kg/m³

$$\begin{cases} m_{co}+m_{so}+m_{go}+m_{wo}=m'_{cp} \\ \dfrac{m_{so}}{m_{so}+m_{Go}}=\beta_s \end{cases}$$

$$\Rightarrow \begin{cases} 280+m_{so}+m_{go}+160=2\,400 \\ \dfrac{m_{so}}{m_{so}+m_{go}}=0.30 \end{cases}$$

$$\Rightarrow \begin{cases} m_{so}=588 \text{ kg} \\ m_{go}=1\,372 \text{ kg} \end{cases}$$

⑦ 初步配合比见表 3-41

表 3-41　每立方米混凝土各材料用量(kg)

m_{wo}	m_{co}	m_{so}	m_{go}
160	280	588	1 372

（2）试配与调整

① 坍落度检验

A. 按混凝土拌合物量 25 L 试配时，混凝土的各材料用量为：

水泥用量：$m_c' = 280 \times \dfrac{25}{1\,000} = 7$ kg

水用量：$m_w' = 160 \times \dfrac{25}{1\,000} = 4$ kg

砂子用量：$m_s' = 588 \times \dfrac{25}{1\,000} = 14.7$ kg

石子用量：$m_g' = 1372 \times \dfrac{25}{1\,000} = 34.3$ kg

B. 经检验，该试拌的混凝土坍落度值小于 30 mm，按增加 5％水泥浆来调整混凝土配合比，用水量增加 200 g，水泥用量相应增加 350 g 后，重新试配混凝土拌合物，测得其坍落度值为 40 mm，符合要求。混凝土配合比中每立方米水用量调整为 168 kg/m³，水泥调整为 294 kg/m³。每立方米混凝土砂子用量和石子用量不变。

② 混凝土强度检验

A. 试配材料

按每立方米混凝土水用量不变，砂子、石子总用量不变（14.7＋34.3＝49 kg），水胶比分别为 0.571、0.521 及 0.621，砂率分别为 30％、29％和 31％，拌制三组混凝土。各组混凝土各材料用量见表 3-42。

表 3-42　各组混凝土各材料用量

混凝土组号	水胶比	砂率(%)	水用量(kg)	水泥用量(kg)	砂子用量(kg)	石子用量(kg)
1	0.571	30	4.2	7.356	14.7	34.3
2	0.521	29	4.2	8.061	14.21	34.79
3	0.621	31	4.2	6.763	15.19	33.81

B. 混凝土强度测试区

经试验测得：28 d 每组混凝土强度按组号次序排列为：36 MPa、42 MPa、32 MPa。

C. 绘制强度与胶水比（水胶比的倒数）关系曲线

由曲线查得或由插值法计算可知相应于试配强度 38.2 MPa 的胶水比值为 1.789 13，水胶比为 0.559。

D. 按混凝土强度检验结果修正配合比

a. 每立方米混凝土用水量 $= 4.2 \times \dfrac{1\,000}{25} = 168$ kg

b. 每立方米混凝土水泥用量 $= 168 \times 1.789\,13 = 301$ kg

c. 粗细集料用量因水胶比值与原计算值相差不大，故仍可维持原值，即每立方米石子用量为 1 372 kg，每立方米砂子用量为 588 kg。

d. 按混凝土强度调整后的配合比见表 3-43。

表 3-43　每立方米混凝土各材料用量(kg)

水泥	砂子	石子	水
301	588	1 372	168

（3）混凝土拌合物表观密度检验

① 按混凝土强度调整后的配合比试配混凝土拌合物,实测混凝土拌合物表观密度值为 2 480 kg/m³。

② 混凝土拌合物的计算表观密度为 $301+588+1\ 372+168=2\ 429$ kg

③ 按混凝土拌合物表观密度调整的,混凝土配合比校正系数为：

$$k=\frac{2\ 480}{2\ 429}\approx1.02$$

④ 按混凝土拌合物表观密度调整后,混凝土配合比修正如下：

$$每立方米混凝土水用量 = 301\times1.02 = 307\text{ kg}$$
$$每立方米混凝土水用量 = 588\times1.02 = 600\text{ kg}$$
$$每立方米混凝土水用量 = 1\ 372\times1.02 = 1\ 399\text{ kg}$$
$$每立方米混凝土水用量 = 168\times1.02 = 171\text{ kg}$$

注:按规范规定,当混凝土拌合物表观密度与计算值之差的绝对值不超过计算值的 2% 时,混凝土配合比可维持不变。故也可不调整。

（4）写出混凝土试验室配合比

表 3-44　每立方米混凝土各材料用量(kg)

水泥	砂子	石子	水
307	600	1 399	171

（5）混凝土施工配合比

① 每拌混凝土拌合物水泥用量:$307\times0.35=107.65$ kg。因常用水泥每袋为 50 kg,故每拌混凝土拌合物水泥用量按 2 袋投料,取值为 100 kg。

② 每拌混凝土拌合物砂用量:$100\times600\times(1+5\%)\div307=205$ kg。

③ 每拌混凝土拌合物水泥用量:$100\times1\ 399\times(1+3\%)\div307=469$ kg。

④ 每拌混凝土拌合物水用量:$100\times171\div307-100\times600\times5\%\div307-100\times1\ 399\times3\%\div307=32.26$ kg。

3.7　掺外加剂及粉煤灰的普通混凝土的配合比设计

3.7.1　掺外加剂的普通混凝土设计

1）设计理论

掺外加剂的普通混凝土配合比设计理论与不掺外加剂的设计理论相似,也可用体积法和质量法设计。所不同的是：

（1）掺减水剂的普通混凝土，在不掺减水剂时得出试验室配合比后，应根据减水剂的性能，适当调整试验室配合比。

（2）掺引气剂的普通混凝土，在混凝土配合比初步设计之中，应考虑引气剂引入的气量及由此引起的混凝土强度损失。

2）设计实例

【例3-2】 已知不掺外加剂时的试验室配合比有关设计数据如下：

（1）试验室配合比：水泥：砂子：石子 $= 1 : 2.2 : 4.24$

$$水胶比 = 0.6$$
$$水用量 = 180 \text{ kg}$$

（2）砂率：$\beta_s = 0.34$

（3）砂子：$\rho_{os} = 2.65$，$\rho'_{os} = 1\,490 \text{ kg/m}^3$，中砂

（4）石子：$\rho_{og} = 2.73$，$\rho'_{og} = 1\,500 \text{ kg/m}^3$

现使该混凝土掺入减水率为10%，引气量为4%的MS—F减水剂5%，试计算掺减水剂后试验室配合比。

【解】 由于掺入MS—F（密度2.2 kg/cm³）后在保持强度和坍落度不变的情况下，可减水10%，节约水泥10%，拌合物含气量大4%，故需在试验室配合比的基础上进行调整。调整方法如下：

（1）调整用水量

$$m_w = 180 \times (1 - 10\%) = 162 \text{ kg/m}^3$$

（2）调整水泥用量

$$m_c = 300 \times 0.9 = 270 \text{ kg/m}^3$$

（3）调整砂率

因加入5%MS—F后，引气量为4%。为提高混凝土质量，其砂率可减少2%。则：

$$\beta_s = 0.34 - 0.02$$

（4）砂、石用量

将有关数据代入下式：

$$\begin{cases} \dfrac{m_s}{\rho_s} + \dfrac{m_G}{\rho_g} + \dfrac{m_c}{\rho_s} + \dfrac{m_w}{\rho_w} + 0.01\alpha = 1\,000 \\ m_{so} \div (m_{so} + m_{go}) = \beta_s \end{cases}$$

得：

$$\begin{cases} \dfrac{m_s}{2.65} + \dfrac{m_g}{2.73} = 1\,000 - \dfrac{270}{3.1} - 162 - 40 \\ m_s \div (m_s + m_g) = 0.32 \end{cases}$$

解上述方程组得：

$$\begin{cases} m_s = 594 \text{ kg/m}^3 \\ m_g = 1\,266 \text{ kg/m}^3 \end{cases}$$

（5）掺 MS—F 后的规范试验室配合比见表 3-45。

表 3-45　各材料用量（kg/m³）

m_w	m_c	m_s	m_g
162	270	594	1 266

3.7.2　掺矿物掺合料的混凝土的配合比设计

1）设计理论

混凝土中掺入矿物掺合料，目的是改善混凝土拌合物的和易性，提高混凝土的抗水性和抗蚀性，减少混凝土的水化热，降低混凝土成本。混凝土中所掺矿物掺合料，主要是粉煤灰、粒化高炉矿渣粉、硅灰等。由于粉煤灰、粒化高炉矿渣粉等矿物掺合料比水泥活性低，尤其是粉煤灰活性更低，掺入掺合料的混凝土强度会有所降低，一般每掺 10% 的粉煤灰，混凝土强度下降约 10%。矿物掺合料颗粒细，混凝土每立方米用水量会增加，收缩也会增大。同时，掺合料密度与水泥密度不同。因此掺矿物掺合料的混凝土的配合比设计方法应采用体积法。混凝土配合比设计时，为了减少混凝土收缩量，常掺入矿物掺合料的同时掺入减水剂，以便减少每立方米混凝土的用水量。混凝土配合比设计时还必须考虑矿物掺合料对混凝土强度的影响系数，且限制矿物掺合料的最大掺量。钢筋混凝土和预应力混凝土中矿物掺合料的最大掺量见表 3-46 和表 3-47。

表 3-46　钢筋混凝土中矿物掺合料最大掺量

矿物掺合料种类	水胶比	最大掺量（%）	
		采用硅酸盐水泥时	采用普通硅酸盐水泥时
粉煤灰	≤0.40	45	35
	>0.40	40	30
粒化高炉矿渣	≤0.40	65	55
	>0.40	55	45
钢渣粉	—	30	20
磷渣粉	—	30	20
硅灰	—	10	10
复合掺合料	≤0.40	65	55
	>0.40	55	45

注：（1）采用其他通用硅酸盐水泥时，宜将水泥混合材掺量 20% 以上的混合材量计入矿物掺合料。
　　（2）复合掺合料各组分的掺量不宜超过单掺时的最大掺量。
　　（3）在混合使用两种或两种以上矿物掺合料时，矿物掺合料总掺量应符合表中复合掺合料的规定。

表 3-47 预应力混凝土中矿物掺合料最大掺量

矿物掺合料种类	水胶比	最大掺量(%)	
		采用硅酸盐水泥时	采用普通硅酸盐水泥时
粉煤灰	$\leqslant 0.40$	35	30
	> 0.40	25	20
粒化高炉矿渣	$\leqslant 0.40$	55	45
	> 0.40	45	35
钢渣粉	—	20	10
磷渣粉	—	20	10
硅灰	—	10	10
复合掺合料	$\leqslant 0.40$	55	45
	> 0.40	45	35

注:(1) 采用其他通用硅酸盐水泥时,宜将水泥混合材掺量 20%以上的混合材量计入矿物掺合料。
(2) 复合掺合料各组分的掺量不宜超过单掺时的最大掺量。
(3) 在混合使用两种或两种以上矿物掺合料时,矿物掺合料总掺量应符合表中复合掺合料的规定。

2)掺矿物掺合料的配合比设计实例

【例 3-3】 试计算混凝土的初步配合比。已知:① 混凝土性能:混凝土设计等级 C30,坍落度 35~50 mm,混凝土所处环境为干燥环境。② 原材料:普通硅酸盐水泥 42.5 级,实际密度 3.05 g/cm³;中砂,实际密度 2.62 g/cm³;卵石子,最大粒径 40 mm,实际密度 2.60 g/cm³;Ⅱ级粉煤灰,实际密度 2.85 g/cm³;S95 粒化高炉矿渣粉,实际密度 2.95 g/cm³。③ 粉煤灰掺量为 20%,粒化高炉矿渣粉掺量为 20%。

【解】 (1)试配强度计算

查表取 $\sigma = 5$ MPa,$f_{cu,o} = f_{cu,k} + 1.645\sigma = 30 + 1.645 \times 5 = 38.2$ MPa

(2)胶凝材料强度计算

由普通硅酸盐水泥等级 42.5 级,查表得水泥富余系数为 1.16;由 Ⅱ 级粉煤灰掺量为 20%,查表得粉煤灰影响系数为 0.85;由 S95 粒化高炉矿渣粉掺量为 20%,查表得影响系数为 1.00。

$$f_{ce} = \gamma_c f_{ceg} = 1.16 \times 42.5 = 49.3 \text{ MPa}$$

$$f_b = \gamma_f \gamma_s f_{ce} = 0.85 \times 1.00 \times 49.3 = 41.905 \text{ MPa}$$

(3)水胶比计算

$$\frac{W}{B} = \frac{\alpha_a \cdot f_b}{f_{cu,o} + \alpha_a \cdot \alpha_b f_b} = \frac{0.49 \times 41.905}{38.2 + 0.49 \times 0.13 \times 41.905} = 0.502$$

根据混凝土最大水胶比表复核水胶比,符合要求。

(4)用水量选用

由混凝土坍落度 35~50 mm,石子品种为卵石、石子最大粒径为 40 mm、砂子细度为中砂,查表得每立方米混凝土用水量:$m_{wo} = 160$ kg/m³。

（5）胶凝材料用量计算

$$m_{bo} = \frac{m_{wo}}{(W/B)} = 160 \div 0.502 = 319 \text{ kg/m}^3$$

根据混凝土的最小胶凝材料用量表复核胶凝材料用量，符合要求。

粉煤灰用量 $\qquad m_{ffo} = 319 \times 20\% = 64 \text{ kg/m}^3$

粒化高炉矿渣粉用量 $\qquad m_{fso} = 319 \times 20\% = 64 \text{ kg/m}^3$

水泥用量 $\qquad m_{co} = 319 - 64 - 64 = 191 \text{ kg/m}^3$

（6）砂率选择

由水胶比、石子品种为卵石、石子最大粒径为 40 mm 查表得砂率 $\beta_s = 30\%$。

（7）砂石用量计算

按体积法计算。将数据代入下式：

$$\frac{m_{co}}{\rho_c} + \frac{m_{fo}}{\rho_f} + \frac{m_{go}}{\rho_g} + \frac{m_{so}}{\rho_s} + \frac{m_w}{1\,000} + 0.01\alpha = 1$$

$$\beta_s = \frac{m_{so}}{m_{go} + m_{so}} \times 100\%$$

得： $\qquad \dfrac{191}{3.05} + \dfrac{64}{2.85} + \dfrac{64}{2.95} + \dfrac{m_{go}}{2.60} + \dfrac{m_{so}}{2.62} + \dfrac{160}{1} + 0.01 \times 1 \times 1\,000 = 1\,000$

$$30\% = \frac{m_{so}}{m_{go} + m_{so}} \times 100\%$$

解上式方程得 $\qquad m_{so} = 565 \text{ kg/m}^3, m_{go} = 1\,318 \text{ kg/m}^3$

（8）写出混凝土初步配合比

表 3-48 混凝土各材料用量（kg/m³）

水泥	砂子	石子	水	粉煤灰	粒化高炉矿渣粉
191	565	1 318	160	64	64

3.8 高性能混凝土

1）高性能混凝土的定义

高性能混凝土是一种具备优良综合性能的新型混凝土，它在具备普通混凝土基本性能的基础上，还具备高强度性能、高流动性能、高体积稳定性能、高环保性能和高耐久性能。或者说高性能混凝土是一种新型高技术混凝土，它是在大幅度提高普通混凝土性能的基础上，采用现代混凝土技术，选用优质的混凝土原材料，在严格的质量管理条件下，按照科学的工艺制度制成的高质量混凝土。

2）高性能混凝土的组成材料

（1）胶凝材料

胶凝材料是高性能混凝土最关键的组分之一，它一般采用高性能水泥。为了获得高性能混凝土的高强度、高流动性和高体积稳定性，高性能水泥在具备常用水泥的一般性能基础上，还应具备以下性能：① 水泥拌制成浆体时的需水性能低，即水泥的标准稠度用水量低，使混凝土在低水灰比时也能获得较大的流动性，从而保证高性能混凝土的高强度性能和高流动性能。② 水泥水化时的水化放热性能低，以避免混凝土在凝结时和硬化早期时内部温度过高，与环境之间产生过大温差，从而减少温度应力引起的混凝土原生裂缝，保证混凝土形成时的体积稳定性，保证混凝土的高耐久性能。目前，高性能水泥品种有中热硅酸盐水泥、调粒水泥或称级配水泥、球状水泥和活化水泥等。中热硅酸盐水泥是指水泥中 C_3A 含量不超过 6％，C_3S 和 C_3A 的总量不超过 58％的硅酸盐水泥。该种水泥的水化放热中等，有利于混凝土形成过程中混凝土体积的稳定，且该水泥有较高的抵抗硫酸盐侵蚀的能力。调粒水泥是将水泥颗粒的粒度分布进行调整，获得良好颗粒级配的水泥。它一般由大小不同的硅酸盐熟料粒子与适量超细粉粒子组成，水泥颗粒粒子大小分布比例适当，水泥颗粒粒子之间能获得密实的填充，在用水量较小时能获得流动性良好的水泥浆，并能改善水泥凝胶结构，使其孔隙孔径减小和分布均匀，还能减少水泥浆的泌水。球状水泥的颗粒粒子 1～30 μm，平均粒径小，球形且表面光滑，该种水泥粒子有较高的流动性和填充性，同时其微粉含量低，水泥粒子总表面积小，拌制水泥浆体时需水量少。活化水泥是将粉状超塑化剂和水泥熟料按适当比例混合磨细制得，其活性比常用水泥大幅度提高，可用于配制超低水灰比的混凝土。

（2）矿物质掺和料

矿物质掺和料是高性能混凝土中不可缺少的组分，一般采用超细矿粉。对大多数超细矿粉而言，其粒子直径在 0.1～10 μm 之间，比表面积在 7 500 cm^2/g 左右，一般含有活性 SiO_2 和活性 Al_2O_3，因此，超细矿粉有很高的活性。掺入混凝土中的超细矿粉主要有三方面的作用：一是对掺入混凝土中的水泥起改善性能的作用；二是改善水泥浆与集料界面处的黏结性能；三是改善了混凝土的拌合物性能。具体来说，超细矿粉起以下作用：

① 改善水泥粒子级配，使水泥粒子之间获得密实填充。相当于使原来的水泥改性成调粒水泥，减小了原来水泥标准稠度用水量，减小了原来水泥浆的泌水，从而有效地改善了混凝土的微孔和毛细孔结构，使混凝土中的微孔和毛细孔的孔径减小且分布均匀，同时也显著减小了混凝土的泌水，减轻了混凝土内分层程度。

② 改善水泥凝胶微观结构强度，提高水泥的黏结性能。混凝土中的水泥水化时，超细矿粉中的活性 SiO_2 和活性 Al_2O_3 会与水泥水化时产生的 CH(氢氧化钙)发生物理化学作用，生成的凝胶体和结晶体能填实原有水泥凝胶结构中凝胶水占据的空间，使水泥凝胶结构更加密实，同时也能加强原有水泥凝胶粒子之间的物理化学吸引力，从而改善水泥凝胶微观结构强度，提高水泥的黏结性能。

③ 掺入混凝土中超细矿粉与水泥可合二为一，可以被认为是一种组合胶凝材料或称为改性水泥。这种改性水泥与纯水泥相比较，由于超细矿粉中的活性矿物活性 SiO_2 和活性 Al_2O_3 需待水泥熟料活性矿物与水作用一段时间后，水泥浆中 CH 浓度达到一定程度，才与 CH 发生物理化学作用生成凝胶体和结晶体，该种改性水泥的水化放热速度慢和水化放热量小。该种改性水泥用于混凝土中，可以降低混凝土的水化热，减弱混凝土形成过程中的早期温度上升量，降低混凝土形成时的温度应力，减弱温度上升引起的混凝土干缩加快，减少因温升引起的混凝土原生裂缝，从而提高混凝土的耐久性。

④ 由于超细矿粉中的活性矿物与水泥熟料水化时产生的 CH 作用,消耗了部分 CH,并使混凝土中的 C_3AH_6 晶粒减小,分布更加均匀,提高了混凝土的抗侵蚀性能。

⑤ 由于超细矿粉中的活性矿物与水泥熟料水化时产生的 CH 作用,在消耗部分 CH 的同时,减少了 CH 在水泥浆与砂石集料界面处的富集与排列倾向,改善了混凝土砂石界面因 CH 富集与定向排列形成的多孔结构,从而提高了混凝土的界面强度。

⑥ 由于超细矿粉的颗粒粒径小,比表面积数值很大,混凝土中掺入超细矿粉后,可以提高混凝土中水泥浆的黏性,并减少水泥浆的泌水,可降低混凝土拌合物在高流动性时固相颗粒的沉降分离倾向,从而改善了混凝土拌合物在高流动性时的黏聚性和可泵性。配制高性能混凝土常用的矿物掺合料有超细矿渣粉、超细粉煤灰、超细硅灰、超细沸石粉等。

(3) 粗细集料

粗细集料在高性能混凝土中依然是起骨架作用,其性能对高性能混凝土的物理性能、力学性能、耐久性能等有重要影响,主要有以下几个方面的影响:

① 粗细集料的强度。由于混凝土承受荷载时,其内粗细集料各个颗粒界面处的某些点有可能出现应力集中,这些点的实际应力可能会超过粗细集料强度,使集料颗粒发生破坏,集料颗粒失去骨架作用。因此配制混凝土时粗细集料颗粒应有足够强度,一般要求集料颗粒强度高于混凝土强度。但也不应过高,因为强度过高的集料颗粒往往比水泥浆的弹性模量和热膨胀系数大许多,温度变化时,集料颗粒与水泥浆的变形相差大,易使集料与水泥浆黏结界面处开裂。通常细集料颗粒的强度容易满足要求,而粗集料颗粒强度不易满足要求。实验证明,配制高性能混凝土一般控制粗集料的压碎值指标在 $10\%\sim15\%$ 之间。

② 粗细集料的表面特征和颗粒形状。粗细集料的表面干净粗糙,其与胶凝材料的黏结面积大,总的黏结力大,从而提高混凝土的界面强度。粗细集料的颗粒形状在空间长宽厚三个方向的尺寸愈接近,即愈接近短柱状,在混凝土承受荷载时,其不易受折,主要承受压力,利于发挥粗细集料抗压强度高的特性。因此,选择强度高、干净的、短柱状的破碎粗细集料来配制高性能混凝土,易于满足高性能混凝土的高强度要求。一般针状和片状的粗集料含量不宜大于 5%。

③ 粗细集料的级配。选择级配好的粗细集料来配制高性能混凝土,易于满足高性能混凝土的高耐久性能和其拌合物在高流动时保持均匀的性能。粗细集料级配好主要有三方面含义:一是指大小颗粒搭配适当,保证高性能混凝土拌合物在快速流动性时拌合物不易分层离析;二是指大小颗粒之间的空隙率低,保证高性能混凝土硬化结构具有高密实性能;三是指颗粒之间的空隙直径小,保证胶凝材料及粉状掺合料在凝结硬化期间产生的收缩均能受到粗细集料的约束,减少胶凝材料及粉状材料凝结硬化期间收缩时产生的混凝土原生裂缝。

④ 粗集料的最大粒径和细集料的细度。粗集料的最大粒径愈大,混凝土内分层现象愈严重,同时粗集料的总表面积愈小,使混凝土中粗集料与砂浆体之间的黏结力减弱,从而影响混凝土的强度。细集料的细度模数过小即颗粒过小,不能有效阻止水泥浆的收缩,增多混凝土中水泥浆的原生裂缝。细集料的细度过大即颗粒过大,混凝土拌合物易泌水,加剧混凝土的内分层现象,降低混凝土的密实性能。因而,配制高性能混凝土时,粗集料最大粒径一般不超过 15 mm,细集料宜采用中砂。

⑤ 粗细集料的其他方面。粗细集料吸水率不应过大,应有足够的坚固性,不应含有易发生碱集料反应的碱活性成分,否则将影响高性能混凝土的密实度与耐久性。

（4）混凝土外加剂

由于高性能混凝土的强度高，水灰比小，水泥及矿粉用量大，拌合物黏性和流动性大等特点，因此混凝土外加剂往往成为高性能混凝土不可缺少的组分。一般高性能混凝土的外加剂常选用以下几种：

① 高效减水剂或塑化剂。高效减水剂或塑化剂的掺入，可大大提高混凝土拌合物的流动性。一般高效减水剂可选用萘系、多羧酸盐系、三聚氰胺系等。

② 黏稠剂。黏稠剂的掺入，可增强粗细集料间的抗分离性，即提高高性能混凝土拌合物的黏聚性。常用的黏稠剂有纤维素类、丙烯酸类、多糖聚合物类等。

③ 缓凝剂。缓凝剂的掺入，可降低混凝土的水化热，减小温度引起的危害。

④ 膨胀剂。膨胀剂的掺入，可降低混凝土的收缩。

3）高性能混凝土的特点

（1）高性能混凝土拌合物具有高工作性

高性能混凝土拌合物的高工作性的内容包括高流动性、高密实性、高黏聚性和高保水性四方面。高流动性是指混凝土拌合物自动流平模板空间的能力非常强，混凝土拌合物的流动度非常大。高密实性是指混凝土拌合物流动时内部固相集料大小颗粒之间自动填充颗粒间隙形成密实结构的能力非常强。高黏聚性是指混凝土拌合物液态浆体即水泥和矿物粉料与水形成的浆体，对固相集料颗粒具有较强的黏性，保持拌合物高流动性时固相颗粒与液态浆体之间不出现明显分层离析。高保水性是指高性能混凝土拌合物在高流动性和混凝土拌合物运输浇筑时泵送压力作用下，具有较强的保持水分不从拌合物中泌出的性能。一般高性能混凝土拌合物的坍落度控制在 180～220 mm，由于其水泥及矿物粉体掺量大，混凝土运输和浇筑时的压力损失大，故混凝土拌合物泵送时需要更高的泵送压力。影响高性能混凝土拌合物工作性的因素主要有：

① 每立方米混凝土拌合物的用水量即混凝土单位用水量。

② 混凝土外加剂，主要是混凝土高效减水剂和增稠剂。

③ 水泥及矿物粉体的品种和粗细。

④ 水泥及矿物粉体与水形成的浆体的黏性及其对集料颗粒之间摩擦性能的影响。一般水灰比控制在 0.4 以下，浆体与集料体积比控制在 35：65。

（2）高性能混凝土具有高强度性能

高性能混凝土是一种综合性能非常优秀的混凝土，而混凝土的强度性能与混凝土的其他物理性能、力学性能和耐久性能等具有密切的关系，一般混凝土强度高，混凝土结构密实，往往混凝土许多其他性能也相应提高，因此高强度性能是高性能混凝土的基本特征。一般高性能混凝土的强度等级在 C60～C120 之间，弹性模量在 35 000～41 000 MPa 之间。影响混凝土抗压强度的主要因素有：

① 混凝土单位用水量。一般混凝土单位用水量与混凝土抗压强度成反比，强度等级在 C60～C120 之间，相应混凝土单位用水量在 175～120 之间。

② 水泥实际强度与水胶比。同济大学提出了如下关系式：$f_{cu}=Af_{ce}[(C+M)/W+B]$。其中，$f_{cu}$、$f_{ce}$ 分别代表混凝土强度和水泥实际强度；C、M、W 分别代表每立方米混凝土水泥、矿粉掺合料和用水量；A、B 分别代表与集料形状及表面状态有关的系数，采用卵石时 A、B 分别取 0.296 和 0.71，采用碎石时 A、B 分别取 0.304 和 0.62。

③ 矿粉掺合料的活性和比表面积。一般矿粉掺合料的活性高,比表面积大,配制的混凝土强度高。

④ 混凝土外加剂,主要是高效减水剂。一般高效减水剂减水率愈大,配制混凝土的单位用水量愈小,混凝土强度愈高。

⑤ 集料的强度、集料的级配、粗集料的最大粒径和集料的形状及表面状态。

⑥ 混凝土的制作工艺,如养护、振捣等。

(3) 高性能混凝土具有优良的耐久性能

高性能混凝土的结构密实,具有优良的抗渗性、抗冻性、抗碳化性能、碱集料反应性、抗硫酸盐侵蚀性和耐磨性等。例如,清华大学研究掺沸石粉 60 MPa 的高性能混凝土的抗渗压力达 2.0 MPa,有人研究掺加硅粉的水泥石氯离子扩散系数比其基准水泥石降低 68%～84%,挪威研究 120 MPa 掺硅粉的高性能混凝土的磨耗率仅为 60 μm/次,这里的每次相当于以 63 km/h 速度行驶的带有防滑铁钉轮胎的货车作用。影响高性能混凝土耐久性能的主要因素有:

① 混凝土的水灰比。一般水灰比小,混凝土形成时蒸发的水量少,从而减少了因水分蒸发引起的混凝土原生裂缝,减少了混凝土内部的毛细孔隙数量和孔径。

② 混凝土的水泥和矿物粉料的掺量和性能。一般高性能混凝土的水泥和矿物粉料掺量大,其拌合物不易泌水,保水性好,减少了混凝土的贯通孔隙。矿物粉料的活性,尤其是超细矿粉的活性,改善了混凝土水泥及矿物粉料浆体与集料之间的界面结构,矿物粉料改善了水泥凝胶结构,从而改善了混凝土的微观孔隙。矿物粉料中的活性物质与水泥水化产物作用,消耗了部分 CH,减弱了 C_3AH_6 与硫酸盐作用引起的膨胀开裂,抑制了碱集料反应,提高了混凝土的抗硫酸盐侵蚀能力和抗水侵蚀能力。

③ 集料的级配与集料的最大粒径。一般集料的级配好,集料颗粒之间易填充密实,混凝土拌合物不易分层离析。集料的最大粒径小,减弱集料下方泌水引起的内分层程度,减少了混凝土内部因组成不均匀引起的缺陷。因而提高了混凝土的密实度、耐磨性能和抗碳化性能。

(4) 高性能混凝土其他方面的特点

① 高性能混凝土的工作性非常好,拌合物坍落度为 180～220 mm,采用泵送施工,且易制成不需振捣的自密实混凝土,降低劳动强度,缩短工期,利于工厂化生产商品混凝土,容易保证质量。

② 研究资料表明,掺加矿粉的高性能混凝土的干燥收缩和混凝土的徐变值均低于基准混凝土,这说明掺矿粉的高性能混凝土在形成过程和使用过程中有更好的体积稳定性。

③ 大量研究表明,高性能混凝土与普通性能混凝土的破坏过程有明显不同。高性能混凝土比普通混凝土脆性大,破坏断面平滑。高性能混凝土本身具有高强度性能,在实际使用中必然承受更大的荷载作用,因此不容忽视其脆性对使用高性能混凝土的结构的安全性影响。

④ 高性能混凝土的组成材料、拌合物性能、硬化结构性能等与普通混凝土不同,其配合比设计方面,原来的普通混凝土配合比设计方法和原则已不适用,应从满足高性能混凝土的高强度性能、高耐久性能、高工作性能和经济性能要求出发,通过理论估算和大量实验,来摸索建立高性能混凝土配合比的设计理论和方法。在高性能混凝土配合比设计理论和方法未

形成时,高性能混凝土的配合比应以大量实验为基础,并保证高性能混凝土使用方面的安全性和质量可靠性。

⑤ 高性能混凝土的组成材料、拌合物性能、硬化结构性能等与普通混凝土不同,仍沿用普通混凝土的质量评价方法显然是不合适的,应研究一套高性能混凝土质量评价体系,其应包括混凝土拌合物的评价、混凝土力学性能的评价、混凝土耐久性能的评价、混凝土结构性能的评价、混凝土的验收规范等。

3.9 其他混凝土

1) 轻集料混凝土

用轻粗集、轻细集料(或普通砂)、水泥和水及外加剂或掺合料配制成的混凝土,其表观密度不大于 1 900 kg/m³ 的,称为轻集料混凝土。

轻集料混凝土与普通混凝土不同之处在于集料中存在着大量的孔隙。由于这些孔隙的存在,赋予它许多优越的性能。

集料中孔隙的存在降低了集料的颗粒密度,从而降低了轻集料混凝土的表观密度,其表观密度一般为 800～1 900 kg/m³。作承重结构用的轻集料混凝土,其表观密度约为 1 400～1 900 kg/m³,比普通混凝土约小 20%～30%。

虽然多孔轻集料的强度低于普通集料,但是由于轻集料的孔隙在拌合料拌和时具有吸水作用,造成轻集料颗粒表面的局部低水灰比,增加了集料表面附近水泥石的密实性。同时,因轻粗集料表面粗糙且具有微孔,提高了轻集料与水泥石的黏结力。这样在集料周围形成了坚强的水泥石外壳,约束了集料的横向变形,使得轻集料在混凝土中处于三向受力状态,从而提高了集料的极限强度,使轻集料混凝土的强度与普通混凝土相近。这就是轻集料混凝土轻质高强的原因。轻集料混凝土的强度等级一般可达 15～50 级,最高可达 70 级。由于轻集料被包围在密实性较高的水泥石中,集料表面密实度较高,因此,轻集料混凝土比普通混凝土有较高的抗冻和抗渗能力,与同等级的普通混凝土相比,轻集料混凝土的护筋性并不减低。

多孔轻集料内部的孔隙还使其导热系数低,保温性能好。表观密度为 800～1 400 kg/m³ 的轻集料混凝土是一种性能良好的墙体材料,其导热系数为 0.23～0.52 W/(m・K),与传统墙体材料普通黏土砖相比,不仅强度高,整体性好,而且保温性能良好。用它制作墙体,在同等的保温要求下,可使墙体的厚度减少 40% 以上,而墙体自重可减轻一半以上。

轻集料混凝土由于自重轻,弹性模量低,因而抗震性能好,用它建造的建筑物,在地震荷载作用下所承受的地震力小,振动波的传递速度较慢,且自振周期长,对冲击能量的吸收快,减震效果好,所以抗震性能比普通混凝土好。

轻集料混凝土由于导热系数低,因此耐火性能好,在高温作用下可保护钢筋不遭受破坏。对于同一耐火等级,轻集料钢筋混凝土板的厚度,可以比普通混凝土减薄 20% 以上。此外,轻集料可由煤矸石、粉煤灰等废渣制得,使工业废渣得到合理的利用。

由于轻集料混凝土具有上述一系列优点,其应用范围在工业与民用建筑中日益广泛,不仅可用作围护结构,也可用作承重结构。由于结构自重小,可减少地基荷载,因此特别适应于高层和大跨度结构。例如,1969 年,美国就用轻集料混凝土建成了高 2.8 m、52 层的休斯敦广场大厦。

必须指出,轻集料混凝土在应用中也存在某些缺点。例如,其抗压强度虽然与普通混凝土相接近,但其抗拉强度和弹性模量较低,因此会产生过大的变形及较大的收缩和徐变等。对于这些缺点,在设计和生产轻集料混凝土时必须加以考虑。

2)防水混凝土

防水混凝土分为普通防水混凝土、外加剂防水混凝土,例如加气剂防水混凝土、减水剂防水混凝土等和膨胀水泥防水混凝土。防水混凝土适用于水池、水塔等贮水构筑物及一般性地下建筑,并广泛用于干湿交替作用或冻融交替作用的工程中,如海港码头、桥墩等建筑中。

(1)普通防水混凝土

普通防水混凝土是以调整配合比的方法来提高自身密度和抗渗性的一种混凝土,它是在普通混凝土的基础上发展起来的。它与普通混凝土的不同点在于普通混凝土是根据所需的强度进行配制,在普通混凝土中,石子是骨架,砂填充石子的空隙,水泥浆填充细集料空隙并将集料黏结在一起。而普通防水混凝土是根据工程所需的抗渗要求配制的,其中石子的骨架作用减弱,水泥砂浆除满足填充和黏结作用外,还要求能在粗集料周围形成一定厚度的良好的砂浆包裹层,以提高混凝土的抗渗性。因此,普通防水混凝土与普通混凝土相比,在配合比选择上有所不同,表现为水灰比限制在 0.6 以内,水泥用量稍高,一般不小于 300 kg/m^3,砂率较大,不小于 35%,灰砂比也较高,一般不小于 1∶2.5。

(2)外加剂防水混凝土

外加剂防水混凝土是在混凝土拌合物中掺入少量改善混凝土抗渗性能的有机或无机物,以适应工程防水需要的一系列混凝土。属于有机物的有加气剂、减水剂、三乙醇胺早强防水剂等。属于无机物的有氯化铁防水剂等。

(3)膨胀水泥防水混凝土

用膨胀水泥配制的防水混凝土,称为膨胀水泥防水混凝土。膨胀水泥在水化过程中,形成大量体积增大的钙矾石,产生一定的膨胀,改善了混凝土的孔结构,使总孔隙率减小,毛细孔径减小,提高了混凝土的抗渗性。同时,利用膨胀水泥配制钢筋混凝土,可以充分利用膨胀水泥的膨胀性能,给混凝土造成自应力,使混凝土处于受压状态,提高混凝土的抗裂能力。

膨胀水泥防水混凝土广泛应用于水池、水塔、地下室等要求抗渗的混凝土工程。

3)流态混凝土

在预制的坍落度为 25~90 cm 的基体混凝土中,加入硫化剂(即高效减水剂),经过搅拌,使混凝土的坍落度顿时增加至 12~22 cm,能像水一样流动,这种混凝土称为流动性混凝土。

流动性混凝土与普通混凝土相比,其主要特点是:① 粗集料粒径小,一般粗集料最大粒径不大于 31.5 mm,避免混凝土运输过程中堵塞运输管道;② 砂率大,一般为 35%~45%,避免混凝土运输过程中产生泌浆、离析、泌水,保证混凝土拌合物施工和易性;③ 流动性混凝土坍落度大,一般为 12~22 cm,便于泵送运输和浇筑,使混凝土现场施工水平、垂直运输等工序连为一体,提高施工效率和进度;④ 流动性混凝土的质量近似于坍落度 25~75 cm 的塑性混凝土的质量;⑤ 流动性混凝土水泥用量和用水量较多,为了节约水泥,经常使用普通减水剂和高效减水剂;⑥ 流动性混凝土的使用有利于推动混凝土生产的商品化程度的提高。目前,许多大中城市已较普遍的应用了流动性混凝土。

4) 无砂大孔混凝土

无砂大孔混凝土就是不含砂的混凝土,它由水泥、粗集料和水拌和而成。粗集料可以是碎石、卵石,也可以是人造集料,如黏土陶粒、粉煤灰陶粒等。由于没有细集料,所以其中存在着大量较大的孔洞,孔洞的大小与粗集料的粒径大致相等。由于这些孔洞的存在,使得无砂大孔混凝土显示出与一般混凝土不同的特性。

与普通混凝土相比,无砂大孔混凝土具有以下优点:

(1) 表观密度小,通常在 $1\,400 \sim 1\,900\ \mathrm{kg/m^3}$ 之间。

(2) 热传导系数小。

(3) 水的毛细现象不显著。

(4) 水泥用量少。

(5) 混凝土侧压力小,可使用各种轻型模板,如钢丝网模板、胶合板模板等。

(6) 表面存在蜂窝状孔洞,抹面施工方便。

(7) 由于少用了一种材料(砂子),简化了运输及现场管理。

无砂大孔混凝土可用于 6 层以下住宅的承重墙体。在 6 层以上的多层住宅中,通常把无砂大孔混凝土作为框架填充材料使用,即构成无砂大孔混凝土带框墙。

无砂大孔混凝土还可用于地坪、路面、停车场等。由于它有较好的抗毛细作用,所以,在那些地下水位较高的地区,用无砂混凝土作地坪,可使室内保持干燥,还可防止地下水浸入墙体。

同济大学于 1982 年建成一幢高 13 层的宿舍楼,采用无砂大孔混凝土带框结构,得到了较好的经济技术效果。我国还生产一种无砂大孔陶粒混凝土夹层复合外墙板及大楼板,用于住宅建设,也取得了较好的技术经济效果。预计无砂大孔混凝土将是一种有发展前途的混凝土。

5) 聚合物混凝土

聚合物混凝土分为三类,其生产工艺不同,物理力学性质也有差别,造价和适用范围也不同。

(1) 聚合物浸渍混凝土

所谓聚合物浸渍混凝土就是将硬化了的混凝土浸渍在单体中,然后再使其聚合成整体混凝土,以减少其中的孔隙。

聚合物浸渍混凝土由于聚合物充满混凝土中的孔隙和毛细管,显著地改善了混凝土的物理力学性能。一般情况下,聚合物浸渍混凝土的抗压强度约为普通混凝土的 $3 \sim 4$ 倍;抗拉强度约提高 3 倍;抗弯强度约提高 $2 \sim 3$ 倍;弹性模量约提高 1 倍;冲击强度提高 0.7 倍。此外,徐变大大减少,抗冻性、耐酸和耐碱等性能都有很大的改善。

虽然聚合物浸渍混凝土性能优越,但是由于目前造价较高,实际应用不普遍。目前只是利用其耐腐蚀、高强、耐久性好的特性制作一些构件。将来,随着其制作工艺的简化和成本的降低,作为防腐和耐压材料,以及在水下及海洋开发结构方面将扩大其应用范围。

（2）聚合物混凝土

聚合物混凝土也称树脂混凝土，是以合成树脂为胶结材料，以砂石为聚集料的混凝土。为了减少树脂的用量，还加有填料粉砂等。它具有强度高、耐化学腐蚀、耐磨、耐水、抗冻好、易于黏结、电绝缘性好等优点，较广泛地应用于耐腐蚀的化工结构和高强度的接头。

（3）聚合物水泥混凝土

聚合物水泥混凝土是在普通混凝土的拌合物中再加入一种聚合物而制成。将聚合物搅拌在普通混凝土中，聚合物在混凝土内形成薄膜，填充水泥水化物和集料之间的孔隙，与水泥水化物结成一体，故其与普通混凝土相比具有较好的黏结性、耐久性、耐磨性，有较高的抗渗性能，减少收缩，提高不透水性、耐腐蚀性和耐冲击性。但是强度提高较少。

聚合物水泥混凝土主要用于地面、路面、桥面和船舶的内外甲板面，尤其是有化学物质的楼地面更为适宜。也可用作衬砌材料，喷射混凝土和新旧混凝土的接头。

6）纤维混凝土

纤维混凝土是为了改善水泥混凝土的脆性，提高它们的抗拉、抗弯、抗冲击和抗爆等性能而发展起来的一种新型混凝土材料。它是将短而细的分散性纤维均匀地撒布在混凝土基体中而形成的混凝土。常用的纤维材料有钢纤维、玻璃纤维、聚丙烯纤维等。

纤维混凝土具有良好的韧性、抗疲劳和抗冲击性等优越性能。但是在应用上，还受到一定的限制。例如，施工和易性差，搅拌和振捣时会发生纤维成团和折断等问题。

目前，钢纤维混凝土主要应用于桥面、公路、飞机跑道、采矿和隧道等大体积混凝土工程。此外，用玻璃纤维混凝土、聚丙烯纤维混凝土生产管道、楼板、墙板、桩、楼梯、梁、浮码头、船壳、机架、机座、电线杆等取得了一定的成功经验。

7）特细砂混凝土

特细砂混凝土是用特细砂代替普通混凝土中的普通砂而配制的混凝土。

在我国各大江河流域和某些地区，如甘肃、新疆及四川等地蕴藏着大量的细度模数在1.5以下的特细砂。利用特细砂来配制特细砂混凝土，具有造价低、技术指标能够达到一般混凝土的要求。由于特细砂细度模数值低，所以特细砂混凝土与普通混凝土相比，具有低砂率、低流动性、早期易产生收缩裂缝等特点。

3.10 建筑砂浆

3.10.1 建筑砂浆的定义、作用和分类

建筑砂浆是由无机胶凝材料、细集料和水，有时也加入某些外掺材料，按一定比例配合调制而成。与混凝土相比，砂浆可视为无粗集料的混凝土，或砂率为 100% 的混凝土。因此，有关混凝土的规律基本上可适用于砂浆。

在建筑工程中，砂浆用来砌筑砖石、砌块，或覆盖于建筑结构主体，起找平、装饰和保护建筑结构主体的作用，或用于粘贴建筑装饰贴面材料，如大理石、花岗岩、锦砖等。

建筑砂浆分类如下：

（1）按胶凝材料可分为水泥砂浆、石灰砂浆、石膏砂浆、石灰水泥混合砂浆、粉煤灰水泥混合砂浆、聚合物砂浆等。

（2）按用途可分为砌筑砂浆、抹灰砂浆、装饰砂浆等。

（3）按功能可分为防水砂浆、保温砂浆、吸音砂浆、防腐砂浆等。

（4）按施工情况可分为现场配制砂浆和预拌砌筑砂浆,其中预拌砌筑砂浆(商品砂浆)又分为湿拌砌筑砂浆和干混砌筑砂浆。

3.10.2　砌筑砂浆的组成材料

砌筑砂浆是指将砖、石、砌块等块材经砌筑成为砌体,起黏结、衬垫和传力作用的砂浆。砌筑砂浆所用原材料不应对人体、生物与环境造成有害的影响,并应符合现行国家标准《建筑材料放射性核素限量》(GB 6566)的规定。

1）水泥

水泥是砂浆的主要胶凝材料,常用的有普通水泥、矿渣水泥、火山灰水泥、粉煤灰水泥、复合水泥或砌筑水泥等。对用于砂浆的水泥有两方面要求：一方面水泥性能应符合国家标准;另一方面水泥强度等级应为砂浆等级的 $4\sim5$ 倍,以便保证砂浆强度不会太低。一般采用 $32.5\sim42.5$ 等级水泥为宜。

2）细集料

主要采用符合《普通混凝土用砂、石质量及检验方法标准》(JGJ 52—2006)规定的天然砂和人工砂。配制砂浆的细集料应粒径合适、干净,不能含有草根和过多的杂物。配制砌筑砂浆一般以中砂为宜,其细度模数为 $M_x=3.0\sim2.3$,粒径<2.5 mm。砂浆强度等级≥M5者,含泥量和泥块含量≤5%;砂浆强度等级<M5者,含泥量和泥块含量≤10%。

3）外掺料

为改善砂浆的和易性,常在砂浆中加入无机掺合料,如石灰膏、磨细生石灰、黏土膏、磨细粉煤灰及沸石粉等。一般要求掺合料颗粒细小,其颗粒愈细,表面吸附水膜就愈多,则砂浆有更好的流动性和保水性。石灰膏是主要的掺合料,一般要求其熟化彻底,用于砌筑砂浆的石灰膏陈伏时间≥7 d,用于抹面砂浆的石灰膏陈伏时间≥14 d。

4）水

拌制砂浆的水应为洁净的淡水或饮用水,其技术标准符合混凝土用水标准,未经试验鉴定的污水不得使用。

5）外加剂

在拌制砂浆过程中掺入改善砂浆性能的物质,一般有两类外加剂,一类用于改善砂浆流动性,另一类用于提高砂浆黏结力。

砂浆中常用于改善砂浆流动性的外加剂为微沫剂。微沫剂是一种憎水性表面活性物质,由松香和纯碱熬制而成,它吸附在水泥颗粒表面,形成皂膜,可降低水的表面张力,并产生许多封闭、独立、微小气泡,增加水泥分散性,使水泥颗粒之间摩阻力减小,改善砂浆的流动性,同时,还节约水泥,提高砂浆的保温性。一般掺量为水泥用量的万分之0.5至1.0。

砂浆中常用于提高黏结力的物质是有机聚合物。常用的有机聚合物主要有聚乙烯醇缩甲醛(107胶)和聚醋酸乙烯乳液等。聚乙烯醇缩甲醛由聚乙烯醇与甲醛缩合制成,固体含量10%~20%,密度1.05,pH约为7~8。聚醋酸乙烯乳液由44%的醋酸乙烯和4%左右的分散剂聚乙烯醇以及增韧剂、消泡剂、乳化剂等聚合而成。聚合物砂浆主要用于粘贴贴面材料。其作用是:① 提高砂浆黏结力和表面硬度,不致使砂浆粉酥脱落;② 增加涂层柔韧性,减少开裂;③ 加强涂层与基底间的黏结力,不易起皮剥落。

6) 纤维增强材料

砂浆纤维增强材料有麻刀、纸筋、玻璃纤维等。加入抹灰砂浆中,可以提高抹灰层的抗拉强度,增加抹灰层的弹性和耐久性,使抹灰层不易开裂。

3.10.3 砂浆的技术性能

建筑砂浆的技术性能包括未凝固砂浆拌合物的性能(如和易性、凝结时间、密度等)和硬化砂浆的性能(如强度、抗冻等性能)。

1) 砂浆拌合物的性能——和易性

建筑砂浆拌合物的性能主要是和易性。建筑砂浆和易性是指砂浆拌合物的施工操作难易程度和均匀程度的性能。砂浆和易性包括流动性和保水性两方面的含义。和易性良好的砂浆不仅易于铺抹成均匀的薄层,提高生产效率,而且能保证砂浆的均匀性,保证硬化砂浆有均匀的物理力学性能,从而保证砂浆在使用过程中的工程质量。

(1) 流动性

砂浆流动性又称稠度,是指砂浆在自重或外力作用下产生流动的性质。砂浆的流动性用"沉入度"表示,用砂浆稠度测定仪测定,如图3-26所示,图中标准锥体在砂浆内10秒钟自由下沉的深度即为沉入度,单位用mm表示。

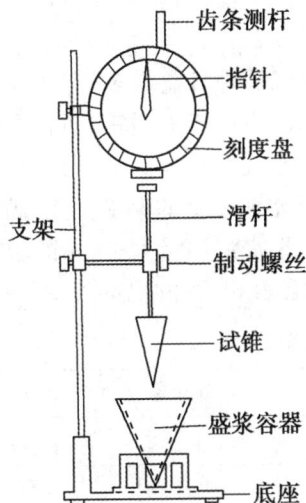

图 3-26　砂浆稠度测定仪

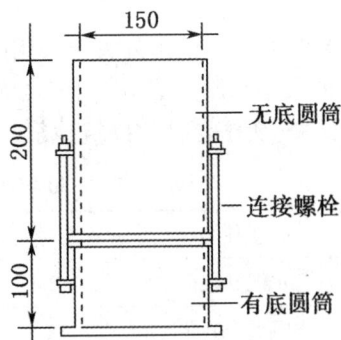

图 3-27　砂浆分层度测定仪

影响砂浆流动性的因素很多,如胶凝材料种类及用量、用水量、砂子粗细、粒形及级配等,其中用水量和塑化剂(如石灰膏等)的影响最大。

砂浆流动性的选择与砌体种类、基底材料、环境温湿度有关。一般砌筑砂浆施工时的稠度可参考表3-49选择。

表3-49　砂浆的稠度

砌体种类	施工稠度(mm)
烧结普通砖砌体、粉煤灰砖砌体	70～90
混凝土砖砌体、普通混凝土小型空心砌块砌体、灰砂砖砌体	50～70
烧结多孔砖砌体、烧结空心砖砌体、轻集料混凝土小型空心砌块砌体、蒸压加气混凝土砌块砌体	60～80
石砌体	30～50

(2) 保水性

保水性是指砂浆保持水分的能力,即搅拌好的砂浆在运输、停放、使用过程中,砂浆中的水分与胶凝材料及骨料分离快慢的性能。砂浆的保水性反映了砂浆的均匀性和不易失去水分的性能。保水性良好的砂浆,易于铺抹至均匀薄层,砂浆内部水分不易被基底材料吸收,使砂浆中胶凝材料(如水泥)有正常水化所需的水,从而保证砂浆的强度和黏结力。

砂浆保水性以"分层度"或"保水率"表示,分层度用砂浆分层度仪测定。如图3-27,将拌好的砂浆装入分层度筒内,测其沉入度,然后静置30 min后除去2/3高度的上层砂浆,再测所剩的经过重新搅拌均匀的1/3砂浆的沉入度,两次沉入度差值即为分层度。

砂浆的分层度一般以10～20 mm为宜,不宜大于30 mm。对于分层度为零的砂浆,虽然保水性好,无分层现象,但往往胶凝材料用量多,或砂过细,使砂浆易干缩开裂,尤其不宜作抹灰砂浆。对于分层度大于20 mm的砂浆,砂浆保水性不良,易泌水、离析,影响砂浆强度和黏结力。

保水率也是衡量砂浆保水性能的指标。我国目前砂浆品种日益增多,有些新品种砂浆用分层度试验来衡量砂浆各组分的稳定性或保持水分的能力已不太适宜,而且在砌筑砂浆实际试验应用中与保水率相比,分层度难操作,可复验性差且准确性低,采用保水率来评价砂浆的保水性能更适宜,目前国外大多采用此法。为保证水泥砂浆的保水性能,满足保水率要求,水泥砂浆的最小水泥用量不宜小于200 kg/m³。如果水泥用量太少,不能填充砂子的孔隙,稠度、保水率将无法保证。砌筑砂浆的保水率应符合表3-50的规定。

表3-50　砌筑砂浆的保水率

砂浆种类	保水率(%)
水泥砂浆	≥80
水泥混合砂浆	≥84
预拌砌筑砂浆	≥88

2) 硬化砂浆的性能

(1) 抗压强度

砂浆硬化后应有足够的强度。砂浆的抗压强度是砂浆的主要指标。砂浆抗压强度以边长为 70.7 mm 的立方体试件(一组 6 块),标准养护 28 d,通过抗压试验测定砂浆的抗压强度值确定。

砂浆的等级依据砂浆标准按抗压强度值来划分,常用砂浆等级为 M5、M7.5、M10、M15、M20、M25、M30 共七个等级。砂浆等级越高,其强度越高,质量越好。

影响砂浆抗压强度的因素很多,如水泥的强度、水泥的用量、水灰比、细集料的状况、外加剂的品种和数量、基底材料状况、环境温湿度等。其中主要因素可按以下两种不同用途考虑:

① 在不吸水的基底材料(如石材)上进行砌筑时,砂浆的强度主要取决于水泥强度、水灰比和砂粒表面状态,水泥用量关系不大。水泥强度愈高,水灰比愈小,砂粒表面愈粗糙,砂浆强度愈高。可用公式表示如下:

$$f_{m,cu} = 0.293 \times f_c \times (C/W - 0.4) \tag{3-39}$$

式中:$f_{m,cu}$——立方体砂浆强度(MPa);

f_c——水泥强度(MPa);

C/W——灰水比;

0.293 和 0.4——经验系数。

② 用于吸水的基底材料上,虽然砂浆的流动性不同,用水量也不同,但经基底材料吸水后,保留在砂浆中的水分大致相同,故砂浆的强度主要取决于水泥强度、水泥用量、砂粒表面状态,与 W/C 关系大。水泥强度愈高,水泥用量愈多,砂颗粒表面愈粗糙,砂浆强度愈高。用公式表示如下:

$$f_{m,cu} = \frac{\alpha \cdot f_{ce} \cdot m_c + \beta}{1\,000} \tag{3-40}$$

式中:$f_{m,cu}$——立方体砂浆强度(MPa);

f_{ce}——水泥强度(MPa);

m_c——每立方米砂浆水泥用量(kg);

α、β——经验系数,$\alpha = 3.03$,$\beta = -15.09$;

1 000——常数。

(2)拉伸黏结强度

砂浆的拉伸黏结强度与砂浆的等级、基底表面状况及环境温湿度有关。一般来说,砂浆等级愈高,砂浆拉伸黏结强度愈高,基底材料粗糙、干净、含水率适中,砂浆的拉伸黏结强度高。环境、温度、湿度利于水泥水化、硬化,砂浆强度高。对于水泥砂浆和混合砂浆,当环境温度低于 5℃时,水泥水化难以进行,且温度进一步下降,砂浆易受冻破坏,故环境温度低于 5℃,应按冬季规定施工。

(3)抗冻性

砂浆抗冻性能是指砂浆抵御冻害的能力。砂浆抗冻性以其 N 次冻融循环后的砂浆抗压强度损失率和重量损失率来衡量。有抗冻性要求的砌体工程,砌体砂浆应进行冻融试验,砌筑砂浆的抗冻性应符合表 3-51 的规定。

表 3-51 砌筑砂浆的抗冻性

使用条件	抗冻指标	质量损失率(%)	强度损失率(%)
夏热冬暖地区	F15		
夏热冬冷地区	F25	≤5	≤25
寒冷地区	F35		
严寒地区	F50		

(4) 变形性能

砂浆在荷载和非荷载因素作用下容易产生变形,如果变形过大或不均匀会导致砂浆开裂。在实际工程中,砂浆常因水分散失而引起干缩开裂。为减少砂浆收缩引起的开裂,可在砂浆中加入麻刀、纸筋等纤维材料。

3.10.4 砌筑砂浆配合比设计

确定砌筑砂浆各组成材料用量的过程,称为砌筑砂浆配合比设计。

1) 材料要求

(1) 水泥

品种常用普通水泥、硅酸盐水泥、火山灰水泥、粉煤灰水泥、复合水泥。等级 32.5～42.5 级。

(2) 砂

砌筑砂浆宜选用中砂,其中毛石砌体宜选用粗砂,砂含泥量≤5%;强度等级为 M2.5 的混合砂浆,含泥量≤10%。

(3) 掺加料

① 石灰膏:生石灰熟化后陈伏时间≥7 d,磨细生石灰粉的陈伏时间＞2 d,稠度为 (120±5)mm,细度能通过 3 mm×3 mm 的筛网。

② 黏土膏:用比色法鉴定黏土中的有机物含量时应浅于标准色,稠度(120±5)mm,细度能通过 3 mm×3 mm 的筛网。

③ 粉煤灰:符合《用于水泥和混凝土中的粉煤灰》要求。

④ 水:符合《混凝土拌和用水标准》的规定。

⑤ 外加剂:应具有法定检测机构出具的该产品的砌体强度型式试验,并经过砂浆性能试验合格。

2) 砂浆配合比计算与确定

(1) 计算法

① 计算砂浆试配强度 $f_{m,0}$

A. 当有统计资料时,砂浆试配强度应按下式计算:

$$f_{m,0} = f_2 + 0.645\sigma \qquad (3-41)$$

式中:$f_{m,0}$——砂浆的试配强度(精确到 0.1 MPa);

f_2——砂浆设计强度(MPa);

σ——砂浆现场强度标准差(精确到 0.01 MPa)。

$$\sigma = \sqrt{\frac{\sum\limits_{i=1}^{n} f_{\mathrm{m},i}^2 - n\mu_{f_{\mathrm{m}}}^2}{n-1}} \tag{3-42}$$

式中：$f_{\mathrm{m},i}$——统计周期内同一品种砂浆第 i 组试件的强度（MPa）；

$\mu_{f_{\mathrm{m}}}$——统计周期内同一品种砂浆 n 组试件的强度平均值（MPa）；

n——统计周期内同一品种砂浆试件的总组数，$n \geqslant 25$。

当不具有近期统计资料时，砂浆现场强度标准差 σ 可按表 3-52 选用。

表 3-52　砂浆强度标准差 σ 选用值（MPa）

施工水平	砂浆强度等级						
	M5	M7.5	M10	M15	M20	M25	M30
优良	1.00	1.50	2.00	3.00	4.00	5.00	6.00
一般	1.25	1.88	2.50	3.75	5.00	6.25	7.50
较差	1.50	2.25	3.00	4.50	6.00	7.50	9.00

② 计算每立方米砂浆中的水泥用量 Q_{C}

$$Q_{\mathrm{C}} = \frac{1\,000(f_{\mathrm{m},0} - \beta)}{\alpha \cdot f_{\mathrm{ce}}} \tag{3-43}$$

式中：Q_{C}——每立方米砂浆的水泥用量（精确至 1 kg）；

f_{ce}——水泥的实测强度，精确至 0.1 MPa；

α、β——砂浆的特征系数，其中 $\alpha = 3.03$，$\beta = -15.09$。

在无法取得水泥的实测强度时，可按下式计算：

$$f_{\mathrm{ce}} = \gamma_{\mathrm{c}} \cdot f_{\mathrm{ce,k}} \tag{3-44}$$

式中：$f_{\mathrm{ce,k}}$——水泥强度等级值（MPa）；

γ_{c}——水泥强度等级值的富余系数，宜按实际统计资料确定，无统计资料时可取 1.0。

③ 计算水泥混合砂浆的掺加料用量 Q_{D}

$$Q_{\mathrm{D}} = Q_{\mathrm{A}} - Q_{\mathrm{C}} \tag{3-45}$$

式中：Q_{D}——每立方米砂浆的掺料加用量，精确至 1 kg；

Q_{A}——每立方米砂浆中水泥和掺加料的总量，精确至 1 kg，宜在 300～350 kg 之间，一般取 350 kg。

④ 每立方米砂浆中的用砂量，应按干燥状态（含水率<0.5%）的堆积密度值作为计算值（kg）。

⑤ 每立方米砂浆中的用水量，根据砂浆稠度要求可选用 210～310 kg。

（2）查表法

水泥砂浆材料用量可按表 3-53 选用。

表 3-53　水泥砂浆材料用量表(kg)

强度等级	水泥用量	砂子用量	水用量
M5	220~230		
M7.5	230~260		
M10	260~290		
M15	290~330	砂的堆积密度值	270~330
M20	340~400		
M25	360~410		
M30	430~480		

注：(1) M15 及 M15 以下强度等级的水泥砂浆，水泥强度等级为 32.5 级；M15 以上强度等级的水泥砂浆，水泥强度等级为 42.5 级。

(2) 当采用细砂或粗砂时，用水量分别取上限或下限。

(3) 稠度小于 70 mm 时，用水量可取下限。

(4) 施工现场气候炎热或干燥季节，可酌量增加用水量。

(5) 试配强度应按 $f_{m,0} = f_2 + 0.645\sigma$ 计算。

3) 砌筑砂浆配合比设计计算实例

【例 3-4】　要求设计用于砌筑砖墙的砂浆，设计强度等级为 M7.5，稠度为 70~90 mm 的混合砂浆。原材料的主要参数：32.5 等级普通水泥，干砂，中砂，堆积密度为 1 450 kg/m³，石灰膏稠度 120 mm，施工水平一般。

【解】　(1) 计算试配强度

由题意知：$\qquad\qquad\qquad f_2 = 7.5$ MPa

查表 3-52 知：$\qquad\qquad\qquad \sigma = 1.88$ MPa

故 $\qquad\qquad f_{m,0} = f_2 + 0.645\sigma = 7.5 + 0.645 \times 1.88 = 8.7$ MPa

(2) 计算水泥用量

$$Q_C = \frac{1\,000(f_{m,0} - \beta)}{\alpha \cdot f_{ce}} = \frac{1\,000 \times (8.7 + 15.09)}{3.03 \times 32.5} = 242 \text{ kg/m}^3$$

式中：$f_{m,0} = 8.7$ MPa，$\alpha = 3.03$，$\beta = -15.09$，$f_{ce} = f_{ce,k} = 32.5$ MPa

(3) 计算石灰膏用量

$$Q_D = Q_A - Q_C = 330 - 242 = 88 \text{ kg/m}^3$$

式中：Q_A 在 300~350 kg，取 $Q_A = 330$ kg

(4) 砂子用量　$Q_S = 1\,450$ kg/m³

(5) 水用量　Q_W 在 210~310 kg 之间，取 $Q_W = 300$ kg/m³

(6) 砂浆配合比为：水泥：石灰膏：砂 = 242：88：1 450 = 1：0.36：5.99

3.10.5　普通抹灰砂浆和防水砂浆

1）普通抹灰砂浆

普通抹灰砂浆以薄层抹于建筑物的墙面、顶棚等部位的底层、中层或面层，对建筑主体结构起到保护、增强耐久性和表面普通装饰的作用。

普通抹灰砂浆施工时一般分两层或三层抹灰，避免抹灰层一次施工太厚，导致抹灰层干缩开裂、脱落。底层砂浆主要起到与建筑物的黏结作用，要求黏结力强。用于砌体底层抹灰时常用石灰砂浆；有防水防潮要求时常用水泥砂浆；用于板条或顶棚底层抹灰时常用混合砂浆或石灰砂浆；混凝土墙、梁、板、柱等底层抹灰，常用水泥砂浆和混合砂浆。中层砂浆主要起到找平作用，常用混合砂浆或石灰砂浆。面层砂浆主要起普通装饰作用，多用细砂配制混合砂浆，麻刀、纸筋等纤维材料配制的石灰砂浆。

与砌筑砂浆不同，抹灰砂浆的主要技术要求不是抗压强度，而是和易性与黏结力。抹灰砂浆的稠度和砂子粒径，根据抹灰层次的不同有不同要求，见表 3-54。

表 3-54　不同抹灰层次对抹灰砂浆稠度、细度、粒径的要求

抹灰砂浆层次	稠度(mm)	砂细度	最大粒径(mm)
底层	100～120	中砂	≤2.6
中层	70～90	中砂	≤2.6
面层	70～80	细砂	≤1.2

确定抹面砂浆组成材料及配合比的主要依据是工程部位和基底材料特性。表 3-55 为常用抹面砂浆配合比和应用范围参考表。

表 3-55　常用抹面砂浆配合比和应用范围

抹面砂浆组成材料	配合比(体积比)	应用范围
石灰∶砂	1∶2 ～ 1∶3	砖石墙面层(干燥环境)
水泥∶石灰∶砂	1∶0.3∶3 ～ 1∶1∶6	墙面混合砂浆打底
水泥∶石灰∶砂	1∶0.5∶1 ～ 1∶1∶4	混凝土顶棚混合砂浆打底
水泥∶石灰∶砂	1∶0.5∶4 ～ 1∶3∶9	板条顶棚抹灰
水泥∶砂	1∶2.5 ～ 1∶3	浴室、勒脚等潮湿部位
水泥∶砂	1∶1.5 ～ 1∶2	地面、外墙面散水等防水部位
水泥∶砂	1∶0.5 ～ 1∶1	地面，可随时压光
水泥∶石膏∶砂∶锯末	1∶1∶3∶5	吸声粉刷
石灰膏∶麻刀	100∶2.5(质量比)	木板条顶棚底层
石灰膏∶麻刀	100∶1.3(质量比)	木板条顶棚面层
石灰膏∶纸筋	100∶3.8	木板条顶棚面层

2）防水砂浆

防水砂浆主要起防水、防渗作用,适用于地下室、水池、管道、堤坝、隧道、沟渠、屋面以及具有一定刚度的砖、石或混凝土工程的防水部位。对于变形较大或可能发生不均匀沉降的建筑物不宜采用。

为了提高防水砂浆的使用效果,其配制常采用以下方法:

（1）采用级配良好的砂子和提高水泥用量,一般采用1:2～1:3的灰砂比。

（2）采用特殊性能的膨胀水泥和微膨胀水泥。

（3）施工时采用较为先进快速的喷浆法,利用高压空气以100 m/s的高速、高压喷射速度,将砂浆喷射到建筑物表面。

（4）掺加各种防水和防渗外加剂,提高砂浆抗渗防水性能。

常用的防水砂浆、防水净浆及防渗外加剂配合比如下:

（1）氯化物金属盐类防水剂砂浆配合比（体积比）

$$防水剂:水:水泥:砂=1:6:8:3$$

氯化物金属盐类防水剂净浆配合比（体积比）

$$防水剂:水:水泥=1:6:8$$

（2）金属皂类防水剂砂浆配合比（体积比）

$$水泥:砂=1:2$$

防水剂用量为水泥质量的1.5%～5%。

（3）采用氯化铁防水剂时,防水剂砂浆配合比（质量比）

用于底层时,水泥:砂:防水剂=1:2:0.03

用于面层时,水泥:砂:防水剂=1:2.5:0.03

采用氯化铁防水剂时,防水净浆配合比（质量比）

$$水泥:水:防水剂=1:0.6:0.03$$

3.10.6 装饰砂浆

1）装饰砂浆的定义、分类及特点

装饰砂浆是指专门用于建筑物内、外表面装饰,以美化建筑物外观的砂浆。装饰砂浆以其组成材料的色彩和表面特殊的艺术处理而获得美观的装饰效果。

装饰砂浆分为灰浆类和石碴类装饰砂浆。灰浆类装饰砂浆是通过水泥砂浆的着色或水泥砂浆的表面形态的艺术加工,获得一定色彩、线条、纹理质感来达到装饰目的。石碴类装饰砂浆是在水泥浆中掺入各种彩色石碴作集料,制得水泥石碴浆抹于建筑表面抹灰层上,然后用水洗、斧剁、水磨等手段除去水泥浆皮,露出石碴的颜色、质感的饰面做法。

装饰砂浆的特点是材料来源广,施工操作简便,造价低,一般对环境无污染,对人体健康无损害,但为手工操作,工效低,装饰质量等级低。装饰砂浆表面艺术处理,如线条、图案等,往往是在普通抹灰基层上抹面层装饰砂浆,待装饰砂浆凝结之前稍收水后,施工操作人员使用专用工具,手工操作而成,其装饰效果很大程度上取决于施工操作人员。

2）装饰砂浆的组成材料

（1）胶凝材料

装饰砂浆胶凝材料是水泥,除常用水泥外,更多地采用白色硅酸盐水泥和彩色硅酸盐水泥。

彩色硅酸盐水泥按生产方法不同分为颜料混合法彩色水泥和直接烧成法彩色水泥。

颜料混合法彩色水泥以白色硅酸盐水泥为基础,加入不同色彩的颜料,及少量外加剂(如分散剂、黏结剂)混合而成。这种生产方法可以在水泥厂进行,也可以在施工现场配制。施工现场配制彩色水泥必须十分注意水泥和颜料的混合均匀,否则极易在施工使用后发生色泽不匀的花脸现象。

直接烧成彩色水泥是在水泥厂直接烧出带颜色的彩色水泥熟料,然后加入石膏及少量外加剂磨制而成。此种彩色水泥含有金属带色离子的分子与水泥矿物形成的固熔体,不易褪色,色泽较均匀、耐久,但成本高。

（2）集料

装饰砂浆所用集料除普通砂外,还常用石英砂、彩釉砂、着色砂、彩色石碴、彩色瓷粒和彩色玻璃珠等。

① 石英砂。石英砂分为天然石英砂、人造石英砂和机制石英砂三种。人造石英砂和机制石英砂是将石英岩加以焙烧,经人工和机械破碎筛分而成。它们比天然石英砂质量好,纯净且二氧化硅含量高。表 3-56 为湖南临澧县生产的彩色石英的规格、颜色及特点。

表 3-56　彩色石英的规格、颜色和特点

规格（mm）	颜　色	特　点
3.0～5.0	海碧、青苹、浅绿、深绿、深蓝、橘红、西赤、卜黄、浓黄、褐棕、褐红等	耐酸、耐碱、耐急冷与急热性能好,在 −40℃ 低温和 400℃ 高温条件下能长期使用
1.6～3.0		
0.9～2.5		

② 彩釉砂。彩釉砂是由各种不同粒径的石英砂或白云石粒加颜料釉焙烧后再经化学处理而制成,其特点是耐酸、耐碱,颜色稳定、持久。表 3-57 为福建泰宁县建材工业公司生产的彩釉砂品种、规格及性能。

表 3-57　彩釉砂主要品种、规格和性能

规格（mm）	颜　色	主要技术指标	应　用
3.75～5.8	深黄、浅绿、海碧、西赤、咖啡、草绿、玉绿、象牙黄、橘黄、珍珠黄、碧绿、赤红等	1. 耐酸性：在(22±2)℃醋酸溶液中浸泡 24 h 无变化	适用于水刷石
2.5～3.75			
2.18～2.5		2. 耐碱性：在(60±2)℃碳酸钠溶液中浸泡 34 h 无变化	
1.25～2.18		3. 热稳定性,升温至 500℃ 换置冷水中无变化	适用于干黏石
0.83～1.25			
0.25～0.83		4. 耐水溶性：在 100℃ 水中煮 24 h 无变化	
0.15～0.25			适用于涂料
0.10～0.15			

③ 着色砂。着色砂是在石英砂或白云石颗粒表面进行人工着色而制得,多采用耐光、耐碱性较好的无机矿物颜料。

④ 石碴。石碴也称石粒、石米等,是装饰砂浆最常用的集料,是由天然大理石、白云石、方解石、花岗岩等岩石破碎加工而成,其规格、品种和质量要求见表 3-58 所示。

表 3-58　彩色石碴规格、品种及质量要求

规格	粒径(mm)	常用品种	质量要求
大二分	约 20	东北红、东北绿、丹东绿、盖平红、粉黄绿、玉帛灰、旺青、晚霞、白云石、云彩绿、红玉花、奶油白、竹根霞、苏州黑、黄花玉、南京红、雪浪、松香石、墨玉、汉白玉、曲阳红等	1. 颗粒坚韧有棱角,洁净,不得含有风化石粒 2. 使用时冲洗干净
一分半	约 15		
大八厘	约 8		
中八厘	约 6		
小八厘	约 4		
米粒石	0.3～1.2		

⑤ 石屑。石屑是粒径比石粒更小的细骨料,主要用于配制喷涂饰面用聚合物砂浆。常用的有松香石屑、白云石屑等。

⑥ 彩色瓷粒。彩色瓷粒由石英、长石和瓷土为主原料焙烧而成,粒径为 1～2 mm,颜色丰富多样,耐酸,耐碱,耐久,密度小,代替石碴配制薄层装饰砂浆。

⑦ 彩色玻璃珠。主要由石英、纯碱及助剂烧制而成,产品有镶色,或花心。用于镶嵌檐口、窗套、门头线等,装饰效果极好。

(3) 颜料

装饰砂浆中主要胶凝材料是水泥,基层抹灰材料多为水泥砂浆、混合砂浆,碱度大,而且装饰砂浆常用于建筑外表面装饰,直接受到阳光照射、风雨侵蚀,因此,用于装饰砂浆中的颜料要有良好的耐碱性和耐光性。常用无机矿物颜料,如氧化铁系列颜料。表 3-59 为装饰砂浆常用的三原色(红、黄、青)颜料、无彩白色和黑色颜料及其特点。装饰砂浆其他颜色的颜料可由三原色颜料及无彩颜料在现场或生产厂家配制,如群青与铁黄可配成绿色,铁黑与铁红可配成棕色,常称铁棕等。

表 3-59　颜料成分及特点

色相	颜料名称	成分	特点	备注
红色系	氧化铁红,俗称:铁红、铁丹、铁朱、锈红、西红、西粉红、印度红、红土粉红	Fe_2O_3	遮盖、着色、耐光、耐高温、耐碱、抵抗紫外线能力强	氧化铁红是粉刷中较好及最经济的红色颜料之一,尤其在外粉刷中,应尽量采用
	银朱,俗称:汞珠	HgS	带有亮黄或蓝光的红色粉末,具有相当高的遮盖力、着色力、耐酸性、耐碱性	价格贵
	镉红,俗称:大红色素	$3CdS$ 及 $2CdSe$	镉红系由硫化镉、硒化镉和硫酸钡组成的红色颜料。具有优良的耐光、耐热、耐碱性能,但耐酸性能较差	价格较贵

续表 3-57

色相	颜料名称	成 分	特 点	备 注
黄色系	氧化铁黄，俗称：铁黄、茄门黄	$Fe_2O_3 \cdot xH_2O$	遮盖力比任何其他黄色颜料高，着色力接近铅铬黄，有优越的耐光、耐碱、耐候性	氧化铁黄是抹灰中既好又经济的黄色颜料之一，尤其在外粉刷中尽量采用
	铬黄，俗称：铅铬黄、黄粉、巴黎黄、可龙黄、不褪黄、莱比锡黄、柠檬黄	$PbCrO_4$	着色力高，遮盖力强。不溶于水和油，遮盖力和耐光性随着柠檬色到红色相继增加。但不耐碱	铬黄色较氧化铁黄鲜艳，深浅均有，可用于室内外抹灰
	镉黄	CdS 及 $CaSO_4$	镉黄主要是由硫化镉和硫酸钡组成的黄色颜料。具有优良的耐光、耐热、耐碱性，但耐酸性较差	价格贵
蓝色系	群青，俗称：云青、佛青、石头青、深蓝、洋蓝、优蓝	$Na_7Al_6Si_6S_2O_{24}$ $Na_8Al_6Si_6S_4O_{24}$ $Na_6Al_4Si_4S_4O_{20}$	系由高岭土、纯碱、硫黄、硅藻土或石英粉经焙烧、漂洗、烘干、磨粉制成。外观半透明，耐热、耐碱，但不耐酸	群青为粉刷中既好又经济的蓝色颜料之一，尤其在外粉刷中应尽量采用该颜料
	钴蓝	$Co(AlO_2)_2$	钴蓝为一种带绿光的蓝色颜料。耐热、耐光、耐碱、耐酸性能均好	适用于外抹灰
黑色系列	氧化铁黑，俗称：铁黑	Fe_3O_4	遮盖力及着色力很大，但不及炭黑。耐光、耐候性、耐碱性好。具有强烈的磁性，但易溶于酸	氧化铁黑为抹灰中既好又经济的黑色颜料之一，尤其在外抹灰中应尽量采用该颜料
	炭黑，俗称：墨灰、乌烟	C	系由有机物质经不完全燃烧或经热分解而成的不纯产品为轻松而细小的无定形槽黑和炉黑。槽黑硬，炉黑软，故常用炉黑	与铁黑相近，也是抹灰中较好、较经济的黑色颜料之一
白色系列	钛白粉	TiO_2	遮盖力和着色力强，不易变色	钛白粉有两种：一种是金红石型，适用于外粉刷；一种是锐钛矿型，适用于内粉刷。钛白粉是最好的白色颜料之一
	立德粉	ZnS 及 $BaSO_4$	立德粉为中性颜料，耐热，不溶于水，遮盖力随硫化锌含量的提高而变强。立德粉受光照射易变色	适用于内墙粉刷。常用于刮墙腻子和弹涂饰面色浆填充料
	滑石粉	$Mg_3(Si_4O_{10})(OH)_2$	有白色、黄色或淡黄色，有玻璃光泽，化学性能不活泼，有滑腻感，质软	用于拌制大白腻子

续表 3-57

色相	颜料名称	成分	特点	备注
白色系列	方解石粉,俗称:老粉	$CaCO_3$	方解石粉是由方解石磨成的细粉。常呈白色,含杂质时呈淡黄色、玫瑰色和褐色等,有玻璃光泽。易受空气中 SO_2 作用而变色,即耐候性较差	常用于刮腻子、彩色弹涂饰面色浆等的填充料
	大白粉		由滑石、矾石或青石等研磨成粉加水过淋而成,易受空气中 SO_2 侵蚀	括腻子的主要原料

3)灰浆类砂浆饰面

(1)扒拉灰

扒拉灰是在普通抹灰基层上按设计要求用分格条横竖分格后抹面层,装饰砂浆在面层砂浆未凝结之前,稍收水后,用钢丝刷竖向将表面刷毛扒拉表面,形成深浅一致的表面线条或图案,来达到装饰目的的一种砂浆饰面方法。其装饰质量要求是,表面扒拉均匀、色泽一致。扒拉时,手的动作是划圈或移动,手腕要活,动作要轻。否则扒拉的深浅不一致,表面观感不好。

(2)拉毛灰

拉毛灰的种类较多,如拉长毛、短毛、粗毛和细毛,此外还有条筋拉毛等。其特点是具有吸音的作用,且给人一种雅致大方的感觉,但使用中易挂灰,难清洗。

拉毛灰表面抹面砂浆常用纸筋石灰砂浆和混合砂浆。其毛头是在抹面砂浆未凝结前用硬毛鬃刷,用圆形麻刷子等工具把砂浆向墙面一点一带,带出毛疙瘩来形成。操作应由上而下一次进行,中途不宜间断,以免出现接槎和色泽不一致的现象。

(3)撒毛灰

撒毛灰是用一把茅柴帚蘸罩面砂浆,往普通抹灰基层上撒,形成大小不一但又很有规律的毛面,如云朵状的饰面等。撒毛灰操作应由上往下进行,在一个平面上不宜中断留槎。

(4)仿石抹灰

仿石抹灰,也称仿假石。是在基层上涂抹面层砂浆,分成若干大小不等的横平竖直的矩形格块,用竹丝帚手工扫出横竖毛纹或斑点,有如石质感的装饰抹灰。

(5)拉条灰

拉条灰是采用专用条形模具,在面层砂浆上上下拉动,使墙面抹灰呈现规则线条的装饰做法。其线条形状可以根据设计要求变换,常用线条形状有细条、粗条、波形条、梯形和长方形等。它具有美观、大方、吸音、成本低、不易积灰等优点。拉条灰对面层砂浆的稠度要求较高,既不能太干,也不能过稀,以能拉动可塑为宜。

(6)假面砖

假面砖是用略同于外墙面砖颜色的彩色砂浆,用手工抹成相当于外墙面砖分块形式与质感的抹灰面。假面砖砂浆用水泥、石灰膏、矿物颜料制成,其彩色色调按设计要求现场调配。操作时,关键是要按面砖尺寸分格画线。分格间划沟和分格内的划纹要深浅一致,间距均匀,横平竖直。

（7）假大理石

假大理石是用掺适当颜料的石膏色浆和素石膏浆按1∶10比例配合,通过手工操作,做成具有大理石表面特征的装饰抹灰。这种装饰饰面档次高,其表面颜色、花纹和光洁度等可接近天然大理石效果。因其主要胶凝材料是不耐水的石膏,故只适用于建筑内表面装饰。

（8）喷涂

喷涂是用砂浆泵将砂浆喷涂于建筑表面的装饰抹灰工艺。喷涂砂浆中通常用彩色砂浆,其砂粒一般不用普通砂子,而采用彩色砂粒或石屑。为提高喷涂砂浆的黏结力,常掺入聚合物。喷涂砂浆按装饰质感分为波纹状和粒状喷涂。波纹状喷涂表面灰浆饱满,波纹起伏。颗粒状喷涂表面布满点状颗粒,远看有似水刷石、干黏石、花岗石等装饰效果。

（9）滚涂

滚涂是将面层砂浆涂抹在墙表面,用滚子滚出花纹的装饰抹灰工艺。滚涂所用砂浆材料与喷涂基本相同。滚涂砂浆也常用聚合物彩色砂浆,稠度一般为11～12 cm,拌合物要求均匀,如出现砂浆沉淀,易产生"花脸"现象。滚涂施工简单,不易污染墙面和门窗,对于局部装饰尤为适用。

（10）弹涂

弹涂是在建筑表面刷一道聚合物水泥浆后,用弹涂器将有不同色彩的色浆弹射在建筑表面底色浆层上,形成3～5 mm的扁圆形花点的装饰抹灰工艺。弹涂的扁圆形花点色彩不同,互相衬映,能形成质感较好的彩色饰面。施工中应控制好色浆的水灰比,天气变化时,要随时调整水灰比,以防弹涂色浆出现流淌或拉丝现象,影响装饰效果。为了提高弹涂饰面层的耐污染和耐久性能,常用甲基硅树脂或聚乙烯醇缩丁醛罩面。

4）石碴类砂浆抹面

（1）水刷石

水刷石是在已硬化的普通抹灰基层上,抹上一层水灰比为0.37～0.40的水泥净浆结合层,再抹上一层由水泥、彩色砂粒或石粒及水制的水泥石碴浆,待水泥初凝后,用软毛刷子蘸水刷掉面层水泥浆,露出石粒,再用喷浆机或喷雾器对面层进行喷水冲洗,直至石粒露出表面1/2粒径,清晰可见的饰面做法。

水刷石是石碴类材料饰面的传统做法。这种饰面自然、朴实、庄重、明快,并且耐久,造价适中。因此,长期以来被广泛采用。但其不足之处是费工费料,湿作业量大,操作技术要求较高。一般多用于建筑物墙面、檐口、腰线、窗楣、窗套、碴脸、门套、柱子、壁柱、阳台、雨篷、勒脚、花台等。

水刷石面层水泥石碴浆使用的水泥为白水泥、普通硅酸盐水泥等,石碴常用彩色石粒,水泥与石碴的配合比随着石粒粒径大小而变化。水刷石水泥石碴配合比见表3-60。

表3-60　水刷石水泥石碴配合比(体积比)

石粒粒径	水泥：石碴
大八厘（8 mm）	1∶1
中八厘（6 mm）	1∶1.25
小八厘（4 mm）	1∶1.5

（2）干黏石

干黏石是将彩色石粒直接手工甩粒粘在砂浆层上做饰面，由传统水刷石演变而得。其装饰效果比水刷石更明显，并且节约水泥、石粒，减少湿作业，提高功效。但干黏石石粒与水泥的黏结力较差，易掉粒，耐久性不如水刷石。为了提高干黏石与水泥的黏结力，常掺入适量的聚乙烯醇甲醛等聚合物，以提高干黏石的耐久性。

干黏石的基层和结合层的材料和做法与水刷石基本相同，所不同的是：① 面层石粒依靠手工甩粒粘在面层聚合物砂浆上，然后再拍实；② 面层常用小八厘石碴，因粒径小，甩粘到砂浆上易于排列密实，暴露的砂浆层少，提高干黏石的耐久性。

也有用机械（如喷枪）将彩色石粒或石屑粘在砂浆层上的，通常称机喷石。机喷石大大降低了人工甩石子的劳动强度，功效显著提高，且提高了石粒与砂浆的黏结力。但由于喷枪喷出石粒有一定的分散角度，石粒的分布不如手工甩的密集。

（3）斩假石

斩假石又称剁斧石。它是以水泥石碴浆或水泥石屑浆作面层抹灰，待其硬化具有一定强度后，用剁斧、齿斧、各种凿子等工具斩成有规律的槽缝，使面层产生类似天然石材经雕琢的纹理效果的一种饰面方法。

斩假石既具有貌似真石的质感，又有精工细作的特点，因此斩假石的装饰效果很好，常给人以朴实、自然、庄重、雅致的感觉。但斩假石费工，劳动强度大，工效低。斩假石一般多用于外墙面、勒脚、室外台阶、纪念性建筑物的外墙抹灰。

斩假石所用材料与水刷石基本相同，不同之处在于：① 集料的粒径较小，一般常用石屑（粒径 0.5～1.5 mm），或米粒石（粒径 2 mm）内掺30％石屑；② 在配合比中常掺入彩砂及颜料，使斩假石的质感与天然石材如花岗石、青条石等达到更逼真的效果。

（4）拉假石

拉假石是用5～6 mm铁皮制成的锯齿形抓耙，在装饰抹灰面层水泥石屑浆未凝结时，耙出条纹形成装饰效果的一种饰面方法。

拉假石实际是斩假石的另一种做法，其特点是施工简单，条纹纹理清晰，成本低，可以大面积使用。但装饰效果远不如斩假石。

（5）水磨石

水磨石是以彩色石碴、水泥和水按适量比例配合，需要时掺入适量颜料，经拌匀、浇筑捣实、养护、硬化、表面打磨、洒草酸冲洗、干后上蜡等工序制成。既可现场制作，也可预制成水磨石装饰板材。现场制作水磨石根据装饰效果分为普通水磨石和艺术水磨石。艺术水磨石表面经过艺术加工形成各种美丽的图案和色彩，给人以浓烈的艺术享受。

水磨石的特点是表面光洁、耐久、耐磨，有很好的装饰效果，尤其是艺术水磨石装饰效果甚佳，但制作工序复杂，成本高。现场制作的水磨石常用于地面，预制的水磨石板材常用于柱面、扶手、墙面等。

水磨石打底使用的材料一般是 1∶3～1∶4 的水泥砂浆，罩面层常用白水泥、彩色石碴、水和颜料等，一般水泥与石碴的质量比为 1∶（1.5～2.0）。水磨石对彩色石碴要求较高，一是要级配好，二是彩色石碴能打磨抛光，因此，常用天然大理石、天然花岗石破碎制成的彩色石粒。表 3-61 为彩色水磨石参考配合比。

表 3-61 彩色水磨石参考配合比

彩色水磨石名称	主要材料(kg)			颜料(占水泥质量%)	
赭色水磨石	紫红石子	黑石子	白水泥	红色	黑色
	160	40	100	2	4
绿色水磨石	绿石子	黑石子	白水泥	绿色	
	160	40	100	0.5	
浅粉红色水磨石	红石子	白石子	白水泥	红色	黄色
	140	60	100	适量	适量
浅黄绿色水磨石	绿石子	黄石子	白水泥	黄色	绿色
	100	100	100	4	1.5
浅橘黄色水磨石	黄石子	白石子	白水泥	黄色	红色
	140	60	100	2	适量
本色水磨石	白石子	黄石子	≥3.25普通水泥	—	
	60	140	100	—	
白色水磨石	白石子	黑石子	黄石子	白水泥	—
	140	140	20	100	—

复习思考题

1. 普通混凝土的组成材料有哪些? 在混凝土硬化前后各起何作用?

2. 已知干砂 500 g 的筛分结果如下表所示。

筛孔尺寸(mm)	9.5	4.75	2.36	1.18	0.36	0.30	0.16	<0.16
筛余量(g)	0	15	57	110	125	98	83	12

试判断该砂属何种砂? 级配情况如何?

3. 骨料有哪几种含水状态? 为何施工现场必须经常测定骨料的含水状态?

4. 改善混凝土拌合物和易性的措施有哪些?

5. 简述减水剂的作用机理,混凝土中掺入减水剂可获得怎样的技术经济效果?

6. 改善混凝土强度的措施有哪些?

7. 什么是混凝土的碱—集料反应? 混凝土发生碱—集料反应必须具备哪三个条件?

8. 提高混凝土耐久性的措施有哪些?

9. 混凝土配合比设计中的三大参数、四项基本要求包含什么内容?

10. 尺寸为 150 mm×150 mm×150 mm 的某组混凝土试件,龄期28 d,测得破坏荷载分别为 540 kN、580 kN、560 kN,试计算该组试件的混凝土立方体抗压强度。若已知该混凝土是用强度等级42.5(富余系数1.10)的普通水泥和碎石配制而成,试估计所用的水灰比。

11. 某办公楼工程,现浇钢筋混凝土柱,混凝土设计强度等级为C35。施工要求坍落度

为 35～50 mm,混凝土采用机械搅拌,机械振捣。施工单位无历史统计资料。采用的材料为:

水泥:强度等级为 42.5 的普通硅酸盐水泥,强度等级富余系数为 1.023,密度为 3 000 kg/m³;

砂:中砂,$M_x = 2.5$,表观密度 $\rho_s = 2\ 650$ kg/m³;

石子:碎石,最大粒径 $D_{max} = 20$ mm,表观密度 $\rho_a = 2\ 700$ kg/m³;

水:自来水。

经试拌测试,坍落度大于设计要求。

(1) 试对其进行初步配合比的设计。

(2) 若经试拌(假设求出的初步配合比均符合要求),测得混凝土拌合物的实测密度为 2 400 kg/m³,计算按密度调整后的每方混凝土材料用量。

(3) 若现场砂含水 3%,石子含水 1%,试计算施工配合比。

12. 新拌砂浆的和易性包括哪两方面含义? 如何测定?

13. 配制砂浆时,为什么除水泥外还要加入一定量的其他胶凝材料?

14. 为何要在抹面砂浆中掺入纤维材料?

15. 某工地夏秋季施工,需配制 M7.5 的水泥石灰混合砂浆砌筑砖墙,采用 32.5 级普通水泥,实测强度为 35 MPa;采用中砂,含水率为 2%,砂的堆积密度为 1 460 kg/m³;施工水平一般。试求砂浆的配合比。

创新思考题

了解掺粉煤灰或矿渣微粉等矿物掺合料的混凝土的配合比设计过程,研究粉煤灰、矿渣微粉等矿物掺合料在混凝土中的作用,并根据提供的工程条件和原材料条件,结合试验研究,设计出符合要求的掺矿物掺合料混凝土的配合比(学生也可自行选定工程条件和原材料条件进行设计、试验)。

参考工程条件和原材料条件如下:

某商住楼的大型基础,属于大体积混凝土,工期紧。

混凝土设计强度等级为 C30,要求强度保证率 95%。该施工单位无历史统计资料。

施工要求坍落度为 100～120 mm 的泵送混凝土。

原材料:① 普通水泥,强度等级 42.5,表观密度 $\rho_c = 3.1$ g/cm³;② 中砂;③ 碎石;④ 粉煤灰或矿渣微粉;⑤ 自来水。

4 墙体材料及屋面材料

用于建筑外围护结构和分隔结构的材料称为墙体材料和屋面材料。

用来砌筑、拼装或其他方法构成承重或非承重墙体的材料称为墙体材料,目前我国所用的墙体材料主要有传统的石材、砖,现代的各种空心砌块及板材三类。在一般的房屋建筑中,墙体约占房屋建筑总重的 1/2,用量、造价的 1/3,所以合理选用墙体材料,对建筑物的功能、自重、造价以及建筑能耗等均具有重要意义。传统的建筑中,大量采用的墙体材料是黏土砖,随着科学技术的发展,新型的墙体材料已经被广泛使用。

用于屋面的材料主要为各种材质的瓦和板材。

4.1 砖

制砖的原料很多,除了黏土、页岩和天然砂以外,还有一些工业废料或其他地方资源,如粉煤灰、煤矸石、炉渣、建筑渣土、淤泥和污泥等。根据制砖的工艺不同,砖可以分为两类:一类是通过烧结工艺获得的,称为烧结砖;另一类是通过蒸养(压)方法获得的,称为蒸养(压)砖。

4.1.1 烧结砖

以 SiO_2 和 Al_2O_3 为主要成分的黏土质材料为主要原料经成型及烧结所得的用于砌筑墙体的块体材料,称为烧结砖。烧结砖按所用原料可分为烧结黏土砖、烧结页岩砖、烧结煤矸石砖、烧结粉煤灰砖、建筑渣土砖、淤泥砖等;按砖有无孔分为烧结普通砖、烧结多孔砖和烧结空心砖。

1) 烧结普通砖

以黏土、粉煤灰、页岩、煤矸石或粉煤灰为原料,制得的没有孔洞或孔洞率小于 15% 的烧结砖,称为烧结普通砖。

(1) 烧结砖的生产工艺

黏土砖的生产工艺主要包括取土、配料调制、制坯、干燥、焙烧、成品,其中关键的步骤是焙烧。

① 原料

普通黏土砖的主要原料为粉质或砂质黏土,其主要化学成分为 SiO_2、Al_2O_3、Fe_2O_3 和结晶水,由于地质生成条件的不同,可能还含有少量的碱金属和碱土金属氧化物等。

除黏土外,还可利用页岩、煤矸石、粉煤灰等为原料来制造烧结砖,这是因为它们的化学成分与黏土相似。但由于它们的可塑性不及黏土,所以制砖时常常需要加入一定量的黏土,以满足制坯时对可塑性的需要。另外,砖坯中的煤矸石和粉煤灰属可燃性工业废料,含有未燃尽的碳,随砖的焙烧也在坯体中燃烧,因而节约大量焙烧用外投煤。这类砖也称内燃砖或半内燃砖。原料中杂质的含量对黏土砖的焙烧温度及成品的颜色等也产生较大的影响。

② 焙烧

黏土制成坯体,经干燥然后入窑焙烧,焙烧过程中发生一系列物理化学变化,重新化合形成一些合成矿物和易熔硅酸盐类新生物。焙烧温度一般控制在 900~1 100℃,使砖坯烧至部分熔融而烧结。这样的砖具有更加优良的性能,它具有高强度、耐候性和防水性、高热阻、高隔音、高隔热、永不变色等性能。如果焙烧温度过高或时间过长,则易产生过火砖。过火砖的特点为色深、敲击声脆、变形大等。如果焙烧温度过低或时间不足,则易产生欠火砖。欠火砖的特点为色浅、敲击声哑、强度低、吸水率大、耐久性差等。因此,制砖生产工艺中的焙烧是关键。

当砖窑中焙烧时为氧化气氛,因生成三氧化二铁(Fe_2O_3)而使砖呈红色,称为红砖。若在氧化气氛中烧成后,再在还原气氛中闷窑,红色 Fe_2O_3 还原成青灰色氧化亚铁(FeO),称为青砖。青砖一般较红砖致密、耐碱、耐久性好,但由于价格高,目前生产应用较少。此外,生产中可将煤渣、含碳量高的粉煤灰等工业废料掺入制坯的土中制作内燃砖。当砖焙烧到一定温度时,废渣中的碳也在干坯体内燃烧,因此可以节省大量的燃料和 5%~10% 的黏土原料。内燃砖燃烧均匀,表观密度小,导热系数低,且强度可提高约 20%。

(2) 烧结砖的主要技术性能

① 形状尺寸

烧结普通砖为长方体,其标准尺寸为 240 mm×115 mm×53 mm,加上砌筑时砖之间约 10 mm 的灰缝厚度,则 4 块砖长、8 块砖宽、16 块砖厚分别恰好为 1 m,故 1 m³ 砖砌体需用砖数为 512 块。普通黏土砖的尺寸及平面名称如图 4-1 所示。

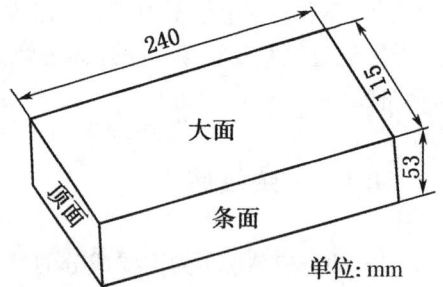

② 强度等级

烧结普通砖的强度等级根据 10 块砖样的抗压强度平均值和强度标准值或最小值划分,共分为 MU30、MU25、MU20、MU15、MU10 五个强度等级。其强度值应符合表 4-1 的规定。

图 4-1 砖的尺寸及平面名称

表 4-1 烧结普通砖的强度等级(MPa)

强度等级	$\bar{f} \geqslant$	$f_k \geqslant$
MU30	30.0	22.0
MU25	25.0	18.0
MU20	20.0	14.0
MU15	15.0	10.0
MU10	10.0	6.5

表中:$\bar{f}$——10 块试样的抗压强度平均值(MPa);

　　　f_k——强度标准值(MPa)。

$$f_{\mathrm{k}} = \bar{f} - 1.83S \tag{4-1}$$

式中：S——10 块试样的抗压强度标准差（MPa）。

$$S = \sqrt{\frac{1}{9}\sum_{i=1}^{10}(f_i - \bar{f})^2} \tag{4-2}$$

式中：f_i——第 i 块试样的抗压强度测定值（MPa）。

③ 抗风化性能

抗风化性能是烧结普通砖重要的耐久性指标之一，是在干湿变化、冰融变化等因素作用下，材料不破坏并长期保持其性能不降低的能力。对砖的抗风化性能要求应根据各地区的风化程度而定，不同的风化区采用不同的抗风化指标。全国风化区划分见表 4-2。

表 4-2　风化区的分区

严重风化区		非严重风化区	
1. 黑龙江省	11. 河北省	1. 山东省	11. 福建省
2. 吉林省	12. 北京市	2. 河南省	12. 台湾省
3. 辽宁省	13. 天津市	3. 安徽省	13. 广东省
4. 内蒙古自治区	14. 西藏自治区	4. 江苏省	14. 广西壮族自治区
5. 新疆维吾尔自治区		5. 湖北省	15. 海南省
6. 宁夏回族自治区		6. 江西省	16. 云南省
7. 甘肃省		7. 浙江省	17. 上海市
8. 青海省		8. 四川省	18. 重庆市
9. 陕西省		9. 贵州省	
10. 山西省		10. 湖南省	

砖的抗风化性能通常用抗冻性、吸水率及饱和系数三项指标划分。抗冻性是指经 15 次冻融循环后不产生裂纹、分层、掉皮、缺棱、掉角等冻坏现象；且重量损失率小于 2%，强度损失率小于规定值。吸水率是指常温泡水 24 h 的重量吸水率。饱和系数是指常温 24 h 吸水率与 5 h 沸煮吸水率之比。

严重风化区中的 1、2、3、4、5 五个地区所用的烧结普通砖，其抗冻性试验必须合格。其他地区可不做抗冻试验，但其抗风化性能要符合表 4-3 的规定。

表 4-3　烧结普通砖抗风化性能指标

砖种类	严重风化区				非严重风化区			
	5 h 沸煮吸水率（%）≤		饱和系数≤		5 h 沸煮吸水率（%）≤		饱和系数≤	
	平均值	单块最大值	平均值	单块最大值	平均值	单块最大值	平均值	单块最大值
黏土砖	21	23	0.85	0.87	23	25	0.88	0.90
粉煤灰砖	23	25			30	32		
页岩砖	16	18	0.74	0.77	18	20	0.78	0.80
煤矸石砖	19	21			21	23		

④ 石灰爆裂

砖的原料中若夹杂有石灰或内燃料（粉煤灰、炉渣）中带入 CaO,在高温焙烧过程中生成过火石灰。过火石灰在砖体内吸水膨胀,导致砖体膨胀破坏,这种现象称为石灰爆裂。

国家规范规定,合格品中每组砖样 2~15 mm 的爆裂区域不得大于 15 处,其中 10 mm 以上的区域不多于 7 处,且不得出现大于 15 mm 的爆裂区,试验后抗压强度损失不得大于 5 MPa。

⑤ 泛霜

泛霜是指砖内的可溶性盐类在砖的使用过程中,随砖内水分蒸发而沉积于砖的表面形成的一层白霜（又称盐析）。这些结晶的白色粉状物不仅影响建筑物的外观,而且结晶的体积膨胀也会引起砖表层的疏松,同时破坏砖与砂浆层之间的黏结。

国家规范规定,合格品中不允许出现严重泛霜。

⑥ 质量等级

根据国家标准 GB/T 5101—2017《烧结普通砖》的规定,强度、抗风化性能和放射性物质合格的砖,其尺寸偏差应符合表 4-4 的规定,外观质量应符合表 4-5 的规定。

表 4-4　烧结普通砖的尺寸允许偏差（mm）

公称尺寸	指　　标	
	样本平均偏差	样本极差≤
长度 240	±2.0	6
宽度 115	±1.5	5
厚度 53	±1.5	4

表 4-5　烧结普通砖的外观质量标准（mm）

项　　目		指标
两条面高度差 ≤		2
弯曲 ≤		2
杂质凸出高度 ≤		2
缺棱掉角的三个破坏尺寸不得同时大于		5
裂纹长度不大于	a. 大面上宽度方向及其延伸至条面的长度	30
	b. 大面上长度方向及其延伸至顶面的长度或条顶面上水平裂纹的长度	50
完整面不得少于		一条面和一顶面
颜色		基本一致

注：(1) 为装饰而施加的色差,凹凸纹、拉毛、压花等不算作缺陷。

(2) 凡有下列缺陷之一者,不得称为完整面：

① 缺损在条面或顶面上造成的破坏面尺寸同时大于 10 mm×10 mm。

② 条面或顶面上裂纹宽度大于 1 mm,其长度超过 30 mm。

③ 压陷、粘底、焦花在条面或顶面上的凹陷或凸出超过 2 mm,区域尺寸同时大于 10 mm×10 mm。

（3）烧结普通砖的产品标记

砖的产品标记按产品名称、品种、强度等级和标准编号顺序编写。例如，规格 240 mm×115 mm×53 mm，强度等级 MU15 的黏土砖，标记为：FCB N MU15 GB/5101。

（4）应用

烧结普通砖的孔隙率约为 30%，吸水率为 8%～16%，表观密度为 1 800 kg/m³ 左右。烧结普通砖既有一定的强度，又有较好的隔热、隔声性能，冬季室内墙面不会出现结露现象，而且价格低廉。

烧结普通砖可用于建筑维护结构，砌筑柱、拱、烟囱、窑身、沟道及基础等，也可与轻骨料混凝土、加气混凝土、岩棉等隔热材料配套使用，砌成两面为砖、中间填以轻质材料的轻体墙。可在砌体中配置适当的钢筋或钢筋网成为配筋砖砌体，代替钢筋混凝土柱、过梁等。烧结普通砖优等品一般可用于清水砖墙的砌筑，一等品、合格品可用于混水墙的砌筑。中等泛霜的砖不能用于潮湿部位墙的砌筑。

烧结砖的加工过程能耗高，CO_2 排放量大，破坏土地，污染环境，所以小块的实心黏土砖不是可持续发展的墙体材料，在我国已被限制使用，逐渐被空心砖和多孔砖、砌块等代替。

2）烧结多孔砖和空心砖

烧结普通砖有自重大、体积小、生产能耗高、施工效率低等缺点，用烧结多孔砖和烧结空心砖代替烧结普通砖，可使建筑物自重减轻 30% 左右，节约黏土 20%～30%，节省燃料 10%～20%，墙体施工工效提高 40%，并改善砖的隔热隔声性能。通常在相同的热工性能要求下，用空心砖砌筑的墙体厚度比用实心砖砌筑的墙体减薄半砖左右，所以推广使用多孔砖和空心砖是加快我国墙体材料改革，促进墙体材料工业技术进步的重要措施之一。

烧结多孔砖和烧结空心砖的生产工艺与烧结普通砖相同，但由于坯体有孔洞，增加了成型的难度，因而对原料的可塑性要求很高。

（1）烧结多孔砖

烧结多孔砖是以黏土、页岩或煤矸石为主要原料烧制的、孔洞率在 25% 以上，孔洞方向垂直于大面的主要用于结构承重的砖。

① 形状尺寸

多孔砖为大面有孔的直角六面体，孔多而小，孔洞垂直于受压面，以充分利用砖的抗压强度。根据其尺寸规格分为 190 mm×190 mm×90 mm（M 型）和 240 mm×115 mm×90 mm（P 型）两类，见图 4-2 和表 4-6。

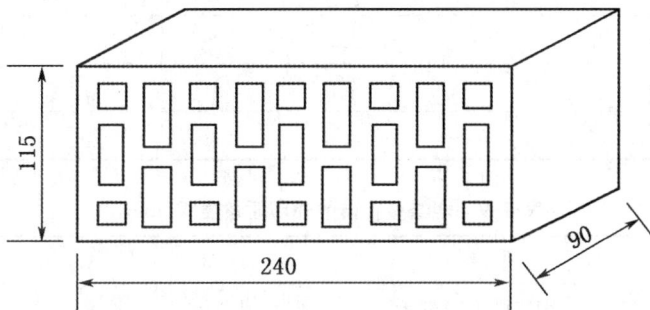

图 4-2 KPI 型煤矸石烧结多孔砖的规格和孔洞形式

表 4-6　烧结多孔砖规格尺寸

代　号	长度(mm)	宽度(mm)	厚度(mm)
M	190	190	90
P	240	115	90

烧结多孔砖的孔形有圆形和非圆形,圆孔直径必须≤22 mm,非圆孔内切圆直径≤15 mm,手抓孔一般为(30~40)mm×(75~85)mm。

② 强度等级

根据砖的抗压强度平均值和抗压强度标准值或单块抗压强度最小值,烧结多孔砖分为MU30、MU25、MU20、MU15、MU10 共五个强度等级。强度指标见表 4-7。

表 4-7　烧结多孔砖的强度等级(MPa)

强度等级	抗压强度平均值 $\bar{f}\geqslant$	抗压强度标准值 $f_k\geqslant$
MU30	30.0	22.0
MU25	25.0	18.0
MU20	20.0	14.0
MU15	15.0	10.0
MU10	10.0	6.5

③ 质量等级

强度和抗风化性能合格的砖,尺寸偏差、外观质量、孔型及孔洞排列、泛霜、石灰爆裂应符合要求。尺寸偏差应符合表 4-8 的要求,外观质量应符合表 4-9 的要求,抗风化性能应符合表 4-10 的要求。

烧结多孔砖的泛霜和石灰爆裂等要求同烧结普通砖,产品中不允许有欠火砖、酥砖和螺旋纹砖。

表 4-8　烧结多孔砖的尺寸允许偏差(mm)

尺寸	样本平均偏差	样本极差≤
>400	±3.0	10.0
300~400	±2.5	9.0
200~300	±2.5	8.0
100~200	±2.0	7.0
<100	±1.5	6.0

表 4-9　烧结多孔砖的外观质量要求(mm)

项　目	指　标
完整面不得少于	一条面和一顶面
缺棱掉角的三个破坏尺寸不得同时大于	20

续表 4-9

项　目		指　标
裂纹长度 不大于	大面上深入孔壁 15 mm 以上,宽度方向及其延伸至顶面的长度	80
	大面上深入孔壁 15 mm 以上,长度方向及其延伸至顶面的长度	100
	条、顶面上的水平裂纹	100
杂质在砖面上造成的凸出高度不大于		5

注:(1) 为装饰而施加的色差,凹凸纹、拉毛、压花等不算作缺陷。
(2) 凡有下列缺陷之一者,不得称为完整面:
① 缺损在条面或顶面上造成的破坏面尺寸同时大于 20 mm×30 mm。
② 条面或顶面上裂纹宽度大于 1 mm,其长度超过 70 mm。
③ 压陷、粘底、焦花在条面或顶面上的凹陷或凸出超过 2 mm,区域尺寸同时大于 20 mm×30 mm。

表 4-10　烧结多孔砖的抗风化性能指标

砖种类	严重风化区				非严重风化区			
	5 h 沸煮吸水率(%)≤		饱和系数≤		5 h 沸煮吸水率(%)≤		饱和系数≤	
	平均值	单块最大值	平均值	单块最大值	平均值	单块最大值	平均值	单块最大值
黏土砖	21	23	0.85	0.87	23	25	0.88	0.90
粉煤灰砖	23	25			30	32		
页岩砖	16	18	0.74	0.77	18	20	0.78	0.80
煤矸石砖	19	21			21	23		

注:粉煤灰掺入量(体积比)小于 30% 时,抗风化性能指标按黏土砖规定。

④ 产品标记

烧结多孔砖的产品标记按产品名称、品种、规格、强度等级、密度等级和标准编号顺序编写。

标记示例:烧结多孔砖,规格 290 mm×140 mm×90 mm,强度等级 MU20、密度 1200 级的黏土砖,其标记为:烧结多孔砖 N290×140×90　MU20　1200 GB 13544—2011。

⑤ 应用

烧结多孔砖的孔洞率在 25% 以上,体积密度约为 1 400 kg/m³。主要用于六层以下建筑物的承重墙体或多、高层框架结构的填充墙。由于为多孔构造,故不宜用于基础墙、地面以下或室内防潮层以下的气体砌筑。M 型砖符合建筑模数,使设计规范化、系列化,提高施工速度,节约砂浆;P 型砖便于与普通砖配套使用。原材料中如果掺入煤矸石、粉煤灰及其他工业废渣的砖,应进行放射性物质检测。

(2) 烧结空心砖

烧结空心砖是以黏土、页岩或煤矸石为主要原料烧制的、孔洞率一般大于 40%,孔尺寸大而少,且为水平孔的主要用于非承重部位的空心砖。烧结空心砖自重较轻,强度较低,多用于非承重墙,如多层建筑的内隔墙或框架结构的填充墙等。

① 规格尺寸与形状

烧结空心砖的常见形式见图 4-3,外形为直角六面体,圆孔直径必须≤22 mm,非圆孔内切圆直径≤15 mm,手抓孔一般为(30~40)×(75~85)mm。空心砖规格尺寸较多,其长、宽、高尺寸应符合下列要求(单位为 mm):390、290、240、190、180(175)、140、115、90,砖的壁厚应大于10 mm,肋厚应大于 7 mm。

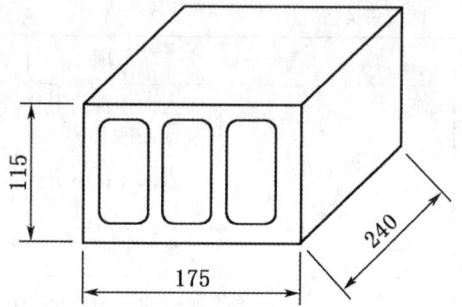

图 4-3 烧结空心砖的规格和孔洞形式

烧结空心砖的表观密度在 800~1 100 kg/m³,根据表观密度分为 800、900、1 000 和 1 100 四个密度级别,见表 4-11 所示。

表 4-11 空心砖密度级别指标

密度级别	800	900	1 000	1 100
五块砖表观密度平均值	≤800	801~900	901~1 000	1 001~1 100

② 强度等级

烧结空心砖根据抗压强度分为 MU10.0、MU7.5、MU5.0、MU3.5 和 MU2.5 共五个强度等级,见表 4-12 所示。

表 4-12 烧结空心砖的强度等级(MPa)

强度等级	抗压强度平均值 $\overline{f}$≥	变异系数 δ≤0.21	变异系数 δ>0.21	密度等级范围(kg/m³)
		抗压强度标准值 f_k ≥	单块最小抗压强度值 f_{min} ≥	
MU10	10.0	7.0	8.0	≤1 100
MU7.5	7.5	5.0	5.8	
MU5.0	5.0	3.5	4.0	
MU3.5	3.5	2.5	2.8	
MU2.5	2.5	1.6	1.8	≤800

③ 质量等级

对于强度、密度、抗风化性能和放射性物质合格的多孔砖,尺寸偏差、外观质量、强度等级、孔洞排列和耐久性等应符合要求。

烧结多孔砖的泛霜和石灰爆裂等要求同烧结普通砖,产品中不允许有欠火砖、酥砖和螺旋纹砖。

④ 产品标记

烧结多孔砖产品标记按产品名称、类别、规格、密度等级、强度等级、质量等级和标准编号顺序编写。

示例:规格尺寸 290 mm ×190 mm ×90 mm、密度等级 900、强度等级 MU5.0 的页岩空心砖,标记为:烧结空心砖 Y(290×190×90) 900 MU5.0 GB 13545。

⑤ 应用

多孔砖和空心砖的抗风化性能、石灰爆裂性能、泛霜性能等耐久性技术要求与普通黏土砖基本相同,吸水率相近。

烧结空心砖自重较轻,强度较低,多用于非承重墙,如多层建筑的内隔墙或框架结构的填充墙等。

4.1.2 蒸养(压)砖

蒸养(压)砖属硅酸盐制品,是以石灰及硅质材料为主要原料,必要时加入集料和适量石膏,加水拌和后压制成型,在水热合成条件下产生强度的建筑用砖。其内部的胶凝物质基本上是水化硅酸盐类矿物,故又称为硅酸盐砖。常用的含硅原料有天然砂和粉煤灰、煤矸石、炉渣、矿渣等工业废料。蒸养(压)砖都属于承重砖,生产和推广应用这类砖可以保护耕地,有效利用现有工业固体废料资源,减少环境污染,提高资源利用率,实现对环境无害模式具有重要意义,是我国实施可持续发展战略的一项重大举措。

采用蒸压或蒸养工艺,取决于含硅原料的活性。我国目前生产的这类砖主要有灰砂砖、粉煤灰砖、炉渣砖等。其规格尺寸与烧结普通砖相同。

1) 粉煤灰砖

粉煤灰砖是以粉煤灰和石灰为主要原料,掺入适量石膏和炉渣,加水混合拌成坯料,经陈伏、轮碾、加压成型,再经常压或高压蒸汽养护而制成的实心砖。

粉煤灰砖按抗压强度和抗折强度分为 MU30、MU25、MU20、MU15、MU10 共五个强度等级。根据砖的尺寸偏差、外观质量、强度等级等分为优等品(A)、一等品(B)和合格品(C)三个质量等级。

粉煤灰砖呈深灰色,表观密度约为 1 500 kg/m³,自然状态下的导热系数比烧结砖小,保温性能较好,但干缩值大于烧结砖。粉煤灰砖可用于一般民用与工业建筑的墙体和基础,但用于基础或易受冻融和干湿交替作用的建筑部位,必须使用一等品砖与优等品砖。粉煤灰砖不得用于长期受热(200℃以上),受急冷急热和有酸性介质侵蚀的建筑部位。为避免或减少收缩裂缝的产生,用粉煤灰砖砌筑的建筑物应适当增设圈梁及伸缩缝。

2) 炉渣砖

炉渣砖是以煤燃烧后的煤渣为主要原料,配以一点数量的石灰和少量石膏,加水搅拌、陈伏、轮碾、成型和蒸汽养护而制成的砖。

炉渣砖按抗压强度和抗折强度分为 MU20、MU15、MU10 和 MU7.5 共四个强度等级。根据外观质量和物理性能等分为优等品(A)、一等品(B)和合格品(C)三个质量等级。

炉渣砖呈黑灰色,表观密度约为 1 500~2 000 kg/m³,吸水率 6%~18%。炉渣砖可用于一般工程的内墙和非承重外墙,但不得用于长期受热(200℃以上),受高温、急冷急热和有酸性介质侵蚀的建筑部位。炉渣砖与砂浆的黏结性差,施工时应根据气候条件和砖的不同湿度及时调整砂浆的稠度。防潮层以下的建筑部位,应采用 MU15 级以上的炉渣砖。

3) 灰砂砖

灰砂砖是以石灰和天然砂为主要原料,加水搅拌、陈伏、轮碾、加压成型和蒸汽养护而制成的砖。用料中石灰约占 10%~20%。

灰砂砖按抗压强度和抗折强度分为 MU25、MU20、MU15 和 MU10 共四个强度等级。根据砖的尺寸偏差、外观质量、强度等级及抗冻性分为优等品(A)、一等品(B)和合格品(C)

三个质量等级。

灰砂砖的颜色分为彩色和本色的,表观密度约为 1 800～1 900 kg/m³。灰砂砖组织均匀密实,尺寸偏差小,外形光洁,大气稳定性好,干缩率小,硬度高,常用于民用与工业建筑的墙体和基础。但不得用于长期受热(200℃以上),受高温、急冷急热和有酸性介质侵蚀的建筑部位,也不宜用于有流水冲刷的部位。

4.2 砌块

建筑砌块是指砌筑用的人造块材,是一种新型墙体材料,外形多为直角六面体,也有各种异形体砌块。砌块的原料主要是利用混凝土,工业废料(炉渣、粉煤灰等)或地方材料制成的人造块材,它的外形尺寸比砖大,具有设备简单、砌筑速度快的优点;对建筑物的平面和空间变化无严格要求,能满足建筑设计变化的需要;其力学性能、物理性能、耐久性能均能满足一般工业与民用建筑的要求。因此,发展砌块建筑是我国墙体改革的一条重要途径。

砌块按尺寸和质量的大小不同分为小型砌块、中型砌块和大型砌块。砌块系列中主规格的高度大于 115 mm 而小于 380 mm 的称作小型砌块,高度为 380～980 mm 称为中型砌块,高度大于 980 mm 的称为大型砌块。目前,我国以中小型砌块使用较多。

砌块按外观形状可以分为实心砌块和空心砌块。空心率小于 25％或无孔洞的砌块为实心砌块;空心率大于或等于 25％的砌块为空心砌块。空心砌块有单排方孔、单排圆孔和多排扁孔三种形式,其中多排扁孔对保温较有利。

按砌块在组砌中的位置与作用可以分为主砌块和各种辅助砌块。

砌块通常又可按其所用主要原料及生产工艺命名,如水泥混凝土砌块、加气混凝土砌块、粉煤灰砌块、石膏砌块、烧结砌块等。常用的砌块有普通混凝土小型空心砌块、轻骨料混凝土小型空心砌块和蒸压加气混凝土砌块等。吸水率较大的砌块不能用于长期浸水、经常受干湿交替或冻融循环的建筑部位。

4.2.1 混凝土空心砌块

混凝土砌块是以水泥为胶结材料,砂、石或炉渣、煤矸石等为骨料,经加水搅拌、成型、养护而成的块体材料。通常为减轻自重,多制成空心小型砌块,空心率 25％～50％。

1) 混凝土小型空心砌块

砌块的主规格尺寸为 390 mm×190 mm×190 mm。其孔洞设置在受压面,有单排孔、双排孔、三排孔及四排孔洞。砌块除主规格外,还有若干辅助规格,共同组成砌块基本系列。

(1) 主要技术性能

按国家标准《普通混凝土小型空心砌块》GB 8239—2014 的规定,普通混凝土小型空心砌块按其尺寸偏差、外观质量分为优等品(A)、一等品(B)和合格品(C);按其抗压强度分为 MU5.0、MU7.5、MU10.0、MU15.0 和 MU20.0 共五个等级,见表 4-13 所示。相对含水率对于潮湿、中等、干燥地区应分别不大于 45％、40％、35％。

表 4-13　混凝土小型空心砌块强度等级(MPa)

强度等级	五块抗压强度平均值 $\overline{f}\geqslant$	单块最小抗压强度值 $f_{min}\geqslant$
MU20	20.0	16.0
MU15	15.0	12.0
MU10	10.0	8.0
MU7.5	7.5	6.0
MU5.0	5.0	4.0

混凝土小型空心砌块抗冻性以抗冻标号表示：对非采暖地区抗冻标号不作规定,采暖地区一般环境下,抗冻等级应达到 F15；干湿交替环境下,抗冻等级应达到 F25。

（2）应用

普通混凝土小型空心砌块作为烧结砖的替代材料,适用于建造地震设计烈度为 8 度及 8 度以下地区的各种建筑墙体,包括高层与大跨度的建筑。目前主要用于单层和多层工业与民用建筑的内墙和外墙,如果利用砌块的空心配置钢筋,可用于建造高层砌块建筑。各强度等级的砌块中常用的是 MU5.0、MU7.5 和 MU10.0,主要用于非承重的填充墙和单层、多层砌块建筑。而 MU15.0、MU20.0 多用于中高层承重砌块墙体。

砌块的保温隔热性能随所用原料及空心率不同而有差异,空心率为 50％的普通混凝土小型空心砌块的导热率约为 0.26 W/(m·K)。

砌块砌筑时一般不宜浇水,但在气候特别干燥炎热时,可在砌筑前稍喷水湿润。

2）混凝土中型空心砌块

中型空心砌块的主要规格标准尺寸为：长度 500 mm,600 mm,800 mm,1 000 mm；宽度 200 mm,240 mm；高度 400 mm,450 mm,800 mm,900 mm；其壁(肋)厚度不应小于 30 mm。

中型空心砌块按其抗压强度分为 MU5.0、MU7.5、MU10.0 和 MU15.0 共四个等级,见表 4-14 所示。其物理性能、外观尺寸偏差、缺楞掉角、裂缝均不应超过规定范围。

表 4-14　混凝土中型空心砌块强度等级(MPa)

强度等级	MU5.0	MU7.5	MU10	MU15
砌块抗压强度$\geqslant$	4.90	7.36	9.81	14.72

混凝土中型空心砌块具有表观密度小、强度较高、后期强度增长快、抗冻性好、生产简单、施工方便等特点,常用于一般民用与工业建筑物的墙体。

4.2.2　蒸压加气混凝土砌块

蒸压加气混凝土砌块的原材料主要是水泥、石灰、砂、粉煤灰、矿渣等,将钙质材料(水泥、石灰等)和矿质材料(矿渣、砂、粉煤灰等)及加气剂(铝粉)按一定比例配合,经搅拌、浇筑、发气、成型、切割和蒸压养护而成的一种轻质墙体材料。

1) 主要技术性能

(1) 规格

蒸压加气混凝土砌块一般规格的公称尺寸有两个系列,单位为 mm。

a 系列：长度：600；

　　　　宽度：100,125,150,200,250,300(以 25 或 50 递增)；

　　　　高度：200,250,300。

b 系列：长度：600；

　　　　宽度：120,180,240(以 60 递增)；

　　　　高度：200,250,300。

(2) 强度等级

蒸压加气混凝土砌块根据抗压强度分为 A1.0、A2.0、A2.5、A3.5、A5.0、A7.5 和 A10 共七个强度等级,见表 4-15 所示。按干表观密度分为 B03、B04、B05、B06、B07 和 B08 共六个密度级别,见表 4-16 所示。蒸压加气混凝土砌块的抗冻性、导热系数、干燥收缩等指标见表 4-17 所示。砌块按外观质量、尺寸偏差分为优等品(A)、一等品(B)和合格品(C)共三个质量等级。

表 4-15　蒸压加气混凝土砌块强度等级(MPa)

强度等级		A1.0	A2.0	A2.5	A3.5	A5.0	A7.5	A10
砌块抗压强度	平均值≥	1.0	2.0	2.5	3.5	5.0	7.5	10.0
	最小值≥	0.8	1.6	2.0	2.8	4.0	6.0	8.0

表 4-16　蒸压加气混凝土砌块的干表观密度(kg/m³)

密度级别		B03	B04	B05	B06	B07	B08
干表观密度	优等品(A)	300	400	500	600	700	800
	一等品(B)	330	430	530	630	730	830
	合格品(C)	350	450	550	650	750	850

表 4-17　蒸压加气混凝土砌块的物理性能指标

表观密度级别		B03	B04	B05	B06	B07	B08
抗冻性	质量损失(%)≤	5.0					
	强度损失(%)≤	0.8	1.6	2.0	2.8	4.0	6.0
导热系数(干态)W/(m·K)≤		0.10	0.12	0.14	0.16	—	—
干燥收缩值(mm/m)	标准法≤	0.50					
	快速法≤	0.80					

注：(1) 规定采用标准法、快速法测定砌块干燥收缩值,若测定结果发生矛盾而不能判定时,则以标准法测定的结果为准。

　　(2) 用于墙体的砌块,允许不测导热系数。

2）应用

蒸压加气混凝土砌块具有体积密度小、保温隔声好、防火性好、抗震性能强、易于施工等特点，适用于低层建筑的承重墙、多层的间隔墙和高层框架结构的填充墙。作为填充材料或保温隔热材料，也可用于复合墙板和屋面结构中。

蒸压加气混凝土砌块在无可靠的防护措施时，不得用于处在侵蚀介质环境，不得用于处于浸水或经常潮湿环境的建筑墙体，也不得用于基础和墙体表面温度长期高于80℃的建筑部位。

4.2.3 轻骨料混凝土小型空心砌块

轻骨料混凝土小型空心砌块（LHB）是由水泥、轻骨料、普通砂、掺合料、外加剂加水搅拌，灌模成型养护而成。轻骨料混凝土小型空心砌块具有自重轻、保温性能好、抗震性能好、防火及隔音性能好等特点，主要适用于多层或高层的非承重及承重保温墙、框架填充墙及隔墙。按所用轻骨料的不同，可分为陶粒混凝土砌块、火山渣混凝土砌块、煤渣混凝土砌块等。

砌块的主规格尺寸为：390 mm×190 mm×190 mm。

轻骨料混凝土小型空心砌块按排孔数分为实心、单排孔砌块、双排孔砌块、三排孔砌块及四排孔砌块共五类；按密度等级分为 500 kg/m³、600 kg/m³、700 kg/m³、800 kg/m³、900 kg/m³、1 000 kg/m³、1 200 kg/m³、1 400 kg/m³共八个等级。小砌块的保温性能取决于排孔数及密度等级。

轻骨料混凝土小型空心砌块的强度等级根据抗压强度和密度等级划分为1.5、2.5、3.5、5.0、7.5 和 10.0 共六个强度等级，见表 4-18 所示。

表 4-18 轻骨料混凝土小型空心砌块的强度等级（MPa）

强度等级	抗压强度平均值 $\overline{f}\geqslant$	单块最小抗压强度值 $f_{min}\geqslant$	密度等级范围（kg/m³）
1.5	1.5	1.2	≤600
2.5	2.5	2.0	≤800
3.5	3.5	2.8	≤1 200
5.0	5.0	4.0	≤1 400
7.5	7.5	6.0	
10.0	10.0	8.0	

注：符合表中各项要求的为优等品或一等品；密度等级范围不符合要求者为合格品。

4.2.4 粉煤灰砌块

粉煤灰砌块又称粉煤灰硅酸盐砌块，是以粉煤灰、石灰、石膏和骨料（如煤渣、硬矿渣）等为原料加水搅拌、振动成型、蒸汽养护而制成的密实砌块。

粉煤灰砌块的主规格外形尺寸为：880 mm×380 mm×240 mm；880 mm×430 mm×240 mm。

粉煤灰砌块按立方体试件的抗压强度分为 MU10 和 MU13 两个强度等级。根据外观质量、尺寸偏差和干缩性能,砌块分为一等品(B)和合格品(C)两个质量等级。

粉煤灰砌块的表观密度小于 1 900 kg/m³,具有良好的力学性能及较好的保温隔热性能,使用于一般的墙体工程,可用于民用和工业建筑的墙体和基础,但不宜用于具有酸性侵蚀介质和经常处于高温(如炼钢车间)环境下的建筑物。

4.3 其他墙体材料

常用的墙体材料除了砖和砌块以外,还包括墙用板材,如石膏墙板、蒸压加气混凝土板、金属面中央芯板等,预制及现浇混凝土墙体,钢结构和玻璃幕墙等。

4.3.1 石膏类墙板

石膏墙板是以石膏为主要原料制成的墙板的统称,包括纸面石膏板、石膏纤维板、石膏空心条板、石膏刨花板等,主要用作建筑物的隔墙、吊顶等。石膏制品有许多优点,石膏类板材在轻质墙体材料中占很大比例。

1) 纸面石膏板

纸面石膏板按其用途分为普通纸面石膏板(P)、耐水纸面石膏板(S)和耐火纸面石膏板(H)。

普通纸面石膏板是以建筑石膏为主要原料,掺入适量纤维类增强材料以及少量外加剂,经加水搅拌成料浆,浇筑在行进中的纸面上,成型后再覆一层面纸,再经固化、切割、烘干、切边而成。若在板芯配料中加入防水、防潮外加剂,并用耐水护面纸,即可制成耐水纸面石膏板;若在板芯配料中加入无机耐火纤维和阻燃剂等增强材料,构成耐火芯材,即可制成耐火纸面石膏板。纸面石膏板的产品种类及规格见表 4-19 所示。

表 4-19　纸面石膏板的产品种类及规格

种　类	规格(mm)			板边形状及代号	应用范围
	长	宽	厚		
普通纸面石膏板	1 800 2 100 2 400 2 700 3 000 3 300 3 600	900 1 200	9 12 15 18	矩形 PJ,45°倒角形 PD,楔形 PC,半圆形 PB,圆形 PY	建筑物围墙、内隔墙、吊顶
耐火纸面石膏板			9 12 15		建筑物中有防火要求的部位
耐水纸面石膏板			9 12 15 18 21 25	矩形 PJ,楔形 PC	外墙衬板、卫生间、厨房等瓷砖墙面衬板

纸面石膏板的质量要求和性能指标应满足有关标准的要求。

纸面石膏板的表观密度为 800～950 kg/m³,导热率低[约 0.20 W/(m·K)],隔声系数为 35～50 dB,抗折荷载为 400～800 N,表面平整,尺寸稳定。具有自重轻、隔热、隔声、防火、抗震,可调节室内湿度,加工性好,施工简便等优点。但用纸量较大,成本较高。

普通纸面石膏板可广泛应用于民用与工业建筑的内隔墙、维护墙和吊顶,以及复合保温外墙的内覆面,在框架结构建筑和砖混结构建筑以及建筑加层、维修和临时建筑上均可使用。

耐水纸面石膏板可用于相对湿度大于 75% 的浴室、厕所、盥洗室等潮湿环境下的吊顶和隔墙,如表面再做防水处理则效果更好。

耐火纸面石膏板主要用于对防火有较高要求的房屋建筑中。

纸面石膏板可与石膏龙骨或轻钢龙骨共同组成隔墙。这类墙体可大幅度减少建筑物自重,增加建筑的使用面积,提高建筑物中房屋布局的灵活性,提高抗震性能,缩短施工周期等。

2) 纤维石膏板

纤维石膏板是由建筑石膏、纤维材料(废纸纤维、木纤维或有机纤维)、多种添加剂和水制成的无面纸石膏板。其规格尺寸与纸面石膏板基本相同,其抗弯和抗冲击强度,隔音、防火性能更好,工艺操作较简单,节省投资和能源。其应用与施工与纸面石膏板相同,但使用范围更广泛。

3) 石膏空心条板

石膏空心条板是以熟石膏为胶凝材料,掺入适量的水、粉煤灰或水泥和少量的纤维,同时掺入膨胀珍珠岩为轻质骨料,经搅拌、成型、抽芯、干燥等工序制成的空心条板,包括石膏珍珠岩空心条板、石膏粉煤灰硅酸盐空心条板、石膏空心条板等。按防水性能分为普通空心条板和耐水空心条板;按强度分为普通型空心条板和增强型空心条板。

石膏空心条板的表观密度为 600～900 kg/m³,抗折强度为 2～3 MPa,导热率为 0.22 W/(m·K),隔声系数大于 30 dB,耐火极限为 1～2.25 h,表面平整光滑。具有自重轻、比强度高、隔热、隔声、防火、加工性好、施工简便等优点。适用于高层建筑、框架轻板建筑以及其他各类建筑的非承重内隔墙。

4) 石膏保温板

石膏保温板是以 β 型(或 α 型)半水石膏为主要原料,加入填充材料和外加剂,经充气工艺制成的芯板与面层浇注复合而成的一种建筑外墙保温材料,主墙可以是砖砌外墙,也可以是现浇或预制混凝土外墙。

保温板生产原料中的填充材料有粉煤灰,可降低成本和提高面层软化系数;有短切玻璃纤维,用于增强保温性能。外加剂是气泡分散稳定剂、调凝剂等。该板的保温芯层的孔隙率高,保温隔热性能较好;耐水密实面层可大大延缓板材的吸湿或吸水速度,保证板材强度和保温效果,并对减少干燥收缩有十分明显的效果。板材质轻,表面光洁平整,易于施工。

4.3.2　混凝土墙板

混凝土墙板是由各种混凝土为主要原料加工制作而成,具有较好的力学性能和耐久性,

生产技术成熟,质量可靠。可用于承重墙、外墙和复合墙板的外层面。其主要缺点是表观密度大,抗拉强度低。主要有:

1) 预应力混凝土空心墙板

预应力混凝土空心墙板是用高强度低松弛预应力钢绞线、525 号早强水泥及砂、石为原料,经过张拉、搅拌、挤压、养护、放张、切割而成的混凝土制品。具有板面平整、误差小、施工便利等优点,可用于承重、非承重外墙板、内墙板,也可以制成各种规格尺寸的楼板、屋面板等。

2) 混凝土多孔条板

混凝土多孔条板是以混凝土为主要原料的轻质空心条板。按混凝土的种类有普通混凝土多孔条板、轻骨料混凝土多孔条板等。

3) 蒸压加气混凝土板

蒸压加气混凝土板是由钙质材料、硅质材料、石膏、铝粉、水和钢筋等制成的轻质墙体材料,其内部含有大量微小、非连通的气孔,孔隙率达 $70\%\sim80\%$,主要用作内、外墙板,屋面板或楼板。

4) 轻骨料混凝土墙板

轻骨料混凝土墙板以水泥为胶结材料,以陶粒或天然浮石等为粗骨料,以陶砂、膨胀珍珠岩、浮石等为细骨料而制成的一种轻质墙板。有浮石全轻混凝土墙板、页岩陶粒炉下灰混凝土墙板和粉煤灰陶粒珍珠岩混凝土墙板。为增强其抗弯能力,常常在内部轻骨料浇筑完成后铺设钢筋网片。

4.3.3 复合墙板

常用的复合墙板主要由承受外力的结构层和保温层及面层组成,结构层主要为普通混凝土或金属板,保温层为矿棉、泡沫塑料、加气混凝土等,面层可以是具有装饰性的各种轻质薄板。

1) 混凝土加芯板

混凝土加芯板以 $20\sim30$ mm 厚的钢筋作内、外表面层以承受荷载,中间填以发泡聚苯乙烯、半硬质岩棉板或泡沫混凝土等保温材料而制成的一类轻型复合板材,中间夹层厚度由热工计算确定,内、外两层面板以钢筋件连接。这类板材在我国名称较多,有泰柏板、钢丝网架加芯板、三维板等,它们的性能和结构相似。如泰柏板是以直径为 2.06 ± 0.03 mm、屈服强度为 $390\sim490$ MPa 的钢丝焊接而成的三维钢丝网骨架与高热阻自熄性聚苯乙烯泡沫塑料组成的芯材板,两面喷(抹)水泥砂浆而成。

2) 轻质隔热加芯板

轻质隔热加芯板外层是高强度材料,内层是轻质绝热材料,通过黏结剂将二者黏合,经加工、修边、开槽、落料而成的板材。常用的外层材料主要是各种金属板,如镀锌彩色钢板、铝板、不锈钢板或装饰板等,内层材料主要是阻燃型发泡聚苯乙烯和矿棉等。该板的宽度为 1 200 mm,厚度为 $40\sim250$ mm,长度按需要而定。

轻质隔热加芯板质量轻,具有良好的绝热和防潮性能,还有较高的抗弯和抗剪强度,并且安装灵活快捷,可多次拆装重复使用,可用于厂房、仓库、车间、办公楼、商场等工业和民用建筑,也可用于加层、组合式活动室、室内隔断、天棚、冷库等建筑。

3)石膏板复合墙板

石膏板复合墙板是以石膏板为面层,绝热材料(通常采用聚苯乙烯泡沫塑料、岩棉或玻璃棉等)为芯材,两者之间设有空气层,与主体外墙在现场复合而成的复合保温外墙板。

4.4 屋面材料

屋面材料是建筑物最上层的防护结构,起着防风雨、隔热和保温的作用。随着现代建筑的发展和对建筑物功能要求的提高,屋面材料已经由过去较单一的烧结瓦向多材质的瓦和复合板材发展。

4.4.1 瓦

1)烧结类瓦材

烧结类瓦材主要有黏土瓦和琉璃瓦,主要用于屋面的防水和装饰。

(1)黏土瓦

与黏土砖类似,黏土瓦是以黏土、页岩为主要原料,经成型、干燥、烧结而成的制品,按使用部位可分为平瓦和脊瓦两种,颜色有青色和红色。

根据行业标准 JC 709—1998《黏土瓦》,平瓦的规格尺寸主要在 400 mm×240 mm 至 360 mm×220 mm 之间。每平方米屋面需覆盖的片数分别为 14 块至 16.5 块。平瓦分为优等品、一等品和合格品三个质量等级。单片瓦最小的抗折荷载不得小于 1 020 N。经 15 次冻融循环后无分层、开裂和剥落等损伤。抗渗性要求不得出现水滴。

平瓦按尺寸偏差、外观质量和物理、力学性能分为优等品、一等品和合格品三个产品等级,脊瓦分为一等品和合格品两个产品等级;抗冻性应符合规范要求,另外出厂成品中不允许有欠火、石灰爆裂和哑音瓦。

(2)琉璃瓦

琉璃瓦是用难熔黏土制坯,经干燥、上釉后烧结而成。这种瓦表面光滑,质地坚密,色彩美丽,造型多样,是一种富有我国传统民族特色的屋面防水与装饰材料。琉璃瓦耐久性好,但成本较高,一般只用于古建筑修复、纪念性建筑及园林建筑中。

2)水泥类瓦材

水泥类瓦材主要有混凝土平瓦、纤维增强水泥瓦和钢丝网水泥大波瓦等,主要用于厂房、库房、堆货棚、凉棚及围护结构等。

(1)混凝土平瓦

混凝土平瓦是以水泥、砂或无机的硬质细骨料为主要原料,经配料混合、加水搅拌、机械或人工滚压成型、养护而成。

根据行业标准 JC 746—1999《混凝土瓦》,其主要规格尺寸为 420 mm×330 mm。按承载力和吸水率要求分为优等品(A)、一等品(B)和合格品(C)三个质量等级。此外,混凝土平瓦尚需满足规范所要求的尺寸偏差、外观质量、质量偏差及抗渗性、抗冻性等。

混凝土平瓦可以用来代替黏土瓦,其耐久性好、成本低,但自重大于黏土瓦。如在配料时加入颜料,可制成彩色混凝土平瓦。

(2) 铁丝网水泥大波瓦

铁丝网水泥大波瓦是用普通水泥和砂加水混合后浇模,中间放置一层冷拔低碳钢丝网,成型后经养护而成。其尺寸为 1 700 mm×830 mm×14 mm,质量较大(50±5 kg),适用于做工厂散热车间、仓库及临时性建筑的屋面或围护结构。

(3) 石棉水泥波瓦

石棉水泥波瓦是用水泥和石棉为原料,经加水搅拌、压滤成型、养护而成的波形瓦。按形状尺寸分为大波瓦、中波瓦、小波瓦和脊瓦四种。

根据国家标准 GB 9722—1996《石棉水泥波瓦及其脊瓦》,其规格尺寸如下:大波瓦为 2 800 mm×994 mm,中波瓦为 2 400 mm×745 mm 和 1 800 mm×745 mm,小波瓦为 1 800 mm×720 mm。按波瓦的抗折力、吸水率和外观质量分为优等品、一等品和合格品三个质量等级。

石棉水泥波瓦既可用作屋面材料来覆盖屋面,也可用作墙面材料来装敷墙壁,但石棉纤维对人体健康有害,现正采用耐碱玻璃纤维和有机纤维生产水泥波瓦。

3) 高分子类复合瓦

(1) 聚氯乙烯波纹瓦

聚氯乙烯波纹瓦又称塑料瓦楞板,是以聚氯乙烯树脂为主体,加入其他材料,经塑化、压延、压波而成的波形瓦。其规格尺寸为 2 100 mm×(1 100~1 300)mm×(1.5~2)mm。其重量轻、防水、耐腐蚀、透光、有色泽,常用作车棚、凉棚等简易建筑的屋面,另外也可作遮阳板。

(2) 玻璃钢波形瓦

玻璃钢波形瓦是用不饱和聚酯树脂和玻璃纤维为原料,经手工制成。其尺寸为长 1 800 mm,宽 740 mm,厚 0.8~2.0 mm。其重量轻、强度高、耐冲击、耐高温、耐腐蚀、透光率高、色彩鲜艳、生产工艺简单,常用于建筑屋面、遮阳棚、车棚等。

(3) 玻璃纤维沥青瓦

玻璃纤维沥青瓦是以玻璃纤维薄毡为胎料,以改性沥青为涂敷材料而制成的一种片状屋面材料。其重量轻、施工方便,具有相互黏结的功能,有很好的抗风化能力,如在其表面撒以不同色彩的矿物粒料,则可制成彩色沥青瓦。沥青瓦适用于一般民用建筑屋面。

4.4.2 板材

在大跨度结构中,其屋面长期使用的预应力钢筋混凝土大板自重很大,而且不保温,必须另设防水层。现在随着大跨度建筑的快速发展,屋面板材已经由传统的预应力钢筋混凝土大型屋面板材向现在的三合一板(承重、保温、防水)发展。随着彩色涂层钢板、硬质聚氨酯夹心板、EPS隔热加芯板等材料的出现,使得轻型保温大跨度屋面得以迅速发展。

1) 金属波形板

金属波形板是以铝材、铝合金或薄钢板轧制而成(又称金属瓦楞板)。如果在轧制而成的金属瓦楞板上涂以搪瓷釉,经高温烧制而成搪瓷瓦楞板。金属波形板重量轻,强度高,耐腐蚀,光反射好,安装方便,适用于大部分建筑的屋面和墙面。

2) EPS 隔热加芯板

EPS 隔热加芯板是以 0.5～0.75 mm 厚的彩色涂层钢板为表面板,自熄聚苯乙烯为芯材,用热固化胶在连续成型机内加热加压复合而成的超轻型建筑板材。其重量约为混凝土屋面的 1/20～1/30,保温隔热好,施工方便,是集承重、保温、防水、装修为一体的新型维护结构材料。可制成平面形或曲面形板材,适用于大跨度屋面结构,如体育馆、展览馆、冷库以及其他多种建筑的屋面形式。

3) 硬质聚氨酯夹心板

硬质聚氨酯夹心板是由镀锌彩色压型钢板面层与硬质聚氨酯泡沫塑料芯材复合而成。压型钢板厚度为 0.5 mm、0.75 mm、1.0 mm,其彩色涂层具有较强的耐候性。该板材具有重量轻、强度高、保温隔热好、隔音效果好的优点,且色彩丰富,施工方便,是集承重、保温、防水、装饰为一体的屋面板材。可用于大型工业厂房、仓库、公共建筑等大跨度和高层建筑的屋面结构。

复习思考题

1. 简述烧结砖的生产原理。

2. 什么叫烧结砖的泛霜和石灰爆裂？它们对砌筑工程有何影响？

3. 如何用简易的方法鉴别欠火砖和过火砖？

4. 对烧结普通砖进行强度测试,取十块样砖,测得抗压强度分别为 25.7 MPa、28.0 MPa、24.5 MPa、29 MPa、27.8 MPa、33.0 MPa、28.5 MPa、32.0 MPa、29.2 MPa 和 31.0 MPa,试评定该烧结普通砖的强度等级。

5. 烧结空心砖和多孔砖有什么区别？各适用于什么地方？

6. 建筑工程中常用的砌块有哪几种类型？砌块与烧结普通黏土砖相比有哪些优点？

7. 墙用板材有哪几种？举例说明它们各自的优缺点及适用范围。

创新思考题

简要论述目前绿色墙体材料和屋面材料的发展及其在工程中的应用。

5 金属材料

土木工程金属材料包括了钢材、有色金属等,应用上以钢材为主。钢材有一系列优良的技术性能,如较高的强度、比强度,良好的塑性和韧性,能承受冲击荷载,可以进行焊接,易于加工和装配等。当然也存在缺点,如易锈蚀、耐火性差等。有色金属具有许多优良的特性,是现代工业中不可缺少的材料。只有充分了解了金属材料的各种性能,才能更好地在工程中去应用它们。

金属材料包括黑色金属和有色金属两大类,见表 5-1。

表 5-1　金属材料分类

金属材料	有色金属	轻有色金属	密度 4 500 以下的有色金属,包括铝、镁、钠、钾、钙、锶、钡等;特点:比重小,化学活动性大,与氧、硫、碳、卤素的化合物都相当稳定
		重有色金属	密度 4 500 以上的有色金属,如铜、镍、铅、锌、锡等,根据其特性都有特殊的应用范围和用途
		贵有色金属	包括金、银、铂族元素,在地壳中含量少,开采和提取比较困难;共同特点:比重大,熔点高,化学性质稳定,能抵抗酸碱腐蚀(银和铂除外)
		半金属	一般指硅、硒、碲、砷、硼等,此类金属的物理性能介于金属与非金属之间
		稀有金属	通常指在自然界中含量少,分布稀散或难从原料中提取的金属,如钨、钛等
	黑色金属		包括铁、锰、铬,铁元素大约占地壳元素总量的 5.5%,全世界金属总产量中钢铁占 99.5%

5.1　钢材的冶炼

钢与生铁都是以铁元素为主,并含有少量碳、硅、锰、磷、硫等元素的铁碳合金。根据含碳和其他元素含量的不同而区分为钢和生铁。一般来说,含碳量大于 2% 的为生铁,含碳量小于 2% 的为钢。由于含碳量的差别,使钢和生铁具有不同的性能和用途。生铁含碳较高,较硬脆,使用受到很大的限制,大部分作为炼钢原料及制造铸件。

炼钢就是通过冶炼工艺降低生铁中的碳,去除和降低有害杂质含量,再根据对钢性能的要求加入适量的合金元素,使其成为具有高强度、高韧性或其他特殊性能的钢。

将生铁在炼钢炉中冶炼,使碳的含量降低到预定的范围,其他杂质含量降低到允许的范围,经烧铸即得到钢锭,再经过加工处理后得到各种钢材。根据所用炼钢炉不同主要有三种冶炼方法:

1）氧气转炉钢

用纯氧吹入铁液中使碳和杂质氧化，得到所需要的钢。氧气转炉钢具有原材料适应性强、生产率高、成本低、可炼品种多、钢质量好等优点，因而应用广泛。氧气转炉钢又分为氧气顶吹转炉炼钢、氧气底吹转炉炼钢、顶底复合氧气转炉炼钢。

氧气顶吹转炉炼钢法是以高压氧气从炼钢炉上方向炉内强制供氧进行的。

氧气底吹转炉是在空气底吹转炉基础上发展起来的，氧气底吹转炉的炉体结构与氧气顶吹转炉相似，只是在底吹转炉冶炼中，氧气由分散在炉底上的数支喷嘴由下而上吹入炉内。

顶底复合氧气转炉是综合了氧气顶吹转炉与氧气底吹转炉炼钢方法的冶金特点之后，改进发展起来的。顶底复合吹炼炼钢法，就是在顶吹的同时从底部吹入少量气体，克服了顶吹、底吹转炉的缺点，同时又保留了优点，具有比顶吹和底吹更好的技术经济指标。

2）电炉炼钢

电炉炼钢主要用废钢冶炼各种有特殊性能要求的钢，是目前生产特殊钢的主要方法。电炉是一种以电为主要能源的熔化炉，根据电—热转化方式，可分为电弧炉、电阻炉和感应炉。大多数电炉钢是电弧炉生产的，还有少量电炉钢是由感应炉、电渣炉等生产的。电弧炉主要是利用电极与炉料间放电产生电弧发出的热量来炼钢。

3）平炉炼钢

用平炉以煤气或重油作燃料，原料为铁液、废钢铁和适量的铁矿石，利用空气或氧气和铁矿石中的氧使碳和杂质氧化得到所需钢。平炉炉体结构庞大，热损失大，热效率低。近年来，随着氧气顶吹转炉的迅速发展和大型超高功率电炉的投产，平炉已逐渐被取代。

5.2　钢的分类

1）按冶炼方法分类

（1）平炉钢

平炉钢一般属碱性钢，只有在特殊情况下才在酸性平炉里炼制。效率低，现在已很少用。

（2）转炉钢

转炉钢除可分为酸性钢和碱性钢外，还可以分为底吹、侧吹、顶吹转炉钢。

（3）电炉钢

分为电弧炉钢、感应电炉钢、真空感应电炉钢、钢电渣电炉钢等。工业上大量生产的主要是碱性电弧炉钢。

2）按脱氧方法分类

（1）沸腾钢（F）

炼钢时仅加入锰铁进行脱氧，脱氧不完全，这种钢液铸锭时，有大量的一氧化碳气体从钢液中冒出，在液面出现"沸腾"现象，故称为沸腾钢，代号为"F"。

这种钢的塑性好，有利于冲压，但组织不够致密，成分不太均匀，硫磷等杂质偏析较严重，钢的致密程度较差，冲击韧性和可焊性差。由于其成本较低，产量较高，可以用于一般的建筑结构。

（2）镇静钢（Z）

炼钢时采用锰铁、硅铁和铝锭等作为脱氧剂,脱氧充分,铸锭时钢液平静地充满锭模并冷却凝固的钢,称为镇静钢,代号"Z"。

其质量均匀,结构致密。焊接性能好,抗蚀性强。但钢锭的收缩孔大,成品率低,成本高。常适用于预应力混凝土、承受冲击荷载等重要结构工程。

（3）半镇静钢（b）

脱氧程度介于沸腾钢和镇静钢之间的钢,称为半镇静钢,代号"b",是质量较好的钢。

（4）特殊镇静钢（TZ）

比镇静钢脱氧程度更充分彻底的钢,称为特殊镇静钢,代号"TZ"。特殊镇静钢质量最好,适用于特别重要的结构。

3）按化学成分分类

（1）碳素钢

碳素钢是指碳的质量分数在 $0.02\%\sim2.06\%$ 的铁碳合金。根据含碳量不同,可分为:

① 低碳钢:碳的质量分数小于 0.25% 的钢。

② 中碳钢:碳的质量分数在 $0.25\%\sim0.60\%$ 的钢。

③ 高碳钢:碳的质量分数大于 0.6% 小于 2.06% 的钢。

工程中大量应用的是碳素结构钢。

（2）合金钢

在碳素钢中加入一定量的合金元素以提高钢材性能的钢,称为合金钢。根据钢中合金元素含量,分为:

① 低合金钢:合金元素的总质量分数小于 5% 的钢。

② 中合金钢:合金元素的总质量分数在 $5\%\sim10\%$ 之间的钢。

③ 高合金钢:合金元素的总质量分数大于 10% 的钢。

4）按用途分类

按用途可分为结构钢、工具钢和特殊钢。结构钢主要用于工程结构构件及机械零件的钢,一般为低碳钢和中碳钢。工具钢主要用于各种工具、量具及模具的钢,一般为高碳钢。特殊钢是具有特殊物理、化学及力学性能的钢,如不锈钢、耐热钢、磁性钢等,一般为合金钢。

5）按加工制品的形状分类

炼钢炉炼出的钢水被铸成钢坯或钢锭,钢坯经压力加工成钢材的制品。

（1）型钢类

型钢是指具有一定截面形状和尺寸的实心长条钢材。可分为简单断面类,包括圆钢、方钢、扁钢、六角钢、角钢;复杂断面类,包括钢轨、工字钢、槽钢、窗框钢、异型钢等。

（2）钢板类

钢板是指一种宽厚比和表面积都很大的扁平钢材。按厚度不同分为薄板（厚度<4 mm）、中板（厚度 4~25 mm）和厚板（厚度>25 mm）三种。

（3）钢管类

钢管是指一种中空截面的长条钢材。按其截面形状不同可分为圆管、方形管、六角形管、各种异型截面钢管;按加工工艺又可分为无缝钢管和焊管钢管。

（4）钢丝类

钢丝是线材的再一次冷加工产品。按形状不同可分为圆钢丝、扁形钢丝和三角形钢丝等。

5.3 建筑钢材的主要技术性能

钢材的主要技术性能包括抗拉性能、冷弯性能、冲击性能、耐疲劳性能和硬度等,其技术性能对结构的安全使用及经济性起着决定性作用。

5.3.1 建筑钢材的主要力学性能

1) 抗拉性能

在外力作用下,材料抵抗变形和断裂的能力称为强度。抗拉性能是钢材最重要的技术性质,建筑钢材的抗拉性能可以通过低碳钢(软钢)的拉伸试验进行测定。如图 5-1 所示,将低碳钢加工成规定的标准试件,在试验机上进行拉伸。钢材受拉时,在产生应力的同时相应地产生应变,应力和应变的关系反映出低碳钢的主要力学特征。通过拉伸试验可以揭示出低碳钢在静载作用下常见的力学行为,即弹性变形、塑性变形、断裂;还可以确定材料的基本力学指标,如屈服强度、抗拉强度、断后伸长率和断面收缩率等。

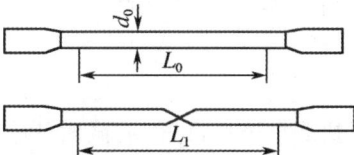

图 5-1 低碳钢拉伸试验试样示意图

低碳钢的应力—应变关系如图 5-2 所示。低碳钢从受拉到拉断,分为四个阶段:弹性阶段、屈服阶段、强化阶段和颈缩阶段。

（1）弹性阶段（OA 段）

在 OA 阶段,应力与应变成比例地增长,如卸去荷载,试件将恢复原状,材料表现为弹性,弹性阶段所产生的变形为弹性变形。在此阶段中,应力与应变之比为常数,称为弹性模量,即 $E = \sigma/\varepsilon$。弹性模量反映了材料受力时抵抗弹性变形的能力,即材料的刚度。弹性模量是钢材在静荷载作用下计算结构变形的一个重要指标。弹性阶段最大应力称为弹性极限 σ_p。土木工程中常用的低碳钢弹性模量一般在 $200 \sim 210$ GPa,σ_p 在 $180 \sim 218$ MPa。

图 5-2 低碳钢受拉应力—应变图

（2）屈服阶段（AB 段）

当应力超过弹性极限后,即应力达到 B 点后继续加载,应变急剧增加,应力先下降,然后做微小的波动,在应力—应变曲线上出现一个小的波动平台,这种应力基本保持不变,而应变显著增加的现象称为屈服。这一阶段的最大、最小应力分别称为屈服上限和屈服下限。由于屈服下限的数值较为稳定,因此以它作为材料抗力的指标,定义为屈服点或屈服强度,用 σ_s 表示。σ_s 是衡量材料强度的重要指标。常用低碳钢的屈服极限 σ_s 约为 $195 \sim 300$ MPa。

钢材受力达屈服点后,变形即迅速发展,尽管尚未破坏但已不能满足使用要求,故工程设计中一般以屈服点作为钢材强度取值依据。

有些钢材如高碳钢无明显的屈服现象,通常以发生微量的塑性变形（0.2%）时的应力作

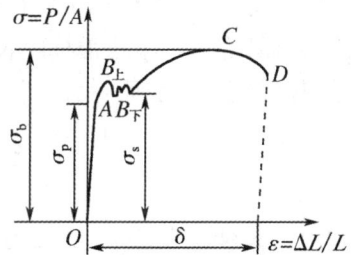

为该钢材的屈服强度,称为条件屈服强度($\sigma_{0.2}$)。高碳钢拉伸时的应力—应变曲线如图5-3所示。

（3）强化阶段（BC段）

当荷载超过屈服点以后,由于试件内部组织结构发生变化,抵抗变形能力又重新提高,应力—应变曲线又开始上升,要使它继续变形必须增加拉力,这一阶段称为强化阶段。对应于最高点C的应力值称为强度极限或抗拉强度σ_b,是材料所能承受的最大应力,是衡量材料强度的重要指标。常用低碳钢的σ_b一般为370～500 MPa。

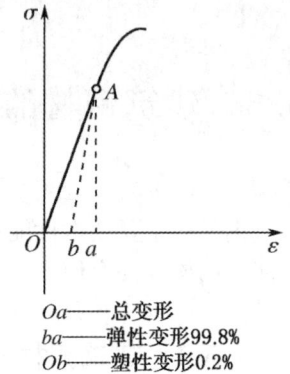

Oa——总变形
ba——弹性变形99.8%
Ob——塑性变形0.2%

图5-3 高碳钢拉伸时的
应力—应变曲线

抗拉强度在设计中不常应用,但屈服强度与抗拉强度的比值,即（σ_s/σ_b）屈强比在设计中有着重要意义。工程上使用的钢材,不仅希望具有高的屈服强度,还希望具有一定的屈强比。屈强比越小,钢材在受力超过屈服点工作时的可靠性越大,安全储备越大,材料越安全。但如果屈强比过小,则钢材有效利用率太低,造成浪费。既要保证安全又要经济,因此工程上常用碳素钢的屈强比为0.58～0.63,合金钢的屈强比为0.65～0.75。

（4）颈缩阶段（CD段）

当钢材继续受力达到最高点后,应力超过σ_b,钢材内部遭到严重破坏,试件的截面开始在薄弱处显著缩小,此现象为"颈缩现象"。由于试件断面急剧缩小,塑性变形迅速增加,钢材承载力也就随着下降,最后试件断裂。

2）塑性

塑性是钢材的一个重要的性能指标。钢材的塑性通常用拉伸试验时的伸长率或断面收缩率来表示。把拉断的试件在断口处拼合起来,可测得拉断后的试件长度L_1和断口处的最小截面积A_1。L_1减去原标距长L_0就是塑性变形值,此值与原长L_0的比率称为伸长率δ。伸长率按式（5-1）计算。

$$\delta = \frac{L_1 - L_0}{L_0} \times 100\% \tag{5-1}$$

式中：δ—伸长率;

L_0—试件原始长度（mm）;

L_1—试件拉断后长度（mm）。

伸长率δ是衡量钢材塑性的指标,它的数值越大,表示钢材塑性越好。良好的塑性,可将结构上的应力重新进行分布,从而避免结构过早破坏。δ_5和δ_{10}分别表示$L_0 = 5d_0$和$L_0 = 10d_0$时的伸长率。对同一种钢材,$\delta_5 > \delta_{10}$。这是因为钢材中各段在拉伸的过程中伸长量是不均匀的,颈缩处的伸长率较大,因此当原始标距L_0与直径d_0之比愈大,则颈缩处伸长值在整个伸长值中的比重愈小,因而计算得到的伸长率就愈小。某些钢材的伸长率是采用定标距试件测定的,如标距$L_0 = 100$ mm或200 mm,则伸长率用δ_{100}或δ_{200}表示。

普通碳素钢Q235A的伸长率δ_5可达26%以上,在钢材中是塑性相当好的材料。工程中常把常温下静载伸长率大于5%的材料称为塑性材料,金属材料中低碳钢是典型的塑性材料。

伸长率反映钢材塑性的大小,在工程中具有重要意义,是评定钢材质量的重要指标。伸长率较大的钢材,钢质较软,强度较低,但塑性好,加工性能好,应力重分布能力强,结构安全性大,但塑性过大对实际使用有影响。塑性过小,钢材质硬脆,受到突然超荷载作用时,构件易断裂。

$$\Psi = \frac{A_0 - A_1}{A_0} \times 100\% \qquad (5\text{-}2)$$

式中:Ψ——断面收缩率;

A_0——试件原始截面积(mm^2);

A_1——试件拉断后颈缩处的最小截面积(mm^2)。

伸长率和断面收缩率表示钢材断裂前塑性变形的能力。伸长率越大,断面收缩率越大,说明钢材塑性越大。钢材塑性大,不仅便于进行各种加工,而且能保证钢材在建筑上的安全使用。

3)冲击韧性

冲击韧性是指钢材抵抗冲击荷载的能力。钢材的冲击韧性是通过标准试件的弯曲冲击韧性试验确定的。如图 5-4 所示,将有缺口的标准试件放在冲击试验机的支座上,用摆锤打断试件,测得试件单位面积上所消耗的功,以试件单位面积上所消耗的功,作为冲击韧性指标,用冲击韧性值 α_k 表示。α_k 按式(5-3)计算。

$$\alpha_k = \frac{mg(H-h)}{A} \qquad (5\text{-}3)$$

式中:α_k——冲击韧性(J/cm^2);

m——摆锤质量(kg);

g——重力加速度,数值一般取 9.81 m/s^2;

H、h——摆锤冲击前后的高度(m);

A——试件槽口处最小横截面积(cm^2)。

(a)试验机　　　(b)试件放置及重锤冲击试件示意图　　　(c)试件缺口示意图

图 5-4　钢材冲击韧性试验示意图

α_k 值越大,表明钢材在断裂时所吸收的能量越多,则冲击韧性越好。影响钢材 α_k 的主要因素有化学成分及轧制质量、环境温度、钢材的时效等。

4)硬度

硬度是衡量材料抵抗另一硬物压入、表面产生局部变形的能力。硬度可以用来判断钢材的软硬程度,同时间接反映钢材的强度和耐磨性能。我国现行标准测定金属硬度的方法有布氏硬度法、洛氏硬度法和维氏硬度法三种。测定钢材硬度的现行标准方法是布氏硬度和洛氏硬度,铝合金采用维氏硬度。

(1)布氏硬度(HBW)

布氏硬度试验如图 5-5 所示,按规定选择一个直径为 D(mm)的淬过火的钢球或合金球,以一定荷载 P(N)将其压入试件表面,持续至规定时间(10~15 s)后卸去荷载,测定试件

表面压痕的直径 d(mm)，根据计算或查表确定单位面积上所承受的平均应力值，其值作为硬度指标，称为布氏硬度。根据《金属材料 布氏硬度实验》(GB/T 231—2009)的规定，布氏硬度的符号为 HBW，其实验范围的上限为 650HBW，试验力的选择应保证压痕直径在 $0.24\sim0.6D$ 之间。布氏硬度法比较准确，但压痕较大，不宜用于成品检验。布氏硬度值越大表示钢材越硬。布氏硬度可按式(5-4)表示：

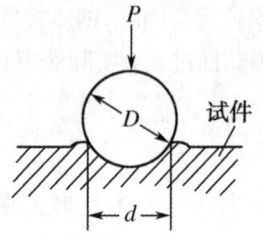

图 5-5　布氏硬度试验示意图

$$布氏硬度 = 常数 \times \frac{试验力}{压痕表面积} = 0.102 \times \frac{2F}{\pi D(D - \sqrt{D^2 - d^2})} \qquad (5-4)$$

（2）洛氏硬度（HR）

洛氏硬度试验是用标准型压头在一定试验荷载下压入试件表面，保持(4 ± 2)s 后，卸除主试验力，测量在初始试验力下的残余压痕深度 h，根据 h 值及常数 N 及 S，用下式来计算洛氏硬度：

$$洛氏硬度 = N - h/S \qquad (5-5)$$

式中：S——给定标尺的单位；

N——给定标尺的硬度数；

h——卸除主试验力后，在初始试验力下压痕残留的深度（残余压痕深度）。

洛氏硬度的符号以 HR 表示，为适应各种不同材料的应用，根据所用的压头及试验力的不同组合区分为洛氏硬度标尺（A、B、C、D、E、F、G、H、K…）。洛氏硬度法的压痕小，常用于判断工件的热处理效果。

（3）维氏硬度（HV）

将顶部两相对面夹角 136° 的正四面棱锥体金刚石压头用试验力压入试样表面，保持规定时间（10～15 s）后，卸除试验力，测量试样表面压痕对角线长度。

维氏硬度值是试验力除以压痕表面积所得的商，压痕被视为具有正方形基面并与压头角度相同的理想形状。

$$维氏硬度 = 常数 \times 试验力 / 压痕表面积$$

维氏硬度用 HV 表示。

5）耐疲劳性能

钢材在受交变荷载反复作用时，在应力远小于抗拉强度时突然发生脆性断裂破坏的现象，称为疲劳破坏。所谓交变荷载即荷载随时间做周期变化，引起材料应力随时间做周期性变化。

钢材的疲劳破坏的原因主要是钢材中存在疲劳裂缝源，如构件表面粗糙、有加工的损伤或刻痕、构件内部存在夹杂物或焊接裂缝等缺陷。当应力作用方式、大小或方向等交替变更时，裂缝两面的材料时而紧压或张开，形成了断口光滑的疲劳裂缝扩展区。随着裂缝向深处发展，在疲劳破坏的最后阶段，裂纹间断由于应力集中而引起剩余截面的脆性断裂，形成在低应力状态下突然发生的脆性破坏，危害极大，往往造成灾难性的事故。从断口可明显分辨出疲劳裂纹扩展区和残留部分的瞬时断裂区。

在一定条件下，钢材疲劳破坏的应力值随应力循环次数的增加而降低。钢材在无穷次交变荷载作用下而不致引起断裂的最大循环应力值,称为疲劳强度极限。钢材的疲劳强度与很多因素有关,如组织结构、表面状态、合金成分、夹杂物和应力集中、受腐蚀程度等。一般来说,钢材的抗拉强度高,其疲劳极限也较高。对于承受交变应力作用的钢构件,应根据钢材质量及使用条件合理设计,以保证构件足够的安全度及寿命。在设计承受反复荷载且须进行疲劳验算的结构时,应当了解所用钢材的疲劳强度。

5.3.2 建筑钢材的工艺性能

钢材的工艺性能指钢材承受各种冷热加工的能力,包括铸造性、切削加工性、焊接性、冲压性、顶锻性、冷弯性、热处理工艺性能等。对土木工程用钢材而言,其中仅涉及焊接和冷弯性能。

1) 冷弯性能

冷弯性能是指钢材在常温下承受弯曲变形的能力,是反映钢材缺陷和塑性的一种重要工艺性能。建筑工程中常需对钢材进行冷弯加工,冷弯试验就是模拟钢材弯曲加工而确定的。

钢材的冷弯性能通过冷弯试验以试验时的弯曲角度和弯心直径为指标表示。钢材冷弯试验是通过直径(或厚度)为 a 的试件,采用标准规定的弯心直径 $d(d = na, n$ 为整数),弯曲到规定的角度(180°或90°)时,检查弯曲处有无裂纹、断裂及起层等现象,若无则认为冷弯性能合格。冷弯试验如图5-6所示,钢材冷弯时的弯曲角度愈大,弯心直径愈小,则表示其冷弯性能愈好。

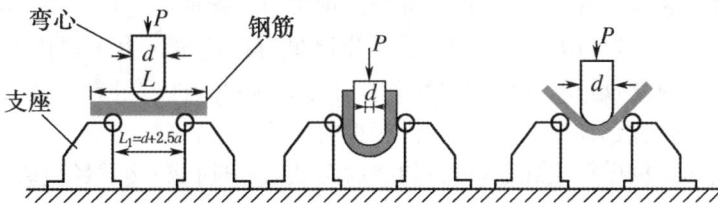

图5-6 冷弯试验示意图

冷弯试验能反映试件弯曲处的塑性变形,有助于暴露钢材的某些缺陷,如是否存在内部组织不均匀,是否存在内应力和夹杂物等缺陷;而在拉伸试验中,这些缺陷常由于均匀的塑性变形导致应力重新分布而被掩饰,故在工程中,冷弯试验还被用作对钢材焊接质量进行严格检验的一种手段。

2) 焊接性能

土木工程结构中的钢筋连接、钢结构构件的连接以及预埋件与构件的连接方式一般包括螺栓、绑扎、套筒、焊接、铆接、粘接等方式。其中螺栓、绑扎、套筒连接可拆卸;焊接、铆接、粘接不可拆卸。大约45%的钢材使用焊接连接方式。随着工程结构的发展及所处环境的要求,对钢材焊接使用性也提出了高压、高温、低温和耐蚀以及能承受动荷载等要求。

焊接是指在高温或高压条件下,使材料接缝部分迅速呈熔融或半熔融状态,将两块或两块以上的被焊接材料连接成一个整体的操作方法,是钢材的主要连接形式。钢材的焊接性能是指在一定的焊接工艺条件下,在焊缝及其附近过热区不产生裂纹及硬脆倾向,焊接后钢材的力学性能,特别是强度不低于原有钢材的强度。钢材的主要焊接方法见表5-2。

表 5-2 钢材的主要焊接方法

焊接方法	主要原理	备　注
电弧焊	利用电弧放电所产生的热量将焊条与钢材互相熔化的一种焊接方法	电弧焊可分为手工电弧焊、半自动电弧焊、自动电弧焊
闪光对焊	闪光对焊的原理是利用对焊机使两端钢筋接触，通过低电压的强电流，待钢筋被加热到一定温度变软后进行轴向加压顶锻，形成对焊接头	闪光对焊广泛应用于钢筋纵向连接及预应力钢筋与螺丝端杆的焊接
电渣压力焊	钢筋电渣压力焊是将两钢筋安放成竖向对接形式，利用焊接电流通过两钢筋间隙，在焊剂层下形成电弧过程和电渣过程，产生电弧热和电阻热，熔化钢筋，加压完成的一种压焊方法	与电弧焊相比，电渣压力焊工效高、成本低，在一些高层建筑施工中应用较多
埋弧焊	埋弧焊是一种电弧在焊剂层下燃烧进行焊接的方法。具有焊接质量稳定、焊接生产率高、无弧光及烟尘很少等优点	在箱型梁柱等重要钢结构制作，尤其在钢板焊接中的应用较多
气压焊	采用氧乙炔火焰或其他火焰对两钢材对接处加热，使其达到塑性状态或熔化状态后加压完成的一种压焊方法	钢筋气压焊适合于现场焊接梁、板、柱的钢筋

影响钢材焊接质量的主要因素包括焊接钢材的质量、焊接工艺、焊条等焊接材料，其中钢材的化学成分即钢材的可焊性对钢材的焊接有很大的影响。随着钢材的含碳量、合金元素及杂质元素含量的提高，钢材的可焊性降低。钢材的含碳量超过 0.25% 时，可焊性明显降低；硫含量较多时，会使焊口处产生热裂纹，严重降低焊接质量。由于焊接件在使用过程中的主要力学性能是强度、塑性、韧性和耐疲劳性，因此，对焊接件质量影响最大的焊接缺陷是裂纹、缺口和由于硬化而引起的塑性和冲击韧性的降低。

钢材的焊接必须执行有关规定，钢材焊接后必须取样进行焊接质量检验，一般包括拉伸试验和冷弯试验，要求试验时试件的断裂不能发生在焊接处。

5.4 钢材的化学成分

钢材中除了主要的化学成分（铁）以外，还含有少量的碳（C）、硅（Si）、锰（Mn）、磷（P）、硫（S）、氧（O）、氮（N）、钛（Ti）、钒（V）等元素，它们含量虽少，但是对钢材的性能有很大的影响。

这些成分可分为两类：一类是能改善优化钢材的性能的元素，称为有益元素，主要有 Si、Mn、Ti、V、Nb 等；另一类劣化钢材的性能，属钢材中的有害元素，主要有氧、硫、氮、磷等。

碳是决定钢材性能的最重要元素，随着钢中含碳量的变化，钢材显示出不同的性能：

（1）当钢中含碳量小于 0.8% 时，随着含碳量的增加，强度和硬度提高，而塑性和韧性降低。

（2）含碳量在 0.8%~1.0% 时，随着含碳量的增加，强度和硬度提高，而塑性降低，钢材为脆性。

（3）含碳量在 1.0% 左右时，钢材的强度达到最高。

（4）当含碳量大于 1.0% 时，随着含碳量的增加，钢材的硬度提高，脆性增大，而强度和塑性降低，可焊性显著降低，焊接性能变差，冷脆性和时效敏感性增大，耐大气锈蚀性降低。

建筑钢材的含碳量不可过高,一般工程所用的碳素钢为低碳钢,即含碳量小于0.20%;在用途允许时,可用碳的质量分数较高的钢,最高可达0.6%。工程所用的低合金钢,其含碳量小于0.50%。

其他各化学成分对钢性能的影响见表5-3。

表5-3 各化学成分对钢性能的影响

对钢性能影响利弊	元素	对钢性能的影响	含量范围
有益元素	硅(Si)	硅是作为脱氧剂而存在于钢中,是钢中有益的主要合金元素。硅含量较低(小于1.0%)时,随着硅含量的增加,能提高钢材的强度、抗疲劳性、耐腐蚀性及抗氧化性,而对塑性和韧性无明显影响,但对可焊性和冷加工性能有所影响	碳素钢的硅含量小于0.3% 低合金钢的硅含量小于1.8%
有益元素	锰(Mn)	锰是炼钢时用来脱氧去硫而存在于钢中的,是钢中有益的主要合金元素。锰具有很强的脱氧去硫能力,能消除或减轻氧、硫所引起的热脆性。随着锰含量的增加,大大改善钢材的热加工性能,同时能提高钢材的强度、硬度及耐磨性。当锰含量小于1.0%时,对钢材的塑性和韧性无明显影响	一般低合金钢的锰含量为1.0%~2.0%
	钛(Ti)	钛是常用的微量合金元素,是强脱氧剂。随着钛含量的增加,能显著提高强度,改善韧性、可焊性,但稍降低塑性	—
	钒(V)	钒是常用的微量合金元素,是弱脱氧剂。钒加入钢中可减弱碳和氮的不利影响。随着钒含量的增加,有效地提高强度,但有时也会增加焊接淬硬倾向	—
有害元素	磷(P)	磷是钢中很有害的元素。随着磷含量的增加,钢材的强度、屈强比、硬度提高,而塑性和韧性显著降低。特别是温度愈低,对塑性和韧性的影响愈大,显著加大钢材的冷脆性。磷也使钢材的可焊性显著降低。但磷可提高钢材的耐磨性和耐蚀性,故在低合金钢中可配合其他元素作为合金元素使用	一般磷含量要小于0.045%
	硫(S)	硫是钢中很有害的元素。随着硫含量的增加,加大钢材的热脆性,降低钢材的各种机械性能,也使钢材的可焊性、冲击韧性、耐疲劳性和抗腐蚀性等均降低	一般硫含量要小于0.045%
	氧(O)	氧是钢中的有害元素。随着氧含量的增加,钢材的强度有所降低,塑性特别是韧性显著降低,可焊性变差。氧的存在会造成钢材的热脆性	一般氧含量要小于0.03%
	氮(N)	氮对钢材性能的影响与碳、磷相似。随着氮含量的增加,可使钢材的强度提高,但塑性特别是韧性显著降低,可焊性变差,冷脆性加剧。氮在铝、铌、钒等元素的配合下可以减少其不利影响,改善钢材性能,可作为低合金钢的合金元素使用	一般氮含量要小于0.008%

5.5 钢材的冷加工和热处理

5.5.1 冷加工时效及其应用

将钢材于常温下进行冷拉、冷拔、冷轧等处理,使之产生一定的塑性变形,强度和硬度明显提高,塑性和韧性有所降低,这个过程称为钢材的冷加工强化。通过冷加工产生塑性变形,不但改变钢材的形状和尺寸,而且还能改变钢的晶体结构,从而改变钢的性能。图 5-7 为钢材加工及冷拉强化 σ-δ 图。

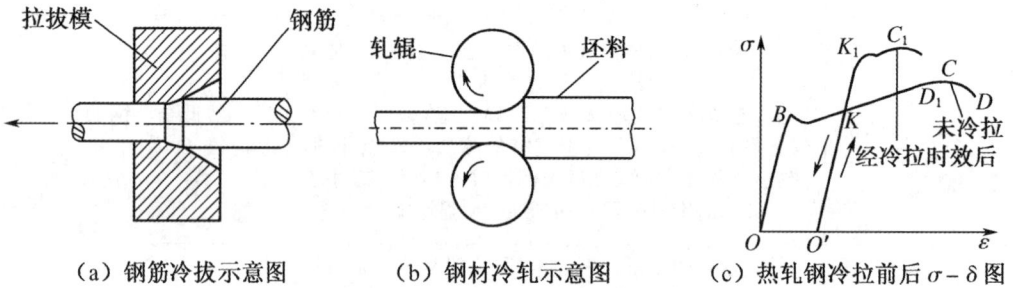

（a）钢筋冷拔示意图　　（b）钢材冷轧示意图　　（c）热轧钢冷拉前后 σ-δ 图

图 5-7　钢材加工及冷拉强化 σ-δ 图

1）冷拉

将热轧钢筋用拉伸设备在常温下将其拉至应力超过屈服点,但远小于抗拉强度时即卸荷,使之产生一定的塑性变形,称为冷拉。钢筋冷拉前后应力、应变变化如图 5-9(c)所示。$OBCD$ 为没有进行冷钢钢筋的拉伸试验 σ-δ 曲线,将钢筋拉至应力—应变曲线的强化阶段内任一点 K 处,然后缓慢卸去荷载,当再度加载时,钢筋的 σ-δ 曲线为 $OKK_1C_1D_1$。由图 5-9(c)可以看出,经过冷拉的钢筋其屈服点有所提高,而抗拉强度基本不变,塑性和韧性相应降低。

钢筋经冷拉后,一般屈服点可提高 20%~30%,钢筋长度增加 4%~10%,因此冷拉也是节约钢材的一种措施。

2）冷拔

将直径为 6~8 mm 的光圆钢筋通过硬质合金拔丝模孔强行拉拔,使其径向挤压缩小而纵向伸长。钢筋在冷拔过程中,不仅受拉,同时还受到挤压作用。一般而言,经过一次或多次冷拔后,钢筋的屈服强度可提高 40%~60%,但塑性大大降低,已失去软钢的塑性和韧性,具有硬钢的性质。

3）冷轧

将圆钢在轧钢机上轧成断面形状规则的钢筋,可以提高其强度及与混凝土的握裹力。钢筋在冷轧时,纵向与横向同时产生变形,因而能较好地保持其塑性和内部结构的均匀性。

4）钢材的时效处理

将经过冷加工后的钢材,在常温下存放 15~20 d,或加热至 100~200℃并保持 2 h 左右,其屈服强度、抗拉强度及硬度进一步提高,塑性和韧性继续有所降低,这个过程称为时效处理。前者称为自然时效,后者称为人工时效。通常对强度较低的钢筋可采用自然时效,对强度较高的钢筋则需采用人工时效。由于时效过程中内应力的消减,故弹性模量可基本恢复。

产生冷加工强化的原因是:钢材经冷加工产生塑性变形后,塑性变形区域内的晶粒产生相对滑移,导致滑移面下的晶粒破碎,晶格歪扭畸变,滑移面变得凹凸不平,对晶粒进一步滑移起阻碍作用,亦即提高了抵抗外力的能力,故屈服强度得以提高。同时,冷加工强化后的钢材,由于塑性变形后滑移面减少,从而使其塑性降低,脆性增大,且变形中产生的内应力,使钢的弹性模量降低。

5.5.2　钢材的热处理

热处理是将钢材在固态范围内按一定的温度条件进行加热、保温和冷却处理,以改变其组织,得到所需要的性能的一种工艺。热处理包括淬火、回火、退火和正火。土木工程所用钢材一般只是生产厂进行热处理并以热处理状态供应,施工现场有时须对焊接件进行热处理。

1) 淬火和回火

淬火和回火是两道相连的处理过程。

淬火是指将钢材加热至基本组织改变温度以上,保温使基本组织转变为奥氏体,然后投入水或矿物油中急冷,使晶粒细化,碳的固溶量增加,强度和硬度增加,塑性和韧性明显下降。淬火的目的是得到高强度、高硬度的组织,但钢材的塑性和韧性显著降低。

淬火结束后,随后进行回火。回火是指将比较硬脆、存在内应力的钢,再加热至基本组织改变温度以下($150 \sim 650 ℃$),保温后按一定制度冷却至室温的热处理方法。回火后的钢材,内应力消除,硬度降低,塑性和韧性得到改善。$500 \sim 650 ℃$时的回火称高温回火,$300 \sim 500 ℃$时的回火称中温回火,$250 \sim 300 ℃$时的回火称低温回火。其目的是:促进不稳定组织转变为需要的组织;消除淬火产生的内应力,降低脆性,改善机械性能等。

2) 退火和正火

退火是指将钢材加热至基本组织转变温度以下或以上,适当保温后缓慢冷却,以消除内应力,减少缺陷和晶格畸变,使钢的塑性和韧性得到改善的处理。基本组织转变温度以下为完全退火,基本组织转变温度以上为低温退火。通过退火可以减少加工中产生的缺陷,减轻晶格畸变,消除内应力,从而达到改变组织并改善性能的目的。

正火是退火的一种变态或特例,二者仅冷却速度不同。正火是指将钢件加热至基本组织改变温度以上,然后在空气中冷却,使晶格细化,钢的强度提高而塑性有所降低。与退火相比,正火后钢的硬度、强度提高,而塑性减小。正火的主要目的是细化晶粒,消除组织缺陷等。对于含碳量高的高强度钢筋和焊接时形成的硬脆组织的焊件,适合以退火方式来消除内应力和降低脆性,保证焊接质量。

5.6 钢材的标准与选用

5.6.1 土木工程常用钢材

土木工程中所用钢筋、型钢的木材钢种主要为碳素结构钢、低合金高强度结构钢、优质碳素结构钢、合金结构钢。

1) 碳素结构钢(GB/T 700—2006)

(1) 碳素结构钢的牌号及其表示方法

国家标准《碳素结构钢》(GB/T 700—2006)规定,按照钢的力学指标把碳素结构钢划分为 Q195、Q215、Q235 和 Q275 四个牌号。每个牌号又按硫、磷杂质含量由多到少,分为 A、B、C、D 四个质量等级。

碳素结构钢都由氧气转炉、平炉或电炉冶炼,其牌号如图 5-8 所示,由屈服强度的字母汉语拼音 Q、屈服强度值、质量等级符号、脱氧程度符号四个部分按顺序组成。镇静钢(Z)和特殊镇静钢(TZ)在钢的牌号中可省略。

各牌号碳素结构钢的牌号及化学成分应符合表 5-4 的规定。

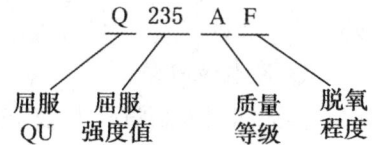

图 5-8 碳素结构钢的牌号

Q235AF 的牌号,表示此碳素结构钢是屈服强度为 235 MPa,由氧气转炉或平炉冶炼的 A 级沸腾碳素结构钢。

Q235-BZ 的牌号,表示此碳素结构钢是屈服强度为 235 MPa(以 16 mm 钢材厚度或直径为准);质量等级为 B 级,即硫、磷质量分数均控制在 0.045% 以下,脱氧程度为镇静钢。

表 5-4 碳素结构钢的牌号及化学成分(GB/T 700—2006)

牌号	统一数字代码	等级	厚度(或直径)(mm)	脱氧方法	化学成分(质量分数)(%),不大于				
					C	Si	Mn	P	S
Q195	U11952	—	—	F、Z	0.12	0.3	0.5	0.035	0.04
Q215	U12152	A	—	F、Z	0.15	0.35	1.2	0.045	0.05
	U12155	B							0.045
Q235	U12352	A	—	F、Z	0.22	0.35	1.4	0.045	0.05
	U12355	B		F、Z	0.2			0.045	0.045
	U12358	C		Z	0.17			0.04	0.04
	U12359	D		TZ				0.035	0.035

续表 5-4

牌号	统一数字代码	等级	厚度（或直径）(mm)	脱氧方法	化学成分（质量分数）(%)，不大于				
					C	Si	Mn	P	S
Q275	U12752	A	—	F、Z	0.24			0.045	0.05
	U12755	B	≤40	Z	0.21	0.35	1.5	0.04	0.045
			>40	Z	0.22				
	U12758	C	—	Z	0.2			0.04	0.04
	U12759	D		TZ				0.035	0.035

注：(1) 表中为镇静钢、特殊镇静钢牌号的统一数字，沸腾钢牌号的统一数字代号如下：Q195AF—U11950；Q215AF—U12150，Q215BF—U12153；Q235AF—U12350，Q235BF—U12353；Q275AF—U12750。
　　(2) 经需方同意，Q235B的碳含量可不大于0.22%。

(2) 碳素结构钢的主要技术性能

国家标准《碳素结构钢》(GB/T 700—2006)规定了碳素结构钢的牌号、尺寸、外形、重量及允许偏差、技术要求、试验方法、检验规则、包装、标志和质量证明书。碳素结构钢的强度、冲击韧性等指标应符合表5-5的规定，冷弯性能应符合表5-6的要求。

表 5-5　碳素结构钢的力学性能要求(GB/T 700—2006)

牌号	等级	屈服强度[a] R_{eH}(N/mm²)，不小于						抗拉强度[b] R_m (N/mm²)	断后伸长率 A(%)，不小于					冲击试验（V形缺口）	
		厚度（或直径）(mm)							厚度（或直径）(mm)					温度(℃)	冲击吸收功（纵向）(J)不小于
		≤16	>16~40	>40~60	>60~100	>100~150	>150~200		≤40	>40~60	>60~100	>100~150	>150~200		
Q195	—	195	185	—	—	—	—	315~450	33	—	—	—	—	—	—
Q215	A	215	205	195	185	175	165	335~450	31	30	29	27	26	—	—
	B													20	27
Q235	A	235	225	215	205	195	185	370~500	26	25	24	22	21	—	—
	B													20	27
	C													0	
	D													−20	
Q275	A	275	265	255	245	225	215	410~540	22	21	20	18	17	—	—
	B													20	27
	C													0	
	D													−20	

注：(1) Q195的屈服强度值仅供参考，不作交货条件。
　　(2) 厚度大于100 mm的钢材，抗拉强度下限允许降低20 N/mm²，宽带钢（包括剪切钢板）抗拉强度上限不作交货条件。
　　(3) 厚度小于25 mm的Q235B级钢材，如供方能保证冲击吸收功值合格，经需方同意，可不做检验。

表 5-6　碳素结构钢的冷弯性能（GB/T 700—2006）

牌号	试样方向	冷弯试验 180°　$B = 2a^{a}$	
		钢材厚度（或直径）[b]（mm）	
		≤60	>60～100
		弯心直径 d	
Q195	纵	0	—
	横	0.5a	
Q215	纵	0.5a	1.5a
	横	a	2a
Q235	纵	a	2a
	横	1.5a	2.5a
Q275	纵	1.5a	2.5a
	横	2a	3a

注：a　B 为试样宽度，a 为试样厚度（或直径）。
　　b　钢材厚度（或直径）大于 100 mm 时，弯曲试验由双方协商确定。

从表 5-4、表 5-5 和表 5-6 可以看出，碳素结构钢随着牌号的增大，其含碳量和含锰量增加，强度和硬度提高，而塑性和韧性降低，冷弯性能逐渐变差。

（3）碳素结构钢的应用

碳素结构钢力学性能稳定，塑性好，在各种加工过程中敏感性较小（如轧制、加热或迅速冷却），构件在焊接、超载、受冲击和温度应力等不利情况下能保证安全。而且冶炼方便，成本较低，目前在土木工程中应用广泛。

应用最广泛的碳素结构钢是 Q235，由于其具有较高的强度，良好的塑性、韧性及可焊性，综合性能好，故能较好地满足一般钢结构和钢筋混凝土结构的用钢要求。用 Q235 大量轧制各种型钢、钢板及钢筋。其中 Q235-A，一般仅适用于承受静荷载作用的结构；Q235-C 和 Q235-D，可用于重要的焊接结构。

Q195 和 Q215，强度低，塑性和韧性较好，具有良好的可焊性，易于冷加工，常用作钢钉、铆钉、螺栓及钢丝等，也可用作轧材用料。Q215 经冷加工后可代替 Q235 使用。

Q255 和 Q275，强度较高，但塑性、韧性和可焊性较差，不易焊接和冷弯加工，可用于轧制钢筋、制作螺栓配件等，但更多用于机械零件和工具等。

受动荷载作用的结构、焊接结构及低温下工作的结构，不能选用 A、B 质量等级钢及沸腾钢。

土木工程结构选用碳素结构钢，应综合考虑结构的工作环境条件、承受荷载类型、承受荷载方式、连接方式等。

2）优质碳素结构钢

优质碳素结构钢简称优质碳素钢，这类钢与普通碳素结构钢相比，由于对硫和磷的含量要求更加严格，质量稳定，所以其综合力学性能比普通碳素结构钢好。

根据国家标准《优质碳素结构钢》(GB/T 699—2015)的规定,共有 28 个牌号,其牌号由两位数字和字母组成,表示方法为:平均含碳量的万分数—含锰量标注—脱氧程度。普通锰含量的不写"Mn",较高锰含量的,在两位数字后加注"Mn";沸腾钢加注"F"。例如:"15F"表示平均碳含量为 0.15%、普通含锰量沸腾钢;"45Mn"表示平均碳含量为 0.45%、较高含锰量镇静钢。

优质碳素结构钢的力学性能主要取决于碳含量,碳含量高的强度高,但塑性和韧性降低。

优质碳素结构钢成本高,在土木工程中主要用于重要结构,一般适用于热处理后使用,有时也可不经热处理而直接使用。常用 30~45 号钢,制作钢铸件及高强螺栓;常用 65~80 号钢,制作碳素钢丝、刻痕钢丝和钢绞线;常用 45 号钢,制作预应力混凝土用的锚具。

3)低合金高强度结构钢(GB/T 1591—2018)

低合金高强度结构钢是在碳素结构钢的基础上,加入总量小于 5%的合金元素制成的结构钢。所加入的合金元素主要有锰、硅、钒、钛、铌、铬、镍等。加入合金元素后,可使其强度、耐腐蚀性、耐磨性、低温冲击韧性等性能得到显著提高和改善,具有较好的综合力学性能,强度高于碳素结构钢,且焊接性能优良,在包括船舶工程在内的许多领域中广泛应用。Q345、Q390、Q420 等牌号广泛用于船体的制造。

(1)低合金高强度结构钢的牌号及其表示方法

低合金高强度结构钢牌号是由屈服强度字母 Q、规定的最小上屈服强度值、交货状态代号(交货状态为热轧时,交货状态代号 AR 或 WAR 可省略;交货状态为正火或正火轧制状态时,交货状态代号均用 N 表示)、质量等级符号(B、C、D、E、F)四个部分组成。例如,Q355ND 表示屈服点为 355 MPa、交货状态为正火或正火轧制的 D 级低合金高强度结构钢。

(2)低合金高强度结构钢的技术要求及应用

热轧钢及正火轧制钢材的化学成分、拉伸性能如表 5-7~表 5-10 所示。

表 5-7 热轧钢的化学成分及牌号

牌号		化学成分(质量分数)(%)													
		C[a]		Si	Mn	P[c]	S[c]	Nb[d]	V[e]	Ti[e]	Cr	Ni	Cu	Mo	N[f]	B
钢级	质量等级	以下公称厚度或直径(mm)														
		≤40[b]	>40													
		不大于				不大于										
Q355	B	0.24		0.55	1.60	0.035	0.035	—	—	—	0.30	0.30	0.4	—	0.012	—
	C	0.20	0.22			0.030	0.030									
	D	0.20	0.22			0.025	0.025								—	

续表 5-7

牌号		化学成分〈质量分数〉(%)														
		C^a		Si	Mn	P^c	S^c	Nb^d	V^e	Ti^e	Cr	Ni	Cu	Mo	N^f	B
钢级	质量等级	以下公称厚度或直径(mm)														
		≤40^b	>40	不大于												
		不大于														
Q390	B	0.20		0.55	1.70	0.035	0.035	0.05	0.13	0.05	0.30	0.50	0.40	0.10	0.015	—
	C					0.030	0.030									
	D					0.025	0.025									
Q420^g	B	0.20		0.55	1.70	0.035	0.035	0.05	0.13	0.05	0.30	0.80	0.40	0.20	0.015	—
	C					0.030	0.030									
Q460^g	C	0.20		0.55	1.80	0.030	0.030	0.05	0.13	0.05	0.30	0.80	0.40	0.20	0.015	0.004

注:(1) 公称厚度大于 100 mm 的型钢,碳含量可由供需双方协商确定。
(2) 公称厚度大于 30 mm 的钢材,碳含量不大于 0.22%。
(3) 对于型钢和棒材,其磷和硫含量上限值 0.005%。
(4) Q390、Q420 最高可到 0.07%,Q460 最高可到 0.11%。
(5) 最高可到 0.20%。
(6) 如果钢中酸溶铝 Als 含量不小于 0.015% 或全铝 Alt 含量不小于 0.020%,或添加了其他固氮含金元素,氮元素含量不作限制,固氮元素应在质量证明书中注明。
(7) 仅适用于型钢和棒材。

表 5-8 热轧钢材的拉伸性能

牌号		上屈服强度 R_{eH}^a 不小于(MPa)									抗拉强度 R_m(MPa)			
		公称厚度或直径/mm												
钢级	质量等级	≤16	>16~40	>40~63	>63~80	>80~100	>100~150	>150~200	>200~250	>250~400	≤100	>100~150	>15~250	>250~400
Q355	B、C	355	345	335	325	315	295	285	275	—	470~630	450~600	450~600	—
	D									265^b				450~600^b
Q390	B、C、D	390	380	360	340	340	320	—	—	—	490~650	470~620	—	—
Q420^c	B、C	420	410	390	370	370	350	—	—	—	520~680	500~650	—	—
Q460^c	C	460	450	430	410	410	390	—	—	—	550~720	530~700	—	—

注:a 当屈服不明显时,可用规定塑性延伸强度 R_p 代替上屈服强度。
b 只适用于质量等级为 D 的钢板。
c 只适用于型钢和棒材。

表 5-9　正火、正火轧制钢材的化学成分及牌号

牌号		化学成分(质量分数)(%)													
钢级	质量等级	C	Si	Mn	S[a]	P[a]	Nb	V	Ti[c]	Cr	Ni	Cu	Mo	N	Als[d]不小于
		不大于			不大于					不大于					
Q355N	B	0.20	0.50	0.90~1.65	0.035	0.035	0.005~0.05	0.01~0.12	0.006~0.05	0.30	0.50	0.40	0.10	0.015	0.015
	C				0.030	0.030									
	D				0.030	0.025									
	E	0.18			0.025	0.020									
	F	0.16			0.020	0.010									
Q390N	B	0.20	0.50	0.90~1.70	0.035	0.035	0.01~0.05	0.01~0.20	0.006~0.05	0.30	0.50	0.40	0.1	0.015	0.015
	C				0.030	0.030									
	D				0.030	0.025									
	E				0.025										
Q420N	B	0.20	0.60	1.00~1.70	0.035	0.035	0.01~0.05	0.01~0.20	0.006~0.05	0.30	0.80	0.40	0.10	0.015	0.015
	C				0.030	0.030									
	D				0.030	0.025									
	E				0.025	0.020								0.025	
Q460N[b]	C	0.20	0.60	1.00~1.70	0.030	0.030	0.01~0.05	0.01~0.20	0.006~0.06	0.30	0.80	0.40	0.10	0.015	0.015
	D				0.030	0.025									
	E				0.025	0.020								0.025	
钢中应至少含有铝、铌、钒、钛等细化晶粒元素中的一种,单独成组合加入时,应保证其中至少一种合金元素含量不小于表中规定含量的下限															

注：a　对于型钢和棒材,磷和硫含量上限值可提高 0.005%。

b　V+Nb+Ti≤0.22%,Mo+Cr≤0.30%。

c　最高可到 0.20%。

d　可用全铝 Alt 替代,此时全铝最小含量为 0.020%。当钢中添加铌、钒、钛等细化晶粒元素且含量不小于表中规定含量的下限时,铝含量下限值不限。

表 5-10　正火、正火轧制钢材的拉伸性能

牌号		上屈服强度 R_{eH}[a] 不小于(MPa)								抗拉强度 R_m(MPa)			断后伸长率 A 不小于(%)					
钢级	质量等级	公称厚度或直径(mm)																
		≤16	>16~40	>40~63	>63~80	>80~100	>100~150	>150~200	>200~250	≤100	>100~200	>200~250	<16	>16~40	>40~63	>63~80	>80~200	>200~250
Q355N	B,C,D,E,F	355	345	335	325	315	295	285	275	470~630	450~600	450~600	22	22	22	21	21	21
Q390N	B,C,D,E	390	380	360	340	340	320	310	300	490~650	470~620	470~620	20	20	20	19	19	19
Q420N	B,C,D,E	120	400	390	370	360	340	330	320	520~680	500~650	500~650	19	19	19	18	18	18
Q460N	C,D,E	460	440	430	410	400	380	370	370	540~720	530~710	510~690	17	17	17	17	17	16

注：正火状态包含正火加回火状态。

a　当屈服不明显时,可用规定塑性延伸强度 S 代替上屈服强度 R_{eH}。

低合金高强度结构钢与碳素结构钢相比,具有较高的强度,综合性能好,所以在相同使用条件下,可比碳素结构钢节省用钢20%～30%,对减轻结构自重有利。同时,低合金高强度结构钢还具有良好的塑性、韧性、可焊性、耐磨性、耐蚀性、耐低温性等性能,有利于延长钢材的服役性能,延长结构的使用寿命。

低合金高强度结构钢主要用于轧制各种型钢、钢板、钢管及钢筋,广泛用于钢结构和钢筋混凝土结构中,特别适用于各种重型结构、高层结构、大跨度结构及大柱网结构等。

4)合金结构钢(GB/T 3077—2015)

(1)合金结构钢的牌号及其表示方法

根据国家标准《合金结构钢》(GB/T 3077—2015)规定,合金结构钢共有86个牌号。

合金结构钢的牌号由两位数字、合金元素、合金元素平均含量、质量等级符号四部分组成。两位数字表示平均含碳量的万分数;当含硅量的上限≤0.45%或含锰量的上限≤0.9%时,不加注Si或Mn,其他合金元素无论含量多少均加注合金元素符号;合金元素平均含量小于1.5%时不加注,合金元素平均含量为1.50%～2.49%或2.50%～3.49%或3.50%～4.49%时,在合金元素符号后面加注2或3或4;优质钢不加注,高级优质钢加注"A",特级优质钢加注"E"。例如20Mn2钢,表示平均含碳量为0.20%、含硅量上限≤0.45%、平均含锰量为0.15%～2.49%的优质合金结构钢。

(2)合金结构钢的性能及应用

合金结构钢的分类与优质碳素结构钢的分类相同。合金结构钢的特点是均含有Si和Mn,生产过程中对硫、磷等有害杂质控制严格,并且均为镇静钢,因此质量稳定。

合金结构钢与碳素结构钢相比,具有较高的强度和较好的综合性能,即具有良好的塑性、韧性、可焊性、耐低温性、耐锈蚀性、耐磨性、耐疲劳性等性能,有利于节省用钢,延长钢材的服役性能和结构的使用寿命。

合金结构钢主要用于轧制各种型钢(角钢、槽钢、工字钢)、钢板、钢管、铆钉、螺栓、螺帽及钢筋,特别是用于各种重型结构、大跨度结构、高层结构等,其技术经济效果更为显著。

5.6.2 钢筋混凝土结构用钢

钢筋混凝土结构用钢,主要由碳素结构钢和低合金结构钢轧制而成,主要有热轧钢筋、冷加工钢筋、热处理钢筋、预应力混凝土用钢丝和钢绞线等。

1)钢筋混凝土用钢筋

钢筋混凝土用钢筋,根据其表面形状分为光圆钢筋和带肋钢筋两类。带肋钢筋有月牙肋钢筋和等高肋钢筋等,见图5-9。

2)钢筋混凝土用热轧钢筋

(1)热轧钢筋(GB1499.1—2017)、(GB1499.2—2018)、(GB50010—2020(2015版))

混凝土结构用热轧钢筋应具有较高的强度,具有一定的塑性、韧性、冷弯和焊接性。根据国家标准《钢筋混凝土用热轧光圆钢筋》(GB1499.1—2017)、《钢筋混凝土用热轧带肋钢筋》(GB1499.2—2018)的规定:热轧光圆钢筋牌号为HPB300;热轧带肋钢筋分为普通热轧钢筋和细晶粒热轧钢筋两个类别,各分为三个牌号。热轧钢筋的牌号及其含义见表5-11。

（a）月牙肋钢筋

（b）等高肋钢筋

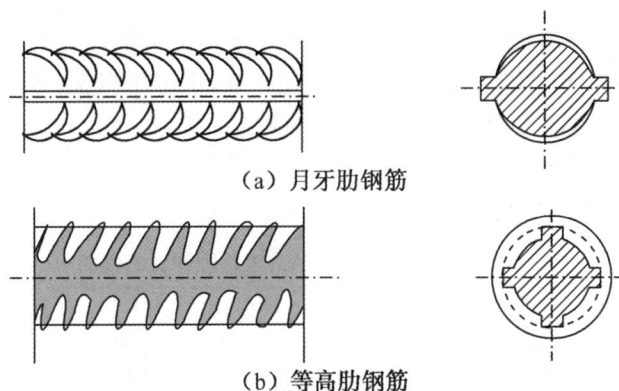

图 5-9 带肋钢筋

表 5-11 热轧钢筋牌号及其含义

类 别	牌 号	牌号构成	英文字母含义
热轧光圆钢筋	HPB300	由 HPB+屈服强度特征值构成	HPB——热轧光圆钢筋的英文（Hot rolled Plain Bars)缩写
普通热轧钢筋	HRB400	由 HRB+屈服强度特征值构成	HRB——热轧带肋钢筋的英文（Hot rolled Ribbed Bars)缩写 E——"地震"的英文（Earthquake）首字母
	HRB500		
	HRB600		
	HRB400E	由 HRB+屈服强度特征值+E 构成	
	HRB500E		
细晶粒热轧钢筋	HRBF400	由 HRBF+屈服强度特征值构成	HRBF——在热轧带肋钢筋的英文缩写后加"细"的英文（Fine）首位字母 E——"地震"的英文（Earthquake）首字母
	HRBF500		
	HRBF400E	由 HRBF+屈服强度特征值+E 构成	
	HRBF500E		

（2）热轧钢筋的应用

热轧光圆钢筋是由碳素结构钢轧制而成，表面光圆，其强度较低，塑性及焊接性能好，伸长率高，便于弯折成形和进行各种冷加工，广泛用于普通钢筋混凝土构件中，作为中小型钢筋混凝土结构的主要受力钢筋和各种钢筋混凝土结构的箍筋等。

热轧带肋钢筋采用低合金钢热轧而成，横截面通常为圆形，塑性和焊接性能较好，因表面带肋，加强了钢筋与混凝土之间的握裹力，广泛用于大、中型钢筋混凝土结构的受力钢筋，经过冷拉后可用作预应力钢筋。

3）冷轧带肋钢筋（GB 13788—2017）

冷轧带肋钢筋是由热轧光圆钢筋为母材，经冷轧成的表面带有沿着长度方向均匀分布的两面或三面月牙肋的钢筋。

根据国家标准《冷轧带肋钢筋》（GB 13788—2017）的规定，冷轧带肋钢筋分为 CRB550、CRB650、CRB800、CRB600H、CRB680H、CRB800H 六个牌号。C、R、B、H 分别为冷轧

(Cold rolled)、带肋(Ribbed)、钢筋(Bar)、高延性(High elongation)四个词的英文首位字母。CRB550、CRB600H 为普通钢筋混凝土用钢筋；CRB650、CRB800、CRB800H 为预应力混凝土用钢筋；CRB680H 既可作为普通钢筋混凝土用钢筋,也可作为预应力混凝土用钢筋使用。CRB550、CRB600H、CRB680H 钢筋的公称直径范围为 4～12 mm。CRB650、CRB800、CRB800H 公称直径为 4 mm、5 mm、6 mm。

冷轧带肋钢筋的力学性能和工艺性能要求见表 5-12。

表 5-12　冷轧带肋钢筋的力学性能和工艺性能

分类	牌号	规定塑性延伸强度 $R_{p0.2}$ 不小于 (MPa)	抗拉强度 R_m 不小于 (MPa)	$R_m/R_{p0.2}$ 不小于	断后伸长率 不小于(%)		最大力总延伸率 不小于 (%)	弯曲试验[a] 180°	反复弯曲次数	应力松弛初始应力应相当于公称抗拉强度的 70%
					A	A_{100}	A_{gt}			1 000 h, 不大于(%)
普通钢筋混凝土用	CRB550	500	550	1.05	11.0	—	2.5	$D=3d$	—	—
	CRB600H	540	600	1.05	14.0	—	5.0	$D=3d$	—	—
	CRB680H[b]	600	680	1.05	14.0	—	5.0	$D=3d$	4	5
预应力混凝土用	CRB650	585	650	1.05	—	4.0	2.5	—	3	8
	CRB800	720	800	1.05	—	4.0	2.5	—	3	8
	CRB800H	720	800	1.05	—	7.0	4.0	—	4	5

注：a　D 为弯心直径,d 为钢筋公称直径。
　　b　当该牌号钢筋作为普通钢筋混凝土用钢筋使用时,对反复弯曲和应力松弛不做要求;当该牌号钢筋作为预应力混凝土用钢筋使用时应进行反复弯曲试验代替180°弯曲试验,并检测松弛率。

冷轧带肋钢筋是采用冷加工方法强化的典型产品,冷轧后钢筋的握裹力提高,强度明显提高,塑性随之降低,强屈比变小,但是强屈比不得小于 1.03。这种钢筋可广泛用于中小预应力混凝土结构构件和普通钢筋混凝土结构构件,也可用于焊接钢筋网。

4）预应力混凝土用钢棒（GB/T 5223.3—2017）

预应力混凝土用钢棒是由盘条经加工后加热到奥氏体化温度后快速冷却,然后在相变温度以下加热进行回火所得钢棒,代号为 PCB,按外形可分为光圆钢棒、螺旋槽钢棒、螺旋肋钢棒、带肋钢棒四种。

预应力混凝土用钢棒具有高强度、高韧性和高握裹力等优点,主要用于预应力混凝土轨枕,用以代替高强度钢丝,其配筋根数少,制作方便,锚固性能好,建立的预应力稳定;预应力混凝土用钢棒还用于预应力梁、板结构及吊车梁等,使用效果好。

5）预应力混凝土用钢丝和钢绞线

（1）预应力混凝土用钢绞线（GB/T 5224—2014）

预应力混凝土用钢绞线是由若干根一定直径的冷拉光圆钢丝或刻痕钢丝捻制,再进行连续的稳定化处理而制成。根据成型及表面形状又分为标准型钢绞线、刻痕钢绞线、模拔型钢绞线三类。标准型钢绞线是由冷拉光圆钢丝捻制成的钢绞线;刻痕钢绞线是由刻痕钢丝捻制成的钢绞线;模拔型钢绞线是捻制后再经冷拔成的钢绞线。

钢绞线按结构分为八类,其代号为:1×2(用两根钢丝捻制)、1×3(用三根钢丝捻制)、1×3I(用三根刻痕钢丝捻制)、1×7(用七根钢丝捻制的标准型)、1×7I(用六根刻痕钢丝和一根光圆中心钢丝捻制)、(1×7)C(用七根钢丝捻制又经模拔)、1×19S(用十九根钢丝捻制的1+9+9西鲁式)、1×19W(用十九根钢丝捻制的1+6+6/6瓦林吞式)。图5-10为1×3钢绞线截面示意图。

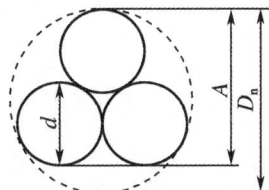

图 5-10　钢绞线截面示意图

预应力混凝土用钢绞线的产品标记是由预应力钢绞线、结构代号、公称直径、强度级别、标准编号五部分组成。例如:公称直径为15.20 mm,强度级别为1 860 MPa的七根钢丝捻制的标准型钢纹线其标记:预应力钢绞线1×7-15.20-1 860-GB/T 5224—2014;公称直径为12.70 mm,强度级别为1 860 MPa的七根钢丝捻制又经模拔的钢绞线其标记:预应力钢绞线(1×7)C-12.70-1860-GB/T 5224—2014。

以1×3结构钢绞线的尺寸及允许偏差等为例,按国家标准《预应力混凝土用钢绞线》(GB/T 5224—2014)规定,应符合表5-13的规定。

表 5-13　1×3 结构钢绞线尺寸及允许偏差、每米参考质量

钢绞线结构	公称直径		钢绞线测量尺寸 A(mm)	测量尺寸 A 允许偏差 (mm)	钢绞线公称横截面积 S_a(mm²)	每米理论重量 (g/m)
	钢绞线直径 D_a(mm)	钢丝直径 d(mm)				
1×3	6.20	2.90	5.41	+0.15 −0.05	19.8	155
	6.50	3.00	5.60	+0.20 −0.10	21.2	166
	8.60	4.00	7.46		37.7	296
	8.74	4.05	7.56		38.6	303
	10.80	5.00	9.33		58.9	462
	12.90	6.00	11.20		84.8	666
1×3I	8.70	4.04	7.54		38.5	302

根据国家标准《预应力混凝土用钢绞线》(GB/T 5224—2014)规定,预应力混凝土用钢绞线的力学性能应符合表5-14的规定。

表 5-14 1×3 结构钢绞线力学性能

钢绞线结构	钢绞线公称直径 D_a (mm)	公称抗拉强度 R_m (MPa)	整根钢绞线的最大力 F_m (kN) ≥	整根钢绞线最大力的最大力 $F_{m,max}$ (kN) ≤	0.2%屈服力 $F_{p0.2}$ (kN) ≥	最大力总伸长率 ($L_0 \geq$ 400 mm) A_{gt} (%) ≥	应力松弛性能	
							初始负荷相当于实际最大力的百分数 (%)	1 000 h应力松弛率 r (%) ≤
1×3	8.60	1 470	55.4	63.0	48.8	对所有规格 3.5	对所有规格	对所有规格
	10.80		86.6	98.4	76.2			
	12.90		125	142	110			
	6.20	1 570	31.1	35.0	27.4			
	6.50		33.3	37.5	29.3			
	8.60		59.2	66.7	52.1			
	8.74		60.6	68.3	53.3			
	10.80		92.5	104	81.4			
	12.90		133	150	117			
	8.74	1 670	64.5	72.2	56.8			
	6.20	1 720	34.1	38.0	30.0		70	2.5
	6.50		36.5	40.7	32.1			
	8.60		64.8	72.4	57.0			
	10.80		101	113	88.9			
	12.90		146	163	128			
	6.20	1 860	36.8	40.8	32.4			
	6.50		39.4	43.7	34.7			
	8.60		70.1	77.7	61.7			
	8.74		71.8	79.5	63.2		80	4.5
	10.80		110	121	96.8			
	12.90		158	175	139			
	6.20	1 960	38.8	42.8	34.1			
	6.50		41.6	45.8	36.6			
	8.60		73.9	81.4	65.0			
	10.80		115	127	101			
	12.90		166	183	146			
1×3I	8.70	1 570	60.4	68.1	53.2			
		1 720	66.2	73.9	58.3			
		1 860	71.6	79.3	63.0			

预应力钢绞线具有强度高、与混凝土黏结性能好、易于锚固等特点,使用时按要求的长度切割,多使用于大跨度、重荷载的预应力混凝土结构。

(2) 预应力混凝土用钢丝(GB/T 5223—2014)

预应力混凝土用钢丝是高碳钢盘条经淬火、酸洗、冷拔等工艺加工而成的高强度钢丝。

根据国家标准《预应力混凝土用钢丝》(GB/T 5223—2014)规定:钢丝按加工状态分为冷拉钢丝(代号为 WCD)和消除应力钢丝两类,消除应力钢丝按松弛性能又分为低松弛钢丝(代号为 WLR)和普通松弛钢丝(代号为 WNR)两种;钢丝按外形分为光圆钢丝(代号为 P)、螺旋肋钢丝(代号为 H)和刻痕钢丝(代号为 I)三种。钢丝的产品标记是由预应力钢丝、公称直径、抗拉强度等级、加工状态代号、外形代号、标准号六部分组成。例如:预应力钢丝 7.00 - 1570 - WLR - H - GB/T 5223—2014。

冷拉钢丝、消除应力光圆及螺旋肋钢丝、消除应力刻痕钢丝的力学性能应符合规定。

预应力混凝土用钢丝具有强度高、柔性好、松弛率低、抗腐蚀性强、质量稳定、安全可靠等特点,适用于大型构件等,节省钢材,施工方便,安全可靠,但成本较高,主要用于大跨度屋架及薄腹梁、大跨度吊车梁、桥梁等的预应力结构。

(3) 预应力混凝土用螺纹钢筋

预应力混凝土用螺纹钢筋是一种热轧成带有不连续的外螺纹的直条钢筋,该钢筋在任意截面处,均可用带有匹配形状的内螺纹的连接器或锚具进行连接或锚固。

5.6.3 钢结构用钢

钢结构工程是以钢材为主要材料建成所谓结构,是主要的建筑结构类型之一。由于钢材具有高强、良好塑性等优点,因此钢结构被广泛应用于重型工业厂房、大跨度结构、高耸结构、多高层建筑、承受振动荷载影响及地震作用的结构、板壳结构、轻型结构和混凝土组合成的组合结构中。

根据钢结构的具体工作条件,一般要求所用钢材要有较高的抗拉强度和屈服点、较高的塑性和韧性、良好的工艺性能,此外,有时还要求钢材具有适应低温、高温和腐蚀性环境的能力。

为保障结构的安全性,钢结构设计规范承重结构采用的钢材应具有抗拉强度、伸长率、屈服强度和硫、磷含量的合格保证,对焊接结构尚应具有碳含量的合格保证。焊接承重结构以及重要的非焊接承重结构采用的钢材还应具有冷弯试验的合格保证。对需要验算疲劳强度的结构用钢材,根据具体情况应当具有常温或负温冲击韧性的合格保证。

在钢结构用钢中一般选用由普通碳素结构钢 Q235 钢和低合金高强度结构钢 Q345、Q390 及 Q420 轧制成的各种型钢和钢板。钢结构用钢的种类较多,本节主要介绍热轧型钢、建筑结构用钢板、冷弯薄壁型钢和钢管,若使用时应查阅相关技术手册和规范,确保结构使用的安全性。

1) 建筑结构用钢板(GB/T 19879—2015)

国家标准《建筑结构用钢板》(GB/T 19879—2015)规定了建筑用钢板的牌号表示方法和几何、物理、化学、工艺等性能。

钢板的牌号由代表屈服强度的汉语拼音字母(Q)、规定的最小屈服强度数值、代表高性能建筑结构用钢的汉语拼音字母(GJ)、质量等级符号(B,C,D,E)组成,如 Q345GJC。对于厚度方向性能钢板，在质量等级后加上厚度方向性能级别（Z15、Z25 或 Z35），如 Q345GJCZ25。钢的牌号及化学成分应符合表 5-15 的规定。

表 5-15　建筑用钢板的牌号、化学成分

牌号	质量等级	化学成分（质量分数）（%）												
		C	Si	Mn	P	S	V^b	Nb^b	Ti^b	Als^a	Cr	Cu	Ni	M_o
		≤			≤					≥	≤			
Q235GJ	B、C	0.20	0.35	0.60~1.50	0.025	0.015	—	—	—	0.015	0.30	0.30	0.30	0.08
	D、E	0.18			0.020	0.010								
Q345GJ	B、C	0.20	0.55	≤1.60	0.025	0.015	0.150	0.070	0.035	0.015	0.30	0.30	0.30	0.20
	D、E	0.18			0.020	0.010								
Q390GJ	B、C	0.20	0.55	≤1.70	0.025	0.015	0.020	0.070	0.030	0.015	0.30	0.30	0.70	0.50
	D、E	0.18			0.020	0.010								
Q420GJ	B、C	0.20	0.55	≤1.70	0.025	0.015	0.200	0.015~0.060	0.070	0.015	0.80	0.30	1.00	0.50
	D、E	0.18			0.020	0.010								
Q460GJ	B、C	0.20	0.55	≤1.70	0.025	0.015	0.200	0.110	0.030	0.015	1.20	0.50	1.20	0.50
	D、E	0.18			0.020	0.010								
Q500GJ	C	0.18	0.60	≤1.80	0.025	0.015	0.120	0.110	0.030	0.015	1.20	0.50	1.20	0.60
	D、E				0.020	0.010								
$Q550GJ^c$	C	0.18	0.60	≤2.00	0.025	0.015	0.120	0.110	0.030	0.015	1.20	0.50	2.00	0.60
	D、E				0.020	0.010								
$Q620GJ^c$	C	0.18	0.60	≤2.00	0.025	0.015	0.120	0.110	0.030	0.015	1.20	0.50	2.00	0.60
	D、E				0.020	0.010								
$Q690GJ^c$	C	0.18	0.60	≤2.20	0.025	0.015	0.120	0.110	0.030	0.015	1.20	0.50	2.00	0.60
	D、E				0.020	0.010								

注：a　允许用全铝含量（Alt）来代替酸熔铝含量（Als）的要求，此时全铝含量 Alt 应不小于 0.020%，如果钢中添加 V、Nb 或 Ti 任一种元素，且其含量不低于 0.015% 时，最小铝含量不适用。

　　b　当 V、Nb、Ti 组合加入时，对于 Q235GJ、Q345GJ，（V+Nb+Ti）≤0.15%，对于 Q380GJ、Q420GJ、Q460GJ，（V +Nb+Ti）≤0.22%。

　　c　当添加硼时，Q550GJ、Q620GJ、Q690GJ 及淬火加回火状态钢中的硼≤0.003%。

（3）钢板表观质量要求

钢板表面不允许存在裂纹、气泡、结疤、折叠、夹杂和压入的氧化铁皮，钢板不得有分层。钢板表面允许有不妨碍检查表面缺陷的薄层氧化铁皮、铁锈、由压入氧化铁皮脱落所引起的不显著的表面粗糙、划伤、压痕及其他局部缺陷，但其深度不得大于厚度公差之半，并应保证钢板的最小厚度。钢板表面缺陷允许修磨清理，但应保证钢板的最小厚度。修磨清理处应平滑无棱角。需要焊补时，应按 GB/T 14997 的规定进行。

2）热轧型钢

热轧型钢主要采用碳素结构钢 Q235-A、低合金高强度结构钢 Q345 和 Q390 热轧成

型。常用的热轧型钢有角钢、工字钢、槽钢、T型钢、H型钢、Z型钢等。碳素结构钢 Q235 - A 制成的热轧型钢,强度适中,塑性和可焊性较好,冶炼容易,成本低,适用于土木工程中的各种钢结构。低合金高强度结构钢 Q345 和 Q390 制成的热轧型钢,性能较前者好,适用于大跨度、承受动荷载的钢结构。图 5-11 为各种规格的热轧型钢截面示意图。

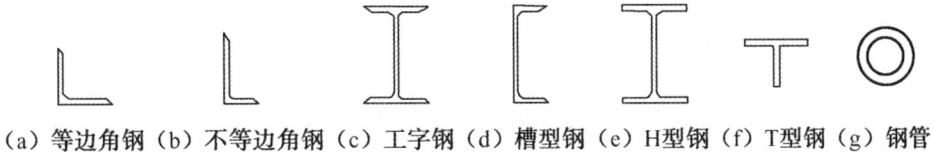

(a) 等边角钢 (b) 不等边角钢 (c) 工字钢 (d) 槽型钢 (e) H型钢 (f) T型钢 (g) 钢管

图 5-11　热轧型钢截面示意图

型钢的标记方法如下所示,主要由型钢名称、型钢规格、原材料牌号组成。

$$型钢名称\frac{型钢规格-型钢标准号}{原材牌号-原材标准号}$$

$$如 \text{井}\,热轧等边角钢\frac{160\times160\times16-\text{GB }9798—88}{\text{Q235A}—\text{GB/T }700—2006}$$

3) 薄壁型钢

薄壁型钢是用薄钢板经模压或弯曲而制成,如图 5-12 所示,主要有角钢、槽钢、方形、矩形等截面型式,壁厚一般为 1.5～5 mm,用作轻型屋面及墙面等构件。冷弯薄壁型钢的表示方法与热轧型钢相同。

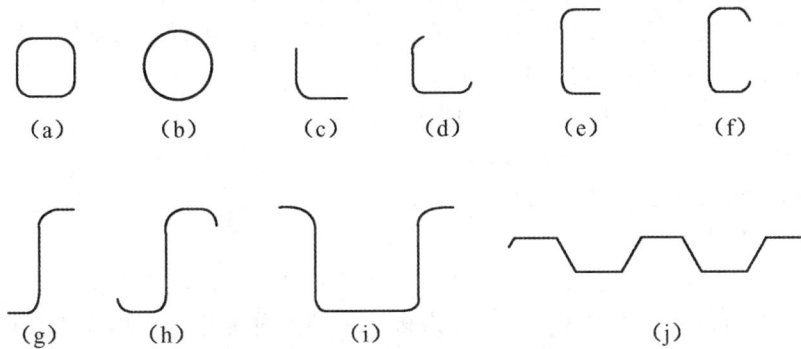

(a)　　(b)　　(c)　　(d)　　(e)　　(f)

(g)　　　(h)　　　(i)　　　　(j)

图 5-12　薄壁型钢截面示意图

4) 钢管

钢管按有无缝分为两大类。一类是无缝钢管,无缝钢管为中空截面、周边没有接缝的长条钢材。另一类是焊缝钢管,是用钢板或钢带经过卷曲成型后焊接制成的钢管。按照钢管的形状可以分为方形管、矩形管、八角形、六角形、五角形等异形钢管。钢管主要在网架结构、脚手架、机械支架中。

土木工程中钢筋混凝土用钢材和钢结构用钢材,主要根据结构的重要性、承受荷载类型(动荷载或静荷载)、承受荷载方式(直接或间接等)、连接方法(焊接或铆接)、温度条件(正温或负温)等,综合考虑钢种或钢牌号、质量等级和脱氧程度等进行选用,以保证结构的安全。

5.7 钢材的防锈和防火

5.7.1 钢材的防锈

钢材在使用过程中由于环境原因往往存在腐蚀现象。由于环境介质的作用,其中的铁与介质产生化学反应,逐步被破坏,导致钢材腐蚀,又称为锈蚀。钢材的腐蚀不仅使钢材有效截面积均匀减小,还会产生局部锈坑,引起应力集中;腐蚀会显著降低钢材的强度、塑性、韧性等力学性能。尤其在冲击荷载、循环交变荷载作用下,将产生锈蚀疲劳现象,使钢材的疲劳强度大为降低,甚至出现脆性断裂。

研究钢材腐蚀发生的原因,采取有效的预防措施,对保证结构安全具有非常重要的作用。

1) 钢材腐蚀的主要原因

(1) 化学腐蚀

化学腐蚀指钢材与周围的介质(如氧气、二氧化碳、二氧化硫和水等)直接发生化学作用,生成疏松的氧化物而引起的腐蚀。在干燥环境中化学腐蚀的速度缓慢,但在温度高和湿度较大时腐蚀速度大大加快。其反应历程的特点是材料表面的原子与非电解质中的氧化剂直接发生氧化还原反应,腐蚀产物生成于发生腐蚀反应的表面,当它较牢固地覆盖在材料表面时会减缓进一步的腐蚀。这种腐蚀也会由于空气中的二氧化碳或二氧化硫作用,以及其他腐蚀性物质的作用而产生。主要的化学反应有:

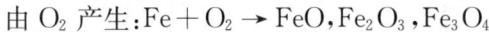

由 O_2 产生:$Fe + O_2 \rightarrow FeO, Fe_2O_3, Fe_3O_4$

由 CO_2 产生:$Fe + CO_2 \rightarrow FeO, Fe_3O_4 + CO$

由 H_2O 产生:$Fe + H_2O \rightarrow FeO, Fe_3O_4 + H_2$

(2) 电化学腐蚀

钢材由不同的晶体组织构成,并含有杂质。由于这些成分的电极电位不同,当有电解质溶液(如水)存在时,就会在钢材表面形成许多微小的局部原电池。整个电化学腐蚀过程如下:

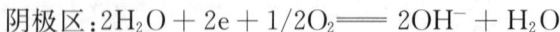

阳极区:$Fe \rightleftharpoons Fe^{2+} + 2e$

阴极区:$2H_2O + 2e + 1/2O_2 \rightleftharpoons 2OH^- + H_2O$

溶液区:$Fe^{2+} + 2OH^- \rightleftharpoons Fe(OH)_2$

$Fe(OH)_2 + O_2 + 2H_2O \rightleftharpoons 4Fe(OH)_3$

水是弱电解质溶液,而溶有 CO_2 的水则成为有效的电解质溶液,从而加速电化学腐蚀的过程。

电化学腐蚀的特点在于腐蚀历程可分为两个相对独立的并可同时进行的阳极(发生氧化反应)和阴极(发生还原反应)过程。特征为受蚀区域是金属表面的阳极,腐蚀产物常常产生在阳极与阴极之间,不能覆盖被蚀区域,通常起不到保护作用。

电化学腐蚀和化学腐蚀的显著区别是电化学腐蚀过程中有电流产生。钢材在酸碱盐溶液及海水中发生的腐蚀、地下管线的土壤腐蚀、在大气中的腐蚀、与其他金属接触处的腐蚀均属于电化学腐蚀,电化学腐蚀是钢材腐蚀的主要形式。

（3）应力腐蚀

钢材在应力状态下腐蚀加快的现象,称为应力腐蚀。钢筋冷弯处、预应力钢筋等都会因应力存在而加速腐蚀。

2）钢材的防护

钢材的腐蚀既有材料本身的原因（内因）,又有环境作用的因素（外因）,因此要防止或减少钢材的腐蚀可以从改变钢材本身的易腐蚀性、隔离环境中的侵蚀性介质或改变钢材表面的电化学过程三方面入手。

（1）采用耐候钢

耐候钢即耐大气腐蚀钢。耐候钢是在碳素钢和低合金钢中加入少量铜、铬、镍、钼等合金元素而制成。这种钢在大气作用下,能在表面形成一种致密的防腐保护层,起到耐腐蚀作用,同时保持钢材良好的焊接性能,可以显著提高钢材本身的耐腐蚀能力。耐候钢的强度级别与常用碳素钢和低合金钢一致,技术指标也相近,但其耐腐蚀能力却高出数倍。耐候钢的牌号、化学成分、力学性能和工艺性能参见国家标准《焊接结构用耐候钢》（GB 4172—84）和《高耐候性结构钢》（GB 4171—84）。

（2）金属覆盖

用耐腐蚀性好的金属,以电镀或喷镀的方法覆盖在钢材表面,提高钢材的耐腐蚀能力。常用的方法有镀锌（如白铁皮）、镀锡（如马口铁）、镀铜和镀铬等。根据防腐的作用原理可分为阴极覆盖和阳极覆盖。阴极覆盖采用电位比钢材高的金属覆盖,如镀锡。所覆金属膜仅为机械地保护钢材,当保护膜破裂后,反而会加速钢材在电解质中的腐蚀。阳极覆盖采用电位比钢材低的金属覆盖,如镀锌,所覆金属膜因电化学作用而保护钢材。

（3）非金属覆盖

在钢材表面用非金属材料作为保护膜,与环境介质隔离,以避免或减缓腐蚀。如喷涂涂料、搪瓷和塑料等。

涂料通常分为底漆、中间漆和面漆。底漆要求有比较好的附着力和防锈能力,中间漆为防锈漆,面漆要求有较好的牢度和耐候性以保护底漆不受损伤或风化。一般应用为两道底漆（或一道底漆和一道中间漆）与两道面漆,要求高时可增加一道中间漆或面漆。使用防锈涂料时,应注意钢构件表面的除锈以及底漆、中间漆和面漆的匹配。

常用底漆有红丹底漆、环氧富锌漆、铁红环氧底漆等,中间漆有红丹防锈漆、铁红防锈漆等,面漆有灰铅漆、醇酸磁漆和酚醛磁漆等。薄壁型型钢及薄钢板制品可采用热浸镀锌或镀锌后加涂塑料复合层。

3）建筑结构控制钢材腐蚀的方法

目前用于控制建筑结构中钢材腐蚀的基本方法有以下几个方面:

（1）合理的结构设计。针对具体的建筑结构,通过合理的结构设计和工艺设计,实现控制腐蚀的目的。

（2）正确选材。根据建筑结构的具体工程条件,正确选用钢材。

（3）采用合理的表面工程技术。通过合理选用表面涂镀层和改性技术（通过物理的或化学的手段,改变材料表面的结构、力学状态、化学成分等),达到抗腐蚀或隔离材料与腐蚀环境的目的。

(4) 改善环境和合理使用缓蚀剂。采取各种技术措施和手段,降低环境的腐蚀性。在钢筋混凝土中添加阻锈剂也可达到有效地控制钢材腐蚀的目的。

(5) 电化学保护。对于电化学原因导致的腐蚀,可以采用阴极保护或阳极保护的措施。

(6) 混凝土用钢筋的防锈。在正常的混凝土为碱性环境,其 pH 约为 12,这时在钢材表面能形成碱性氧化膜,我们称之为钝化膜,对钢筋起一定的保护作用。若混凝土碳化后,由于碱度降低会失去对钢筋的保护作用。此外,混凝土中氯离子达到一定浓度,也会严重破坏表面的钝化膜。

为防止钢筋锈蚀,应保证混凝土的密实度以及钢筋外侧混凝土保护层的厚度,在二氧化碳浓度高的工业区采用硅酸盐水泥或普通硅酸盐水泥,限制含氯盐外加剂掺量并使用混凝土用钢筋防锈剂。预应力混凝土应禁止使用含氯盐的骨料和外加剂。钢筋涂覆下氧树脂或镀锌也是一种有效的防锈措施。

《混凝土结构耐久性设计规范》(GB/T 50476—2008)中根据建筑所处环境作用等级、不同混凝土强度等级、最大水胶比等因素,规定了钢筋混凝土结构的保护层最小厚度。

实际工程中应根据具体情况采用上述一种或几种方法进行综合保护,这样可获得更好的钢材防腐效果。

5.7.2　钢材的防火

钢材是不燃性材料,但并不说明钢材能抵抗火灾。在一般建筑结构中,钢材均在常温条件下工作,但对于长期处于高温条件下的结构物,或遇到火灾等特殊情况时,则必须考虑温度对钢材性能的影响。高温对钢材性能的影响不能简单地用应力—应变关系来评定,必须考虑温度与高温持续时间两个重要因素。通常钢材的蠕变现象会随温度的升高而显著,蠕变导致应力松弛。此外,在高温作用下晶界强度比晶粒强度低,晶界的滑动对微裂纹的影响起了重要的作用,此裂纹在拉应力作用下不断扩展而导致断裂。因此,随着温度的升高,其持久强度将显著下降。

在钢结构或钢筋混凝土结构遇到火灾时,应考虑高温透过保护层后对钢筋或型钢金相组织及力学性能的影响。尤其在预应力结构中,还必须考虑钢筋在高温条件下的预应力损失造成的整个结构物应力体系的变化。

在钢结构中应采取预防包覆措施,高层建筑更应如此,其中包括设置防火板或涂刷防火涂料等。在钢筋混凝土结构中,钢筋应有一定厚度的保护层。

5.8　其他金属材料

前面已经讲过,金属材料按颜色主要分为黑色金属和有色金属。与钢铁等黑色金属材料相比,有色金属具有许多优良的特性,是现代工业中不可缺少的材料。随着新型建筑结构及技术的发展,有色金属及其合金的地位将会越来越重要。

有色金属没有统一的分类原则,一般按其密度和稀缺性分为重金属、轻金属、贵金属、稀有金属四大类。其中重金属一般密度在 4 500 kg/m³ 以上,如铜、铅、锌等;轻金属密度一般在 530～4 500 kg/m³,化学性质活泼,如铝、镁等;贵金属指地壳中含量少、提取困难、价格较高、密度较大的金属材料,贵金属一般化学性质稳定,如金、银、铂等;稀有金属指地壳中含量非常稀少的金属,如钨、钼、锗、锂、镧、铀等。

5.8.1　铝及铝合金

1) 基本知识

铝是地壳中最多的一种金属元素,约为 8%,呈银白色,如我们日常生活中使用的铝制餐具、铝门窗等都是用金属铝或铝合金做的。铝是轻金属中用量最大的一种,属于有色金属,其产量和消费量均仅次于钢铁,是第二大金属。

纯铝的熔点为 660℃,具有面心立方晶格,没有同素异构转变。纯铝的密度只有 2 700 kg/m³;导电性好,仅次于银、铜和金;导热性好,比铁几乎大三倍。纯铝化学性质活泼,在大气中极易与氧作用,在表面形成一层牢固致密的氧化膜,可以阻止进一步氧化,从而使它在大气和淡水中具有良好的抗蚀性。

纯铝在低温下,甚至在超低温下都具有良好的塑性和韧性,在 0℃～－253℃ 之间塑性和冲击韧性不降低。纯铝具有一系列优良的工艺性能,易于铸造,易于切削,也易于通过压力加工制成各种规格的半成品。

在铝中加入适量的合金元素,如铜、镁、锰、硅、锌等,即可制得铝合金。铝合金不仅强度和硬度比纯铝高得多,而且还能保持铝材的轻质、高延性、耐腐蚀、易加工等特点。

2) 铝合金的分类

根据铝合金的成分、组织和工艺特点,可以将其分为铸造铝合金与变形铝合金两大类。变形铝合金是将铝合金铸锭通过压力加工(轧制、挤压、模锻等)制成半成品或模锻件,所以要求有良好的塑性变形能力。铸造铝合金则是将熔融的合金直接浇铸成形状复杂的甚至是薄壁的成型件,所以要求合金具有良好的铸造流动性。

3) 铝合金简介

(1) 防锈铝合金

防锈铝合金中主要合金元素是锰和镁,锰的主要作用是提高铝合金的抗蚀能力,并起到固溶强化作用。镁也可起到强化作用,并使合金的比重降低。防锈铝合金锻造退火后是单相固溶体,抗腐蚀能力强,塑性好。这类铝合金不能进行时效硬化,属于不能热处理强化的铝合金,但可冷变形加工,利用加工硬化,提高合金的强度。

(2) 硬铝合金

硬铝合金是铝和铜或再加入镁、锰等组合的合金,建筑工程上主要为含铜(3.8%～4.8%)、镁(0.4%～0.8%)、锰(0.4%～0.8%)、硅(不大于 0.8%)的铝合金,称为硬铝。经热处理强化后,可获得较高的强度和硬度,耐腐蚀性好。建筑上可用于作承重结构或其他装饰制件,其强度极限可达 330～490 MPa,伸长率可达 12%～20%,布氏硬度值 HB 可达

1 000 MPa，是发展轻型结构的好材料。

（3）超硬铝合金

超硬铝合金是铝和锌、镁、铜等的合金。经热处理强化后，其强度和硬度比普通硬铝更高，塑性及耐蚀性中等，切削加工性和点焊性能良好，但在负荷状态下易受腐蚀，常用包铝方法保护，可用于承重构件和高荷载零件。

3）铝的应用

铝在建筑上，早在80多年前就已被作为装饰材料，逐渐发展应用到窗框、幕墙以及结构构件。1970年，美国建筑上用铝量为100多万吨，20年中，增长了4倍，占其全国铝消耗量的1/4以上。1973年，日本在建筑上使用铝占其全国总耗铝量的1/3，在房屋建筑中使用600万t以上。

（1）铝合金门窗

铝合金门窗用表面已处理过的型材和配件组合装配而成，主要有推拉窗、平开窗、悬挂窗等。质量轻、气密性、水密性和隔声性能好，色泽美观，不锈蚀，不褪色，经久耐用，有利于工业化生产。

（2）铝合金装饰板

铝合金花纹板采用铝合金坯料花纹轧辊制成，有针状、扁豆状、方格等花纹。其特点是花纹美观、防滑、防锈蚀、不易磨损、便于安装等，可用于现代建筑的墙面装饰、楼梯踏步等。

铝合金波纹板边面轧制成波浪形或梯形。其特点是防火、防潮、防腐蚀，可用于商场、宾馆、饭店等建筑物的墙面和屋面装饰。

5.8.2　铜及铜合金

1）纯铜

铜有由黄铜矿、辉铜矿等精炼而成的铜锭、铜锭线和电解铜三种，经加工变形后制成各种形状的纯铜材，纯铜经脱氧为无氧铜。

铜是有色金属中的紫色重金属，其特点为具有很高的导电、导热、耐蚀性和易加工性，延展性好。

2）铜合金

在铜中掺入锌、锡、铝等可制成铜合金，其强度、硬度等性能得到提高，使用性能更好。

3）黄铜

在铜中掺入锌的合金为普通黄铜，在铜中掺入锌和其他元素组成锡、铅等。

土木工程中常用的为普通黄铜或普通黄铜粉，呈黄色或金黄色，装饰性好。普通黄铜主要用于建筑五金、水暖电器、土木工程装饰、门窗、栏杆等。普通黄铜粉用于调制装饰涂料，代替金粉使用。

4）青铜

在铜中掺入锡的合金为锡青铜。在铜中掺入铝、铁等的合金为铝青铜。呈青灰色或灰黄色，强度较高，硬度大，耐磨性、耐蚀性好。主要用于板材、管材、机械零件等。

5.8.3 铸铁

黑色金属中含碳大于 2.06% 的铁碳合金称为生铁。铸铁是历史上使用得较早的材料，也是最便宜的金属材料之一。

由于铸铁性脆、无塑性，抗压强度较高，抗拉和抗弯强度不高，不适合用于结构材料。常用于排水沟、地沟等的盖板、铸铁水管、暖气片及零部件、门、窗、栏杆等。

复习思考题

1. 钢材与铁在冶炼过程及化学组成上有何区别？各自的性能有何区别？

2. 按不同原则，钢材如何分类？

3. 低碳钢拉伸过程大概分为几个阶段？各个阶段主要的变形与受力特征及指标有哪些？

4. 何为钢材的冷脆性、时效敏感性？在负温下使用且承受冲击荷载作用的钢材应如何选择种类？

5. 钢材的可焊性指什么？影响钢材可焊性的主要因素有哪些？焊接质量如何保证？

6. 碳素结构钢的牌号如何表示？工程中常用何种牌号的钢材？原因是什么？

7. 试分析比较 Q235AF、Q235B、Q235C、Q235D 在性能和应用上有何区别。

8. 钢材的缺点有哪些？在工程应用中如何应对这些缺点？

9. 一钢材试件，直径为 25 mm，原标距为 125 mm，做拉伸试验，当屈服点荷载为 201.0 kN，达到最大荷载为 250.3 kN，拉断后测得的标距长为 138 mm，求该钢筋的屈服点、抗拉强度及拉断后的伸长率。

创新思考题

1. 美国纽约的世贸大厦为钢结构，2001 年 9 月 11 日被恐怖分子袭击而倒塌，这给人们提出了钢结构防火、防爆的新课题。试结合已有的专业知识，查阅相关资料，分析世贸大厦倒塌的原因，给出钢结构防火、防爆的措施。

2. 某工厂厂房有大型设备，且设备振动频率较高，厂房内长期处于干湿交替环境，因生产工艺问题，厂房内部氯离子浓度、二氧化碳含量比一般环境都高。综合运用所学知识，请合理选择此厂房钢筋混凝土用钢筋和吊车梁用型钢，说出原因。为延长结构使用寿命，是否有其他保护措施可用？

6 木材

木材是人类使用最早的土木工程材料之一。我国在木材建筑技术和木材装饰艺术上都有很高的水平和独特的风格。如世界闻名的天坛祈年殿完全由木材构造,而全由木材建造的山西五台山佛光寺正殿保存至今已达千年之久。

木材作为建筑和装饰材料具有一系列的优点:比强度大,具有轻质高强的特点;有很好的弹性和韧性,能承受冲击荷载等作用;导热性低,具有较好的保温隔热性能;在干燥环境或长期浸于水中均有很好的耐久性;纹理美观,色调温和,极富装饰性;易于加工,可制成各种形状的产品;绝缘性好,无毒性。因而木材历来与水泥、钢材并列为土木工程中的三大材料。

木材使用受到一定的限制,主要表现在:各向异性;木材性能受含水率的影响较大,从而导致形状、尺寸、强度等物理、力学性能变化;天然疵病较多;耐火性差,易着火燃烧及易虫蛀等。

土木工程中所用木材主要由树木加工而成。然而,树木的生长缓慢,而木材的使用范围广、需求量大,因此木材的节约使用与综合利用显得尤为重要。

6.1 木材的分类和构造

6.1.1 树木的分类

树木种类繁多,按树种分为针叶树和阔叶树两大类。

1) 针叶树

针叶树的树叶细长呈鳞片状或针状,树干高大而通直,材质均匀,易得大材。其木质较软而易于加工,故又称为软木。

针叶树木材的表观密度和胀缩变形较小,强度较高,树脂含量高,耐腐蚀性强。广泛用作承重构件制作模板、门窗等。针叶树常用品种有松、杉、柏等。

2) 阔叶树

阔叶树的树叶宽大,多数树种树干的通直部分较短,材质较硬,较难加工,故又称为硬木。

阔叶树木材的强度高,纹理显著,图案美观;但胀缩变形较大,易翘曲和干裂,故常用作尺寸较小的构件及室内装饰、家具及胶合板等。阔叶树常用品种有榆木、水曲柳、核桃木、山杨、青杨等。

6.1.2 木材的构造

木材的构造决定木材的性质。由于树种和树木生长环境不同,因而构造相差很大。研究木材的构造通常分为宏观构造和微观构造两个层次。

1) 木材的宏观构造

木材的宏观构造是指用肉眼或借助放大镜能观察到的构造特征。

木材是各向异性材料,因此要了解木材构造必须从横向、径向和弦向三个切面进行观察,如图6-1所示。

图中横切面是与树干主轴或木纹相垂直的切面。在这个面上可观察到若干以髓心为中心呈同心圆的年轮(生长轮)以及木髓线。径切面是指通过树轴的纵切面;年轮在这个面呈互相平行的带状。弦切面是平行于树轴的切面,年轮在这个面上成"V"字形。

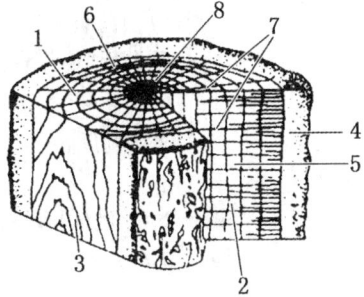

图6-1 树干的三个切面
1—横切面;2—径切面;3—弦切面;4—树皮;
5—木质部;6—年轮;7—髓线;8—髓心

树木分为树皮、髓心和木质部三个主要部分。

树皮是木材外表面的整个组织,起保护树木的作用。树皮在土木工程中一般用途不大。只有黄檗的树皮可用于隔热材料和装饰材料。

髓心在树木中心,质地松软,易腐朽,强度低。

由髓心向外呈放射状横向分布的辐射线称为木射线。木射线与周围连接较差,干燥时易沿木射线开裂。木射线的宽窄与树种有关,针叶树的木射线非常细小,阔叶树木射线发达。

树皮与髓心之间的部分称为木质部,是工程上使用的木材主体。木质部的颜色不均匀,靠近髓心部分颜色较深,水分较少,称心材。心材木质较硬,密度较大,渗透性降低,耐久性、耐腐性均较边材高。靠近树皮部分颜色较浅,水分较多,称边材。心材比边材的利用价值大。

在横切面上木质部内深浅相间的同心圆环称为年轮。春天生长的木材,色浅、质软,强度低,称为春材(早材);夏秋两季生长的木材,色深、质硬,木材强度高,称为夏材(晚材)。相同树种,年轮越密而均匀,质量越好;夏材越多,木材的强度越高。常用横切面上沿半径方向一定长度内所含夏材宽度总和的百分率(即夏材率)来衡量木材的质量。

2) 木材的微观构造

木材的微观构造是指在显微镜下所见到的木材组织。木材是由无数管状细胞紧密结合而成,绝大部分纵向排列,少数横向排列(木射线)。每个细胞有细胞壁和细胞腔两部分组成,细胞壁由细纤维织成,其纵向连接较横向牢固。细纤维间具有极小的空隙,能吸附和渗透水分。木材的细胞壁越厚、腔越小,木材越致密,表观密度和强度也越大,湿胀干缩变形也大。春材壁薄腔大,夏材则壁厚腔小。

针叶树的微观结构简单而规则,主要是由管胞和木射线组成,其木射线较细小,不很明显,如图6-2。某些树种在管胞中尚有树脂道,如松树。阔叶树的微观结构较复杂,主要由导管、木纤维及木射线等组成,其木射线很发达,粗大而明显,如图6-3。导管是壁薄而腔大的细胞,大的管孔肉眼可见,阔叶树因导管分布不均,又分为环孔材和散孔材两种。春材中导管很大并成环状排列的,称环孔树;导管大小差不多,且散乱分布的,称散孔材。散孔材的管孔均匀分布在年轮上,如杨木、桦木等。环孔材的粗大管孔都集中于早材如水曲柳、柞木等。木射线和导管是鉴别阔叶树材的显著特征。

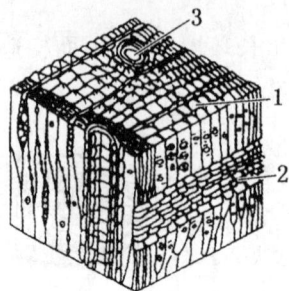

图 6-2　针叶树马尾松的结构
1—管胞;2—木射线;3—树脂道

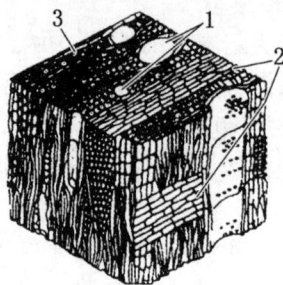

图 6-3　阔叶树柞木的结构
1—导管;2—木射线;3—木纤维

6.2　木材的性质与应用

6.2.1　木材的性质

1)密度与表观密度

各树种木材的分子构造基本相同,因而木材的密度相差不大,一般为 $1.48\sim1.56$ g/cm³。

木材的细胞腔和细胞壁中存在大量微小孔隙,因此,木材的表观密度较小,且随木材孔隙率、含水率以及其他一些因素的变化而不同。一般有绝干表观密度、气干表观密度和饱水表观密度之分。木材的表观密度愈大,其湿胀干缩率也愈大。

2)含水率与吸湿性

木材的吸湿性很强,容易从周围环境中吸收水分。木材中的水分,按其存在形式分为自由水、吸附水和化学结合水三类。

自由水是存在于细胞腔和细胞间隙中的水。自由水的变化影响木材的表观密度、抗腐蚀性、燃烧性和含水率等。吸附水是吸附在细胞壁内细小纤维间的水。吸附水直接影响木材的强度和胀缩变形。化学结合水是木材化学成分中的化合水。它在常温下不变化,对木材的性能无影响。

木材吸湿时,先是细胞壁吸水,当吸附水达到饱和后,自由水才开始吸入。木材在干燥时,首先蒸发自由水,而后蒸发吸附水。当细胞腔和细胞间隙中无自由水,而细胞壁吸附水达到饱和时的含水率,称为木材的纤维饱和点。其值随树种而异,一般为 $25\%\sim35\%$,平均约为 30%。纤维饱和点是木材物理力学性质变化的转折点。

当木材长期处于一定温度和湿度的空气中时,会达到相对稳定的含水率,即水分的蒸发和吸收达到平衡,此时的含水率称为平衡含水率。木材的含水率随环境温度、湿度的改变而变化。图 6-4 为木材在不同温度和湿度环境中的平衡含水率。为了避免木材在使用过程中因含水率变化太大而引起变形,木材使用前需干燥至使用环境常年平均平衡含水率。我国北方木材的平衡含水率约为 12%,南方约为 18%,长江流域一般为 15% 左右。

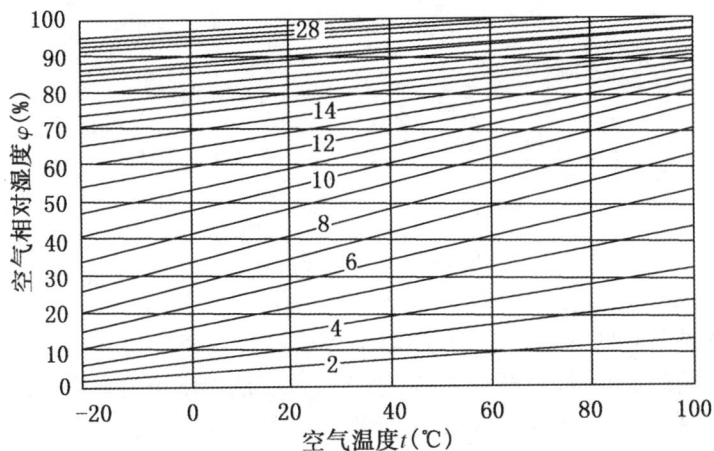

图 6-4　木材的平衡含水率

3）木材的干缩湿胀与变形

木材细胞壁吸附水含量的变化会引起木材的变形，即干缩湿胀。木材干缩湿胀具有一定的规律，当含水率在纤维饱和点以上变化时，仅仅是自由水的蒸发和吸收，对木材的体积几乎无影响。含水率低于纤维饱和点时，含水率的变化会使细胞壁中的吸附水变化，使木材发生干缩湿胀。

木材为非匀质构造。同一木材，各方向干缩湿胀不同。弦向最大，径向次之，纵向（顺纤维方向）最小（如图 6-5 所示）。木材的干缩湿胀程度还因树种而异，一般而言，表观密度越大，夏材含量越多，则木材胀缩变形越大。

木材显著的干缩湿胀影响其使用，干缩会使木结构连接处产生拼缝不严、翘曲和开裂，湿胀则会造成木材凸起（如图 6-6）。不均匀干缩会使板材发生翘曲（包括顺弯、横弯、翘弯）和扭曲（图 6-7）。为了避免这种不利影响，木材在加工或使用之前，应预先进行干燥处理，将含水率控制到与使用环境相适应的平衡含水率。例如，预计某地木材使用环境的年平均温度为 20℃，空气相对湿度为 60%，则由图 6-4 可知，木材平衡含水率约为 11%，则事先将木材气干至该含水率附近后方可加工使用。

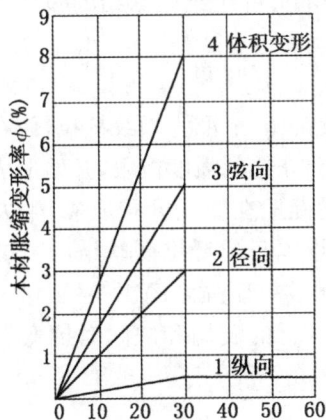

图 6-5　含水率对松木胀缩变形的影响

图 6-6　木材干燥后截面形状的改变

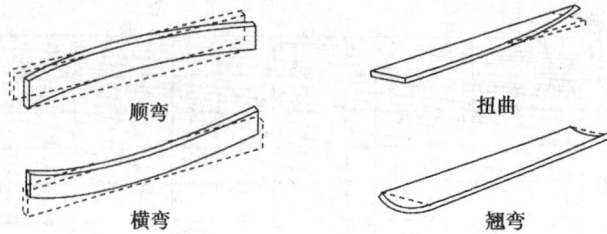

图 6-7 木材变形示意图

4）木材的强度

由于木材构造的各向异性,使木材的力学性质也具有明显的方向性,即顺纹和横纹方向。所谓顺纹,即作用力方向与纤维方向相平行;横纹是指作用力方向与纤维方向相垂直。在顺纹方向,木材的抗压和抗拉强度较高,而在横纹方向,弦向与径向又不同。所以在工程上均充分利用它的顺纹抗拉、抗压和抗弯强度,而避免使其承受横纹拉力或压力。

（1）抗压强度

木材的顺纹抗压强度较高,仅次于顺纹抗拉和抗弯强度,且木材的疵病对其影响较小,是木材各种力学性质中的基本指标之一。顺纹受压破坏是木材细胞壁丧失稳定性的结果,并非纤维的断裂。工程中常见的柱、桩及斜撑和桁架等承重构件均是顺纹受压。

木材的横纹受压使木材受到强烈的压紧作用,产生大量变形,起初变形与外力成正比,当超过比例极限后,细胞壁丧失稳定,细胞壁被压扁,此时虽然压力增加较小,但变形增加较大。所以,木材的横纹抗压强度以使用中所限制的变形量来决定,通常取其比例极限作为横纹抗压强度极限指标。木材横纹抗压强度比顺纹抗压强度低得多,通常只有其顺纹抗压强度的 10%～20%。

（2）抗拉强度

木材的顺纹抗拉强度是木材各种力学强度中最高的。顺纹受拉破坏时往往不是纤维被拉断而是纤维间被撕裂;顺纹抗拉强度为顺纹抗压强度的 2～3 倍,但强度值波动较大。木材的疵病如木节、斜纹、裂缝等都会使顺纹抗拉强度显著降低。同时,木材受拉杆件连接处应力复杂,这是顺纹抗拉强度难以被充分利用的原因。

木材的横纹抗拉强度很小,仅为顺纹抗拉强度的 1/10～1/30,这是因为木材纤维之间横向联结薄弱所导致的。横纹抗拉强度的破坏,主要是木材纤维细胞联结的破坏。因此使用时应尽量避免木材受横纹拉力作用。

（3）抗弯强度

木材弯曲时受力较复杂。木材受弯时上部为顺纹抗压,下部为顺纹抗拉,而在水平面则为顺纹抗剪。木材在承受弯曲荷载时,通常在受压区首先达到强度极限,开始形成微小的不明显的皱纹,但并不立即破坏;随着外力增大,皱纹慢慢地在受压区扩展,产生大量塑性变形,当受拉区域内许多纤维达到强度极限时,则因纤维本身及纤维间联结的断裂而最后破坏。木材的抗弯强度很高,仅小于顺纹抗拉强度,为顺纹抗压强度的 1.5～2 倍,因此,在土木工程中应用很广,如用于桁架、梁、桥梁、地板等。木材的疵病和缺陷对抗弯强度影响很大,使用中应注意。

（4）抗剪强度

木材在受剪时,根据剪力的作用方向与纤维方向可分为顺纹剪切、横纹剪切和横纹切断三种,如图 6-8 所示。

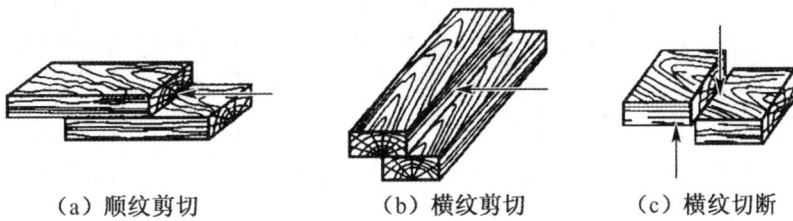

(a) 顺纹剪切　　　　　(b) 横纹剪切　　　　　(c) 横纹切断

图 6-8　木材的剪切

顺纹剪切指剪切力方向平行于纤维方向。绝大部分纤维本身并不破坏,此时纤维间产生纵向位移和受横纹拉力作用,剪切面中纤维的联结遭到破坏,而绝大部分纤维本身并不破坏,所以木材顺纹抗剪强度很小,通常只有顺纹抗压强度的 15%(针叶树材)~19%(阔叶树材)。

横纹剪切破坏纤维间的横向联结,因此木材的横纹剪切强度比顺纹剪切强度还低。实际工程中一般不出现横纹剪切破坏。

横纹切断,这种剪切作用完全是破坏纤维间的横向联结,木材纤维被切断,因此这种强度较大,约为顺纹剪切强度的 4~5 倍。

木材的各种强度差异很大,为了便于比较,现将木材各种强度间数值大小关系列于表6-1中。

表 6-1　木材强度大小关系(MPa)

抗　压		抗　拉		抗　弯	抗　剪	
顺纹	横纹	顺纹	横纹	150~200	顺纹	横纹
100	10~30	200~300	5~30		15~30	50~100

我国土木工程中常用树种的力学性质见表 6-2。

表 6-2　我国常用树种的主要物理力学性质

树种		产地	干缩系数		表观密度(g/cm³)	顺纹抗压强度(MPa)	顺纹抗拉强度(MPa)	抗弯强度(MPa)	横纹抗压强度(MPa)				顺纹抗剪强度(MPa)	
									局部承压比例极限		全部承压比例极限			
			径向	弦向					径向	弦向	径向	弦向	径向	弦向
阔叶树	白桦	黑龙江	0.227	0.308	0.607	42.0	—	87.5	5.2	3.3	—	—	7.8	10.6
	柞木	长白山	0.199	0.316	0.766	55.6	155.4	124.0	10.4	8.8	—	—	11.8	12.9
	麻栎	安徽肥西	0.210	0.389	0.930	52.1	155.4	128.6	12.8	10.1	8.3	6.5	15.9	18.0
	竹叶青冈	湖南吊罗山	0.194	0.438	10.42	86.7	172.0	171.1	21.6	16.5	13.6	10.5	15.2	14.6
	枫香	江西全南	0.150	0.316	0.592	—	—	88.1	6.9	9.7	7.8	11.5	9.7	12.8
	水曲柳	长白山	0.197	0.353	0.686	52.5	138.7	118.6	7.6	10.7	—	—	11.3	10.5
	柏木	湖北崇阳	0.127	0.180	0.600	54.3	117.1	100.5	10.7	9.6	7.9	6.7	9.6	11.1

续表 6-2

树种		产地	干缩系数		表观密度（g/cm³）	顺纹抗压强度（MPa）	顺纹抗拉强度（MPa）	抗弯强度（MPa）	横纹抗压强度（MPa）				顺纹抗剪强度（MPa）	
									局部承压比例极限		全部承压比例极限			
			径向	弦向					径向	弦向	径向	弦向	径向	弦向
针叶树	杉木	湖南江华	0.123	0.277	0.371	37.8	77.2	63.8	3.1	3.3	1.8	1.5	4.2	4.9
	冷杉	长白山	0.122	0.300	0.390	32.5	73.6	66.4	2.8	3.6	2.0	2.5	6.2	6.5
	云杉	四川平武	0.173	0.327	0.459	38.6	94.0	75.9	3.4	4.5	2.8	2.9	6.1	5.9
	铁杉	云南丽江	0.145	0.269	0.449	36.1	87.4	76.1	4.6	5.5	3.5	3.8	7.0	6.9
	红松	小兴安岭	0.122	0.321	0.440	33.4	98.1	65.3	3.7	3.8	—	—	6.3	6.9
	落叶松	新疆	0.162	0.372	0.563	39.0	113.0	84.6	3.9	6.1	2.9	3.4	8.7	6.7
	马尾松	广西沙塘	0.123	0.277	0.449	31.4	66.8	66.5	4.3	4.1	2.6	2.6	7.4	6.7

（5）影响木材强度的主要因素

① 木材的纤维组织

木材受力时，主要靠细胞壁承受外力，细胞纤维组织越均匀密实强度就越高。例如夏材比春材的结构密实、坚硬，当夏材的含量较高时，木材的强度较高。

② 含水率

木材含水率的多少对强度影响很大。当含水率由全干状态逐渐增加到纤维饱和点时，强度随之降低。这是由于细胞壁内纤维吸水软化、松离以及纤维间联结减弱所致。在纤维饱和点以下，随含水率降低，吸附水减少，细胞壁趋于紧密，其强度逐步增加。当含水率超过纤维饱和点后，所增加的则是自由水，对强度不再产生影响。含水率变化对各种强度的影响是不同的，对抗弯强度和顺纹抗压强度的影响最大，对顺纹抗剪强度影响小，而对顺纹抗拉强度几乎没有影响，如图 6-9 所示。

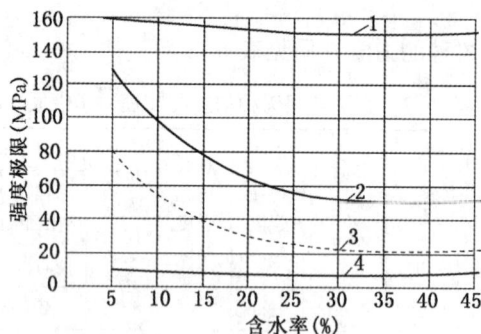

图 6-9 含水率对木材强度的影响
1—顺纹受拉；2—弯曲；3—顺纹受压；4—顺纹受剪

为了具有可比性，国家标准规定木材强度以含水率为 15% 时的强度为标准值。其他含水率（$W\%$）时的强度 σ_w 可按下式换算为标准强度 σ_{15}。

$$\sigma_{15} = \sigma_w[1 + \alpha(W - 15)] \tag{6-1}$$

式中：σ_{15}——含水率为 15% 时的木材强度（MPa）；

σ_w——含水率为 $W\%$ 时的木材强度(MPa);

W——试验时木材含水率(%);

α——木材含水率校正系数,随荷载种类和力的作用方式而异。

顺纹抗压:$\alpha=0.05$;

顺纹抗拉:阔叶树 $\alpha=0.015$,针叶树 $\alpha=0$;

抗弯曲:$\alpha=0.04$;

顺纹抗剪:$\alpha=0.03$。

③ 负荷时间

木材在外力长期作用下,只有当其应力远低于强度极限的某一范围以下时,才可避免木材因长期负荷而破坏。木材在长期荷载作用下所能承受的最大应力称为木材的持久强度。持久强度比极限强度小得多,一般为极限强度的 50%~60%。

木材在外力作用下会产生等速蠕滑,应力不超过持久强度时,变形到一定限度后趋于稳定;应力超过持久强度时,变形不断增加,经一定时间后,变形急剧增加,从而导致木材破坏。木结构都处于某种负荷的长期作用下,因此,设计木结构时,应以持久强度为依据。

④ 温度

环境温度升高时,木材强度逐渐降低。木材含水率越大,其强度受温度的影响也较大。研究表明:当温度从 25℃ 升高至 50℃ 时,木材的顺纹抗压强度会降低 20%~40%,抗拉和抗剪强度降低 12%~20%。温度在 100℃ 以上时,木材会被烤焦和变形,并有部分挥发物分解,强度下降;温度高于 140℃ 时,木材的纤维素会发生热裂解,变形明显并导致开裂,强度急剧下降。因此,如果环境温度长期超过 50℃ 时,不宜使用木结构。

⑤ 疵病

木材的强度是以无缺陷标准试件测得的,而实际木材在生长、采伐、储存、加工和使用过程中会产生一些缺陷,这些内部和外部的缺陷,统称为疵病。木材的疵病主要有木节、斜纹、裂纹、腐朽和虫害等。

木节可分为活节、死节、松软节、腐朽节等几种。活节影响较小,木节使木材顺纹抗拉强度显著降低,对顺纹抗压影响较小。在木材受横纹抗压和剪切时,木节反而增加其强度。斜纹为木纤维与树轴成一定夹角,斜纹易使木材开裂和翘曲,降低抗拉和抗弯强度。裂纹破坏木材的整体性,在受弯时不能承受剪切作用,降低抗弯强度。裂纹、腐朽、虫害等疵病会造成木材构造的不连续性或破坏其组织,因此严重影响木材的力学性质,有时甚至能使木材完全失去使用价值。

木材都存在疵病,使用时应根据木材的使用要求正确选用木材,减少各种缺陷带来的影响,以节约和合理使用木材。

6.2.2　木材在土木工程中的应用

木材生长缓慢,使用范围广泛,需求量大,如何合理地使用木材以及木材的综合利用,是节约木材的有效途径。

1) 木材的初级产品及其应用

采伐后的木材在使用前,通常应经干燥处理,干燥处理可防止木材受细菌等腐蚀,减少木材在使用中发生收缩裂缝和翘曲,提高木材的强度和耐久性。按加工程度和用途不同,木材分为圆条、原木、锯材三类(表 6-3)。

表 6-3　木材的分类及用途

木材种类		说　明	主要用途
圆条		除去皮、根、树梢的木料,但尚未按一定尺寸加工成规定直径和长度的材料	用作进一步加工的原料
原木		除去皮、根、树梢的木料,并已按一定尺寸加工成规定直径和长度的材料	直接使用的原木,用于屋架、檩、椽、桩木、坑木等 加工原木:用于胶合板、造船、车辆、机械模型及一般加工用材等
锯材	板材(宽度为厚度 3 倍或 3 倍以上)	薄板:厚度 12～21 mm	门芯板、隔断、木装修
		中板:厚度 25～30 mm	屋面板、装修、地板
		厚板:厚度 40～60 mm	门窗
	方材(宽度小于厚度 3 倍)	小方:截面在 54 cm² 以下	椽条、隔断、木筋等
		中方:截面在 55～100 cm²	支撑、扶手、檩条等
		大方:截面在 101～225 cm²	屋架、椽条
		特大方:截面 226 cm² 以上	木或钢木屋架

承重结构用的木材,其材质按缺陷(木节、腐朽、裂纹、夹皮、虫害、弯曲和斜纹等)状况分为三个等级,各等级木材的应用范围见表 6-4。

表 6-4　各质量等级木材结构中的应用范围

木材等级	Ⅰ	Ⅱ	Ⅲ
应用范围	受拉或拉弯构件	受弯或压弯构件	受压构件及次要受压构件

2)木材的综合利用

除了直接使用木材外,还可对木材进行综合利用,制成各种人造板材,这样既能提高木材使用率,又能改善天然木材的不足。各类人造板及其制品是室内装饰装修最主要的材料之一。

人造板制品确实给家居装饰带来了很大的便利,但同时人造板有个致命的缺点就是散发的甲醛量易超标。游离甲醛是无色、有强烈刺激性气味的气体,是室内环境的主要污染物,对人体危害极大,已引起全社会的关注。《室内装饰装修材料 人造板及其制品中释放限量》(GB 18580—2001)规定了各类板材中甲醛限量值。新装修的房间必须经过室内环境检测确定达标后方可使用。

(1)装饰单板(薄木)

装饰单板是以材色花纹美观的珍贵树种通过蒸煮软化处理,再用旋切、刨切及弧切等方法切制成的薄片状木材,厚度为 0.1～0.9 mm。通过漂白、染色、拼花、拼色等处理使薄木更美丽、更适用。装饰单板不能单独使用,主要用作装饰人造板材和各种木制品的饰面层以及微薄木壁纸等。采用薄木贴面的形式,可以用少量珍贵木材制得大量装饰材料。单板切制方法示意图见图 6-10。

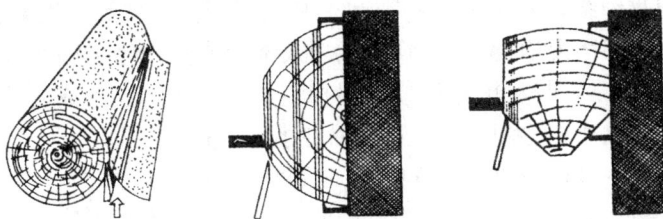

图 6-10　单板切制方法示意图

（2）胶合板

胶合板是由一组单板按相邻层木纹方向互相垂直组坯经热压胶合而成的板材，常见的有三夹板、五夹板和七夹板等。图 6-11 是胶合板构造示意图。胶合板多数为平板，也可经一次或几次弯曲处理制成曲形胶合板。

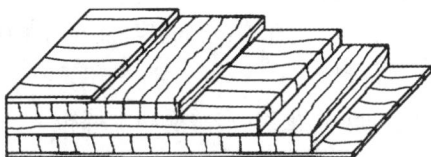

图 6-11　胶合板示意图

胶合板克服了木材的天然缺陷和局限，大大提高了木材的利用率，其主要特点是：材质均匀，强度高，无明显纤维饱和点存在，吸湿性小，不翘曲开裂，无疵病，幅面大，使用方便，装饰性好。胶合板广泛用作建筑室内隔墙板、护壁板、天花板、门面板以及各种家具和装修。

胶合板的分类、特性及适用范围见表 6-5。

表 6-5　胶合板的分类、特性及适用范围

种类	分类	名　称	胶　种	特　性	适用范围
阔叶树材普通胶合板	Ⅰ类	NQF（耐气候胶合板）	酚醛树脂胶或其他性能相当的胶	耐久、耐煮沸或蒸汽处理、耐干热、抗菌	室外工程
	Ⅱ类	NS（耐水胶合板）	脲醛树脂或其他性能相当的胶	耐冷水浸泡及短时间热水浸泡，不耐煮沸	室外工程
	Ⅲ类	NC（耐潮胶合板）	血胶、带有多量填料的脲醛树脂或其他性能相当的胶	耐短期冷水浸泡	室内工程一般常态下使用
	Ⅳ类	BNS（不耐潮胶合板）	豆胶或其他性能相当的胶	有一定胶合强度，但不耐水	室内工程一般常态下使用
松木普通胶合板	Ⅰ类	Ⅰ类胶合板	酚醛树脂胶或其他性能相当的合成树脂胶	耐久、耐热、抗真菌	室外长期使用工程
	Ⅱ类	Ⅱ类胶合板	脱水脲醛树脂胶、改良脲醛树脂胶或其他性能相当的合成树脂胶	耐水、抗真菌	潮湿环境下使用的工程
	Ⅲ类	Ⅲ类胶合板	血胶和加少量填料的脲醛树脂胶	耐湿	室内工程
	Ⅳ类	Ⅳ类胶合板	豆胶和加多量填料的脲醛树脂胶	不耐水、不耐湿	室内工程（干燥环境下使用）

（3）纤维板

纤维板是用植物纤维如采伐加工的剩余物（树皮、刨花、树枝等）、稻草、麦秸、玉米秆、竹材等为主要原料，经切片、浸泡、磨浆、施胶、成型及干燥或热压等工序制成。为了提高纤维板的耐燃性和耐腐性，常在浆料里施加或在湿板坯表面喷涂耐火剂或防腐剂。纤维板材质均匀，完全避免了木节、腐朽、虫眼等缺陷，胀缩性小，不翘曲。

按纤维板的表观密度可分为硬质纤维板（表观密度＞800 kg/m³）、中密度纤维板（500～800 kg/m³）和软质纤维板（＜500 kg/m³）。硬质纤维板的密度大、强度高、耐磨、不易变形，可用于墙壁、地面、家具及室内装修等；中密度纤维板表面光滑、材质细密、性能稳定、边缘牢固，且板材表面的再装饰性能好，是家具制造和室内装修的优良材料，主要用于隔断、隔墙、地面、高档家具等；软质纤维板的结构松软，强度较低，但吸声、绝热性能好，主要用作吸声和绝热材料。

（4）刨花板、木丝板和木屑板

刨花板是将木材加工中的废料（如刨花、碎木片、锯屑等）或木材削片粉碎后与胶黏剂混合，经过热压制成的一种人造板材。刨花板主要用于中、低档次装饰材料，强度较低，一般主要用作隔热、吸声材料，也可用于顶棚、隔墙等。

（5）细木工板

细木工板是一种夹心板，俗称大芯板。芯板用木板条拼接而成，两个表面胶贴木质面板或胶合板，经热压黏合制成。大芯板按厚度分为 3 mm、5 mm、9 mm 板，其竖向（以芯材走向区分）抗弯比强度差，但横向抗弯压强度较高。细木工板质量轻，板幅宽，耐久，吸声，隔热，易加工，胀缩小，有一定的强度和硬度，是做木装修基底的主要材料之一。作为装饰构造材料用于门板、门套、暖气罩、窗帘盒、壁板、做家具和包木门等。

（6）木质地板

木材具有天然的花纹，良好的弹性，给人以淳朴、典雅的质感。木质地板具有纹理美观、导热系数小、弹性好、耐磨、脚感舒适及方便保养等优点，作为室内地面装饰材料具有独特的功能和价值，得到了广泛的应用。

① 条木地板。条木地板是使用最普遍的木质地板。条木地板自重轻，弹性好，脚感舒适，其导热性小，冬暖夏凉，且易于清洁。条木地板分空铺和实铺两种。空铺条木地板是由龙骨、水平撑和地板三部分构成，地板分单层和双层两种。双层条木地板下层为毛板，钉在龙骨上，面层为硬木板，多选用水曲柳、榆木、枫木等硬质木材。单层条木地板直接钉在龙骨上或粘于地面，板材常用松杉等软木材。条木地板被公认为是良好的室内地面装饰材料，适用于办公室、会议室、会客室、旅馆客房、住宅起居室等场所。

② 拼花木地板。拼花木地板是较高级的室内地面装修材料，分双层和单层两种。二者面层均用一定大小的硬木块镶拼而成。它是由水曲柳、柞木、胡桃木、柏木、枫木、榆木、柳桉等优良木材，经干燥处理后，加工出的条状小板条，小板条一般均带有条状企口。双层拼花木地板是将面层小板条用暗钉钉在毛板上固定，单层拼花木地板是采用适宜的材料，将硬木面板条直接粘贴在混凝土基层上。拼花木地板具有纹理美观、弹性好、耐磨性强、坚硬、耐腐等特点，且拼花木地板一般均经过远红外线干燥，含水率恒定（约12%），因而变形稳定，易保持地面平整、光滑而不翘曲变形。拼花木地板适用于高级楼宇、宾馆、别墅、会议室、展览室、体育馆和住宅等的地面装饰。可根据装修等级的要求，选择合适档次的木地板。

③ 漆木地板。漆木地板是国际最新流行的高级装饰材料。这种地板的基板选用珍贵树种,如水曲柳、香柏、金丝木等,经先进设备严格按规定进行锯割、干燥、定型、定湿等科学化处理,再进行精细加工而成为精密的企口地板基板,然后对企口基板表面进行封闭处理,并用树脂漆进行涂装从而得到。漆木地板特别适合高档住宅装修,容易与室内其他装饰产生和谐感,无论是用于客厅还是用于餐厅、卧室,都能使人仿佛置身于大自然中。

④ 复合地板。复合地板又称强化木地板,随着木材加工技术和高分子材料应用的快速发展,复合地板作为一种新型的地面装饰材料得到了广泛的开发和应用。在我国木材资源相对缺乏的情况下,采用复合地板代替木质地板不失为节约天然资源的好方法。

复合地板是以中密度纤维板或木板条为基材,涂布三氧化二铝等作为覆盖材料而制成的一种板材。复合地板安装方便,板与板之间可通过槽榫进行连接。复合地板耐磨、阻燃、防潮、防静电、防滑、耐压、易清理、花纹整齐、色泽均匀,但其弹性不如实木地板。复合地板适用于铺设实木地板的场所,还可以用于具有洁净要求的车间、实验室、健身房及医院等。

6.3　木材的腐蚀与防护

木材具有许多优点,但也存在两大缺点:一是易腐;二是易燃。土木工程中应用木材时,必须考虑木材的防腐和防火问题。

6.3.1　木材腐朽的原因和条件及防腐方法

1) 木材腐朽的原因和条件

木材是天然有机材料,易受真菌、昆虫侵害而腐朽变质。侵蚀木材的真菌主要有霉菌、变色菌和腐朽菌三种。木材受到真菌侵害后,其细胞改变颜色,结构逐渐变松、变脆,强度和耐久性下降,这种现象称为木材的腐蚀。霉菌一般只寄生在木材表面,并不破坏细胞壁,对木材强度几乎无影响,经过抛光后可去除。变色菌多寄生于边材,以木材细胞腔内含物为养料,不破坏细胞壁,对木材力学性质影响不大,但因侵入木材较深,难以除去,损害木材外观质量。所以霉菌、变色菌只使木材变色,影响外观,并不影响木材的强度。腐朽菌以木质素为其养料,腐朽初期仅改变木材颜色,随后逐渐深入内部,使木材强度下降,至腐朽后期,木材呈海绵状、蜂窝状等,颜色大变,材质极松软,甚至可用手捏碎。因此,腐朽菌对木材危害较严重。

真菌在木材中生存和繁殖必须同时具备三个条件:适当的水分、足够的空气和适宜的温度。当空气相对湿度在90%以上,木材的含水率在35%~50%,环境温度在24~30℃时,适宜真菌繁殖,木材最易腐蚀。若含水率在20%以下,温度高于60℃,真菌将停止生存和繁殖。因此,若木材能经常保持干燥、完全浸入水中或深埋地下使木材缺氧,均可不致腐朽。

2）木材的防腐

木材的防腐通常采取两种措施：一种是创造条件，使木材不适于真菌寄生和繁殖；另一种是进行药物处理，消灭或抑制真菌生长。

具体措施如下：

（1）将木材干燥（风干或烘干）至含水率在 20％以下，并对木结构构件采取通风、防潮、表面涂刷油漆等措施，以保证木材处于气干状态。采用气干法或窑干法将木材干燥至较低的含水率，在设计和施工时注意通风除湿，如在地面设防潮层，木地板下设通风洞，木屋顶采用山墙通风等，使木材常年保持干燥。注意不能激烈地改变干燥介质温、湿度，如超过了木材内部水分散发速度，则会导致木材开裂、变形。或者将木材全部浸入水中隔绝空气保存。

（2）采用耐水性好的涂料涂敷在木材表面。涂料本身无杀菌杀虫能力，但涂料可在木材表面形成保护膜，阻隔空气和水分，并防止真菌和昆虫的入侵。

（3）将防腐剂注入木材内，使木材成为有毒物质。木材防腐剂种类很多，主要有水溶性、油溶性和膏质防腐剂三种。防腐剂注入方法主要有表面涂刷、常温浸渍、冷热槽浸透和压力渗透法等。

6.3.2　木材的防虫

木材还会遭受昆虫的蛀蚀，常见的昆虫有白蚁、天牛等，因各种昆虫危害而造成的木材缺陷称为木材虫害。往往木材内部已被蛀蚀一空，而外表依然完整，几乎看不出破坏的痕迹，因此危害极大。白蚁喜温湿，在我国南方地区种类多、数量大，常对建筑物造成毁灭性的破坏。甲壳虫（如天牛、蠹虫等）则在气候干燥时猖獗，它们危害木材主要在幼虫阶段。

木材中被昆虫蛀蚀的孔道称为虫眼或虫孔。虫眼对材质的影响与其大小、深度和密集程度有关。深而大的虫眼或浅而密集的小虫眼能破坏木材的完整性，降低其力学性质，也成为真菌侵入木材内部的通道。

化学药剂处理的木材防腐剂也能防止昆虫危害。

6.3.3　木材的防火

木材为易燃物质，由于木材作为一种理想的装饰材料被广泛用于各种建筑之中，因此，木材的防火问题就显得尤为重要，应对其进行防火处理，以提高其耐火性。木材的防火处理（也称防燃处理）旨在提高木材的耐火性，使之不易燃烧；或当木材着火后，火焰不致沿材料表面很快蔓延；或当火焰移开后，木材表面上的火焰立即熄灭。木材防火处理的方法通常有两种，即在木材表面涂刷或覆盖防火涂料，或用防火浸剂浸渍木材。

通过防火处理能推迟或消除木材的引燃过程，降低火焰在木材表面蔓延的速度，延缓火焰破坏木材的时间，从而给灭火或逃生提供更多机会。但应注意，防火涂料或防火浸剂中的防火组分随着时间的延长和环境因素的作用会逐渐减少或变质，从而导致其防火性能不断减弱。

复习思考题

1. 针叶树材与阔叶树材有何异同？木材含水率变化对其性能有什么影响？

2. 木材的主要技术性质有哪些？

3. 木材含水率的变化对木材哪些性质有影响？有什么样的影响？

4. 何谓木材的纤维饱和点、平衡含水率、标准含水率？在实际使用中有何意义？

5. 从下面三块湿木板的年轮图,试预估木材干燥后它们将如何变形？

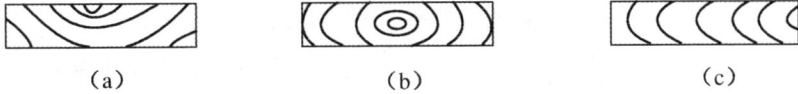

（a）　　　　　　　　（b）　　　　　　　　（c）

图 6-12

6. 测得一松木试件,其含水率为 11%,此时其顺纹抗压强度为 64.8 MPa,试问：(1) 标准含水量状态下其抗压强度为多少？(2) 当松木含水率分别为 20%、30%、40% 时的强度各为多少？（该松木的纤维饱和点为 30%,松木顺纹抗压的含水率校正系数 α 为 0.05）

创新思考题

调查了解目前建筑装修工程使用的天然和人造木材种类、应用范围和技术特点（如含水率）、加工方法和防腐措施。要求对建筑装修中使用的木材有较直观的认识,能辨别木材的种类,掌握判断木材质量的一般方法和使用要求。

7　沥青与沥青混合料

　　沥青材料是由一些极其复杂的高分子碳氢化合物及其非金属(氧、硫、氮)衍生物所组成的混合物。沥青在常温下呈黑色或黑褐色的固体、半固体或液体。

　　沥青属有机胶凝材料,其在土木工程中的主要用途如下:

　　(1) 应用于道路工程。沥青材料胶结矿质混合料所构成的沥青混合料是各类沥青路面的铺面材料。

　　(2) 应用于土木工程的防水、防渗、防潮。沥青可用于制造建筑柔性防水材料,如沥青防水卷材等;还可用于水利防渗工程。

　　(3) 应用于防腐工程。沥青能抵抗酸、碱、盐等液体或气体的腐蚀,可用于有防腐要求且对外观要求较低的表面防腐工程。

　　沥青按在自然界中获得方式的不同可分为地沥青和焦油沥青两大类。地沥青是通过对地表或地下开采所得到的沥青材料,包括天然沥青与石油沥青;焦油沥青则是将各种有机物(煤、泥炭、木材等)经化工加工所得到的沥青材料,包括煤沥青、木沥青等;页岩沥青按产源属于地沥青,但生产方法同焦油沥青。沥青的具体分类如下:

$$
沥青
\begin{cases}
地沥青 \begin{cases} 天然沥青 \\ 石油沥青 \end{cases} \\
焦油沥青 \begin{cases} 煤沥青 \\ 木沥青 \\ 页岩沥青 \end{cases}
\end{cases}
$$

7.1　石油沥青

7.1.1　石油沥青的生产

1) 石油沥青的原料

　　石油是生产石油沥青的主要原料,其基属种类的不同将对所生产石油沥青的工程性质产生重要影响。石油一般以"关键馏分特性"和"含硫量"作为基属分类的指标。

　　石油的基属有环烷基、中间基、石蜡基等,石油基属的不同对所加工石油沥青的技术性质具有重大影响。环烷基石油沥青的工程性能最好,其次为中间基石油沥青,石蜡基石油沥青的工程性质最差。原因在于蜡是沥青中的有害组分,高温时会软化,低温时则结晶析出、延性降低。以道路工程为例,用高含蜡量沥青制备的沥青混合料会导致高温稳定性、低温抗裂性、表面抗滑性、沥青与矿料黏附性等路用性能不良。值得一提的是,目前可对工程性能不好的石蜡基石油沥青进行"脱蜡"处理,但"脱蜡"的成本很高。

2）石油沥青的生产工艺

石油沥青的主要生产工艺首先是将石油经过常压蒸馏和减压蒸馏,并提取汽油、煤油、柴油、润滑油等有益成分后,得到渣油。渣油相当于现在的慢凝液体沥青,最早用于路面镇尘。然后将渣油经过深加工工艺,便得到目前工程中最常用的三大黏稠沥青——溶剂沥青、直馏沥青和氧化沥青。其中,溶剂沥青主要经历了丙烷脱沥青工艺;直馏沥青具有较好的变形能力,但温度敏感性较大;氧化沥青具有较好的温度稳定性,可认为是广义上最早的改性沥青。此外,若将三大黏稠沥青经过进一步加工,还可得到液体沥青、乳化沥青、泡沫沥青等新型沥青材料。

7.1.2 石油沥青的组成和结构

1）石油沥青的组分

（1）化学组分的概念

不同产地石油沥青的元素组成非常相近,见表7-1,但其工程性质的差异却很大。

表 7-1 石油沥青主要元素含量

元素	碳	氢	硫	氧	氮
含量（%）	82～88	8～11	0～6	0～1.5	0～1

在分析沥青化学组成时,将其分离为化学性质相近,且与其技术性质有一定联系的若干组,每个组就称为一个组分。沥青各组分中的化合物在化学性质、物理性质和工程性质上具有相似性。

（2）组分分析方法

沥青组分分析主要有三组分分析法和四组分分析法两种。

① 三组分分析法。沥青三组分分析法又称溶解-吸附法,其将沥青分为油分（淡黄色透明液体）、树脂（红褐色黏稠半固体）、沥青质（深褐色固体微粒）三种组分。各组分对沥青性能具有不同影响,油分在沥青中起润滑和柔软作用,油分含量高的沥青黏滞性与稳定性低,延展性好,表现为针入度高、软化点低、延度大;相反,沥青质含量高的沥青,黏滞性与稳定性较高,延展性差。

② 四组分分析法。沥青四组分分析法又称色谱法,分析流程见图7-1。

四组分分析法将沥青分为饱和分、芳香分、胶质、沥青质四种组分,各组分的特点及其对沥青性能的影响见表7-2。

沥青三组分分析法与四组分分析法在本质上具有相似性,均是将沥青分为液体软沥青质和固体沥青质两大部分。区别在于三组分分析法中,软沥青质分为油分和树脂;四组分分析法中,软沥青质分为饱和分、芳香分和胶质。我国建工行业多用沥青三组分分析法,其最大优点是组分界限明确,但三组分分析法流程复杂、分析时间长;交通行业更多采用沥青四组分分析法。

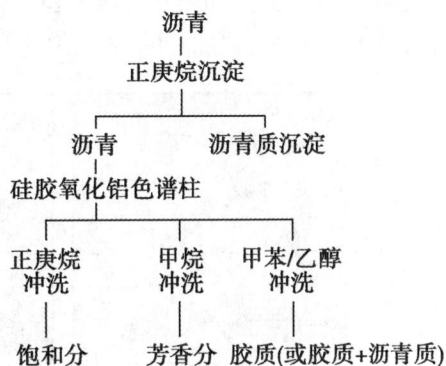

图 7-1 沥青四组分分析法流程

表 7-2　沥青四组分及其特性

组分	物态	相对分子质量	含量(%)	高温黏滞性	低温变形能力	化学稳定性
饱和分	白色稠状油类	300~600	5~20	低	低	高
芳香分	深棕色黏稠液体	300~600	40~65	低	低	高
胶质	棕色半固体	600~1 000	15~30	高	高	低
沥青质	粒径 5~30 nm 的黑色或棕色固体	1 000~10 000	5~25	高	低	无影响

③ 沥青含蜡量。对于蜡含量较高的石蜡基沥青或中间基沥青，油分中含有蜡，故在组分分析时应用沥青含蜡量测定仪将油蜡分离。

2) 沥青的胶体结构

(1) 胶体结构的形成

沥青材料在微观上呈胶体结构。根据胶体理论，绝大多数沥青是以沥青质为核心，吸附胶质形成的胶团作为分散相，分散在饱和分与芳香分的分散介质中，见图 7-2。

(2) 胶体结构的分类

根据沥青胶团大小、数量、分散状态的不同，沥青可分为溶胶型、凝胶型和溶-凝胶型三种胶体结构类型，见图 7-3。

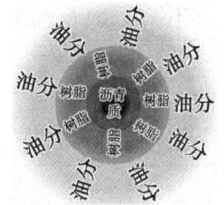

图 7-2　沥青胶体结构形成

① 溶胶型沥青。当沥青质含量较少(＜10%)、相对分子质量较低或分子尺寸较小时，沥青分散度很高，胶团可在分散介质中自由移动，形成溶胶型沥青，其结构见图 7-3(a)。溶胶型沥青对温度变化较敏感，高温黏度较低，低温时由于黏度增大而使流动性下降。直馏沥青、液体沥青多为溶胶型结构。

② 凝胶型沥青。当沥青质含量很大(≥25%~30%)、相对分子质量较大时，胶质数量不足以包裹在沥青质周围使之胶溶，胶团相互联结成三维网状结构，胶团在分散介质中移动较困难，形成凝胶型沥青，其结构见图 7-3(c)。凝胶型沥青变形能力差、脆性大、耐久性差，常温下具有黏弹性和较好的温度稳定性，高温时分散度加大而具有一定的流动性。氧化沥青、老化沥青多为凝胶型结构。溶胶型沥青在道路工程中很少采用，多为建筑沥青。

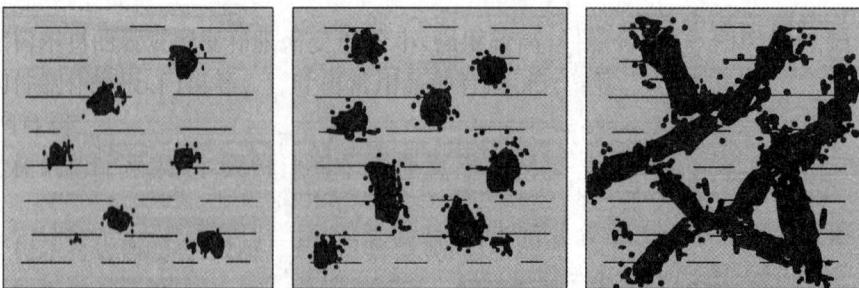

(a) 溶胶型结构　　　　(b) 溶—凝胶型结构　　　　(c) 凝胶型结构

图 7-3　沥青胶体结构类型

③ 溶—凝胶型沥青。溶—凝胶型沥青是介于溶胶型与凝胶型之间的一种沥青，其结构

见图 7-3(b)。常温下,在变形之初表现出明显的弹性,变形增至一定阶段后表现为牛顿液体状态。溶—凝胶型沥青在高温时具有较低的感温性,低温时又具有较好的形变能力。由于其兼具溶胶型沥青与凝胶型沥青的技术优点,因此工程中通常希望沥青处于此结构;修筑现代高等级公路路面的沥青,都应属于溶—凝胶型沥青,且针入度指数宜在 $-1\sim+1$ 范围内。

(3) 胶体结构的判定

沥青胶体结构与其技术性质密切相关,但从化学角度很难评判,工程中多用针入度指数法来判定沥青胶体结构。沥青针入度指数(PI)经针入度试验和软化点试验后由式(7-1)计算得出,并根据表 7-3 判定沥青胶体结构类型。

$$PI = \frac{30}{1 + 50 \times \left(\dfrac{\lg 800 - \lg P_{(25℃,100\,g,5\,s)}}{T_{R\&B} - 25} \right)} \times 100\% \tag{7-1}$$

式中:PI——沥青的针入度指数;

$P_{(25℃,100\,g,5\,s)}$——沥青的针入度;

$T_{R\&B}$——沥青的软化点。

表 7-3 沥青胶体结构类型与针入度指数

沥青的针入度指数(PI)	沥青的胶体结构类型
<-2	溶胶型
$-2\sim+2$	溶-凝胶型
$>+2$	凝胶型

7.1.3 石油沥青的技术性质

1) 物理性质

(1) 密度

沥青密度是在规定温度下单位体积沥青所具有的质量,单位为 t/m³ 或 g/cm³,《固体和半固体石油沥青密度测定法》(GB/T 8928—2008)规定沥青密度测定的标准温度为 15℃,采用比重瓶测定,试验结果记为 d_{15}。沥青密度也可用相对密度表示,相对密度是在规定温度(通常取 25℃)下,沥青质量与同体积水质量的比值。

沥青密度是沥青质量与体积互相换算、沥青混合料配合比设计时必不可少的重要参数。在沥青使用、储存、运输、销售以及设计沥青容器时均需用到沥青密度数据。

黏稠沥青的密度多在 0.97～1.04 g/cm³ 的范围内。沥青中各组分的密度不同:$d_{沥青质}$ $>d_{胶质}>d_{芳香分}>d_{饱和分}$,故沥青相对密度与沥青化学组成密切相关;含蜡量高的沥青密度较小。此外,沥青密度还与温度有关,温度升高,沥青体积膨胀、密度降低。

(2) 体膨胀系数

温度升高时,沥青材料的体积会发生膨胀,膨胀程度可用体膨胀系数来评价。沥青体膨胀系数是沥青储罐设计、沥青用作填缝或密封材料时十分重要的计算数据;体膨胀系数也与沥青路面的路用性能密切相关,体膨胀系数大,沥青路面在夏季易泛油,冬季易因收缩而产生裂缝。

沥青的体膨胀系数可以通过测定不同温度下的密度,计算公式如下:

$$A = \frac{D_{T2} - D_{T1}}{D_{T1}(T_1 - T_2)} \qquad (7-2)$$

式中：A——沥青的体膨胀系数；

  T_1, T_2——密度的测试温度(℃)；

  D_{T1}, D_{T2}——分别为温度 T_1 和 T_2 时的密度(g/cm³)。

（3）介电常数

沥青的介电常数定义为：$\dfrac{沥青作介质时平行板电容器的电容}{真空作介质时平行板电容器的电容}$,它与沥青抵抗氧、雨、紫外线等的耐候性有关。

2）黏滞性

（1）沥青黏滞性的概念

沥青的黏滞性是指在外力作用下沥青粒子产生相互位移以抵抗剪切变形的能力,通常用黏度指标来评价。

① 动力黏度(η):沥青 60℃时的动力黏度与沥青路面的抗车辙性密切相关。

② 运动黏度(η'):运动状态的黏度用运动黏度表示。

沥青的运输常用到运动黏度指标;沥青 135℃运动黏度与沥青的施工性能密切相关。沥青的动力黏度与运动黏度在概念上有一定的相似性,两者在数值上也很接近。

（2）沥青黏度的测定

沥青黏度的测定方法分为两大类:第一类为绝对黏度法,即采用黏度计来测定物理学概念上的黏度指标本身;第二类为相对黏度法,亦称条件黏度法,即采用经验性方法测定与沥青黏度有关的另一个简单参数。

① 绝对黏度的测定方法

沥青黏度随温度变化而变化的幅度很大,因而需用不同的方法和仪器来测定。

毛细管法:该法是沥青试样在严格控制温度和真空度的条件下,测定一定体积沥青在规定温度(通常为 135℃)被吸通过选定型号的毛细管黏度计所需要的时间,并计算运动黏度。

真空减压毛细管法:该法是沥青试样在严密控制的真空装置内,保持一定的温度(通常为60℃),通过规定型号毛细管黏度计,测定流经规定的体积所需要的时间,并计算动力黏度。

此外,还有旋转黏度计法、布洛克菲尔德法和滑板黏度计法。

② 相对黏度的测定方法

A. 标准黏度计法

测定液体石油沥青、煤沥青和乳化沥青等的黏度,采用标准黏度计法。

进行标准黏度计法试验时,首先将液体状态的沥青材料置于标准黏度计中,提棒后测定在规定的温度条件下通过规定的流孔直径,下方杯中沥青由 25 mL 上升至 75 mL 时(即流出 50 mL 沥青)的沥青流经时间,以"s"为单位。

该法试验条件表示为 $C_{T,d}$,其中 C 表示黏度,脚标表示试验条件,其中 T 表示试验温度,d 为流孔直径。试验温度和流孔直径根据液体状态沥青的黏度选择,常用温度有 60℃、25℃

等,常用孔径有 3 mm、4 mm、5 mm、10 mm 四种,其中又以 5 mm 最常用。如:$C_{25,5}=100$ 表示试验温度 25℃、流孔直径 5 mm 时,50 mL 的该沥青流经标准黏度计需 100 s。

在相同温度和相同流孔条件下,流出时间越长即 $C_{T,d}$ 越大,表示沥青黏度越大。

其他国家多采用恩格拉黏度计法、赛波特黏度计法来测定液体状沥青的黏度。

B. 针入度法

针入度法是国际上普遍采用的测定黏稠沥青稠度的一种方法,针入度也是划分沥青标号的一项最重要指标。

沥青针入度是在规定温度条件下,以规定质量的标准针经过规定时间贯入沥青试样的深度,以 1/10 mm 为单位,见图 7-4。

针入度法的试验条件表示为 $P_{(T,m,t)}$,其中 P 为针入度,脚标表示试验条件,其中 T 为试验温度,m 为标准针(包括连杆及砝码)的质量,t 为贯入时间。我国现行试验规程规定常用的试验条件为 $P_{(25℃,100\,g,5\,s)}$。如 $P_{(25℃,100\,g,5\,s)}=60$ 表示:试验温度 25℃ 时,100 g 标准针历时 5 s 后贯入沥青试样的深度为 6 mm。

图 7-4　沥青针入度测定仪

针入度值越大,表示沥青越软,即稠度越小。实质上,针入度是测量沥青稠度的一种指标,通常稠度高的沥青,其黏度亦高;但沥青针入度与沥青黏度之间无绝对的定量换算关系。

C. 软化点法

沥青属非晶质高分子材料,在固态、液态转变时没有明显的熔化点或凝固点,工程中取沥青滴落点与硬化点温度区间的 87.21% 作为软化点。

采用环与球法测定沥青软化点,记为 $T_{R\&B}$。该法是沥青试样注于内径为 18.9 mm 的铜环中,环上置一重 3.5 g 的钢球,在规定的加热温度(5℃/min)下进行加热,沥青试样逐渐软化,直至在钢球荷重作用下,使沥青产生 25.4 mm 垂度(即接触底板)时的温度,称为软化点,以"℃"计。

我国工程界长期以来一直将软化点作为评价沥青高温感温性的一项指标。但大量研究证实多种沥青在软化点时的黏度约 1 200 Pa·s 或相当于针入度值 800(0.1 mm),即软化点是一种人为的"等黏温度"。因此软化点既可看作反映沥青热稳定性的一个指标,亦是反映沥青条件黏度的一个指标。

③ 绝对黏度与相对黏度的关系

沥青的绝对黏度与相对黏度从不同试验条件反映了沥青的黏滞性,通常相对黏度大的沥青其绝对黏度亦大,但绝对黏度与相对黏度间很难建立起绝对的对应关系。针入度相近的沥青,动力黏度可能相差很大;实际上,沥青经过加热老化后,动力黏度的差别将更大。这一结论在工程中值得引起重视——针入度相同的同牌号沥青,其实际技术性能可能相差很大。将来工程中更倾向于用绝对黏度来控制沥青质量。

3) 延展性

沥青延展性简称延性,是指沥青在外力拉伸作用下所能承受的塑性变形的总能力。延性是沥青内聚力的衡量,反映了沥青的低温性能,通常用延度指标来表征。

沥青延度采用延度仪测定,将沥青试样制成最小断面 1 cm^2 的 8 字形标准试件,测定在规定温度条件下按规定速率拉伸沥青试件至断裂时的长度,即为延度,单位为"cm"。延度试验的温度为 15℃、10℃，其中 15℃ 延度为强制性指标，10℃ 延度为建议性指标。

沥青的延度与沥青的流变特性、胶体结构、化学组分等密切相关。研究表明，当沥青化学组分不协调、胶体结构不均匀、含蜡量较高时，都会使沥青的延度降低。

4）低温性能

随着温度的变化，沥青通常呈现出三态：液态 ⟷ 橡胶态 ⟷ 玻璃态。温度升高，沥青由橡胶态转变为液态，其性能可用软化点指标评价；温度降低，沥青由橡胶态转变为玻璃态，此阶段通常对应沥青的低温性能阶段。沥青的低温性能与沥青路面的低温抗裂性有密切的关系，沥青的低温延性与低温脆性是重要的性能，多以沥青的低温延度和脆点试验来表征。

（1）脆点试验

沥青材料在低温下受到瞬时荷载时，常表现为脆性破坏。沥青脆性的测定很复杂，通常采用脆点作为条件脆性指标。脆点是测量沥青在低温不引起破坏时的温度，实质上反映沥青由黏弹体转变为弹脆体即玻璃态的温度，即达到临界硬度时发生脆裂的温度。将 0.4 g 沥青试样在一个标准的金属片上摊成薄层，置于脆点仪内，制冷剂温度以 1℃/min 的速率降温，摇动脆点仪的曲柄，使涂有沥青薄膜的金属片产生 1 次/min 的等速弯曲，记录下沥青薄膜的开裂温度，即为脆点，单位"℃"。

（2）弯曲梁流变试验（BBR）

劲度是沥青或沥青混合料在一定温度和一定负荷时间下应力与应变的比值，反映了沥青的黏—弹性，用劲度模量指标来表征。

沥青混合料的低温劲度是反映抗裂性能的重要指标，通常采用弯曲梁流变试验测定。采用沥青模拟经过施工的热老化，先经过旋转薄膜烘箱（RTFOT），再经过压力老化试验（PAV）模拟沥青路面经过 5 年的使用期老化。

弯曲梁流变试验是在弯曲流变仪上进行的，应用工程中梁的理论来测量沥青小梁试件在蠕变荷载作用下的劲度，用蠕变荷载来模拟温度下降时路面中产生的应力。

通过试验获得两个评价指标：

① 蠕变劲度模量（弯拉模量），要求不超过 300 MPa。如果沥青材料的蠕变劲度太大，则呈现为脆性，路面容易开裂，因此要求不超过 300 MPa。

② 劲度变化率，要求不小于 0.3。劲度模量越小，劲度变化率越大，沥青越不易开裂。

（3）直接拉伸试验（DTT）

直接拉伸试验是通过测定沥青在低温时的极限拉伸应变来反映沥青的低温拉伸性能。试验温度为 0～36℃，沥青呈脆性特征。沥青试件如哑铃状，重约 2 g，两端粗，中间细，长 40 mm，有效标准长度为 27 mm，截面积为 36 mm²。一只试件仅需 3 g 沥青，试验温度为设计最低温度以上 10℃，拉伸速率为 1 mm/min，测得的结果是试件拉断时的荷载和伸长变形，试件的应力和应变由下式计算。直接拉伸试验的破坏应变不得大于 1%。

$$应力(\sigma) = \frac{最大荷载}{试样截面积} \tag{7-7}$$

$$应变 = \frac{长度变化（伸长 \Delta L）}{有效标准长度（27\ mm）} \tag{7-8}$$

5）感温性

（1）感温性的概念

沥青具有复杂的胶体结构，温度升高时，沥青由弹性逐渐转变为黏性，劲度随温度而变。沥青的黏度、劲度等性能随温度的不同而产生明显变化的特性称为感温性。

（2）感温性的工程意义

对建筑沥青而言，感温性过大会使沥青材料高温软化、低温开裂，影响其防水效果。对路用沥青而言，温度和黏度间的关系是其重要性质，沥青混合料在施工过程中的拌和、摊铺、碾压以及使用阶段，都要求沥青的黏度在适当范围之内，否则将影响沥青路面的质量。

（3）感温性的评价指标

① 针入度指数（PI）

沥青针入度指数指标在工程中的作用主要有两点：一是判断沥青的胶体结构；二是评价沥青的感温性。针入度指数是评价沥青感温性最常用的指标，我国《公路沥青路面施工技术规范》（JTG F40—2004）将其列入沥青技术要求中，规定对于 A 级沥青 PI 值应为 $-1.5\sim+1.0$，B 级沥青 PI 值应为 $-1.8\sim+1.0$。

② 其他感温性评价指标

除针入度指数（PI）外，工程中用于评价沥青感温性的常用指标还有针入度—温度指数（PTI）、针入度—黏度指数（PVN）、黏—温指数（VTS）、黏度—温度数（VTN）、沥青等级指数（CI）等。

（4）感温性评价指标的工程应用

工程实践表明，在应用上述感温性评价指标时需注意以下问题：

① PI、PVN、VTS、CI 等指标越大越好。这些指标越大，表明沥青对温度变化不敏感，感温性低。

② 工程中采用不同指标评价沥青的感温性，可能会得出不同的结果。如对 A、B 两种沥青测定 PI 和 PVN 后，有 $PI_A>PI_B$、$PVN_A<PVN_B$，此时则难以比较这两种沥青的感温性优劣。

③ 虽然 PI 对于评价沥青的性能非常重要，但在实际应用中，很难通过 PI 值来真正反映沥青的感温性。原因在于沥青针入度的测定允许有 ±0.2 的误差，但此误差可能造成计算所得的 PI 值有 ±0.82 的误差，而溶—凝胶型沥青的 PI 范围仅为 $-2\sim+2$，这一误差可能造成评价沥青性能的不正确结论，故应特别注意提高测试精度。

6）黏弹性

（1）沥青的黏—弹性现象

通常沥青材料在低温时表现为弹性，高温时表现为黏性，而在相当宽的温度范围内则表现为黏性与弹性并存的黏弹性。沥青的黏—弹性现象见图7-5。

沥青的蠕变和应力松弛现象是其黏—弹性的表现。蠕变是指在应力保持不变的情况下，应变随时间增加而增加的现象，其 $\sigma-t$、$\varepsilon-t$ 关系见图 7-6。应力松弛是指在应变保持不变的情况下，应力随时间增加而逐渐减弱的现象，其 $\varepsilon-t$、$\sigma-t$ 关系见图 7-7。

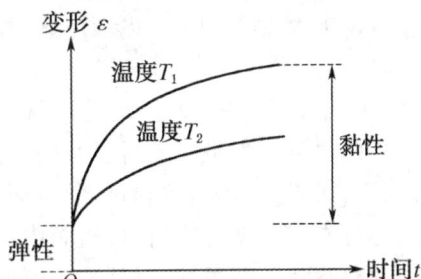

图 7-5　沥青黏—弹性现象

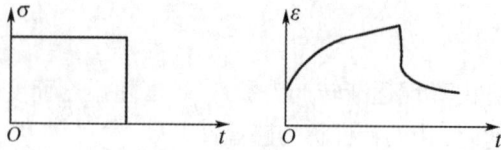

图 7-6　沥青蠕变

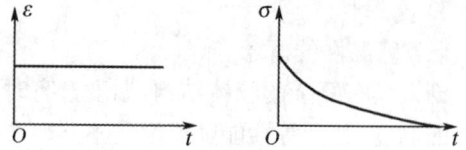

图 7-7　沥青应力松弛

（2）沥青的劲度模量

① 定义。沥青的黏—弹性表现为在荷载作用下，应力和应变呈非线性关系，为了描述沥青处于黏—弹性状态下的力学特性，采用了劲度模量的概念。劲度模量是以荷载作用时间 t 和温度 T 为函数的沥青材料的应力与应变的比值 σ/ε，表示黏弹性沥青抵抗变形的性能，按式（7-9）计算。荷载时间和温度对沥青劲度模量的影响见图 7-8。

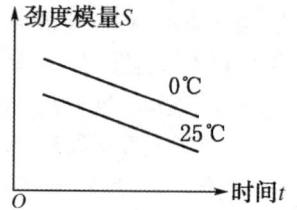

图 7-8　荷载时间与温度对沥青劲度模量的影响

$$S = (\sigma/\varepsilon)_{t,T} \tag{7-9}$$

式中：S——沥青的劲度模量（Pa）；

　　　σ——应力（Pa）；

　　　ε——应变；

　　　t——荷载作用时间（s）；

　　　T——温度（℃）。

② 确定方法。沥青劲度模量可通过沥青滑板黏度试验或查沥青劲度模量诺模图来确定。沥青劲度模量诺模图主要由荷载作用时间（t）、路面温度差（$T_p - T_{R\&B}$）、沥青针入度指数（PI）三项参数绘成，查图后可由针入度指数预测沥青劲度。

7）黏附性

（1）工程意义

沥青的黏附性反映了沥青与集料的黏结能力。若沥青的黏附性不强，易从集料表面剥落，造成沥青路面的水损害性坑洞。

（2）黏附机理

目前用于解释沥青与矿料黏附—剥落机理的理论主要有五种。

① 机械黏附理论。该理论认为沥青冷却后的凹凸与矿料石子表面的凹凸形成了机械咬合。

② 化学反应理论。该理论认为沥青与矿料的黏附性缘于两者表面的化学性吸附。工程中通常认为路面上面层所用的玄武岩集料与沥青的化学吸附性较差，而中、下面层所用的石灰岩集料与沥青的化学吸附性较好。但近几年的工程实践发现，石灰岩—沥青之间亦可能存在黏附性问题，路面中、下面层遭受水损害后沥青从石灰岩集料表面剥落，进而导致路面上面层下陷，最终路面形成车辙，这一病害新近被认为是沥青路面的水损害型车辙。

③ 表面能理论。现代研究表明，沥青从矿料表面剥落与环境因素、路面因素的综合作用有关，其中动水压力的影响极大。即沥青的剥落不仅取决于路面水损害使得沥青—矿料间黏附性下降，还取决于行车荷载与高温作用下形成的高空隙水压力，经试验测定压

力差可达 69 kPa,可形成 0.9～0.15 m/s 的高速水流。根据同济大学孙立军教授的计算结果,当车速为 140 km/h 时动水压力可达 0.8 MPa,车速为 160 km/h 时动水压力可达 1.0 MPa,该动水压力导致雨水进入路面并积聚于层底,与重复荷载共同作用导致沥青—矿料剥离。

④ 极性理论。该理论认为石子表面常带负电荷,沥青虽为电中性,但在与石子接触的瞬间正电荷会向沥青靠近石子的表面移动,正负电荷的吸引使得沥青与石子黏附。

⑤ 表面构造理论。该理论与机械黏附理论相似,认为沥青中低相对分子质量部分会进入集料表面的孔隙中,从而形成了两者间的黏附。

(3)影响因素

影响沥青与矿料黏附性的主要因素如下:

① 集料的酸碱性。集料按其中 SiO_2 含量的不同分为三类:SiO_2 含量低于 52% 的为碱性集料,如石灰岩等;SiO_2 含量在 52%～65% 之间的为中性集料,如玄武岩等;SiO_2 含量高于 65% 的为酸性集料,如花岗岩等。由于沥青呈酸性,故与碱性集料的黏附性较好。

② 沥青的黏度与极性。沥青的黏度提高,黏附性提高;沥青中酸性组分的含量提高,黏附性提高。

③ 沥青混合料的空隙率。沥青混合料的压实空隙率过低,易出现沥青—矿料的黏附性问题。

(4)改进措施

目前工程中常用的提高沥青与集料黏附性的措施主要包括两方面:一是采用碱性集料;二是掺抗剥落剂。常用的抗剥落剂分为两类,第一类是有机抗剥落剂,成分主要是胺类;第二类是无机抗剥落剂,主要是在沥青混合料中掺入适量石灰粉或水泥。

(5)评价方法

沥青黏附性的评价方法是水煮法或水浸法,当集料最大粒径>13.2 mm 时采用水煮法,当集料最大粒径≤13.2 mm 时采用水浸法,通过沥青裹覆集料后的抗水性(即抗剥落性)来评价,指标为"沥青膜剥落面积百分率"。若试样经过水煮或水浸后沥青膜剥落的面积越大,则沥青黏附性越差。此外,亦有学者通过光电分光光度法来评价沥青的黏附性。

8)耐久性

沥青的耐久性主要指沥青的抗老化性。

(1)老化的现象

沥青的性质将随着时间的推移而发生变化,如针入度下降、黏度增加、软化点增加等,总体表现为沥青变硬变脆,这种变化称为沥青的老化。沥青老化和路面达到使用寿命、荷载过大等因素均会导致沥青路面网裂,影响路面使用效果。

(2)老化的诱因

沥青老化的诱因主要包括热老化、光(紫外线)老化、氧老化三方面。沥青与空气接触会逐渐被氧化;影响沥青氧化的主要因素是温度,热会使得沥青的氧化老化反应加速;而日光、特别是紫外线的激发作用会使沥青的氧化老化作用进一步加速。

(3)老化的阶段

沥青老化分为短期老化和长期老化两个阶段。

① 沥青的短期老化。沥青在储存运输、加热拌和等过程中所发生的老化为短期老化。在施工阶段,沥青混合料加热拌和时上方会冒烟,表明沥青组分发生了变化,沥青在发生老

化。有经验的工程人员根据加热拌和现场沥青混合料表面所冒烟的状态，即可大致判断拌和温度——若表面有青烟，则温度合适；若表面有浓烟，则温度偏高；若表面无烟，则温度偏低。实际上，由于裹覆在集料表面的沥青膜厚度仅有 10 μm 左右，虽然从沥青混合料开始搅拌到施工完毕仅有几小时，但老化明显。施工阶段沥青的短期老化程度相当于沥青正常使用若干年的老化。

② 沥青正常使用阶段的老化(长期老化)。相对于沥青的短期老化，沥青在正常使用阶段的老化较为缓慢，此阶段沥青的光老化很明显。如我国西藏地区的公路建成两年后路面变色明显，表明面层沥青老化，3～5 年后完全老化；但由于阳光只照射在路表面，故路表 1 cm 下的沥青光老化并不明显。

(4) 老化的机理

沥青的老化机理主要是发生沥青组分移行——沥青中轻质组分油分(芳香分)的一部分挥发，另一部分氧化转化为树脂(胶质)，而部分树脂(胶质)则缩合成沥青质。总的来看，老化使得沥青中的小分子转化为大分子。

(5) 老化的因素

沥青的老化除了与外界环境(温度、氧气、光照等)、沥青自身的性质密切相关外，对于路用沥青还取决于沥青混合料的密实度。沥青混合料越密实，其中沥青的老化越慢。

(6) 老化的评价

沥青的老化性能以沥青试样在老化试验前后的质量损失、针入度比、老化后的延度等指标来评价。所进行的老化试验分为模拟沥青在拌和过程中热老化条件的短期老化试验、模拟沥青在使用过程中老化的长期老化试验两大类。

① 模拟沥青短期老化的试验

A. 蒸发损失试验。试验方法是将沥青试样 50 g 盛于器皿中，在 163℃的烘箱中加热老化 5 h，然后测定其质量损失以及针入度的变化，计算公式分别见式(7-10)和式(7-11)。由于该试验的试样较厚，与空气接触面积小，故试验效果较差。该法以前在我国常用来评价中、轻交通石油沥青的短期老化性能，但现在已很少用于评价道路石油沥青，目前多用来评价建筑石油沥青等的老化性能。

$$蒸发损失百分率 = \frac{蒸发前沥青质量 - 蒸发后残留物质量}{蒸发前沥青质量} \times 100\% \qquad (7-10)$$

$$针入度比 = \frac{蒸发后残留物针入度}{蒸发前沥青针入度} \times 100\% \qquad (7-11)$$

B. 薄膜烘箱加热试验(TFOT)。该试验是我国现行的沥青老化标准试验。将 50 g 沥青试样置于盛样皿中，沥青膜厚度约 3.2 mm，在 163℃的烘箱中加热老化 5 h，然后测定沥青试样的质量损失以及针入度、延度等指标的变化。沥青经过薄膜加热试验后的性质与沥青在拌和机中加热拌和后的性质有较好的相关性。沥青在经过薄膜加热试验后的性质相当于在 150℃拌和机中拌和 1.0～1.5 min 后的性质。

C. 旋转薄膜烘箱试验(RTFOT)。旋转薄膜烘箱试验是将 35 g 沥青试样置于盛样瓶中，在旋转薄膜烘箱内 163℃的高温下旋转，经 75 min 的加热老化后，测定沥青的质量损失以及针入度、黏度等指标的变化。旋转薄膜烘箱试验是美国 SHRP 为评价沥青短期(施工期)老化性能所开发的试验，该试验与我国薄膜烘箱加热试验的差别在于：在我国薄膜烘箱加热试验中,沥青试样处于相对静止状态,需加热较长时间使其老化;而在旋转薄膜烘箱试验中,旋转时高温的沥青试样亦在盛样瓶中滚动,故老化效率高,需加热时间短。在进行沥青老化试验时,可用旋转薄膜烘箱试验代替薄膜烘箱加热试验。

②　模拟沥青长期老化的试验——压力老化试验(PAV)

以上的老化试验方法是模拟沥青混合料在拌和过程中的老化条件,即短期老化;而在路面使用过程中沥青的老化是长期老化。用压力老化试验(PAV)来评价沥青老化 5 年后的长期老化性能,标准的老化温度视沥青标号不同规定为 90～110℃,容器内的充气压力为 2.07 MPa,老化时间为 20 h。

9)　安全性

沥青的安全性主要指施工安全性。沥青使用时必须加热,由于沥青在加热过程中挥发出的油会与周围的空气组成混合气体,当遇到火焰会发生闪火;若继续加热,挥发的油分饱和度增加,与空气组成的混合气体遇火极易燃烧。

因此评价沥青施工安全性的指标主要有两项:其一,闪点,定义为加热沥青初次闪火温度;其二,燃点,定义为加热沥青能持续燃烧 5 s 以上温度。

沥青的燃点通常比闪点高 10℃左右。闪点和燃点是保证沥青安全加热和施工的一项重要指标。控制沥青的闪点可确保沥青的施工安全,所有沥青的闪点都必须高于 230℃(沥青的熬制温度通常在 150～200℃),且沥青加热时应与火焰隔离。沥青闪点和燃点通常采用克利夫兰开口杯(简称 COC)法或泰格式开口杯(简称 TOC)法测定,前者适用于黏稠沥青、后者适用于液体沥青。当加热到某一温度时,点火器扫拂过沥青试样任一部分表面,出现一瞬即灭的蓝色火焰状闪光时,此时温度为闪点。按规定加热速度继续加热,至点火器扫拂过沥青试样表面发生燃烧火焰,并持续 5 s 以上,此时的温度为燃点。

10)　溶解度

沥青的溶解度是指沥青在三氯乙烯、四氯化碳、苯等有机溶剂中可溶物的百分含量。溶解度反映了沥青中起黏结作用的有效成分的含量。

7.1.4　石油沥青的技术标准

土木工程中常用的石油沥青主要分为道路石油沥青、建筑石油沥青、防水防潮石油沥青等。各类石油沥青的应用场合不同,技术标准与评价方法也不尽相同。

1)　道路石油沥青的评价方法

(1)　道路石油沥青的分级方法

现行各国道路石油沥青标准基本上以沥青黏稠性划分沥青等级,主要包括以下三类:

①　针入度(P)分级。针入度分级是按沥青 25℃针入度水平划分沥青牌号。我国现行道路石油沥青标准即采用针入度分级。

②　黏度(A)分级。黏度分级是按真空毛细管法测得的沥青 60℃黏度水平划分沥青牌号,具体分为两种分级体系:其一,按新鲜沥青的 60℃黏度分级(代号 AC);其二,按薄膜烘箱(TFOT)或旋转薄膜烘箱(RTFOT)试验后残余物的 60℃黏度分级(代号 AR)。现行日本标准、英国标准等采用的是黏度分级。

③　性能(PG)分级。性能分级是按沥青所能够适应的最高和最低环境温度来划分沥

青牌号，表示为 PG X - Y。其中 X 为高温等级，是不致产生路面病害的最高温度；Y 是低温等级，是不致产生路面病害的最低温度；而 X - Y 则表示沥青可正常使用的温度区间。如某沥青的性能等级为 PG 70 - 22，表示该沥青可承受的温度范围为－22℃～70℃。性能分级是目前世界上最先进的沥青分级方法，该法为美国战略公路研究计划（SHRP）首先采用，提出了以沥青性能为依据的技术规范 Superpave 标准，并于 2000 年上升为美国国家标准。

（2）我国路用沥青胶结料的评价方法

① 我国道路石油沥青指标体系的特点

我国现行道路石油沥青指标体系是采用针入度分级，以沥青的针入度、软化点、延度三大指标为核心的经验性指标体系。《公路沥青路面施工技术规范》（JTG F40—2004）较 1994 年版做了较大修订，但总的评价体系变化不大。

需要注意的是，我国现行沥青指标体系并非尽善尽美，其中很突出的一点便是以 $P_{(25℃,100\,g,5\,s)}$ 为核心的沥青分级体系，未真正考虑沥青黏—温变化区间内的情况。由于沥青的牌号以 25℃针入度命名，由图 7-9 可见，虽然沥青 A 与沥青 B 的牌号相当，但其高温性能、低温性能均相差很大。这势必造成工程中牌号（针入度）相近的沥青夏季使用时的差别可能很大；而夏季使用性能接近的沥青，其牌号（针入度）可能相差很大等问题。虽然我国现行的沥青指标体系存在一定的不足，指标体系与路用性能间的关系并不明确，但经过经验性控制，尚可满足一般路面的要求。

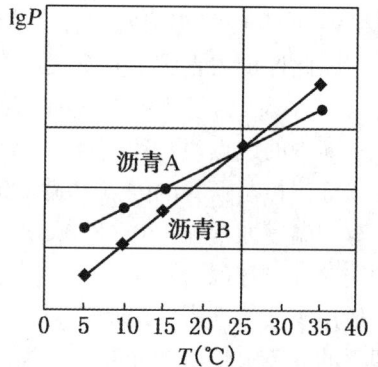

图 7-9　我国现行沥青指标体系的问题

② 我国现行的道路石油沥青技术标准

我国与道路石油沥青相关的现行技术标准主要包括：《道路石油沥青》（SH/T 0522—2010）、《公路工程沥青及沥青混合料试验规程》（JTJ 052—2000）、《公路沥青路面施工技术规范》（JTG F40—2004）。其中，2004 年版《公路沥青路面施工技术规范》较 1994 年版做了较大修订，一是吸收了美国 SHRP 的先进思想，二是引入了我国"八五"期间有关沥青与沥青混合料研究的新成果。

《公路沥青路面施工技术规范》（JTG F40 2004）对道路石油沥青的质量要求见表7-4，沥青等级划分方法如下：

A. 石油沥青的标号主要是以针入度划分的，按照针入度指标将沥青分为 160 号、130 号、110 号、90 号、70 号、50 号、30 号七个标号，其中 160 号、30 号沥青为 2004 年版规范新增标号。

B. 按照沥青的针入度指数 PI、软化点、60℃黏度、延度（10℃、15℃）、TFOT 或 RTFOT、蜡含量、闪点、溶解度等技术性能将沥青分为 A、B、C 三个级别。级别越高，沥青在工程中的适用范围越广。各个沥青等级的适用范围见表 7-5。

表7-4　道路石油沥青技术要求

指　标	单位	等级	160号[4]	130号[4]	110号	90号[3]	70号[3]	50号	30号	试验方法[1]
针入度（25℃，5s，100g）	dmm		140~200	120~140	100~120	80~100	60~80	40~60	20~40	T 0604
适用的气候分区[2]			注[4]	注[4]	2-1　2-2　2-3　3-2	1-1　1-2　1-3　1-4　2-2　2-3　2-4　3-2	1-3　1-4　2-2　2-3　2-4	1-4	注[4]	附录A[5]
针入度指数 PI[2]		A				−1.5~+1.0				T 0604
		B				−1.8~+1.0				
软化点（$T_{R\&B}$）不小于	℃	A	38	40	43	45	46 / 45	49	55	T 0606
		B	36	39	42	43	44 / 43	46	53	
		C	35	37	41	42	43	45	50	
60℃动力黏度[6] 不小于	Pa·s	A	—	60	120	160	180 / 160	200	260	T 0620
10℃延度[12] 不小于	cm	A	50	50	40	45 / 30	25 / 20	15	10	T 0605
		B	30	30	30	30 / 20	20 / 15	10	8	
15℃延度 不小于	cm	A，B				100				T 0605
		C	80	80	60	50	40	30	20	
蜡含量（蒸馏法）不大于	%	A				2.2				T 0615
		B				3.0				
		C				4.5				
闪点 不小于	℃		230	230	230	245	260	260	260	T 0611
溶解度 不小于	%					99.5				T 0607
密度（15℃）	g/cm³					实测记录				T 0603
TFOT（或RTFOT）后[5]										T 0610 或 T 0609
质量变化 不大于	%					±0.8				T 0610 或 T 0609
残留针入度比 不小于	%	A	48	54	55	57	61	63	65	T 0604
		B	45	50	52	54	58	60	62	
		C	40	45	48	50	54	58	60	
残留延度（10℃）不小于	cm	A	12	12	10	8	6	4	—	T 0605
		B	10	10	8	6	4	2	—	
残留延度（15℃）不小于	cm	C	40	35	30	20	15	10	—	T 0605

注：[1] 试验方法按照现行《公路工程沥青及沥青混合料试验规程》(JTJ 052—2000)规定的方法执行。用于仲裁试验求取 PI 时 5 个温度的针入度关系的相关系数不得小于 0.997。
[2] 经建设单位同意，表中 PI 值、60℃动力黏度、10℃延度可作为选择性指标，也可不作为施工质量检验指标。
[3] 70号沥青可根据需要要求供应商提供针入度范围为 60~70 或 70~80 的沥青，50 号沥青可要求提供针入度范围为 40~50 或 50~60 的沥青。
[4] 30号沥青仅适用于沥青稳定基层。130 号和 160 号沥青除寒冷地区可直接应用于中低级公路上直接应用外，通常用作乳化沥青、稀释沥青、改性沥青的基质沥青。
[5] 老化试验以 TFOT 为准，也可以 RTFOT 代替。

表 7-5　道路石油沥青适用范围

沥青等级	适　用　范　围
A 级沥青	各个等级的公路,适用于任何场合和层次
B 级沥青	高速公路、一级公路沥青下面层及以下的层次,二级及二级以下公路的各个层次;用作改性沥青、乳化沥青、改性乳化沥青、稀释沥青的基质沥青
C 级沥青	三级及三级以下公路的各个层次

C. 对于常用的 90 号、70 号沥青中的 A 级、B 级,依 10℃延度又各划分五小类。

据 2000 年统计数据,我国 70%的高速公路和一级公路使用 AH-70 沥青,20%使用 AH-90 沥青。众所周知,我国南方地区和北方地区的气候条件相差极大,这一现象表明当时未能依据工程特点、气候特点对沥青进行有效选择。2004 年版规范的修订使沥青级别由 1994 年版的 12 种增加到了 37 种,沥青级别的增多有助于根据具体的工程条件合理地选择沥青材料。

《公路沥青路面施工技术规范》(JTG F40—2004)修订中所体现出的新变化、新思想值得重视,主要包括以下三方面:

其一,由于沥青质量要求需充分考虑气候条件,故增加了沥青路用性能的气候分区,将气候条件作为选择沥青的重要指标,便于针对具体工程情况选用沥青。气候分区具体包括高温分区(以 30 年最热月平均最高气温为指标)、低温分区(以 30 年极端最低气温最小值为指标)、雨量分区(以 30 年年降雨量平均值为指标,见表 7-6。

表 7-6　沥青路面使用性能气候分区及指标

高温气候区	1	2	3	
气候区名称	夏炎热区	夏热区	夏凉区	
最热月平均最高气温(℃)	>30	20～30	<20	
低温气候区	1	2	3	4
气候区名称	冬严寒区	冬寒区	冬冷区	冬温区
年极端最低气温(℃)	<-37.0	-37.0～-21.5	-21.5～-9.0	>-9.0
雨量气候区	1	2	3	4
气候区名称	潮湿区	湿润区	半干区	干旱区
年降雨量(mm)	>1 000	1 000～500	500～250	<250

我国现行规范中沥青路面使用性能气候分区由高、低温分区组合而成。第一个数字代表高温分区,是反映高温和重载条件下出现车辙等流动变形的气候因子;第二个数字代表低温分区,是反映路面温缩裂缝的气候因子。根据上述指标,我国共分为 9 个气候分区,气候分区的数字越小表示气候因素越严重。3—2 分区为气候最佳区;1—1 分区为气候最差区,处在该区的新疆等地最不宜修筑沥青路面;我国沿海地区气候严峻,如江苏省主要处在 1—3 分区,为夏炎热冬冷区;苏南部分地区处在 1—4 分区,气候稍好。

其二,将原有的"重交通石油沥青(AH)"和"中、轻交通石油沥青(A)"统一合并为"道路石油沥青",并按性能分为 A、B、C 三级,见表 7-6。2004 年版现行规范中的 B 级沥青相当于过去的重交通石油沥青(AH),C 级沥青相当于过去的中、轻交通石油沥青(A),可见现行规范实际上是增加了性能更好的 A 级沥青。

其三,2004 年版现行规范仍然以沥青的针入度、延度、软化点三大指标为核心,但增加了针入度指数、60℃动力黏度、10℃延度指标(经建设单位同意,此三项指标可作为选择性指标),并适当提高了对软化点、含蜡量的要求。

除上述道路黏稠石油沥青外,在道路透层、黏层及拌制冷拌沥青混合料时还常用到液体石油沥青,其根据使用目的与场所的不同分为快凝(AL(R))、中凝(AL(M))、慢凝(AL(S))三类,技术要求参见《公路沥青路面施工技术规范》(JTG F40—2004)。

2)建筑石油沥青的评价方法

《建筑石油沥青》(GB/T 494—2010)按针入度值将建筑石油沥青划分为 40 号、30 号、10 号三个标号,技术要求见表 7-7。

表 7-7 建筑石油沥青技术要求

项 目	质 量 指 标		
	10 号	30 号	40 号
针入度(25℃,100 g,5 s)(1/10 mm)	10~25	26~35	36~50
延度 D(25℃,5 cm/min)(cm) 不小于	1.5	2.5	3.5
软化点(环球法)(℃) 不低于	95	75	60
溶解度(三氯乙烯,四氯化碳,苯)(%) 不小于	99.5		
蒸发损失(160℃,5 h)(%) 不大于	1		
蒸发后针入度比(%) 不小于	65		
闪点(开口)(℃) 不低于	230		
脆点(℃)	报告		

与道路石油沥青相比,建筑石油沥青针入度较小(黏性较大)、软化点较高(耐热性较好)、延度较小(塑性较小),主要用于制造油纸、油毡、防水涂料、沥青嵌缝膏等。它们绝大部分用于屋面及地下防水、沟槽防水防腐蚀、管道防腐等工程,使用时制成的沥青胶膜较厚,增大了对温度的敏感性;同时,黑色的沥青表面又是吸热体,故通常某一地区沥青屋面的表面温度比其他材料的都高。根据高温季节的测试结果,沥青屋面达到的表面温度比当地的最高气温约高 25~30℃。对于屋面防水工程所用的沥青材料,应注意防止过分软化。为避免夏季流淌,屋面用沥青材料的软化点一般应比当地气温下屋面可能达到的最高温度高 20℃以上;但沥青的软化点也不宜过高,否则冬季低温时易硬脆甚至开裂。例如,夏季武汉、长沙地区沥青屋面温度约 68℃,选用沥青的软化点应在 90℃左右。对一些不易受温度影响的部位(如地下防水工程),可选用牌号较大的沥青。故选用建筑石油沥青时要根据所在地区、工程环境及具体要求而定。

3)防水防潮石油沥青的评价方法

《防水防潮石油沥青》(SH/T 0002—1990)规定,防水防潮石油沥青按针入度指数划分为 3 号、4 号、5 号、6 号四个牌号,它除保证针入度、软化点、溶解度、蒸发损失、闪点等指标外,特别增加了保证低温变形性能的脆点指标。随着沥青牌号的增大,其针入度指数增大,温度敏感性减小,脆点降低,应用温度范围就越宽。这种沥青的针入度均与 30 号建筑石油沥青相近,但软化点却比 30 号沥青高 15~30℃,因而质量优于建筑石油沥青。

防水防潮石油沥青的温度稳定性较好,特别适用于做油毡的涂覆材料以及建筑屋面和地下防水的黏结材料。其中 3 号沥青的温度敏感性一般,质地较软,用于一般温度下的室内及地下结构部分的防水;4 号沥青的温度敏感性较小,用于一般地区可行走的缓坡屋面防水;5 号沥青的温度敏感性小,用于一般地区暴露屋顶或气温较高地区的屋面防水;6 号沥青的温度敏感性最小,并且质地较软,除一般地区外,主要用于寒冷地区的屋面及其他防水防潮工程。

7.2 其他沥青

7.2.1 煤沥青

煤沥青是由煤干馏的产品煤焦油经再加工获得的。煤焦油分为高温焦油和低温焦油两类,其中高温焦油可加工质量较好的煤沥青。

与石油沥青相比,煤沥青元素组成的特点是碳氢比大,其主要技术特点是温度稳定性较低、与矿料黏附性较好、气候稳定性较差、耐腐蚀性强等。总体而言,煤沥青几乎所有的技术性质都不及石油沥青,因此在土木工程中应用较少;但其抗腐蚀性好,可用于地下防水层或木材等的表面防腐处理。新型环氧煤沥青改善了传统煤沥青的性能,目前在防腐工程中有一定应用。

工程中鉴别煤沥青与石油沥青最简单的方法是将其加热,石油沥青有松香味,而煤沥青则为刺鼻臭味。

7.2.2 乳化沥青

乳化沥青是黏稠沥青经热融和机械作用以微滴状态分散于含有乳化剂—稳定剂的水中,形成水包油(O/W)型的沥青乳液。乳化沥青的应用已有近百年历史,最早用于喷洒除尘,后逐渐用于道路建筑,不仅可用于路面的维修与养护,以及用于铺筑表面处治、贯入式、沥青碎石、乳化沥青混凝土等各种结构形式的路面,而且还可用于旧沥青路面的冷再生和防尘处理。但由于乳化沥青较多地涉及化工行业,故在我国发展较为缓慢。

乳化沥青的优越性主要有以下几点:① 可冷态施工,节约能源,减少环境污染;② 常温下具有较好的流动性,能保证洒布的均匀性,可提高路面修筑质量;③ 采用乳化沥青,扩展了沥青路面的类型,如稀浆封层等;④ 乳化沥青与矿料表面具有良好的工作性和黏附性,可节约沥青并保证施工质量;⑤ 可延长施工季节,低温多雨季节对乳化沥青施工影响较少。

1) 乳化沥青的组成材料

(1) 乳化沥青的基本组成材料

乳化沥青由沥青、水和乳化剂组成,需要时可加入少量添加剂。

① 沥青。生产乳化沥青用的沥青应适宜乳化。一般采用针入度大于100的较软的沥青;各种石油沥青乳化的难易程度不同,应通过试验加以选择;根据工程需要也采用改性沥青进行乳化。

② 水。水是沥青分散的介质,水的硬度和离子对乳化沥青具有一定的影响,水中存在的镁、钙或碳酸氢根离子分别对阴离子乳化剂或阳离子乳化剂有不同影响。应根据乳化剂类型的不同确定对水质的要求。

③ 乳化剂。乳化剂是乳化沥青中最重要的成分,其在乳化沥青中用量很小,但对乳化沥青的形成、应用及储存稳定性都有重大的影响。乳化剂一般为表面活性剂。我国所用的高性能乳化剂目前仍需进口。

④ 稳定剂。主要采用无机盐类和高分子化合物,用以改善沥青乳液的稳定性。稳定效果最好的无机盐类是氯化铵和氯化钙,常与各类阳离子乳化剂配合使用,加入量常为0.2%～0.6%,可节省乳化剂用量20%～40%,高分子稳定剂如淀粉、明胶、聚乙二醇等,在沥青微粒表面可形成保护膜,有利于微粒的分散,可与各类阳离子和非离子乳化剂配合使用,加入量0.10%～0.15%。

（2）乳化剂分类

沥青乳化剂可分为离子型和非离子型两大类,前者能在溶液中电离生成离子或离子胶束,后者不能电离成离子胶束。离子型乳化剂又可细分为阴离子型、阳离子型、两性离子型三类。其中,阴离子型乳化剂较为便宜;微表处多用性能较好的阳离子乳化剂,其最大优点是与石子的黏附性好。沥青乳化剂的乳化能力通常用亲水—亲油平衡值（HLB）表示。

2）乳化沥青的分类与技术要求

（1）乳化沥青的分类

依离子类型的不同,乳化沥青分为阴离子型（A）、阳离子型（C）和非离子型（N）三类;依施工方法的不同,乳化沥青分为喷洒型（P）和拌和型（B）两类。

改性乳化沥青往往为阳离子型的,其分为快裂、中裂型（PCR）和慢裂型（BCR）两种。

（2）乳化沥青的技术要求

在乳化沥青的各项基本技术要求中,最为重要的是"破乳速度"和"蒸发残留物残留分含量"。乳化沥青施工后,破乳前呈棕色,破乳后呈普通沥青的颜色。破乳速度是乳化沥青划分为快裂、中裂和慢裂的分级依据;而乳化沥青的蒸发残留物最终起黏结作用。改性乳化沥青除以上两项基本要求外,对"延度"的要求较高。

7.2.3 改性沥青

传统沥青材料往往具有高温易软化、低温易脆裂、耐久性差等不足,随着现代高速、重载交通的发展以及当代建筑对防水材料要求的提高,对沥青材料的性能亦提出了更高的要求。改性沥青是指掺加橡胶、树脂、高分子聚合物、天然沥青、磨细的橡胶粉或者其他材料等外掺剂（改性剂）,使沥青或沥青混合料的性能得以改善而制成的沥青结合料。

1）改性沥青的发展

改性沥青最早出现在1845年,当时发展并不快;直到20世纪五六十年代,随着化工行业高聚物材料发展,才推动了改性沥青的发展与应用。就国外改性沥青的发展来看,20世纪 50 年代最初应用的为天然橡胶类改性沥青,60 年代开始应用胶乳形式的 SBR 改性沥青,70 年代树脂类改性沥青出现,1988 年后 SBS 改性沥青在工程中得以应用,其优良效果至今被国际公认。

我国改性沥青的应用始于 20 世纪 70 年代,但直到 1992 年首都机场高速公路工程引进奥地利技术用改性沥青成功修建"国门第一路"后,改性沥青在我国工程中的应用才真正得以推广。我国改性沥青的应用历史虽短,但发展很快,例如目前江苏、安徽等省份不仅在公路的表面层使用改性沥青,中面层亦开始使用改性沥青。此外,各项改性沥青新技术也在我国工程中应用,如 2007 年我国在宁杭高速公路建设中成功地将利用废旧轮胎生产的改性沥青用于高等级路面。

2)常用改性沥青

目前改性沥青的品种较多,按照改性方法的不同,改性沥青主要包括聚合物改性沥青、天然沥青改性沥青、其他改性材料改性沥青三大类。其中聚合物改性沥青在工程中的应用最多,其次为天然沥青改性沥青。

(1)聚合物改性沥青

聚合物改性沥青是通过在基质沥青中掺加高分子聚合物来改善基质沥青的技术性能。依所掺加高分子聚合物类型的不同,分为树脂和橡胶两大类。按受热后聚合物是否软化,树脂又可分为热塑性树脂和热固性树脂,橡胶又可分为热塑性橡胶和热固性橡胶,其中的热固性树脂、热塑性橡胶从分子结构组成上应属于橡塑共聚物。

① 热固性橡胶类改性沥青

我国首次应用橡胶类改性沥青是在青藏公路上。目前我国橡胶类改性沥青的应用很广,主要原因有两点:其一,橡胶性能的提高;其二,路面微表处养护技术必须使用橡胶改性乳化沥青。目前在工程中常用的热固性橡胶类改性沥青为丁苯橡胶(SBR)改性沥青,此外氯丁橡胶(CR)改性沥青亦有一定应用。

丁苯橡胶由丁二烯与苯乙烯嵌段而成,属于橡胶,故具有柔性好的特点,加入沥青后可提高沥青的变形能力。丁苯橡胶对沥青的改性效果见表 7-8。

表 7-8　SBR 对沥青的改性效果

	SBR 掺量(占改性沥青的质量分数)(%)	
	0	7
25℃针入度(0.1 mm)	101	70
60℃动力黏度(Pa·s)	88.2	429.2
5℃延度(cm)	0.2	>150
135℃运动黏度(mm²/s)	429.6	1 429.0

由表 7-8 可知,SBR 改性沥青的最大优点在于提高了沥青的低温变形能力,表现为 5℃延度的大幅提高,此优点使得 SBR 改性沥青可用于道路的应力吸收层材料。但由表 7-9 亦可发现,SBR 改性沥青的 135℃运动黏度增大明显,故在加工温度下 SBR 改性沥青的黏度很大,生产、施工不易,这是 SBR 改性沥青应用于工程的最大缺点。

通过对 SBR 改性沥青黏—温关系的研究可以发现,17℃左右为 SBR 改性沥青的黏稠度不变温度。当温度高于17℃,SBR使沥青变硬,高温抗车辙性提高;当温度低于17℃,SBR使沥青变软,低温抗裂性提高。

目前SBR改性沥青的新技术主要表现在:将SBR改性乳化沥青用于路面微表处,避免了传统SBR改性沥青高温黏度大、施工不便的缺点;日本采用新型SBR改性沥青,进一步改善SBR改性沥青的高温性能等。

② 热塑性橡胶类改性沥青

目前在工程中常用的热塑性橡胶类改性沥青主要是苯乙烯—丁二烯嵌段共聚物(SBS)改性沥青。

SBS的分子结构采用"嫁接"原理,即由若干段丁二烯橡胶与若干段苯乙烯塑料嵌段而成,故SBS综合了橡胶、树脂两类改性剂的效果。SBS在国外诞生于20世纪60年代,1995年我国将其命名为热塑性丁苯橡胶。从定义上SBS仍属于橡胶,但苯乙烯使其具有了树脂所特有的热塑性。

SBS依空间结构的不同,分为星型SBS和线型SBS,其中前者对沥青的改性效果较好,但加工难度大。用SBS来改性沥青时,通常还需一定量的助剂,主要为软化剂。

SBS对沥青的改性效果见表7-9。

表7-9　SBS对沥青的改性效果

	SBS掺量(占改性沥青的质量分数)(%)	
	0	8
针入度指数	−1.19	2.30
软化点(℃)	46.5	99.0
5℃延度(cm)	9.6	48.5
25℃弹性恢复(%)	19	100
60℃动力黏度(Pa·s)	143.7	12 700.0

由表7-9可知,SBS改性沥青的高温性能、低温变形均很好。具体表现在,SBS改性沥青在高温、低温下整个体系均具有变形能力,高温下的变形能力由其中树脂提供,低温下的变形能力由其中橡胶提供。此外,由于橡胶的作用,SBS改性沥青在高温下仍具有较高的强度。当温度高于120℃,如处在沥青混合料的加工温度150～160℃时,由于SBS体系熔化,SBS改性沥青的黏度增加不大,加工性较SBR改性沥青好。正因为SBS改性沥青兼具对高温性能、低温性能的改善效果,所以它已成为目前工程中用量最大的改性沥青,在道路工程中可用于做防水黏结层的碎石封层等。

③ 热塑性树脂类改性沥青

A. 聚乙烯(PE)改性沥青

聚乙烯为长碳链结构,属非极性化合物,结构性质稳定,通常呈球状、圆柱状。聚乙烯按密度的不同分为高密度聚乙烯(HDPE)和低密度聚乙烯(LDPE)两种,用于改性沥青的多为后者。

低密度聚乙烯对沥青的改性效果见表7-10。由表7-10可知,低密度聚乙烯对沥青性能的最主要改善体现在提高了沥青的高温抗变形性(软化点提高),原因在于聚乙烯分散在沥青中形成网状结构,提高了沥青的高温性能。此外,低密度聚乙烯亦可改善沥青对环境温度的适用范围(针入度指数提高)。但是,低密度聚乙烯的掺入会降低沥青的低温变形能力(5℃延度降低),对沥青的弹性变形能力几乎无改善(25℃弹性恢复基本不变)。

表 7-10　LDPE 对沥青的改性效果

	LDPE 掺量(占改性沥青的质量分数)(%)	
	0	8
针入度指数	−1.19	1.31
软化点(℃)	46.5	58.0
5℃延度(cm)	9.6	3.0
25℃弹性恢复(%)	19	25

由于低密度聚乙烯的熔点约为 100～120℃,其在沥青混合料的拌和加热温度下已熔融,故低密度聚乙烯改性沥青的可加工性好,对施工有利。但是,由于低密度聚乙烯的密度明显低于沥青,相对分子质量明显高于沥青,故加入沥青后与沥青的相容性差,易在沥青中离析上浮,且随着掺量的增大、时间的延长,离析现象加剧。这一问题使得聚乙烯改性沥青在工程中的用量并不大。

我国首都机场高速公路应用了低密度聚乙烯改性沥青,为避免其离析问题,采用了奥地利进口的现场加工设备,对低密度聚乙烯改性沥青进行现场加工、当场施工,避免了低密度聚乙烯改性沥青的储存过程,减小了离析。

B. 乙烯—醋酸乙烯酯(EVA)改性沥青

乙烯—醋酸乙烯酯分子与聚乙烯分子同为长碳链结构,但乙烯—醋酸乙烯酯分子中存在"支链","支链"的存在使得乙烯—醋酸乙烯酯分子的聚集程度降低,沥青中的油分可穿入其中,此外"支链"的存在亦增加了极性,以上两点使得乙烯—醋酸乙烯酯与沥青的相容性优于聚乙烯。故 EVA 与沥青的相容性好,不存在离析问题,工程中可大规模生产,长距离运输。此外,乙烯—醋酸乙烯酯的熔点低,约80℃,故乙烯—醋酸乙烯酯改性沥青的加工容易。

乙烯—醋酸乙烯酯对沥青的改性效果见表 7-11。由表 7-11 可知,乙烯—醋酸乙烯酯的掺入不仅改善了沥青的高温性能、温度适应性,而且改善了沥青的弹性变形能力,保持了沥青原有的低温变形能力,改性效果亦优于聚乙烯。

表 7-11　EVA 对沥青的改性效果

	EVA 掺量(占改性沥青的质量分数)(%)	
	0	8
针入度指数	−1.19	1.17
软化点(℃)	46.5	62.0
5℃延度(cm)	9.6	9.0
25℃弹性恢复(%)	19.0	59.3

EVA 改性沥青与 LDPE 改性沥青虽同属树脂类改性沥青,但 EVA 改性沥青的性能较

好。国外在 SBS 改性沥青应用之前,EVA 改性沥青在工程中的应用最多。我国钱塘江二桥使用了埃索公司的 EVA 改性沥青来铺装桥面;但由于 EVA 的价格高,我国 EVA 改性沥青的用量较少。

C. 无规则聚丙烯(APAO)改性沥青

无规则聚丙烯的最大优点在于与沥青的相容性好,故 APAO 改性沥青的离析现象很少。APAO 改性沥青在我国湖北、广东有所应用。

④ 热固性树脂类改性沥青

目前工程中常用的热固性树脂类改性沥青主要是环氧树脂(EP)改性沥青。

环氧树脂有很多种,其"环氧"结构为一个氧原子与相邻的两个碳原子相结合,使得 120°的键角改变,具有内应力,有打开的趋势,故可发生聚合反应,反应后强度高。环氧树脂呈淡黄色黏稠体,为热固性树脂,加热后不会流动,黏结强度高。由于沥青属热塑性材料,而环氧树脂具有热固性,故加入环氧树脂后沥青的性能完全改变,EP 改性沥青具有优良的高温稳定性和强度。但环氧树脂会固化,环氧树脂与沥青的相容性不好,固化后往往环氧树脂聚集在一起。

EP 改性沥青是壳牌公司在 20 世纪 50 年代首先开发的,用于军用机场道面以抵抗军用飞机的尾气高温与机油。由于 EP 改性沥青源于军用,故其性能好,但价格高。1967 年,美国 Adhensive 将 EP 改性沥青首次用于 San Maleo-Hayward 桥的铺装。我国长江二桥的钢桥面铺装在国内首次采用 EP 改性沥青技术,获得成功;目前国内大跨度桥梁铺装首选 EP 改性沥青,所用 EP 改性沥青多为美国、日本进口;2008 年建成通车的世界最长斜拉桥——我国苏通长江大桥在钢桥面铺装中亦应用了 EP 改性沥青。

EP 改性沥青为双组分,其中大桶为沥青与环氧树脂,小桶为固化剂。EP 改性沥青的施工较困难,有最长施工时间的限制,否则环氧树脂会迅速固化。EP 改性沥青的施工工艺与其他改性沥青大体相同,但控制因素要求高。

值得注意的是,由于 EP 改性沥青十分细腻,通常用于配制砂粒式沥青混合料,而砂粒式沥青混合料多存在构造深度差、防滑性差的问题。

(2)天然沥青改性沥青

天然沥青是石油在自然界长期受地壳挤压、变化,并与空气、水接触逐渐变化而形成的、以天然状态存在的石油沥青,其中常混有一定比例的矿物质。由于常年与自然环境共存,故性质特别稳定。天然沥青按形成环境可分为湖沥青、岩沥青、海底沥青、油页岩等。其中,特立尼达湖沥青、美国犹他州岩沥青等为世界著名的天然沥青。

天然沥青改性沥青是将湖沥青等天然沥青作为改性剂,按一定比例(通常 30%左右)回掺到基质沥青中去,进行调和,用以改善基质沥青的高温性能等。由于天然沥青的针入度小、软化点高,因此可加大调和后改性沥青的用量以配制浇注式沥青混凝土,其孔隙率几乎为零,防水性与抗疲劳性好。我国江阴长江大桥等工程应用了特立尼达天然湖沥青改性沥青。

除上述改性沥青外,目前工程中最新应用的新一代改性沥青主要有以日本 TPS、德国路孚 8000 为代表的抗车辙剂型改性沥青,高温性能好的美国 MAC 化学改性沥青、硫化橡胶(SEAM)改性沥青等。

3)改性沥青的性能与选用

(1)改性沥青的性能

目前公认的沥青改性机理有物理共混说、网络填充说、化学共混说、高分子合金说等。

　　改性沥青性能评价的指标分为关键性指标(基本指标)和针对性指标两大类。关键性指标为改性后沥青的针入度指数(PI)。针入度指数反映了沥青改性后感温性的变化,通常非改性沥青的$PI \leqslant -1.0$,对于所有改性沥青均有PI的要求,应有$PI > -1.0$。针对性指标主要有:25℃弹性恢复(针对SBS类改性沥青)、测力延度(主要针对SBS类改性沥青)、黏韧性(针对SBR类改性沥青)、离析(针对各类改性沥青,但SBS类和SBR类通过测改性沥青上、下部软化点差来评价,EVA、PE类则通过直接观察改性沥青是否有离析成膜现象来评价)、低温弯曲试验(主要针对SBR类改性沥青)等。聚合物改性沥青的技术要求见表7-12。

表 7-12　聚合物改性沥青技术要求

指　标	单位	SBS类(Ⅰ类)				SBR类(Ⅱ类)			EVA、PE类(Ⅲ类)				试验方法[1]
		Ⅰ-A	Ⅰ-B	Ⅰ-C	Ⅰ-D	Ⅱ-A	Ⅱ-B	Ⅱ-C	Ⅲ-A	Ⅲ-B	Ⅲ-C	Ⅲ-D	
针入度 25℃,100 g,5 s	dmm	>100	80—100	60—80	30—60	>100	80—100	60—80	>80	60—80	40—60	30—40	T 0604
针入度指数 PI　不小于		−1.2	−0.8	−0.4	0	−1.0	−0.8	−0.6	−1.0	−0.8	−0.6	−0.4	T 0604
延度 5℃,5 cm/min　不小于	cm	50	40	30	20	60	50	40	—				T 0605
软化点 $T_{R\&B}$　不小于	℃	45	50	55	60	45	48	50	48	52	56	60	T 0606
运动黏度[1] 135℃,不大于	Pa·s	3											T 0625 T 0619
闪点　不小于	℃	230				230			230				T 0611
溶解度 不小于	%	99				99			—				T 0607
弹性恢复 25℃　不小于	%	55	60	65	75	—			—				T 0662
黏韧性 不小于	N·m	—				5			—				T 0624
韧性　不小于	N·m	—				2.5			—				T 0624
储存稳定性[2]													
离析,48 h 软化点差　不大于	℃	2.5				—			无改性剂明显析出、凝聚				T 0661
TFOT(或RTFOT)后残留物													
质量变化　不大于	%	1.0											T 0610 或 T 0609
针入度比 25℃　不小于	%	50	55	60	65	50	55	60	50	55	58	60	T 0604
延度 5℃不小于	cm	30	25	20	15	30	20	10	—				T 0605

注:(1) 表中135℃运动黏度可采用《公路工程沥青及沥青混合料试验规程》(JTJ 052—2000)中的"沥青布氏旋转黏度试验方法"(布洛克菲尔德黏度计法)进行测定。若在不改变改性沥青物理力学性质并符合安全条件的温度下易于泵送和拌和,或经证明适当提高泵送和拌和温度时能保证改性沥青的质量,容易施工,可不要求测定。
　　(2) 储存稳定性指标适用于工厂生产的成品改性沥青。现场制作的改性沥青对储存稳定性指标可不作要求,但必须在制作后,保持不间断的搅拌或泵送循环,保证使用前没有明显的离析。

　　目前常用改性沥青的性能见表7-13。由该表可见,目前常用的改性沥青多用于改善沥青的高温性能,故在此基础上进一步研发新型抗车辙剂已成为技术热点。

表 7-13 常用改性沥青性能

改性剂品种	改 性 效 果					
	高温性能	低温性能	感温性	弹性恢复	黏韧性	耐久性
SBS(星型)	优	优	优	优	优	优
SBS(线型)	优	中	中	中	优	优
SBR	优	优	优	优	优	中
EVA	优	中	中	中	中	中
PE	优	差	中	差	差	中

(2) 改性沥青的选用

根据上述性能的不同,改性沥青分为三大类:SBS 类(Ⅰ类)、SBR 类(Ⅱ类)和 EVA、PE 类(Ⅲ类),见表 7-12。通常选用方法如下:

① 根据性能选择改性剂种类。PE,EVA 类主要改善沥青的高温性能,在我国多用于南方高温地区;SBR 类可改善沥青的低温性能,在我国多用于北方寒冷地区或加工成改性乳化沥青用于微表处;SBS 类在我国南、北方地区均可用。

② 根据气候条件和交通量选择改性剂型号。A 型主要用于寒冷地区;C 型、D 型则主要用于高温、重载地区。例如,我国江苏地区多用Ⅰ-C、Ⅰ-D 改性沥青。

7.3 沥青混合料

7.3.1 沥青混合料的分类与应用

沥青混合料是将粗集料、细集料、填料经人工合理选择级配组成的矿质混合料与适量沥青材料拌和均匀而成的混合料。

用沥青混合料铺筑的沥青路面具有平整性好、行车平稳舒适、噪音低等优点,能很好地适应现代交通的特点,故广泛应用于现代高等级公路、城市道路等的路面,我国在建或已建的高速公路路面有 90% 以上采用半刚性基层沥青路面。

目前国际上尚无沥青混合料的统一分类方法,工程中常用的分类方法主要有以下几种。

1) 按矿料级配类型分类

根据沥青混合料所用矿料级配类型的不同,可分为连续级配沥青混合料和间断级配沥青混合料两类。

连续级配沥青混合料指矿料按级配原则,从大到小各级粒径都有、按比例相互搭配组成的混合料,见图 7-10。

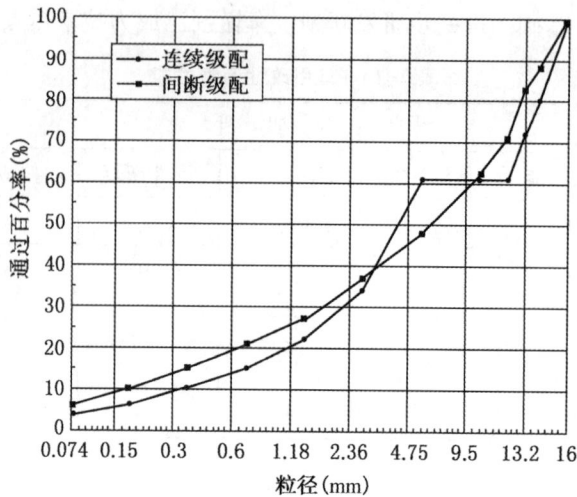

图 7-10　矿料连续级配与间断级配

间断级配沥青混合料指矿料级配组成中缺少一个或几个档次(或用量很少)而形成的沥青混合料,见图 7-10。

2)按矿料空隙率分类

根据沥青混合料所用矿料压实空隙率或密实度的不同,可分为密级配沥青混合料、半开级配沥青混合料、开级配沥青混合料三类。

密级配沥青混合料的矿料按密实级配原理设计,压实空隙率最低,主要包括密实式沥青混凝土混合料(AC)和密实式沥青稳定碎石混合料(ATB);按关键性筛孔通过率又分为细型和粗型两类。

开级配沥青混合料的设计空隙率在 18% 左右,如:开级配抗滑磨耗层(OGFC)和排水性沥青稳定碎石基层(ATPB)。

半开级配沥青混合料的空隙率介于开级配和密级配之间,约为 6%～12%,如:半开式沥青碎石混合料(AM)等。

目前连续型密级配沥青混合料在我国应用最多。

3)按矿料公称最大粒径分类

我国目前主要用矿料的公称最大粒径区分沥青混合料,并在公称最大粒径前冠以字母表示混合料类型,如 AC-16 表示公称最大粒径为方孔筛 16 mm 的密实型沥青混凝土混合料。根据沥青混合料所用集料公称最大粒径的大小可将其分为特粗式(公称最大粒径≥31.5 mm)、粗粒式(公称最大粒径 26.5 mm)、中粒式(公称最大粒径 16 mm 或 19 mm)、细粒式(公称最大粒径 9.5 mm 或 13.2 mm)、砂粒式(公称最大粒径<9.5 mm)沥青混合料。

其中,特粗式沥青混合料通常用于铺筑全厚式沥青路面基层,抗疲劳破坏好。粗粒式沥青混凝土通常用于铺筑面层的下层,粗糙的表面使其与上层黏结好,且抗弯拉疲劳性优于沥青碎石;亦可用于铺筑基层。中粒式沥青混合料主要用于铺筑面层的上层,或用于铺筑路面中层或下层,抗滑性好,其中细型的耐久性优于粗型。细粒式沥青混凝土目前在城市道路沥青路面表层使用最多,其均匀性、耐久性、抗剪强度等较好,但表面构造深度较差、路面抗滑性不良。砂粒式沥青混凝土造价较低,亦常用于城市道路面层的上层。

4) 按沥青混合料路面成型特性分类

根据沥青路面成型特性的不同,其所用沥青混合料可分为沥青表面处治、沥青贯入式碎石、热拌沥青混合料三类。其中,前两者所用施工方法为层铺法,热拌沥青混合料则属拌和法。

沥青表面处治通常是先喷洒沥青,然后在其上层洒布集料,最后压实成型。施工顺序为"先油后石"。其厚度一般为 1.5~3.0 cm,适用于三级、四级公路的面层和旧沥青面层上的罩面或表面功能恢复。

沥青贯入式碎石是在初步碾压的集料层上洒布沥青,再分层洒铺起嵌挤作用的填隙细集料,最后压实而形成路面。施工顺序为"先石后油"。是一种多空隙结构,厚度一般为 4~8 cm,主要适用于二级及二级以下公路面层。

热拌沥青混合料是指把一定级配的矿料烘干加热到规定温度,与加热到具有一定黏度的沥青按适当比例在适当温度下拌和均匀而成的混合料。其施工包括沥青混合料的拌和→摊铺→压实三大工序。热拌沥青混合料不仅材料均匀、路用性能好,而且成期短,一般面层碾压结束并冷却到气温时就已基本形成强度,铺筑几小时后就可开放交通,故广泛适用于各级各类路面与机场道面的新铺与维修。

5) 按沥青混合料施工温度分类

根据所用沥青的稠度和沥青混合料摊铺、压实时的温度,沥青混合料可分成热拌、温拌、冷拌三种。

热拌沥青混合料通常采用针入度 40(0.1 mm)~100(0.1 mm) 的黏稠沥青,沥青与矿料加热到约 170℃拌和,在 120~160℃摊铺,压实冷却后面层就基本形成强度。

温拌沥青混合料使用稠度较低的沥青(如针入度在 130(0.1 mm)~200(0.1 mm)、200(0.1 mm)~300(0.1 mm)或中凝液体沥青)或在低针入度级的黏稠沥青中加入添加剂以降低沥青在施工温度下的黏度。混合料可在较低气温下拌和、铺筑,其摊铺温度为 60~100℃。

冷拌沥青混合料用 $C_{60℃,5s}$=70~130 的慢凝或中凝液体沥青或乳化沥青,在常温下拌和,摊铺温度与气温相同,但不低于 10℃。面层形成很慢,有时需要 30~90 d。

值得一提的是,传统上通常将沥青混合料分为沥青混凝土混合料(简称沥青混凝土,以 AC 表示)和沥青碎石混合料(简称沥青碎石,以 AM 表示)两大类,两者的区别在于是否掺加矿粉填料和对级配的要求是否严格。相比沥青混凝土,通常沥青碎石的碎石颗粒较多,且对级配要求较松、压实空隙率较大。

7.3.2 沥青混合料的组成材料

沥青混合料的组成材料主要包括沥青材料、粗集料、细集料、填料等。

1) 沥青材料

(1) 石油沥青

沥青混合料一般采用石油沥青,或经过乳化、稀释、调和、改性等工艺加工处理的石油沥青产品作为结合料。有时也采用煤沥青,但是由于煤沥青对人体健康有害,已很少采用。我国道路石油沥青以针入度为指标分为 7 个标号,其技术指标见表 7-4;每一种标号的沥青都分 A、B、C 三个等级,分别适用于不同等级的公路和不同的结构层次,如表 7-5 所示。

石油沥青标号与等级的选择是影响沥青混合料路用性能的重要因素。一般应根据公路等级、路面类型、结构层次、气候分区和施工季节等因素综合考虑,论证后确定。通常对于夏季温度高、高温持续时间长的地区,宜采用稠度大的沥青;对于冬季寒冷的地区,宜选用稠度低、低温延度大的沥青;对于日温差、年温差大的地区应选择针入度指数大的沥青。对于重载交通路段、山区及丘陵区上坡路段、停车场等行车速度低的路段,宜采用稠度大的沥青;对交通量小的中低级公路、旅游公路宜选用稠度较小的沥青等级。

此外,不同的路面类型及施工工艺要求选择不同的沥青标号与等级,同时也应考虑不同气候分区的影响。当沥青标号不符合使用要求时,可采用不同标号搭配成调和沥青,可根据表 7-4 的要求,通过试验确定不同标号沥青的搭配比例。

(2) 乳化石油沥青

乳化沥青,由于它能在常温条件下施工,并且具有节约能源、保护环境、简化施工等方面的优点,适用范围逐步扩大,适用于沥青表面处治、沥青贯入式、冷拌沥青混合料等各类路面,也可用于修补裂缝,喷洒透层油、黏层油和沥青封层等。乳化沥青的种类已在第 7.2.2 节中介绍。

(3) 改性沥青

对于气候条件恶劣,交通特别繁重的路段,使用普通石油沥青不能满足使用要求时,可以使用改性沥青。使用改性沥青通常对改善沥青混合料的高温及低温稳定性具有明显效果。改性沥青一般采用聚合物、天然沥青或其他改性剂对基质石油沥青进行改性,其分类已在第 7.2.3 节中详述。

改性沥青的制作工艺可以选用预混法或直接加入法,预混合可以选用机械搅拌法,高速剪切法或胶体磨混融法也可制造高剂量改性沥青,而后在使用前混合基质沥青进行二次掺配。对聚合物改性沥青的技术要求见表 7-12。

2) 粗集料

粗集料是指集料中粒径大于 4.75 mm(或 2.36 mm)的那部分材料,包括碎石、破碎砾石、筛选砾石、钢渣、矿渣等。高速公路和一级公路沥青所用混合料的粗集料必须采用碎石或破碎砾石。粗集料应该洁净、干燥、表面粗糙、形状接近正方体,且无风化、无杂质,并具有足够的强度和耐磨耗性能,其质量应符合表 7-14 的规定。

表 7-14　沥青混合料用粗集料质量技术要求

指　　标		单位	高速公路及一级公路		其他等级公路	试验方法
			表面层	其他层次		
石料压碎值	不大于	％	26	28	30	T 0316
洛杉矶磨耗损失	不大于	％	28	30	35	T 0317
表观相对密度	不小于	t/m³	2.60	2.50	2.45	T 0304
吸水率	不大于	％	2.0	3.0	3.0	T 0304
坚固性	不大于	％	12	12	—	T 0314
针片状颗粒含量(混合料)	不大于	％	15	18	20	T 0312
其中粒径大于 9.5 mm	不大于	％	12	15	—	
其中粒径小于 9.5 mm	不大于	％	18	20	—	

续表 7-14

指　　标	单位	高速公路及一级公路		其他等级公路	试验方法
		表面层	其他层次		
水洗法＜0.075 mm 颗粒含量　不大于	%	1	1	1	T 0310
软石含量　　　　　　　　　　不大于	%	3	5	5	T 0320

注：(1) 坚固性试验可根据需要进行。
　　(2) 用于高速公路、一级公路时，多孔玄武岩的视密度可放宽至 2.45 t/m³，吸水率可放宽至 3%，但必须得到建设单位的批准，且不得用于 SMA 路面。
　　(3) 对 S14 即 3～5 规格的粗集料，针片状颗粒含量可不予要求，＜0.075 mm 含量可放宽到 3%。

　　粗集料按粒径大小分为 14 种规格，即表 7-15 所示的 S1～S14。成品碎石应按规格生产和使用。沥青路面面层或磨耗层所用粗集料应选用坚硬、耐磨、抗冲击性好的碎石或破碎砾石。高速公路、一级公路选用的粗集料，其磨光值应符合表 7-16 的要求，以满足高速行车时抗滑等表面性能的要求。

表 7-15　沥青混合料用粗集料规格

规格名称	公称粒径(mm)	通过下列筛孔(mm)的质量百分率(%)												
		106	75	63	53	37.5	31.5	26.5	19.0	13.2	9.5	4.75	2.36	0.6
S1	40～75	100	90～100	—	—	0～15	—	0～5						
S2	40～60		100	90～100	—	0～15	—	0～5						
S3	30～60		100	90～100	—	—	0～15	—	0～5					
S4	25～50			100	90～100	—	—	0～15	—	0～5				
S5	20～40				100	90～100	—	—	0～15	—	0～5			
S6	15～30					100	90～100	—	0～15	—	0～5			
S7	10～30					100	90～100	—	—	0～15	0～5			
S8	10～25						100	90～100	—	0～15	0～5			
S9	10～20							100	90～100	—	0～15	0～5		
S10	10～15							100	90～100	0～15	0～5			
S11	5～15							100	90～100	40～70	0～15	0～5		
S12	5～10								100	90～100	0～15	0～5		
S13	3～10								100	90～100	40～70	0～20	0～5	
S14	3～5									100	90～100	0～15	0～3	

　　沥青与粗集料之间应具有良好的黏附性。各气候区要求的黏附性等级见表 7-16，如黏附性达不到规定要求时，可采取提高黏附性的抗剥离措施。

表 7-16　粗集料与沥青的黏附性、磨光值的技术要求

雨量气候区	1(潮湿区)	2(湿润区)	3(半干区)	4(干旱区)	试验方法
年降雨量(mm)	＞1 000	1 000～500	500～250	＜250	
粗集料的磨光值 PSV　　　不小于 高速公路、一级公路表面层	42	40	38	36	T 0321
粗集料与沥青的黏附性　　不小于 高速公路、一级公路表面层	5	4	4	3	T 0616
高速公路、一级公路的其他层次及其他等级公路的各个层次	4	4	3	3	T 0663

3) 细集料

细集料是指集料中粒径小于4.75mm(或2.36mm)的那部分材料。沥青面层的细集料可以采用机制砂、天然砂或石屑。细集料应洁净、干燥、无风化、无杂质,并有适当的颗粒级配,其质量应符合表7-17的要求。

表7-17 沥青混合料用细集料质量要求

项 目		单位	高速公路、一级公路	其他等级公路	试验方法
表观相对密度	不小于	t/m³	2.50	2.45	T 0328
坚固性(>0.3 mm部分)	不小于	%	12	—	T 0340
含泥量(小于0.075 mm的含量)	不大于	%	3	5	T 0333
砂当量	不小于	%	60	50	T 0334
亚甲蓝值	不大于	g/kg	25	—	T 0349
棱角性(流动时间)	不小于	s	30	—	T 0345

注:坚固性试验可根据需要进行。

采用河砂、海砂等天然砂作为细集料使用时,其规格应符合表7-18的规定,表中用水洗法得出的小于0.075 mm颗粒含量对于高速公路和一级公路不得大于3%。通常粗砂、中砂质量较好。

表7-18 沥青混合料用天然砂规格

筛孔尺寸(mm)	通过各孔筛的质量百分率(%)		
	粗砂	中砂	细砂
9.5	100	100	100
4.75	90~100	90~100	90~100
2.36	65~95	75~90	85~100
1.18	35~65	50~90	75~100
0.6	15~30	30~60	60~84
0.3	5~20	8~30	15~45
0.15	0~10	0~10	0~10
0.075	0~5	0~5	0~5

采石场破碎碎石时,通过4.75 mm或2.36 mm的筛下部分石屑用作细集料时,应杜绝泥土混入,其规格应符合表7-19的要求。当采用石英砂、海砂及酸性石料机制砂时,应采用抗剥离措施。

表7-19 沥青混合料用机制砂或石屑规格

规格	公称粒径(mm)	水洗法通过各筛孔的质量百分率(%)							
		9.5	4.75	2.36	1.18	0.6	0.3	0.15	0.075
S15	0~5	100	90~100	60~90	40~75	20~55	7~40	2~20	0~10
S16	0~3		100	80~100	50~80	25~60	8~45	0~25	0~15

注:当生产石屑采用喷水抑制扬尘工艺时,应特别注意含粉量不得超过表中要求。

4）填料

填料的粒径小于 0.6 mm,由沥青与填料混合而成的胶浆是沥青混合料形成强度的重要因素。所以填料必须采用由石灰岩或岩浆岩中的强基性岩石等憎水性石料经磨细的矿粉。矿粉要求干燥、洁净、能自由地从矿粉仓流出,其质量应符合表 7-20 的技术要求。有时为提高沥青混合料的黏结力,也可掺加部分消石灰或水泥作为填料,其用量一般为矿粉总量的 1%～3%。

表 7-20　沥青混合料用矿粉质量要求

项　　目	单位	高速公路、一级公路	其他等级公路	试验方法
表观相对密度　　不小于	t/m³	2.50	2.45	T 0352
含水量　　不大于	%	1	1	T 0103 烘干法
粒度范围＜0.6 mm ＜0.15 mm ＜0.075 mm	% % %	100 90～100 75～100	100 90～100 70～100	T 0351
外　　观		无团粒结块		
亲 水 系 数		＜1		T 0353
塑 性 指 数		＜4		T 0354
加 热 安 定 性		实测记录		T 0355

7.3.3　沥青混合料的组成结构与强度形成理论

1）沥青混合料的结构类型

沥青混合料主要是由沥青黏结矿料(包括粗集料、细集料和填料)形成的,材料与级配的不同使得沥青混合料具有不同的组成结构,主要包括,悬浮—密实结构、骨架—空隙结构、骨架—密实结构三种结构,见图 7-11。

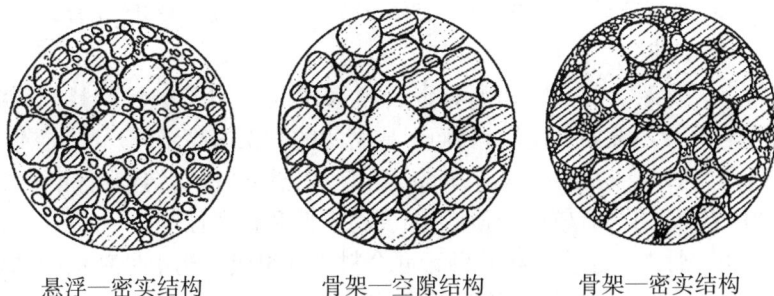

悬浮—密实结构　　　骨架—空隙结构　　　骨架—密实结构

图 7-11　沥青混合料的典型组成结构

（1）悬浮—密实结构

① 级配特点。悬浮—密实结构沥青混合料采用连续型密级配矿料,其中细集料较多,粗集料较少,粗集料被细集料"挤开"而悬浮于细集料中,不能形成嵌挤骨架;沥青用量较大,空隙率较小。

② 使用特点。悬浮—密实结构沥青混合料的密实度和强度高,水稳定性、低温抗裂性、耐久性等均较好;但由于沥青用量较多,易受温度影响,故高温稳定性较差。

③ 工程应用。悬浮—密实结构是我国应用最多的一种沥青混合料结构,但随着近年来沥青玛碲脂碎石混合料、多空隙沥青混合料等新型沥青混合料在工程中用量的增多,其应用比例有所下降。我国用量最大的传统 AC-Ⅰ型沥青混合料(见图 7-12)以及按连续型密级配原理设计的 DAC 型沥青混合料等均为典型的悬浮—密实结构。

(2) 骨架—空隙结构

① 级配特点。骨架—空隙结构沥青混合料采用连续型开级配矿料,其中粗集料较多,细集料较少,粗集料彼此

图 7-12　AC-Ⅰ型沥青混合料的悬浮—密实结构

相接形成骨架,细集料不足以充分填充粗集料的骨架空隙,且沥青用量较少,故空隙率较大。

② 使用特点。骨架—空隙结构沥青混合料的强度主要取决于粗集料间的内摩阻力,受沥青影响较小,故高温稳定性好;但由于空隙率较大,其水稳定性、抗老化性等耐久性以及低温抗裂性较差。

③ 工程应用。沥青碎石混合料(AM)(见图 7-13)属于骨架—空隙结构。近年来在我国工程中应用的开级配沥青磨耗层混合料(OGFC,见图 7-14)属于典型的骨架—空隙结构,其空隙率较沥青碎石混合料更高,在 $17\% \sim 22\%$ 之间,具有良好的排水、降噪效果。

图 7-13　沥青碎石混合料的骨架—空隙结构

图 7-14　OGFC 的骨架—空隙结构

(3) 骨架—密实结构

① 级配特点。骨架—密实结构沥青混合料采用间断型密级配矿料,其粗集料形成骨架,细集料和填料充分填充骨架空隙,从而形成密实的骨架嵌挤结构。

② 使用特点。骨架—密实结构沥青混合料兼具悬浮—密实结构、骨架—空隙结构两种沥青混合料的优点,因而具有较好的强度、温度稳定性和耐久性等。

③ 工程应用。骨架—密实结构是沥青混合料三种组成结构中最理想的结构。1993 年,我国首次利用具有骨架—密实结构的沥青玛碲脂碎石(SMA)混合料成功铺筑了北京首都机场高速公路的路面。

SMA 混合料是一种以沥青胶结料与少量纤维稳定剂、细集料以及较多的矿粉填料组成的沥青玛碲脂,填充于间断级配的粗集料骨架间隙中组成一体所形成的沥青混合料。SMA 混合料与普通沥青混合料的本质差别在于级配,其依靠 4.75 mm 以上的集料形成骨架,故其集料在 4.75 mm 筛孔的通过百分率很低(小于 30%)。SMA 混合料具有耐磨抗滑、密实

耐久、抗高温车辙、减少低温开裂等优点,核心优点是构造深度深、抗滑性好(见图7-15),特别适用于高等级路面的上面层。

图7-15 SMA混合料路面的表面效果

2)沥青混合料的强度及其影响因素

(1)沥青混合料的强度

① 强度理论。沥青混合料是由矿质骨架和沥青胶结料所构成的,具有空间网络结构的一种多相分散体系,其强度主要来源于两个方面:其一,沥青胶结料及其与矿料之间的黏聚力;其二,矿质颗粒之间的内摩阻力和嵌挤力。

由于沥青路面的破坏多为剪切破坏,故通常利用摩尔—库仑理论来分析沥青混合料的强度,沥青混合料不发生剪切破坏的必要条件是满足式(7-12)。

$$\tau = c + \sigma \tan\varphi \tag{7-12}$$

式中:τ——抗剪强度(MPa);

c——黏聚力(MPa);

σ——正应力(MPa);

φ——内摩阻角(°)。

② 参数测定。沥青混合料的摩尔—库仑抗剪强度理论中有两个参数——黏聚力(c)和内摩阻角(φ),可通过三轴压缩试验来研究沥青混合料的c、φ值,也可通过直剪试验、简单拉压试验、无侧限抗压试验、劈裂抗拉试验等来简便测定c和φ值。

(2)影响沥青混合料强度的因素

影响沥青混合料黏聚力(c)、内摩阻角(φ)这两个参数的因素,均会影响沥青混合料的强度,具体包括以下方面:

① 沥青的影响。沥青对沥青混合料强度的影响主要包括沥青黏度的影响和沥青用量的影响两个方面。就沥青黏度而言,沥青胶结料的黏度越高(或针入度越小),c越大,沥青混合料的强度越高;φ对沥青胶结料黏度的变化不敏感。

沥青用量的影响主要是通过改变沥青与矿料的界面作用而对沥青混合料的强度造成影响。

② 矿料的影响

A. 矿料级配的影响。连续型密级配沥青混合料多呈悬浮—密实结构,其强度主要由沥青与矿料间的黏聚力和沥青的内聚力提供,故c较大、φ较小;连续型开级配沥青混合料多呈骨架—空隙结构,其强度主要由粗集料间嵌锁力提供,故φ较大、c较小;间断型密级配多呈骨架—密实结构,既有粗集料形成的嵌锁骨架,又有沥青胶浆填充空隙,故c和φ均较大,因而该类沥青混合料具有较高的强度。

B. 矿料颗粒粒径的影响。随着矿质集料最大粒径的增大,矿料颗粒间的嵌锁力和φ增大,但c有所下降,见表7-21。

表 7-21　不同粒径沥青混合料的三轴试验结果

沥青混合料级配类型	内摩阻角 φ	黏聚力 c(MPa)
粗粒式沥青混凝土	45°55′	0.076
细粒式沥青混凝土	35°45′30″	0.197
砂粒式沥青混凝土	33°19′30″	0.227

C. 矿料颗粒表面特征的影响。多棱角且表面粗糙的矿质集料，其颗粒之间易相互嵌紧，φ 较大，故用其所制备的沥青混合料强度较高。

③ 沥青与矿料界面的影响

A. 沥青与矿料的交互作用。矿料颗粒对包裹在其表面 10 μm 内的沥青的分子具有较强的化学吸附作用，使沥青组分重分布形成一层吸附溶剂化膜，即"结构沥青"（见图 7-16(a)）。结构沥青膜层较薄，黏度较高，与矿料之间有较强的黏结力。在结构沥青层之外未与矿料发生交互作用的是"自由沥青"（见图 7-16(b)），其保持着沥青的初始内聚力。

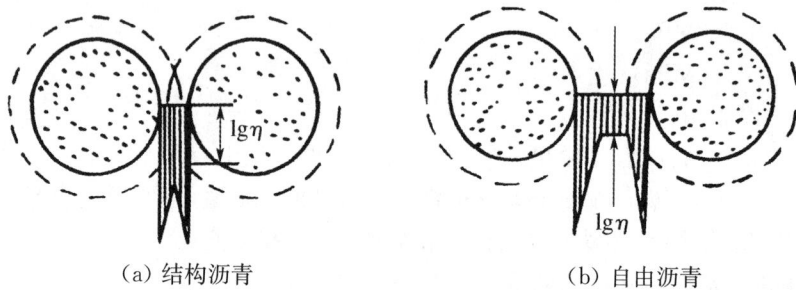

（a）结构沥青　　　　（b）自由沥青

图 7-16　沥青与矿料的界面

B. 矿料表面性质的影响。矿料颗粒表面对沥青的化学吸附具有选择性，由于沥青呈酸性，因此石灰石等碱性石料与沥青的黏附性强，而石英石等酸性石料与沥青的黏附性差。

C. 矿料比表面积的影响。比表面积是指单位质量矿质集料的总表面积。在矿料用量相同的情况下，矿料粒径越小，比表面积越大。随着矿料比表面积的增大，沥青膜减薄，结构沥青相对较多，黏聚力较大，使得沥青混合料强度较高。在密实型沥青混合料中，矿粉填料的比表面积通常占到矿质混合料总面积的 80% 以上，其性质与用量对沥青混合料强度的影响非常大，故在沥青混合料中掺加适量的优质矿粉填料具有重要作用。

D. 沥青用量的影响。沥青用量的不同对沥青膜的厚度有影响。随着沥青用量的增大，黏聚力(c)先升后降，而内摩阻角(φ)不断下降。故在沥青混合料中，沥青胶结料的用量并非越大越好，而是存在一个最佳值。

④ 外界因素的影响

环境温度和荷载条件是影响沥青混合料强度的主要外界因素。沥青具有感温性，温度升高，沥青黏度降低，沥青混合料的 c 也随之降低，φ 受温度变化的影响较小。由于沥青的黏度随着变形速率的增加而增加，故沥青混合料的 c 也随变形速率的增加而显著提高，而 φ 随变形速率的变化相对较小。

7.3.4　沥青混合料的技术性质与技术标准

沥青混合料作为沥青路面的面层材料,在使用过程中将承受车辆荷载反复作用以及环境等因素的作用,沥青混合料应具有足够的高温稳定性、低温抗裂性、耐久性(包括水稳定性、抗疲劳性、耐老化性等)、抗滑性等,以保证沥青路面优良的服务性能,经久耐用。

1) 沥青混合料的高温稳定性

沥青混合料的高温稳定性是指高温条件下,沥青混合料在荷载作用下抵抗永久变形的能力。在低温下沥青混合料的强度可以超过水泥混凝土,但在高温下却不足水泥混凝土的1/10。工程中沥青路面的主要问题包括疲劳破坏、温度开裂、纵向开裂、平整度不足、车辙等,沥青混合料的高温性能是其他许多性能的综合反映,评价指标相对完善。

需要引起重视的是,过去通常认为沥青混合料的稳定性不足主要出现在高温环境时,但沥青混合料的稳定性不足亦会出现在低速加载时,沥青混合料为黏弹性材料,具有“时温换算”关系,即荷载长时间作用相当于是高温作用。这一理论可以较好地解释城市交叉路口、公路收费站等处的路面车辙问题。由于这些路段车速慢,荷载作用时间长,相当于是高温作用,故容易产生车辙。这一问题的解决方法主要有:公路收费站前后50 m做成水泥混凝土路面以防车辙;国外在城市交叉路口处应用水泥混凝土路面或对沥青路面刷漆吸热等。

(1) 沥青混合料高温稳定性不良的主要破坏形式

① 泛油

泛油是由于交通荷载作用使沥青混合料内的集料不断挤紧,空隙率减小,最终将沥青挤压到道路表面的现象。沥青混合料泛油的主要原因如下:

A. 混合料设计不良。由于矿质混合料骨架不强,被车辆荷载进一步压实;或是由于混合料空隙率设计太低所致。

B. 原材料或施工不良。沥青黏度不高、石子耐磨性差、施工压实度不足等亦会造成泛油。

此外,水损害也会导致泛油。

泛油主要出现在高温季节。工程中控制沥青的软化点与60℃动力黏度可以减少泛油现象的发生。

② 推移、壅包、搓板

该类破坏主要是由于沥青路面在水平荷载作用下抗剪强度不足所引起的,大量发生在沥青表面处治、沥青贯入式、路拌沥青混合料等次高级沥青路面的交叉口和变坡路段。

③ 车辙

对于沥青路面而言,沥青混合料高温稳定性不良主要表现为车辙。交通量大(包括重型车辆和高压轮胎)和渠化交通是导致车辙的诱因。车辙的存在会使得路表变形、平整度下降,从而降低行车舒适性。此外,车槽中的积水会引起水飘、方向盘难以控制等,会危害行车安全。根据成因的不同,车辙主要分为以下五类:

A. 失稳型车辙。失稳型车辙主要是由于沥青混合料性能差、高温下剪切变形大所造成的。此类车辙在工程中最为常见。

B. 结构型车辙。结构型车辙是各结构层的永久变形累积到道路表面层所致,该类车辙的影响深度大。结构型车辙主要发生在柔性基层路面,在我国半刚性基层沥青路面中很少见到。结构型车辙与失稳型车辙的外观有所不同,结构型车辙旁的隆起部位不突出,而失稳型车辙旁存在隆起部位。

C. 磨耗型车辙。磨耗型车辙与沥青混合料的性能无关,是冬季车辆防滑轮胎(防滑链、突钉轮胎等)的磨耗所引起的。

D. 水稳型车辙。水稳型车辙是沥青路面的中、下面层首先发生水损害,导致沥青与矿料的黏结作用下降,在荷载作用下产生变形累积所致。此类车辙早期从路面外表很难发现,需对路面结构取芯方可发现。

E. 再压实型车辙。再压实型车辙是由于施工时沥青路面的压实度过小,后在行车荷载反复作用下压实度提高,产生压缩变形所致。值得注意的是,沥青路面平整度和压实度存在一定矛盾——路面摊铺后很平整,压实使其平整度下降。

在以上五类车辙中,前三种为国际公认;我国沥青路面的车辙主要是失稳型、水稳型、再压实型三种。严格说来,水稳型车辙与再压实型车辙应属于沥青路面的质量问题。

实际上,沥青路面车辙的形成过程经历了以下三个阶段:开始阶段的压密过程→混合料的流动(沥青胶浆往车辙隆起处流动,且由下、中面层往上面层流动)→矿质骨料的重排布、矿质骨架的破坏,见图7-17。由于路面初始压实不足且早期沥青柔软,故最初两年内车辙变形大,增加迅速,三年以后车辙增加较少。

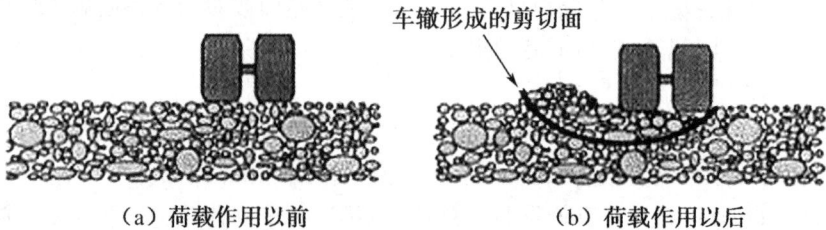

车辙形成的剪切面

(a) 荷载作用以前　　　　(b) 荷载作用以后

图 7-17　沥青路面车辙的形成

提高沥青混合料抗车辙能力的对策主要包括两个方面:一是材料设计措施。包括严格控制沥青用量,使用改性沥青等高黏度沥青以提高沥青混合料的黏聚力;选择纹理粗糙且多棱角的集料,采用适当的矿料级配并增加粗骨料含量,选择合适公称最大粒径以提高沥青混合料的内摩阻角;此外,在设计时考虑交通组成和环境温度的影响。二是提高施工质量与管理水平,主要包括:避免不恰当地强调平整度而忽视压实度;避免为防止摊铺机停顿影响平整度,而不恰当地强调连续摊铺,以致等待时间过长,料温下降而导致压实严重不足等。

(2) 沥青混合料高温稳定性的评价方法

① 马歇尔稳定度试验

标准马歇尔试验是在规定温度(黏稠石油沥青混合料为 $60℃\pm1℃$)和加荷速度下,对横向放置的已击实的圆柱状沥青混合料试件施加压力,记录试件所受的压力与变形曲线(图7-18)。主要试验指标为马歇尔稳定度(MS)和流值(FL),马歇尔稳定度是试件破坏时的最大荷载(以 kN 计),其值越大,表明沥青混合料的抗破坏能力越

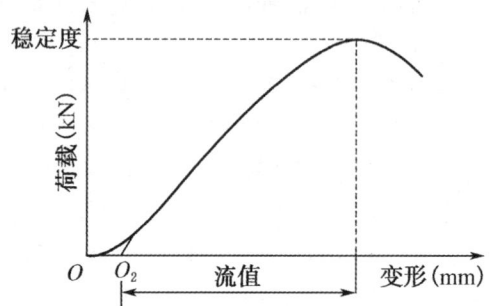

图 7-18　沥青混合料马歇尔稳定度试验曲线

强;流值是达到最大荷载时试件所产生的垂直流动变形值(以 0.1 mm 计),其值越大,表明沥青混合料的抗变形能力越强。

马歇尔稳定度和流值既是我国沥青混合料配合比设计的主要指标,亦是沥青路面施工质量控制的重要检测项目。但马歇尔稳定度试验与沥青路面抗车辙能力的相关性并不好,很多马歇尔稳定度和流值指标均满足技术要求的沥青混合料,所铺筑的沥青路面亦出现了较为严重的车辙问题。故在评价沥青混合料的高温抗车辙能力时,应在马歇尔稳定度试验的基础上再结合其他试验。

② 车辙试验

车辙试验是模拟车辆轮胎在路面上滚动形成车辙的试验方法,其与沥青路面车辙深度间的相关性好。《公路沥青路面设计规范》(JTG D50—2006)规定:对于高速公路、一级公路的表面层和中面层的沥青混凝土作配合比设计时应进行车辙试验,以检验沥青混凝土的高温稳定性。

标准车辙试验方法是采用轮碾法成型的沥青混合料板块状试件,在规定温度条件(通常是 60℃)下,以一个轮压为 0.7 MPa 的实心橡胶轮胎以(42±1)次/min 的频率在其上行走,测试试件表面在试验轮反复作用下所形成的车辙深度(见图 7-19)。以试件在变形稳定期每增加 1 mm 车辙变形所需要的行走次数,即动稳定度(以"次/mm"表示)指标来评价沥青混合料的抗车辙能力,动稳定度按式(7-13)计算。

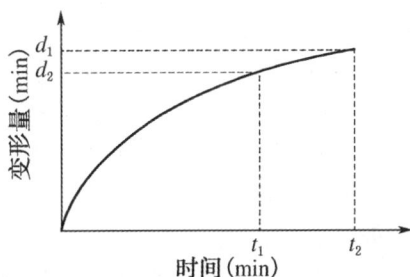

图 7-19 沥青混合料车辙试验曲线

$$DS = \frac{(t_2 - t_1) \cdot 42}{d_2 - d_1} \cdot c_1 \cdot c_2 \qquad (7\text{-}13)$$

式中:DS——沥青混合料动稳定度(次/mm);

t_1 和 t_2——试验时间,通常为 45 min 和 60 min;

d_1 和 d_2——时间 t_1 和 t_2 的变形量(mm);

42——每分钟行走次数(次/min);

c_1 和 c_2——试验机或试样修正系数。

2) 沥青混合料的低温抗裂性

沥青路面的常见裂缝包括低温收缩裂缝和荷载疲劳裂缝两类。低温收缩裂缝为由上向下发展的裂缝。荷载疲劳裂缝为由下向上发展的裂缝。这两种裂缝单从路表难以区分,路面取芯后方可区别。

目前我国工程界对沥青路面裂缝的重视程度不及对车辙的重视程度,原因在于车辙为功能性破坏,而裂缝为结构性破坏,但对使用功能影响不大,在养护时做好"灌缝"即可防止裂缝的进一步破坏。

(1) 沥青混合料低温开裂的类型

工程中沥青混合料的低温开裂主要包括以下五类:

① 严寒期温度骤降造成的横向收缩裂缝。该类裂缝主要在冬季出现,由路表向下扩展。

② 温度疲劳裂缝。温度的周期性变化,包括年温变化和日温变化,都可以引起沥青混合料的膨胀和收缩,从而在沥青混合料内部产生低频疲劳应力,进而造成裂缝。由于沥青路

面的刚度低于水泥混凝土路面,沥青路面中的温度应力亦较小,但由于温度应力作用时间长,故沥青路面的温度疲劳裂缝在一年四季均可出现。其中,年温变化产生的慢速疲劳对沥青混合料的损伤更大。

③ 反射裂缝。由于应力集中和荷载作用,使半刚性基层开裂,从而引起沥青面层开裂。严格来说,反射裂缝并不属于低温开裂,但在低温下易发展。

④ 冻融裂缝。冻融裂缝并非路面问题,而是路基冻胀、收缩开裂的延伸。我国东北、西北、西藏等地区易出现冻融裂缝。

⑤ 各种综合原因引起的裂缝。路面沥青混合料同时呈现纵向和横向裂缝,通常为多种因素综合作用所致。

(2) 沥青混合料低温性能的评价方法

当冬季温度降低时,沥青面层将产生体积收缩,在基层结构和周围材料的约束作用下,沥青混合料不能自由收缩,将在结构层中产生温度应力。由于沥青混合料具有一定的应力松弛能力,当降温速率较慢时,所产生的温度应力会随着时间逐渐松弛减小,不会对沥青路面产生较大的危害。但当气温骤降时,所产生的温度应力来不及松弛,当温度应力超过沥青混合料的容许应力值时,沥青混合料被拉裂,导致沥青路面出现裂缝造成路面的损坏。因此要求沥青混合料具备一定的低温抗裂性能,即要求沥青混合料具有较高的低温强度或较大的低温变形能力。

目前工程中用于评价沥青混合料低温抗裂性的方法可分为三类:其一,预估沥青混合料的开裂温度;其二,评价沥青混合料的低温变形能力或应力松弛能力;其三,评价沥青混合料的断裂能。所用试验主要有美国SHRP的约束试件温度应力试验(我国俗称"冻断试验")和小梁低温弯曲试验以及低温弯曲蠕变试验等。

(3) 沥青混合料低温性能的改善措施

影响沥青混合料低温性能的主要因素是沥青混合料的劲度模量。劲度模量小,在同等条件下沥青混合料的温度应力较小,低温抗裂性好。而沥青混合料的劲度模量又主要受沥青劲度的影响,沥青低温劲度又主要与沥青材料的感温性和老化程度密切相关。

基于此,改善沥青混合料低温性能的措施主要有两个方面:其一,采用劲度模量较低的沥青。由于一般添加剂对沥青混合料低温性能的改善效果并不明显,因此目前工程中主要通过以下两个技术手段来降低劲度模量,一是在沥青中掺入大量橡胶制成橡胶沥青,二是在沥青中掺入纤维材料。其二,适当增加沥青用量。我国青藏公路建设通过冻融循环飞散试验得到了油石比6.0%是沥青混合料抗冻性能的拐点,此后修筑实践亦表明高油石比对提高沥青混合料的抗冻性有利。

3) 沥青混合料的水稳定性

沥青混合料的水稳定性属于沥青混合料耐久性的一个方面。

(1) 沥青混合料水稳定性的评价方法

目前工程中可用于评价沥青混合料水稳定性的试验主要有沥青与集料黏附性试验、浸水试验、冻融劈裂强度试验等。

① 浸水试验

浸水试验是根据沥青混合料浸水前后物理、力学性能的降低程度来反映其水稳定性。根据具体试验方法的不同,包括浸水马歇尔试验、浸水劈裂强度试验、浸水车辙试验等。其中,浸水马歇尔试验最为常用,它是我国热拌沥青混合料配合比设计中检验沥青混合料水稳定性的两项标准试验之一,其以浸水前后沥青混合料试件的马歇尔稳定度比值即残留稳定度(MS_0)作为评价指标,残留稳定度越大,沥青混合料的水稳定性越强。计算公式见式(7-14)。

$$MS_0 = \frac{MS_1}{MS} \times 100\% \tag{7-14}$$

式中:MS_0——沥青混合料的浸水马歇尔试验的残留稳定度(%);

MS——沥青混合料试件浸水 0.5 h 后的常规马歇尔稳定度(kN);

MS_1——沥青混合料试件浸水 48 h(或真空饱水后浸水 48 h)后的稳定度(kN)。

② 冻融劈裂试验

冻融劈裂试验也是我国热拌沥青混合料配合比设计中检验沥青混合料水稳定性的试验。其试验条件较浸水试验苛刻,试验结果与实际情况较吻合,故目前应用广泛。该试验的评价指标为冻融劈裂强度比(TSR),该指标越大,表明沥青混合料的水稳定性越好。由式(7-15)计算。

$$TSR = \frac{\sigma_1}{\sigma_0} \times 100\% \tag{7-15}$$

式中:TSR——沥青混合料的冻融劈裂残留强度比(%);

σ_0——未经冻融试件的劈裂强度(MPa);

σ_1——试件经冻融后的劈裂强度(MPa)。

(2) 沥青混合料路面水稳定性坑槽的成因

沥青混合料的水稳定性不良易造成所铺筑沥青路面的水稳定性坑槽。它是在荷载与水分(雨水渗透造成)的共同作用下造成的。沥青路面水稳定性坑槽的成因包括以下几方面:其一,沥青路面的压实空隙率过大,从而导致沥青混合料透水性大,强度降低;其二,沥青用量不足导致沥青混合料水稳定性降低;其三,沥青与集料的黏附性不足,从而导致剥落与松散。其中沥青与集料的黏附性又与集料矿物组成、沥青黏度、集料洁净程度等有关。

(3) 沥青混合料路面水稳定性坑槽的改善措施

目前工程中常用的改善沥青路面水稳定性坑槽的对策主要是重视组成材料设计,具体包括:选择适宜的级配组成,如 AK-A 型沥青混合料的水稳定性优于传统 AC-I 型沥青混凝土;选择洁净的集料;使用改性沥青及抗剥落剂提高沥青与集料的黏附性,改性效果见图7-20。由图可知,在常用抗剥落剂中,水泥改善效果最优,TJ-066 抗剥落剂其次,消石灰较差。

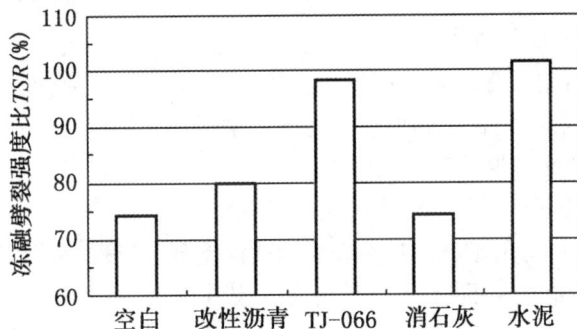

图 7-20 改性沥青与抗剥落剂对沥青混合料水稳定性的影响

4）沥青混合料的抗疲劳性

随着道路交通量的日益增长、汽车轴重的不断增大,汽车对路面的破坏作用越发明显。路面沥青混合料在车轮荷载的反复作用下长期处于应力应变交叠变化的状态,致使路面结构强度逐渐下降。当荷载重复作用超过一定次数以后,在荷载作用下路面沥青混合料内产生的应力就会超过其结构抗力,使路面结构出现裂纹,产生疲劳破坏。

通常把沥青混合料出现疲劳破坏的重复应力值称作疲劳强度,相应的应力重复作用次数称为疲劳寿命。沥青混合料的疲劳试验分为以下四类:

（1）实际路面在真实汽车荷载作用下的疲劳破坏试验

（2）足尺路面结构在模拟汽车荷载作用下的疲劳试验

① 环道试验。环道试验是介于室内小型试件试验与野外现场路面结构试验之间的大型足尺路面结构试验,能够较真实地模拟路面的实际受力状态,可以按不同的试验目的人为地控制汽车荷载的大小、作用次数和频率,控制路面温度、湿度等,有利于各项参数的研究。环道试验作为一种较为经济有效的试验方法,被美国、法国、德国、澳大利亚等国家广泛采用,用于研究沥青路面的车辙和疲劳特性。目前世界上最为著名的环道试验为美国西部环道试验。我国环道主要有重庆交科院环道、东南大学九龙湖校区环道等,此外还有长沙理工大学的直道。

② 加速加载试验。加速加载试验是利用路面加速加载设施来现场测定沥青路面的稳定性。所用试验设备主要包括 APT 加速加载试验仪、ALF 加速加载装置、HVS 重型车辆模拟器、得克萨斯动荷载模拟器、MLS 加速加载设备等。由于加速加载试验受环境影响大,试验结果离散性较大。

（3）试板试验（略）

（4）实验室小型试件疲劳试验

由于前三类试验研究方法耗资大、周期长,开展得并不普遍,目前大量采用的还是周期短、费用少的室内小型疲劳试验,主要包括简单弯曲试验、间接拉伸试验等。但实验室疲劳试验的结果与现场疲劳试验的结果相差很大,两者测得的疲劳寿命比为 1:（50~300）,可见变化范围很大。疲劳试验可采用应力控制和应变控制两种不同的加载模式,其中应变控制模式对仪器的要求复杂,故早期多用应力控制模式。

值得一提的是,对于我国高速公路的疲劳破坏问题,有专家认为从时间角度来讲算是路面早期病害;但从轴载角度来讲则不应属于病害,理由是我国不少高速公路通车不久交通量就超过了设计标准。

5）沥青混合料的表面抗滑性

沥青路面的抗滑性对于保障道路交通安全至关重要,而沥青路面的抗滑性必须通过合理地选择沥青混合料组成材料、正确地设计与施工来保证。

（1）沥青混合料表面抗滑性的影响因素

影响沥青混合料表面抗滑性的因素主要包括两个方面（图 7-21）:一是沥青路面的微观构造,主要指沥青混合料所用矿料自身的表面构造深度（粗糙度）,此外还包括矿料颗粒形状与尺寸等,用集料抗磨光值表征;二是沥青路面的宏观构造,主要指沥青混合料的矿料级配组成所确定的路表构造深度,用压实后路表构造深度表征。

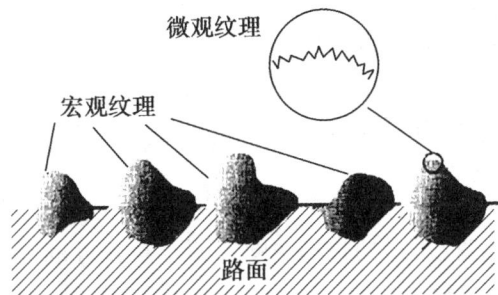

图 7-21　沥青混合料的宏观构造深度与微观构造深度

（2）沥青混合料表面抗滑性的评价方法与指标

根据沥青混合料表面抗滑性影响因素的不同，其评价方法主要有三类。其一，铺砂法，以将砂摊平后形成的平均直径所计算出的沥青混合料表面构造深度为指标，该法测定的是宏观构造深度。其二，摩擦系数法，通过摆式仪或路面横向力测试车测得路面的摩擦系数指标。其三，集料磨光值法，通过测定集料的磨光值指标来评价沥青路面的微观构造深度。

（3）沥青混合料表面抗滑性的改善措施

改善沥青混合料表面抗滑性的措施主要包括：选用坚硬、耐磨（磨光值高）、抗冲击性好的碎石或破碎砾石，但由于坚硬耐磨的矿料多为酸性，为改善其与沥青的黏附性，应采取抗剥落措施；严格控制沥青含量，以免沥青表层出现滑溜现象；增加沥青混合料中的粗集料含量，以提高沥青路面宏观构造；采用开级配或半开级配沥青混合料以形成较大的宏观构造深度，但应注意其空隙率大所造成的耐久性问题等。

6）沥青混合料的施工和易性

沥青混合料的施工和易性是指沥青路面在施工过程中混合料易于拌和、摊铺、碾压的性质。目前工程中尚无直接评价沥青混合料施工和易性的方法和指标，一般通过合理选择组成材料、控制施工条件等措施来保证沥青混合料的质量。影响沥青混合料施工和易性的主要因素如下：

（1）矿料级配。间断级配的矿料由于缺乏中间尺寸的颗粒而容易发生离析问题；细集料过少会导致沥青层不能均匀裹覆粗集料表面。

（2）沥青用量与黏度。沥青用量过少或矿粉用量过多时，沥青混合料易产生疏松且不易压实；相反，沥青用量过多或矿粉质量不好时，沥青混合料易结团而不易摊铺。沥青混合料的拌和与压实温度与沥青黏度有关，应根据沥青黏度与温度的关系曲线确定，《沥青路面施工及验收规范》（GB 50092—96）对沥青施工黏度的要求见表 7-22。

表 7-22　热拌沥青混合料拌和、压实时的黏度水平

黏　度	适宜于拌和的黏度	适宜于碾压的黏度
动力黏度（Pa·s）	0.17±0.02	0.28±0.03
运动黏度（mm²/s）	170±20	280±30

（3）施工条件与设备。影响沥青混合料施工和易性的施工条件主要是气候、温度、风速等；施工设备主要是拌和设备、摊铺机械、压实工具等。

7.3.5　沥青混合料的配合比设计

沥青混合料配合比设计的内容是确定粗集料、细集料、矿粉和沥青材料相互配合的最佳组成比例，使之既能满足沥青混合料的技术要求又符合经济性的原则。

1）沥青混合料配合比设计阶段

沥青混合料配合比设计包括试验室配合比设计、生产配合比设计、试拌试铺配合比调整三个阶段。

（1）试验室配合比设计

试验室配合比设计又称目标配合比设计，它是沥青混合料配合比设计的重点，主要包括矿质混合料组成设计和沥青用量确定两大核心内容。

（2）生产配合比设计

在目标配合比确定之后，应利用实际施工的拌和机进行试拌以确定施工配合比。生产配合比试验时的油石比可取试验室配合比得出的最佳油石比及其±0.3％三档试验，从而得出最佳油石比，供试拌试铺使用。

（3）生产配合比验证阶段

生产配合比验证阶段即试拌试铺阶段。此阶段应在拌和厂或摊铺机上采集沥青混合料试样，进行马歇尔试验、车辙试验、浸水马歇尔试验，以检验高温稳定性和水稳定性是否符合标准要求。在试铺试验时，还应在现场取样进行抽提试验，再次检验实际级配和油石比是否合格，同时按照规范规定的试验段铺设要求进行各种试验。当全部满足要求时，便可进入正常生产阶段。

2）沥青混合料配合比设计方法

不同沥青混合料的配合比设计方法有所差别，本节介绍目前工程中最常用的热拌沥青混合料的试验室配合比设计方法；关于其他特种沥青混合料的配合比设计方法请参照相应的技术规范。热拌沥青混合料设计方法与步骤如下：

（1）组成材料的选择

沥青混合料的原材料主要有沥青、粗集料、细集料、填料，此外有时还包括抗剥落剂、石灰、纤维等。

沥青的选择依据包括：温度等气候条件；渠化交通、交通量、车速等交通性质；结构层位等。在具体选择时应参照沥青路用性能气候分区。

沥青混合料所用的集料分为粗集料和细集料。粗集料包括碎石、破碎砾石、矿渣等，在混合料中起着骨架、嵌挤作用；细集料包括天然砂、人工砂、石屑等，在混合料中主要起填充作用。集料应具有多棱角、粗糙等表面特征，并应洁净、干燥、无风化、不含杂质，集料级配应注意对级配类型、最大粒径的选择。粗集料应控制的技术性质主要包括强度（压碎值、冲击值、磨耗率）、坚固性、针片状颗粒含量、吸水率、磨光值、与沥青的黏附性等；细集料应控制的技术性质主要包括坚固性、砂当量、棱角性等。

填料矿粉是将石灰岩经磨细所得。对矿粉的品质要求是干燥、洁净，并应具有适当的细度。矿粉用量用粉胶比指标来评价,粉胶比大小应合理。

（2）沥青混合料类型的选择

应依据道路等级、路面类型、所处的结构层位来选择所用沥青混合料的类型和公称最大粒径。

（3）确定矿质混合料的级配范围

根据上一步选定的级配类型,选择《公路沥青路面施工技术规范》（JTG F40—2004）建议的矿料级配范围。

（4）矿质混合料配合比设计

矿质混合料配合比设计应首先通过筛分试验确定粗集料、细集料、矿粉等各种规格矿料的原材料级配组成;然后根据各档矿料的筛分结果,采用电算法、试算法或图解法,确定各档集料的用量比例,计算矿质混合料的合成级配。由于计算机的普及,目前工程中多用电算法来计算并调整矿料的合成级配。

（5）制备沥青混合料的马歇尔试验试样

此步往后的目的是确定最佳沥青用量。在制备沥青混合料马歇尔试验试样时,首先根据矿质混合料配合比计算各档矿料用量;然后估计适宜沥青用量（或油石比）;最后以估计沥青用量为中值,按 0.3%～0.5% 间隔变化,成型数组马歇尔试件（图 7-22）。

其中,油石比（P_a）为沥青质量占矿质混合料（集料）质量

图 7-22　沥青混合料马歇尔试件

的百分含量,即 $P_a = \dfrac{沥青质量}{矿质混合料质量} \times 100\%$;与油石比类

似的指标概念还有沥青含量（P_b）,它是沥青质量占沥青混合料质量的百分含量,即 $P_b = \dfrac{沥青质量}{沥青质量＋矿质集料质量} \times 100\%$。

（6）测定与计算沥青混合料试件的体积参数

为确定混合料最佳沥青用量,控制其空隙率,需要测定试件的物理参数。

① 试件的毛体积相对密度

测定试件饱和面干质量后,按式（7-16）计算毛体积相对密度 γ_f。

$$\gamma_f = \frac{m_a}{m_f - m_w} \tag{7-16}$$

式中：γ_f——试件的毛体积相对密度;

m_a——干燥试件在空气中的质量（g）;

m_w——试件在水中的质量（g）;

m_f——试件饱和面干质量（g）。

② 试件的理论密度

对于普通沥青混合料,用真空法实测其在不同油石比下的最大理论相对密度 γ_t;当只对不同油石比的混合料中一种测试其最大理论相对密度时,可按式（7-17）计算其他油石比混合料的最大理论密度 γ_{ti}。而对于改性沥青混合料,则通过计算法计算其理论密度。

$$\gamma_{ti} = \frac{100 + P_{ai}}{\dfrac{100}{\gamma_{se}} + \dfrac{P_{si}}{\gamma_b}} \tag{7-17}$$

式中：γ_{ti}——相对于计算油石比 P_{ai} 时沥青混合料的最大理论相对密度；

　　　P_{ai}——计算的沥青混合料中的油石比(%)；

　　　γ_b——沥青的相对密度(25℃)；

　　　γ_{se}——合成集料的有效相对密度，由式(7-18)～式(7-20)计算。

$$\gamma_{se} = C \cdot \gamma_{sa} + (1 - C) \cdot \gamma_{sb} \tag{7-18}$$

$$C = 0.033\,w_x^2 - 0.293\,6\,w_x + 0.939\,3 \tag{7-19}$$

$$w_x = \frac{1}{\gamma_{sb}} - \frac{1}{\gamma_{sa}} \tag{7-20}$$

式中：C——合成集料的沥青吸收系数；

　　　γ_{sa}——合成集料的毛体积相对密度；

　　　γ_{sb}——合成集料的表观相对密度；

　　　w_x——合成集料的吸水率(%)。

③ 试件的空隙率

按式(7-21)计算沥青混合料试件的空隙率 VV(%)。

$$VV = \left(1 - \frac{\gamma_f}{\gamma_t}\right) \times 100\% \tag{7-21}$$

式中：γ_f——沥青混合料试件的毛体积相对密度；

　　　γ_t——沥青混合料试件的最大理论相对密度。

④ 试件的矿料间隙率

《公路沥青路面施工技术规范》(JTG F40—2004)在计算矿料间隙率时考虑了沥青吸入量，按式(7-22)计算试件矿料间隙率 VMA(%)。

$$VMA = \left(1 - \frac{\gamma_f}{\gamma_{sb}} \times P_s\right) \times 100\% \tag{7-22}$$

式中：γ_{sb}——合成集料的表观相对密度；

　　　P_s——各档集料占沥青混合料总质量的百分率，即 $P_s = 100 - P_b$，其中 P_b 为沥青混合料中沥青含量。

⑤ 试件的有效沥青饱和度

有效沥青饱和度是有效沥青含量占 VMA 体积百分率，按式(7-23)计算试件有效沥青饱和度 VFA(%)。

$$VFA = \frac{VMA - VV}{VMA} \times 100\% \tag{7-23}$$

（7）测定沥青混合料试件的力学指标

测定试件的马歇尔稳定度和流值指标，评判其是否满足《公路沥青路面施工技术规范》(JTG F40—2004)的规定。

（8）分析马歇尔试验结果并确定沥青最佳用量

我国现行热拌沥青混合料配合比设计方法为马歇尔试验法，通过对马歇尔试验结果的分析来确定最佳沥青用量，具体步骤如下：

① 绘制沥青用量与物理力学指标的关系图。以油石比为沥青用量的指标，绘制毛体积密度—油石比、稳定度—油石比、空隙率—油石比、流值—油石比、矿料间隙率—油石比、饱和度—油石比六个关系图（图 7-23）。

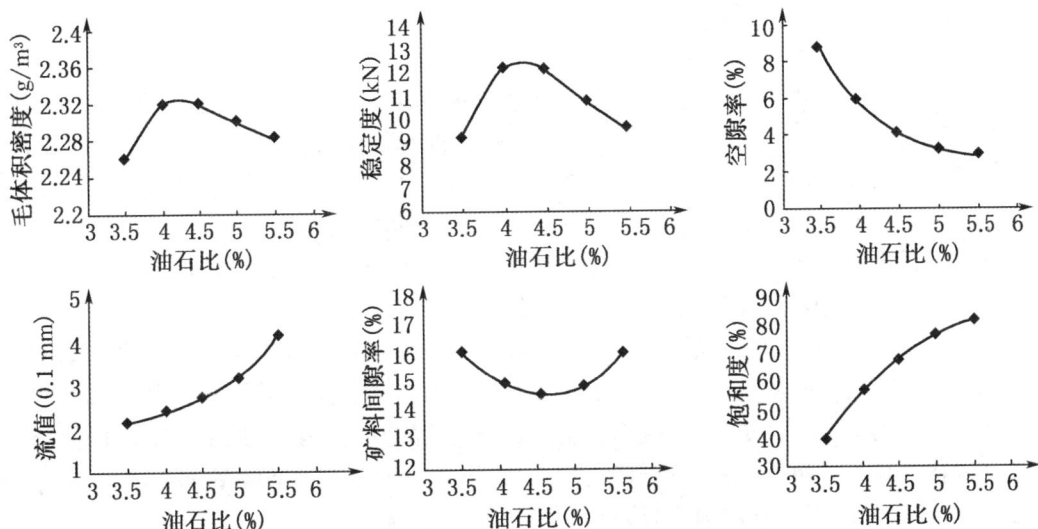

图 7-23 沥青混合料物理力学指标与沥青用量的关系图

② 确定初始最佳油石比 OAC_1。从图 7-25 中求取相应于稳定度最大值的油石比 a_1、相应于密度最大值的油石比 a_2、相应于目标空隙率（或中值）的油石比 a_3、相应于沥青饱和度范围的中值的油石比 a_4，由式 $OAC_1 = (a_1 + a_2 + a_3 + a_4)/4$ 计算得到初始最佳油石比 OAC_1。

③ 确定初始最佳油石比 OAC_2。首先确定各指标（不含 VMA）均符合技术标准的沥青用量范围 $OAC_{min} \sim OAC_{max}$，再由式 $OAC_2 = (OAC_{min} + OAC_{max})/2$ 计算得到初始最佳油石比 OAC_2。

④ 确定最佳油石比 OAC。由式 $OAC = (OAC_1 + OAC_2)/2$ 算得沥青混合料的最佳油石比 OAC。此外，检验在 OAC 下，VMA 和 VV 是否符合技术要求。

⑤ 设计沥青用量调整。对于炎热地区公路、高速公路、一级公路的重载交通路段、山区公路的长大坡度路段、城市快速路、主干路等，设计沥青用量可取 $OAC - (0.1\% \sim 0.5\%)$ OAC，且其空隙率必须符合设计要求范围。对于寒区道路、旅游公路、交通量很少的公路，设计沥青用量可取 $OAC + (0.1\% \sim 0.3\%)OAC$。

（9）沥青混合料的性能检验

① 高温稳定性检验。对用于高速公路、一级公路的公称最大粒径 $\leqslant 19$ mm 的密级配沥青混合料应进行车辙试验，以动稳定度为指标。

② 水稳定性检验。应进行浸水马歇尔试验和冻融劈裂试验，分别以残留稳定度、残留强度比为指标。

③ 低温抗裂性检验。对公称最大粒径≤19 mm 的密级配沥青混合料宜进行低温弯曲试验,以破坏应变等为指标。

④ 渗水系数检验。密级配沥青混凝土的渗水系数应≤120 mL/min。

7.3.6 新型沥青混合料

1) 沥青稀浆封层与微表处混合料

(1) 稀浆封层与微表处技术

路面封层是指为封闭表面空隙、防止水分侵入而在沥青面层或基层上铺筑的有一定厚度的沥青混合料薄层。稀浆封层是用适当级配的石屑或砂、填料(水泥、石灰、粉煤灰、石粉等)与乳化沥青、外掺剂和水,按一定比例拌和而成的流动状态的沥青混合料,将其均匀地摊铺在路面上形成的沥青封层。而微表处是用适当级配的石屑或砂、填料(水泥、石灰、粉煤灰、石粉等)采用聚合物改性乳化沥青、外掺剂和水,按一定比例拌和而成的流动状态的沥青混合料,将其均匀地摊铺在路面上形成的沥青封层。

由上述定义可知,稀浆封层与微表处很接近,唯一差别在于稀浆封层采用普通乳化沥青、微表处采用聚合物改性乳化沥青。稀浆封层一般用于二级及二级以下公路。微表处的应用范围较广,具有防滑、防水、防裂等功能。微表处层的厚度一般在1 cm以下,可达6 mm。微表处的特点是表面粗糙,一般石子棱角朝上,且石子被沥青胶浆裹覆的面积不大;但其具有使用噪音大、初期石子易被刨落等缺点。

(2) 微表处混合料

微表处为表层工艺,故所用石子很细,一般不超过 1 cm。微表处沥青混合料多采用 MS-2 型(适宜厚度 4~7 mm)和 MS-4 型(适宜厚度 8~10 mm)两种。

微表处混合料的性能要求与普通沥青混合料不一样。普通沥青混合料主要用于结构层,对马歇尔稳定度等指标的要求高;而微表处混合料用于表面层,故对施工指标和稳定性指标均有要求。微表处混合料中常加入少量水泥,以调整拌和时间、增大稳定性等。

微表处混合料主要用于防滑、防水、防裂等路面功能性恢复,目前已成为国内外公路的主要养护、修复技术之一,在旧桥面修复、车辙处理等工程领域具有重要作用。

2) 再生沥青混合料

沥青混合料的再生利用具有避免资源浪费、就地恢复沥青路面的性能。为实现沥青路面混合料的再生利用,可采用多种方式。根据对旧料的加热方式及拌和的场地等,可将沥青路面的再生技术分为厂拌热再生、就地热再生、厂拌冷再生、就地冷再生、全深式再生五种,以上五种方式可粗分为热再生和冷再生两种。

(1) 沥青混合料的厂拌热再生

其工艺是先将沥青路面铣刨后运至拌和站,在拌和站将旧沥青混合料破碎、筛分后,加新集料、新沥青、再生剂等拌和而成。厂拌热再生的技术难点在于加热,我国用厂拌热再生时一般加 20%的旧料;美国采用微波加热,旧料应用比例可达 90%。厂拌热再生与普通热拌沥青混合料类似,性能最好,其摊铺、碾压等施工与普通热拌沥青混合料亦无区别。

(2) 沥青混合料的就地热再生

其工艺是先对现场沥青路面加热,经热铣刨后就地拌和再生,然后再碾压成型。其中加热可用明火加热、红外加热、微波加热等。就地热再生的优点主要有三：其一，对交通影响小；其二，可实现对旧路材料的100％利用，添加新料少（一般10％左右）；其三，就地热再生时，对边上的车道也有加热作用，接缝为热接缝，避免了冷接缝。就地热再生的不足之处在于对道路周边环境影响大，且实际操控工艺复杂。

（3）沥青混合料的冷再生

冷再生是将旧路面铣刨、破碎、筛分后，使其成为再生集料，添加新集料，用水泥、乳化沥青或泡沫沥青等胶结料进行常温拌和与铺筑。具体包括厂拌冷再生、就地冷再生、全深式再生（将旧路面与基层一起再生）等。冷再生的优势在于处理深度大，国外可达50cm；且适应性好，完全将旧路面当作集料使用，对旧路的状况无要求。冷再生用于再生沥青路面的效果不及热再生，但可用于再生路面半刚性基层、路面与基层共同再生等。

3）桥面铺装沥青混合料

桥面铺装是铺筑于桥面板上的结构层，其作用是保护桥面板，防止车轮荷载直接磨耗桥面，并避免各种环境因素对桥面板的直接作用，以提高桥面板尤其是钢桥桥面板的耐久性。桥面铺装有水泥混凝土铺装和沥青混合料铺装两类。

（1）水泥混凝土桥面的沥青混合料铺装

水泥混凝土桥面的沥青铺装层由防水层、保护层、沥青面层组成，总厚度60～100 mm。

① 防水层。桥面防水层厚度约1～5 mm，主要类型有沥青涂胶类防水层、高聚物涂胶类防水层、沥青卷材防水层。其中高聚物涂胶类防水层采用聚氨酯胶泥、环氧树脂、阳离子乳化沥青、聚丁橡胶等高分子聚合物，其施工方便，目前用得较多。

② 保护层。为保护防水层，在其上应加铺保护层。保护层可以采用AC-10或AC-5型沥青混凝土，沥青石屑铺筑，厚度约10 mm。

③ 面层。面层分承重层和抗滑层。承重层宜采用高温稳定性好的AC-16或AC-20型热拌沥青混凝土混合料，厚度4～6 cm。抗滑层或磨耗层宜采用抗滑表层结构，厚度20～25 mm。为提高桥面铺装的高温稳定性，承重层和抗滑层结合料宜采用高聚物改性沥青。

（2）钢桥的沥青混凝土铺装

钢桥面铺装应满足防水性好、稳定性好、抗裂性好、耐久性好以及层间黏结性好的使用性能要求，由防锈层、防水层、铺装结构层组成。当铺装厚度＜40 mm时采用单层式铺装，铺装厚度为40～80 mm时宜分两层铺筑。

① 桥面铺装沥青混合料类型

钢桥铺装的沥青混合料类型有：沥青玛琉脂碎石混合料SMA、浇注式沥青混凝土GA、密级配沥青混凝土混合料AC。采用双层式铺装时，铺装下层的沥青混合料应具有较好的变形能力，能适应钢桥面板的各种变形；铺装上层的沥青混合料应具有较好的热稳定性，抗车辙能力强。采用单层式铺装时，沥青混合料应满足耐久、抗裂、抗车辙、防水、抗水损害、抗滑性能等多方面要求。

② 桥面铺装沥青混合料组成材料的技术要求

桥面铺装沥青混合料组成材料应具有较高的黏结性、柔韧性等优良性能。其中SMA混合料、AC混合料应采用改性沥青，GA混合料应采用硬质沥青。改性沥青可以是聚合物改性沥青，硬质沥青由特立尼达湖沥青和石油沥青按一定比例混合而成。用于沥青混合料的矿料必须完全符合热拌沥青混合料对矿料的技术要求。

4）乳化沥青水泥复合砂浆

乳化沥青水泥砂浆是将乳化沥青、水泥、砂、掺合料、外加剂等原材料在常温下拌和而成的复合砂浆，简称 CA 砂浆。其既具有类似水泥砂浆的一定的刚性，又具有类似沥青砂浆的一定的柔性，故为半刚性砂浆。

CA 砂浆目前在我国大量用于高速铁路建设。当今各国高速铁路大多采用板式无砟轨道的新型结构，其自上而下主要由长钢轨与扣件、预应力混凝土轨道板、CA 砂浆垫层、混凝土底座等部分组成。其中，CA 砂浆在填充轨道板与混凝土基座间的间隙、提供轨道弹性、修复下部结构形变等方面具有重要作用。因此，CA 砂浆技术是高速铁路板式无砟轨道的核心技术之一，而乳化沥青质量直接关系到 CA 砂浆的质量。

CA 砂浆所用的乳化沥青应具备与水泥相容性好、黏度大、破乳速度慢、抗冻性和耐候性强等特点，所拌和的 CA 砂浆应具有以下特性：

① 良好的流动性。CA 砂浆施工时必须能在坡高 25 cm 的情况下靠液体静压力流动 3.5 m 的距离。

② 适宜的温度。新拌 CA 砂浆应在温度 5～35℃间进行灌浆施工。

③ 良好的弹性。CA 砂浆的弹性模量低，将有助于提高高速铁路板式无砟轨道的使用寿命。

④ 良好的耐久性。高速铁路板式无砟轨道在使用中会持续对 CA 砂浆施加动力荷载，CA 砂浆应具有抵抗动力荷载所造成的疲劳、细缝、破裂的能力，并应具有抗腐蚀性。

⑤ 良好的抗冻性。为保证高速铁路板式无砟轨道的使用寿命，CA 砂浆的抗冻性能检验应合格。

复习思考题

1. 沥青有几种胶体结构类型？各有何特点？一般可根据什么指标进行判断？

2. 请评述沥青材料黏滞性的评价方法。

3. A 沥青的针入度为 $P_{(25℃,100\,g,5\,s)} = 60(0.1\ mm)$，软化点 $T_{R\&B} = 64℃$；B 沥青的针入度为 $P_{(25℃,100\,g,5\,s)} = 85(0.1\ mm)$，软化点 $T_{R\&B} = 45℃$。请评述这两种沥青的感温性。

4. 试述沥青与石料黏附性影响因素及改善方法。

5. 请评述沥青材料的三大技术指标。

6. 改性沥青常用的高聚物品种有哪些？分别改善沥青的何种技术性能？请评述改性沥青的现状、工程应用状况及前景。

7. 沥青混合料可分为哪几种结构类型？各有何特点？

8. 试述影响沥青混合料抗剪强度的影响因素。

9. 请评述沥青混合料的各项技术性质及技术标准。

10. 请评述现行沥青混合料的配合比设计方法。

创新思考题

用沥青混合料铺筑的沥青路面有哪些常见病害？请分析这些病害各自的成因，并探讨从沥青胶结料与沥青混合料的材料角度出发，如何防治这些病害。

8 无机结合料稳定材料

无机结合料稳定材料是指在各种粉碎的或原来松散的土中,掺入足量的石灰、水泥、工业废渣、沥青及其他材料后,经拌和、压实及养生后,得到的具有较高后期强度,整体性和水稳定性均较好的一种复合材料,又称无机结合稳定材料或无机结合类稳定土。松散土包括各种粗、中、细粒土。

无机结合料稳定材料主要用于道路的基层。为了更好地掌握无机结合料稳定材料的相关知识,首先理解以下道路的基本知识:

1)路面与路基

路面是由各种不同的材料,按一定厚度与宽度分层铺筑在路基顶面上的结构物,以供汽车直接在其表面上行驶。路面结构自上而下又分为面层、基层、垫层,最下面是路基。

路基是在地面上按路线的平面位置和纵断要求开挖或填筑成一定断面形状的土质或石质结构物,是道路的主体,又是路面的基础。

路基和路面是供汽车行驶的主要道路工程结构物。路基和路面共同承受着行车和自然因素的作用,它们相辅相成,是不可分离的整体,它们质量的好坏,直接影响道路的使用品质。为了保证道路最大限度地满足车辆运行的要求,提高车速,增强安全性和舒适性,降低运输成本和延长道路使用年限,就必须对路基和路面的强度和稳定性等提出一定的要求。

2)路面的面层、基层、垫层

面层是直接同行车和大气接触的表面层次,它承受行车荷载的垂直力、水平力和冲击力作用,受到降水的侵蚀和气温变化的影响。因此要求具备较高的结构强度,抗变形能力,较好的水稳定性和温度稳定性,耐磨,不透水;其表面还应有良好的抗滑性和平整度。面层所用材料主要包括水泥混凝土、沥青混凝土、沥青碎(砾)石混合料、砂砾或碎石掺土或不掺土的混合料以及块料等。

基层主要承受由面层传来的车辆荷载垂直力,并把它扩散到垫层和土基中,是路面结构中主要承重层,同时又起到承上启下的作用,因此要求具有足够的强度和刚度,并具有良好的扩散应力的能力,具有足够的水稳定性。基层所用材料主要有各种无机结合料稳定材料或稳定碎(砾)石、贫水泥混凝土、天然砂砾、各种碎石或砾石、片石、块石或圆石,各种工业废渣(如煤渣、粉煤灰、矿渣、石灰渣等)和土、砂、石所组成的混合料等。基层对抗裂、抗水害、提高路面使用寿命有着重要作用。

垫层是设置在基层与土基之间的层次。主要用来调节和改善水和温度的状况,以保证道路结构的稳定性和抗冻性。要求具有水稳性、隔温性。常用垫层材料有松散粒料,砂、砾石;稳定类垫层,水泥、石灰稳定料等。

3)柔性路面、刚性路面、半刚性路面

柔性路面总体结构刚度较小,受荷产生较大的弯沉变形,抗弯拉强度较低,土基承受较大的单位压力。主要靠抗压强度和抗剪强度承受车辆荷载的作用。包括各种未经处理的粒料基层和各类沥青面层、碎（砾）石面层或块石面层组成的路面结构。

刚性路面主要指用水泥混凝土作面层或基层的路面结构。其抗弯拉强度高，有较高的弹性模量和较大的刚性。刚性路面竖向弯沉较小，路面结构主要靠水泥混凝土板的抗弯拉强度承受车辆荷载，通过板体的扩散分布作用。

半刚性路面是用水泥、石灰等无机结合料处治的土或碎（砾）石及含有水硬性结合料的工业废渣修筑的基层。前期具有柔性路面的力学性质，后期的强度和刚度均有较大幅度的增长，但是最终的强度和刚度仍远小于水泥混凝土路面。

8.1 无机结合料稳定材料的分类和应用

8.1.1 无机结合料稳定材料的分类

道路工程上作为无机结合料稳定材料原材料的土，通常按照土中单个颗粒（包括碎石、砾石和砂颗粒，不包括土块或土团）最大粒径和公称粒径，将土分为细粒土、中粒土、粗粒土三种。其中：细粒土指颗粒最大粒径不大于 4.75 mm，公称最大粒径不大于 2.36 mm 的土，包括各种黏质土、粉质土、砂和石屑等；中粒土指颗粒最大粒径不大于 26.5 mm，公称最大粒径大于 2.36 mm 且不大于 19 mm 的土或集料，包括砂砾土、碎石土、级配砂砾、级配碎石等；粗粒土指颗粒最大粒径不大于 53 mm，公称粒径大于 19 mm 且不大于 37.5 mm 的土或集料，包括砂砾土、碎石土、级配砂砾、级配碎石等。

无机结合料稳定材料按不同原则分类见表 8-1。

表 8-1 无机结合料稳定材料分类表

分类原则	类　别	备　注
无机胶结材料	水泥稳定类材料（水泥稳定土）	在土中掺入水泥和水，经拌和、压实和养生后得到的强度符合规定的混合材料
	石灰稳定类材料（石灰稳定土）	在土中掺入石灰和水，经拌和、压实和养生后得到的强度符合规定的混合材料
	综合稳定类材料（综合稳定土）	同时用两种或两种以上的胶结料得到的强度符合规定的稳定材料称为综合稳定类材料。如：用石灰、粉煤灰稳定某种土而得到的稳定材料称为二灰土
土的粒径大小和颗粒的组成	无机结合料稳定土	用无机结合料稳定细粒土而得到的混合料
	无机结合料稳定粒料	用无机结合料稳定中粒土或粗粒土等而得到的混合料
矿质粒料含量	悬浮式稳定粒料	悬浮式粒料中含砂砾或碎石不超过 50%
	骨架密实式稳定粒料	骨架密实式粒料中含砂砾或碎石在 80% 以上

8.1.2 无机结合料稳定材料的材料及应用

无机结合料稳定材料具有良好的力学性能、水稳定性好、抗冻性能强、结构本身自成板体、在外力作用下变形小、易于就地取材、价格低廉、易于机械化施工、养护费用低、可以利用工业废弃料、有益于环境保护等优点。同时,无机结合料稳定材料也有耐磨性差、受温湿度影响产生裂缝、养护期长等缺点。一般不用于路面。

无机结合料稳定材料的刚度介于柔性路面材料和刚性路面材料之间,常称之为半刚性材料。以无机结合料稳定类混合料修筑的基层或底基层亦称为半刚性基层或半刚性底基层。我国从1954年开始在公路上应用石灰稳定土做基层材料,在大约30年期间里石灰土基层是我国等级公路上的主要基层类型。在20世纪70年代中期,公路上开始使用水泥稳定混合料基层,到80年代逐渐推广,至今已成为我国公路主要基层材料之一。在我国已建成的高速公路和一级公路中,大多数道路采用了这种基层。目前世界上的其他国家也较多地采用半刚性材料路面的基层或底基层。

一般来说,水泥稳定类、石灰粉煤灰稳定类材料适用于各级公路的基层和底基层,但稳定细粒土不能用作高级路面的基层。石灰稳定类材料适用于各级公路路面底基层,可也用作二级和二级以下公路的基层,但石灰稳定细粒土及粒料含量少于50%的碎(砾)石灰土不能用作二级公路的基层和二级以下公路高级路面的基层。石灰工业废渣稳定土可适用于各级公路的基层和底基层,但二灰、二灰土和二灰砂不应用作二级和二级以上公路高级路面的基层。

8.1.3 无机结合料稳定材料的组成材料及技术要求

1) 集料与土

土的矿物成分对无机结合料稳定材料性质有着重要的影响。试验表明,除有机质或硫酸盐含量高的土以外,各类砂砾土、砂土、粉土和黏土都可以用作无机结合稳定材料。一般规定,用于无机结合料稳定材料的素土的液限不应超过40,塑性指数不大于17。实际工作中,宜选用不均匀系数大于10,塑性指数小于12的土。如塑性指数大于17的话,宜用石灰稳定,或用石灰粉煤灰综合稳定。有机质含量超过20%的土,必须先用石灰进行处理,闷料一段时间后再用水泥稳定;硫酸盐含量超过0.25%的土,则不应用水泥稳定。级配良好的土用作无机结合稳定材料时,既可以节约无机结合料的用量,又可以取得满意的稳定效果。重黏土中黏土颗粒含量多,不易粉碎、拌和,用石灰稳定时,容易使路面造成缩裂。用水泥稳定重黏土时,同样因不易粉碎、拌和,会造成水泥用量过高而不经济。

在稳定类混合料中,集料可以采用级配碎石,也可用未筛分碎石、砂砾、碎石土、砂砾土等混合料。集料的最大粒径是影响稳定类混合料质量最为关键的因素之一。最大粒径愈大,施工机械愈容易损坏,混合料愈容易产生粗细集料离析现象,铺筑层也愈难达到较高的平整度要求。集料的最大粒径太小,则稳定性不足,且增加集料的加工量。综合考虑,集料的最大粒径应符合我国《公路路面基层施工技术规范》(JTJ 034—2000)的要求。各类无机结合料稳定材料用集料的最大压碎值和级配应符合表8-2的规定,对级配不良的碎石、碎石土、砂砾土等,应采取必要的措施改善其级配。可以采用几种不同的料掺配来达到其级配要求。

表8-2　无机结合料稳定材料用集料的最大粒径和压碎值要求

无机稳定混合料类型	项　目	公路等级			
		高速公路、一级公路		二级和二级以下公路	
	结构层位	基层	底基层	基层	底基层
水泥混合料	最大粒径(方孔筛)(mm),不大于	31.5	37.5	37.5	53
	压碎值(%),不大于	30	30	35	40
石灰混合料	最大粒径(方孔筛)(mm),不大于	37.5	37.5	53	37.5
	压碎值(%),不大于	35	—	40	30/35
石灰粉煤灰混合料	最大粒径(方孔筛)(mm),不大于	31.5	37.5	37.5	53
	压碎值(%),不大于	30	35	35	40

根据规范要求,取所定料场有代表性土样按《公路土工试验规程》(JTG 3430—2020)进行试验,包括颗粒分析、液塑限和塑性指数、相对密度、击实试验、碎石或砾石的压碎值,根据工程实际情况,必要时做有机质含量、硫酸盐含量的试验。

2) 无机结合料

(1) 石灰

各种化学成分的石灰均可用于无机结合料稳定材料,但石灰质量应符合Ⅲ级以上消石灰或Ⅲ级生石灰的技术要求。应尽量缩短石灰的存放时间,如存放时间较长时,应采取覆盖封存措施,妥善保管。对于高速公路和一级公路,宜采用磨细生石灰粉。石灰中产生黏结性的有效成分是活性氧化钙和氧化镁,它们的含量是评价石灰质量的主要指标,其含量愈多,活性愈高,稳定效果也愈好。有效氧化钙和氧化镁含量的测定方法,按我国现行行业标准《公路工程无机结合料稳定材料试验规程》(JTG E51—2009)规定,有效氧化钙含量采用中和滴定法测定,氧化镁含量采用络合滴定法测定。在剂量不大的情况下,钙质石灰比镁质石灰稳定料的初期强度高,镁质石灰稳定料在剂量大时后期强度优于钙质石灰稳定料。

石灰剂量对石灰土强度影响显著,石灰的最佳剂量,对黏性土和粉性土为干土重的8%～16%,对砂性土为干土重的10%～18%。剂量的确定应根据结构层技术要求进行混合料组成设计。

(2) 水泥

各类水泥都可以用于无机结合料稳定材料,但不得使用快硬水泥、早强水泥以及受潮变质水泥。水泥的矿物成分和细度对其稳定效果有明显影响。对同一种土,硅酸盐水泥比铝酸盐水泥稳定效果好。在水泥矿物成分相同、硬化条件相似的情况下,其强度随水泥比表面积和活性的增大而提高。

水泥用量也是影响无机结合料稳定材料强度的重要因素之一。一般来说,水泥剂量愈大,无机结合料稳定材料的强度愈高。水泥用量也不宜过多。随着水泥用量的增加,强度有所提高,水泥用量达到一定程度,增强效果不再明显,同时路基容易开裂,而且经济上不合理。所以不存在最佳水泥用量,而存在一个经济用量。通常在保证土的性质能起根本变化,且能保证无机结合料稳定材料达到所规定的强度和稳定性的前提下,取尽可能低的水泥用量。

(3)工业废渣

道路工程中应用的工业废渣主要是指工业生产过程中所产生的具有一定水硬性特点的无机工业废料,如粉煤灰、煤渣、钢渣、高炉渣、铜矿渣及各种下脚料。工业废渣一般可在有水的条件下与石灰等碱性材料共同作用,产生火山灰反应,稳定各种粒径不同的土。道路工程应用中一般采用石灰稳定工业废渣或与工业废渣共同用作无机结合料稳定材料,其中最常用的工业废渣为粉煤灰,形成石灰粉煤灰稳定路面基层,简称为二灰稳定类基层。

粉煤灰是火力发电厂排出的废渣,属硅质或硅铝质材料,其本身不具有或有很小的黏结性,但它以细分散状态与水和消石灰或水泥混合,可以发生反应形成具有黏结性的化合物。所以石灰粉煤灰可用来稳定各种粒料和土。二灰土中一般要求粉煤灰中 SiO_2、Al_2O_3 和 Fe_2O_3 的总含量应大于 70%,烧失量不应超过 20%,比面积宜大于 2 500 cm^2/g。干粉煤炭和湿粉煤灰都可以应用,湿粉煤灰的含水量不宜超过 35%,干粉煤灰如堆积在空地上应加水,防止飞扬而造成污染。使用时,应将凝固的粉煤灰块打碎或过筛,同时清除有害杂质。

3)水

水分是无机结合料稳定材料的一个重要组成部分,一般饮用水均满足要求,其技术指标应符合水泥混凝土用水标准。水分是满足无机结合料稳定材料形成强度的需要,同时使无机结合料稳定材料在压实时具有一定的塑性,以达到所需要的压实度。水分还可以使无机结合料稳定材料在养生时具有一定的湿度。最佳含水量用标准击实试验确定。

8.2 无机结合料稳定材料的技术性质

为满足行车、耐久性的要求,无机结合料稳定材料必须具备一定的压实度、强度、抗变形能力和水稳定性等技术性能要求。

8.2.1 无机结合料稳定材料的压实性

无机结合料稳定材料密实度关系到其强度、水稳定性、抗冻性及缩裂等,由工程经验,一般稳定土的密实度每增加 1%,强度增加 4%左右,同时其水稳定性和抗冻性也会提高,缩裂现象减少,由此可见提高密实度有重要意义。

现行规范《公路路面基层施工技术规范》(JTJ 034—2000)规定采用重型击实试验确定无机结合料稳定土的最佳含水量和最大干密度,以规定工地实际压实机械碾压时的合适含水量和应达到的最大干密度。无机结合料稳定材料的压实度见表 8-3。

表8-3　无机稳定土的压实度(%)

公路等级		高速公路、一级公路		二级及二级以下公路	
		中粒土和粗粒土	细粒土	中粒土和粗粒土	细粒土
水泥稳定材料	基层	98	98	97	93
	底基层	97	95	95	93
石灰稳定材料	基层	—	—	97	93
	底基层	97	95	95	93
石灰工业废渣料稳定材料	基层	98	98	97	95
	底基层	97	95	95	93

8.2.2　无机结合料稳定材料的强度

无机结合料稳定材料是一种非均质性的复合材料,其强度的形成可能是下列一种作用或多种综合作用的结果。

1)无机结合料稳定材料强度的形成机理

在土中掺入适量的石灰或水泥,并在一定含水量下经拌和、压实,使无机结合料和土之间发生一系列的物理化学反应,从而使混合料逐渐具有一定强度。各类无机结合料稳定材料强度来源主要有离子交换反应、碳酸化反应、结晶作用、火山灰反应、硬凝反应、吸附作用等物理化学反应。

(1)离子交换反应

离子交换反应是指无机结合料在溶液中电离出来的 Ca^{2+} 与黏土矿物中的 Na^+、K^+、H^+ 等发生离子交换,从而减薄黏土颗粒吸附水膜厚度,促使土粒凝集和凝聚,并形成稳定团粒结构,从而改变土的塑性,提高了土的强度和水稳性。

离子交换反应是无机结合料稳定材料获得初期强度的主要原因。

(2)碳酸化反应

无机结合料稳定材料所用土中的 $Ca(OH)_2$、石灰消解后的消石灰以及水泥水化产物 $Ca(OH)_2$ 在有水存在的情况下,与空气中的 CO_2 反应,生成 $CaCO_3$,具体化学反应式如下:

$$Ca(OH)_2 + CO_2 + nH_2O \rightarrow CaCO_3 + (n+1)H_2O$$

$CaCO_3$ 是坚硬的结晶体,和生成的其他复杂盐类把土粒胶结起来,从而大大提高了土的强度和整体性。由于 CO_2 可能由混合料的孔隙渗入,也可能由土本身产生,当混合料的表层碳酸化后则形成一层硬壳,阻碍 CO_2 进一步渗入,所以反应缓慢且过程较长,因此碳酸化反应是无机结合料稳定材料后期强度增长的主要原因。

(3)结晶作用

当土中 $Ca(OH)_2$ 浓度达到一定值时,氢氧化钙即会由饱和溶液转变成为过饱和溶液,绝大部分饱和的 $Ca(OH)_2$ 自行结晶,形成晶体,具体化学反应式如下:

$$Ca(OH)_2 + nH_2O \rightarrow Ca(OH)_2 \cdot nH_2O$$

随着时间的延长,晶体逐渐增多。由于结晶作用,把土粒胶结成整体,土的密实度得以改善,强度提高,使无机结合料稳定材料的整体强度和稳定性得到提高。

（4）火山灰反应

火山灰反应指黏土颗粒表面少量的活性氧化硅、氧化铝在 $Ca(OH)_2$ 的碱性激发作用下,发生火山灰反应生成不溶于水的水化硅酸钙和水化铝酸钙等。

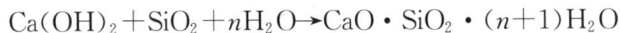

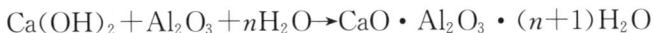

$$Ca(OH)_2 + SiO_2 + nH_2O \rightarrow CaO \cdot SiO_2 \cdot (n+1)H_2O$$

$$Ca(OH)_2 + Al_2O_3 + nH_2O \rightarrow CaO \cdot Al_2O_3 \cdot (n+1)H_2O$$

这些水化反应物遍布于黏土颗粒之间,形成凝胶、棒状晶体结构,在土的团粒外围形成一层稳定保护膜,并填充颗粒空隙,减少了颗粒间的空隙与透水性,提高了土的密实度,这是无机结合料稳定材料获得强度和水稳定性的基本原因。由于火山灰反应是在不断吸收水分的情况下发生的,速度较慢,所以火山灰反应是无机结合料稳定材料后期强度增长的主要原因。

（5）硬凝反应

硬凝反应也是水泥的水化反应。水泥经水化反应生成具有胶结能力的水化产物,如水化硅酸钙、水化铝酸钙等,这些物质在土的孔隙中相互交织搭接,将土颗粒包覆连接起来,使土逐渐丧失了原有的塑性等性质,并且随着水化产物的增加,稳定土也逐渐坚固起来。硬凝反应是水泥稳定料强度的主要来源。

（6）吸附作用

某些稳定剂加入土中后能吸附于土颗粒表面,使颗粒表面具有憎水性或使土颗粒表面黏结性增加,使得无机结合料稳定材料具有一定的强度。

综上所述,无机结合料稳定材料的强度形成取决于结合料与土中黏土矿物的相互作用,从而使土的工程性质发生变化。初期表现为土的结团、塑性降低,后期则主要表现为水化物晶体和凝胶结构的形成,从而提高土的强度和稳定性。某一种无机结合料稳定材料的强度形成可能是一种作用或多种综合作用的结果。其中：水泥稳定材料强度主要来源于硬凝反应、离子交换反应、火山灰反应、碳酸化反应；石灰稳定材料强度主要来源于离子交换反应、结晶作用、火山灰反应、碳酸化反应。

2）无机结合料稳定材料强度的影响因素

（1）稳定剂的品种和剂量

无机结合料稳定材料采用的稳定剂种类、品质和剂量在很大程度上影响其强度。

当采用石灰作稳定剂时,必须测定石灰的有效氧化钙和氧化镁含量,以提高石灰稳定料的强度。随着石灰剂量的增加,石灰土的强度和稳定性提高,但超过一定剂量后,强度的增长就不明显了,石灰剂量存在一最佳值。另外,石灰细度越大,在相同剂量下与土粒的作用越充分,反应进行得越快,稳定效果越好。直接使用磨细生石灰粉可利用其在消解时放出的热能,促进石灰与土之间物理化学反应的进行,加速石灰土的硬化。

当采用水泥作稳定剂时,硅酸盐水泥要比铝酸盐水泥效果好一些,但不宜采用快硬水泥、早强水泥及已受潮变质的水泥。

常见的水泥或石灰剂量测定方法有 EDTA 滴定法和直读式测钙仪快速测定法,详见《公路工程无机结合料稳定材料试验规程》(JTG E51—2009)。

（2）土质

除有机质或硫酸盐含量较高的土以外，各种砂砾土、砂土、粉土和黏土均可用水泥稳定，但是稳定效果不尽相同，级配良好的粗、中粒土比单纯的细粒土稳定效果要好。为了改善水泥在黏性土中的硬化条件，提高稳定效果，可以在水泥土中掺加少量添加剂，石灰是水泥稳定材料中最常用的添加剂之一。在用水泥稳定之前，先掺入少量石灰，使之与土粒进行离子交换和化学反应，为水泥在土中的水化和硬化创造良好的条件，从而加速水泥的硬化过程，并可减少水泥用量。塑性较大的重黏土不宜用水泥稳定。

（3）含水率和密度

无机结合料稳定材料的压实密度对其强度和抗变形能力影响较大，而无机结合料稳定材料的压实效果与压实时的含水量有关，存在着最佳含水量。在最佳含水量时进行压实，可以获得较为经济的压实效果，即达到最大密实度。最佳含水量取决于压实功的大小、无机结合料稳定材料的类型以及稳定剂含量。通常，所施加的压实功越大，无机结合料稳定材料中的细料含量越少，最佳含水量越小，最大密实度越高。

为了保证施工质量，无机结合料稳定材料应在略大于最佳含水量时进行碾压，以弥补碾压过程中水分的损失。含水量过大，既会影响其可能达到的密实度和强度，又会明显增大无机结合料稳定材料的干缩性，导致结构层的干缩裂缝。

（4）密实度

密实度越大，材料有效受荷面积越大，强度越高，受水影响的可能性减少。密实度可以通过选材和合适的施工工艺综合控制。

（5）施工时间

施工时间主要对水泥稳定料的强度有显著影响。施工时间具体指水泥稳定料施工过程中，从加水拌和开始至碾压结束所经历的时间。一般来说，施工时间越长，水泥稳定砂砾的强度和密度的损失就越大。

施工时间对无机结合料稳定材料强度的影响取决于两个因素，即水泥品种和土质。在土质不变的情况下，终凝时间短的水泥施工时间对混合料强度损失的影响大。

（6）养生条件和龄期

无机结合料稳定材料的强度是在一系列复杂的物理化学反应过程中逐渐形成的，而这些反应需要一定的温度和湿度条件。当养生温度较高时，可使各种反应过程加快，对无机结合料稳定材料强度的形成是有利的。

3）无机结合料稳定材料的强度标准

无机结合料稳定材料的抗压强度是材料组成设计的主要依据。由于无机结合料稳定材料的抗拉强度远小于其抗压强度，因此路面结构设计时以抗拉强度作为控制指标。

现行《公路路面基层施工技术规范》（JTJ 034—2000）规定，采用无机结合料稳定土无侧限抗压强度指标来表征，同时采用它进行材料组成设计，选定最适宜于水泥或石灰稳定的材料（包括土），确定施工中所用的无机结合料的最佳剂量，为工地施工提供质量评定标准。各种无机结合料稳定材料的抗压强度要求如表8-4所示。

表 8-4 无机结合料稳定材料的抗压强度(MPa)

公路等级		高速公路、一级公路	二级及二级以下公路
水泥稳定材料	基层	3.0~5.0	2.5~3.0
	底基层	1.5~2.5	1.5~2.0
石灰稳定材料	基层	—	≥0.8
	底基层	≥0.8	0.5~0.7
石灰工业废渣料稳定材料	基层	0.8~1.1	0.6~0.8
	底基层	≥0.6	≥0.5

注:(1) 在使用低塑性土(塑性指数小于7)的地区,石灰稳定砂砾土和碎石的 7 d 浸水抗压强度应大于 0.5 MPa。
(2) 低限值用于塑性指数小于7的黏性土,且低限值仅用于二级以下公路,高限用于塑性指数大于7的黏性土。
(3) 设计累计标准轴次小于 $12×10^6$ 的高速公路用低限值;设计累计标准轴次大于 $12×10^6$ 的高速公路用中值;主要行驶重载车辆的高速公路用高限值。对于具体一条高速公路,应根据交通状况选用某一强度标准。
(4) 二级以下公路可用低限值,行驶重载车辆的二级公路应取高限值,某一具体公路应采用一个值,而不用某一范围。

无机结合料稳定材料的抗压强度采用 7 d 饱水状态下的无侧限抗压强度。进行强度试验时先根据土的颗粒粒径大小选择试模尺寸,试模均为高:径=1:1 的圆柱体(其中:细粒土试模的直径、高度均为 50 mm;中粒土试模的直径、高度均为 100 mm;粗粒土试模的直径、高度均为 150 mm),在最佳含水量下通过击实法成型试件;然后在规定温、湿度下标准养生 6 d,浸水1 d 后,按《公路工程无机结合料稳定材料试验规程》(JTG E051—2009)进行无侧限抗压强度试验。为保证试验结果的可靠性和准确性,最少试件数量和变异系数应符合表 8-5 中的规定。

无机结合料稳定材料的抗拉强度采用间接抗拉试验测定。

表 8-5 最少试件数量和变异系数

土的类型	最少试件数量	变异系数 C_v
细粒土	6	≤6%
中粒土	9	≤10%
粗粒土	13	≤15%

8.2.3 无机结合料稳定材料的变形性能

无机结合料稳定土的最大缺点是抗变形能力差。无机结合料稳定材料的体积收缩主要表现为因温度变化而造成的温缩和因含水量变化而造成的干缩,当收缩量达到一定程度时,会在结构中出现收缩裂缝。如果将这类材料用于道路的基层结构,而上面的沥青面层较薄,在温度变化与车辆荷载的综合作用下,基层结构中裂缝会扩展至面层,形成反射裂缝,导致路面结构的损坏。了解无机结合料稳定土的缩裂规律,进而减少和防治裂缝的危害具有十分重要的意义。

1) 缩裂特性

(1) 干燥收缩

无机结合料稳定材料经拌和、压实后,随着无机结合料稳定材料强度的形成,由于水分挥发和混合料内部的水化作用,使混合料的水分不断减少,引起混合材料体积的收缩,称为干燥收缩(简称干缩)。无机结合料稳定材料的干缩特性与结合料的类型和剂量、细粒土含量及养生条件有关。

对无机结合料干缩性能的研究中,国内外大都采用干缩应变和干缩系数两个指标衡量。根据干缩应变和干缩系数的大小以及时间或失水量的关系对其性能进行评价。综合国内外的已有研究成果,一般情况下,同一类结合料的半刚性材料在相同的环境下的失水量、干缩应变和干缩系数的大小顺序为:稳定细粒土＞稳定粒料土＞稳定粒料。

(2) 温度收缩

无机结合料稳定材料具有热胀冷缩的性质,随着气温的降低,无机结合料稳定材料因冷却产生的收缩变形称为温度收缩(简称温缩)。引起稳定材料温缩的原因是组成材料的固相、液相(水)和气相在降温过程中相互作用,使材料产生体积收缩,即温度收缩。无机结合料稳定材料的温缩特性与结合料的种类和用量、含水量、土的粗细程度和成分以及养生条件等因素有关。

石灰稳定料比水泥稳定料容易产生温缩裂缝,稳定细粒土比稳定粗粒土容易产生温缩裂缝。早期养生良好的无机结合料稳定材料易于成形,早期强度高,可以减少裂缝的产生。

2) 裂缝防治措施

针对无机结合料稳定材料本身的抗裂措施,实际上就是采取措施减小材料的收缩性能,增强其抗拉性能,应尽量提高材料的抗拉强度,降低材料的弹性模量、温缩系数和干缩系数,减小材料内部的最大收缩应力。一般可以采用以下裂缝防治措施:

(1) 改善土质。无机结合料稳定材料用土愈黏,则缩裂愈严重。所以采用黏性较小的土,或在黏性土中掺入砂土、粉煤灰等,以降低土的塑性指数。

(2) 控制含水量及压实度。无机结合料稳定材料因含水量过多产生的干缩裂缝显著,压实度小时产生的干缩比压实度大时严重。因此,无机结合料稳定材料压实时含水量比最佳含水量略小为好,并尽可能达到最佳压实效果。

(3) 掺加粗粒料。掺入一定数量的粗粒料,如砂、碎石、砾石等,使混合料满足最佳组成要求,可以提高其强度和稳定性,减少裂缝产生,同时可以节约结合料和改善碾压时的拥挤现象。

(4) 防止干晒。石灰稳定土施工结束后可及早铺筑面层,使石灰稳定土基层含水量不发生大的变化,从而减轻干缩裂缝。

(5) 施工季节。温缩的最不利季节是材料处于最佳含水量附近,而且温度在 $0 \sim -10℃$ 时,因此施工要在当地气温进入 0℃ 前一个月结束,以防在不利季节产生严重温缩。

(6) 控制剂量。在满足强度要求的情况下,尽可能选择较低剂量的无机结合料;在石灰稳定土中掺加 60%～70% 的集料也可提高其强度、稳定性和抗裂性。

8.2.4　无机结合料稳定材料的水稳定性和抗冻性能

稳定类基层材料除具有适当的强度,能承受设计荷载以外,还应具备一定的水稳定性和冰冻稳定性,否则,稳定类基层由于面层开裂、渗水或者两侧路肩渗水将使无机结合料稳定材料含水量增加,强度降低,从而使路面过早破坏。在冰冻地区,聚冰现象将加剧这种破坏。评价材料的水稳定性和抗冻性可用浸水强度和冻融循环试验。

8.2.5　无机结合料稳定材料的疲劳性能

在重复荷载作用下,材料的强度与其静力极限强度相比则有所下降。荷载重复作用的次数越多,材料强度下降就越大。造成材料强度下降的原因是疲劳损伤。所谓疲劳损伤,是指材料在重复荷载的作用下,微观结构发生变化,引起微缺陷扩展和汇合,导致材料宏观力学性能的劣化,最终形成宏观开裂或材料破坏的现象。

我国高速公路早期破坏严重,造成路面早期破坏严重和耐久性差的原因之一就是由于半刚性基层材料的抗拉强度远小于其抗压强度,结构层底的弯拉应力超过其疲劳强度,在车辆荷载的重复作用下,基层底部便产生裂缝,并逐渐向上发展,并最终导致面层的开裂。因此,无机结合料稳定类基层材料的抗拉疲劳强度是半刚性基层的主要性能。

衡量无机结合料稳定材料抗疲劳破坏的指标是通过疲劳试验测定的疲劳寿命。材料从加荷开始至出现疲劳破坏的荷载作用次数称为材料的疲劳寿命。疲劳试验的目的就是研究在给定循环应力或者应变作用下,材料累计损伤达到一定程度发生破坏时的荷载循环次数。

无机结合料稳定材料的疲劳寿命主要取决于受拉应力与极限弯拉应力之比。原则上,当受拉应力与极限弯拉应力之比小于50%,无机结合料稳定材料可经受无限次重复加荷而无疲劳破坏。但是,由于材料的变异性,实际试验时其疲劳寿命要小得多。在一定应力条件下,材料的疲劳寿命取决于材料的强度,强度愈大,其疲劳寿命就愈长。

8.3　无机结合料稳定材料的配合比设计

无机结合料稳定材料配合比设计的主要目的是:根据强度指标和使用性能要求,选择合适的原材料、掺配用料,确定各组成材料的比例和混合料的最大干密度和最佳含水量,作为工地现场进行质量控制的参考数据。

无机结合料稳定材料组成设计的原则是:所配制稳定材料的各项使用性能应符合路面结构的设计要求,并能够准确地进行生产质量控制,易于摊铺与压实,比较经济。

8.3.1　设计依据与标准

无机结合料稳定材料组成设计的主要依据是满足强度、耐久性的要求。

关于耐久性标准,鉴于现行冻融试验方法所建立的试验条件与稳定层在路面结构中所能遇到的环境条件相比,更为恶劣,因此我国《公路路面基层施工技术规范》(JTJ 034—2000)规定:混合料进行设计时,仅采用一个设计标准,即无侧限抗压强度。

8.3.2　混合料配合比设计

根据《公路路面基层施工技术规范》(JTJ 034—2000)的具体要求,水泥和石灰稳定材料配合比设计过程如下：

(1) 无机结合料稳定材料初配。根据工程实际情况，分别按表 8-6 建议稳定剂用量配制制备同一种土样的混合料试件若干。其中：

① 水泥稳定土中水泥剂量以水泥质量占全部粗细土颗粒（即砾石、砂粒、粉粒和黏粒）的干质量的百分率表示，即水泥剂量＝水泥质量/干土质量。水泥稳定中粒土和粗粒土用做基层时，水泥剂量不宜超过 6%。必要时，应首先改善集料的级配，然后用水泥稳定。在只能使用水泥稳定细粒土做基层时或水泥稳定集料的强度要求明显大于规定时，水泥剂量不受此限制。

② 石灰稳定土中石灰剂量以石灰质量占全部粗细土颗粒干质量的百分率表示，即石灰剂量＝石灰质量/干土质量。塑性指数为 15～20 的黏性土以及含有一定数量黏性土的中粒土和粗粒土均适宜于用石灰稳定。

表 8-6　各类混合料初拟配合比建议稳定剂用量

稳定剂类型	土的类型	结构层位及稳定剂用量	
		基层(%)	底基层(%)
水泥剂量	中、粗粒土	3、4、5、6、7	3、4、5、6、7
	塑性指数小于 12 的细粒土	5、7、8、9、11	4、5、6、7、9
	其他细粒土	8、10、12、14、16	6、8、9、10、12
石灰剂量	砂粒土和碎石土	3、4、5、6、7	—
	塑性指数大于 12 的黏性土	5、7、9、11、13	5、7、8、9、11
	塑性指数小于 12 的黏性土	10、12、13、14、16	8、10、11、12、14

注：水泥在能估计合适剂量的情况下，可以将五个不同剂量缩减到三个或四个。要求用做基层的混合料有较高强度时，水泥剂量可用 4%、5%、6%、7%、8%。

(2) 确定各种结合料剂量下混合料的最佳含水量和最大干（压实）密度。对于每一个石灰或水泥剂量，应在不同含水量状态下进行击实试验，以确定石灰土或水泥土的最佳含水量和最大干密度。同时至少应制备 3 个不同石灰或水泥剂量的试件，分别取表 8-6 中所给的最小剂量、中间剂量和最大剂量，其余两个剂量混合料的最佳含水量和最大干密度可用内插方法确定。

稳定材料的干密度按式(8-1)计算

$$\rho_d = \frac{\rho_w}{1 + 0.01\omega} \tag{8-1}$$

式中：ρ_d——稳定材料的干密度(g/cm^3)；

　　　ω——试样的含水率(%)；

　　　ρ_w——水的密度。

以干密度为纵坐标，以含水量为横坐标，在普通直角坐标纸上绘制干密度—含水量的关系曲线，凸形曲线顶点的纵横坐标分别为稳定土的最大干密度和最佳含水量。曲线必须为凸形的。如试验点不足以连成完整的凸形曲线，则应该进行补充试验。

(3) 按规定压实度分别计算不同水泥剂量的试件应有的干密度。按规定压实度计算不同石灰或水泥剂量的试件应有的干密度。试件计算干密度为最大干密度与压实度之积。其中压实度为现场实测干密度与室内击实最大干密度的比值。

（4）按最佳含水量和计算得到的干密度制备试件。进行强度试验时，作为平行试验的最少试件数量应不小于表8-7的规定。如试验结果的偏差系数大于表中规定的值，则应重做试验，并找出原因加以解决，如不能降低偏差系数则应增加试件数量。

表8-7　最少试件数量及偏差系数

土　类	偏差系数		
	$<10\%$	$10\%\sim15\%$	$15\%\sim20\%$
	试件数量		
细粒土	6	9	—
中粒土	6	9	13
粗粒土	—	9	13

（5）试件在规定温度下保温养生6 d，浸水1 d后，按《公路工程无机结合料稳定材料试验规程》(JTG E51—2009)进行无侧限抗压强度试验。根据试验结果按式(8-2)和式(8-3)计算试件强度的平均值和偏差系数，并绘制试件7 d浸水抗压强度与结合料剂量的关系曲线。

$$\overline{R}_\mathrm{c} = \sum \frac{R_{\mathrm{c}i}}{n} \tag{8-2}$$

式中：n——每一结合料剂量下无机结合料稳定材料试件的个数；

　　　$\overline{R}_\mathrm{c}$——试件抗压强度平均值(MPa)；

　　　$R_{\mathrm{c}i}$——试件抗压强度测试结果(MPa)。

$$C_\mathrm{v} = \frac{\sqrt{\dfrac{\sum (R_{\mathrm{c}i} - \overline{R}_\mathrm{c})^2}{n-1}}}{\overline{R}_\mathrm{c}} \tag{8-3}$$

式中：C_v——强度偏差系数(%)。

　　　其他参数同前。

（6）确定稳定剂的剂量。根据表8-4的强度标准，选定合适的水泥剂量，此剂量试件室内试验结果的平均抗压强度应符合式(8-4)的要求：

$$\overline{R}_\mathrm{c} > R_\mathrm{d}/(1 - Z_a C_\mathrm{v}) \tag{8-4}$$

式中：$\overline{R}_\mathrm{c}$——平均抗压强度(MPa)；

　　　R_d——设计抗压强度(MPa)；

　　　C_v——试验结果的偏差系数(以小数计)；

　　　Z_a——保证率系数，高速公路和一级公路应取保证率95%，此时$Z_a=1.645$；二级及其以下公路应取保证率90%，即$Z_a=1.282$。

石灰或水泥剂量根据设计抗压强度标准确定，在此石灰或水泥剂量下，应满足强度平均值大于配置强度的要求。

（7）工地实际采用石灰或水泥剂量应比室内试验确定的剂量多 0.5％～1.0％，二灰土多 2％～3％。采用集中厂拌法施工时，可只增加 0.5％；采用路拌法施工时，宜增加 1％。水泥的最小剂量应符合表 8-8 规定。

表 8-8　水泥的最小剂量

拌和方法		路 拌 法	集中厂拌法
土　　类	中粒土和粗粒土	4％	3％
	细粒土	5％	4％

本章结合教学对无机结合料稳定材料进行简单介绍，实际工程应用中，无机结合料稳定材料原材料试验、配比设计及相关技术指标具体应满足《公路路面基层施工技术规范》（JTJ 034—2000）、《公路工程无机结合料稳定材料试验规程》（JTG E051—2009）等国家规范、规程的要求。

复习思考题

1. 简述无机结合料稳定材料的概念及其应用。
2. 简述无机结合料稳定材料强度的形成机理，并分析影响强度的主要因素。
3. 无机结合料稳定材料所用工业废渣有哪些？
4. 简述无机结合料稳定材料对其组成材料的技术要求。
5. 无机结合料稳定材料的技术要求有哪些？

创新思考题

1. 水泥稳定料与水泥混凝土在组成材料、技术性质及用途等方面有何不同？
2. 公路用材料和住宅楼用砂石骨料、胶结料等主要材料的性能有哪些不同？

9 合成高分子材料

合成高分子材料是指以人工合成的高分子化合物为基础,配以适当的助剂制配而成的材料,它有许多优良的性能,如密度小,比强度大,弹性高,电绝缘性能好,耐腐蚀,装饰性能好等。合成高分子材料作为土木工程材料,始于 20 世纪 50 年代,经过七十多年的发展,现在已经成为继水泥、木材、钢材之后的一种重要的土木工程材料。由于它能减轻构筑物自重,改善性能,提高工效,减少施工安装费用,获得良好的装饰及艺术效果,因此在土木工程中得到了越来越广泛的应用。

合成高分子材料主要包括合成树脂、合成橡胶及合成纤维三大类,是一种产品形式多样、性能范围很宽、适用面很广的材料。在土木工程中,合成树脂主要用于制备建筑塑料、建筑涂料和黏结剂等,是用量最大的高分子材料;合成橡胶主要用于防水密封材料、桥梁支座和沥青改性材料等,用量仅次于合成树脂;合成纤维主要用于土工织物、纤维增强水泥、纤维增强塑料和膜结构用膜材料等,用量也在不断增加。

9.1 概述

9.1.1 高分子化合物的定义

一般把相对分子质量低于 1 000 或 1 500 的化合物称作低分子化合物;把相对分子质量在 10 000 以上的称作高分子化合物(简称高分子);介于二者之间的是相对分子质量中等的化合物。存在于自然界中的高分子化合物称为天然高分子,如淀粉、纤维素、棉、麻、丝、毛等,人体中的蛋白质、糖类、核酸等也是天然高分子。

用化学方法合成的高分子称为合成高分子化合物。合成高分子化合物又称高分子聚合物(简称高聚物),常用的高分子化合物的相对分子质量高达几万到几百万,但都是由分子结构简单、相对分子质量很小的单体通过聚合反应而生成的,因此其相对分子质量虽然很大,但化学组成都比较简单,往往是由许多相同的简单结构单元相互多次重复连接而成的。例如聚乙烯,由石油裂化可得乙烯,由 n 个乙烯分子在一定的反应条件下经聚合可得到聚乙烯分子,其反应可表示为:

$$nCH_2{=\!\!=}CH_2 \rightarrow {\left[\!\!-CH_2{-\!}CH_2{-\!}\right]\!}_n$$

这种结构称为分子链,可简写为—CH_2—CH_2—。可见聚乙烯是由低分子化合物乙烯($CH_2{=\!\!=}CH_2$)聚合而成的,这种可以聚合成高聚物的低分子化合物,称为"单体",而组成高聚物的最小重复结构单元称为"链节",如—CH_2—CH_2—,高聚物中所含链节的数目 n 称为"聚合度",高聚物的聚合度一般为 $1\times10^3\sim1\times10^7$,因此其相对分子质量必然很大。

这种由低分子单体合成聚合物的反应称作聚合反应。根据单体和聚合物的组成和结构所发生的变化,聚合反应可分为加成聚合和缩合聚合两类。

由单体加成而聚合起来的反应称作加成聚合反应,简称加聚反应,氯乙烯加聚成聚氯乙烯就是一种:

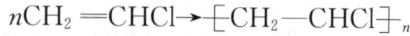

$$n\mathrm{CH_2}\!=\!\mathrm{CHCl} \rightarrow \!-\!\!\!\left[\mathrm{CH_2}\!-\!\mathrm{CHCl}\right]\!\!-_n$$

几种高聚物的单体、链节示例如表 9-1 所示。

表 9-1　高聚物单体和链节结构示例

单　　体	链节结构	高聚物
$\mathrm{CH_2}\!=\!\mathrm{CH_2}$	$-\mathrm{CH_2}\!-\!\mathrm{CH_2}\!-$	$-\!\!\left[\mathrm{CH_2}\!-\!\mathrm{CH_2}\right]\!\!-_n$
$\mathrm{CH}\!=\!\mathrm{CH_2}$ $\mathrm{CH_3}$	$-\mathrm{CH}\!-\!\mathrm{CH_2}\!-$ $\mathrm{CH_3}$	$-\!\!\left[\mathrm{CH}\!-\!\mathrm{CH_2}\right]\!\!-_n$ $\mathrm{CH_3}$
$\mathrm{CH_2}\!=\!\mathrm{CH}$ Cl	$-\mathrm{CH_2}\!-\!\mathrm{CH}\!-$ Cl	$-\!\!\left[\mathrm{CH_2}\!-\!\mathrm{CH}\right]\!\!-_n$ Cl
$\mathrm{CH_2}\!=\!\mathrm{CH}$ （苯环）	$-\mathrm{CH}\!-\!\mathrm{CH_2}\!-$ （苯环）	$-\!\!\left[\mathrm{CH_2}\!-\!\mathrm{CH}\right]\!\!-_n$ （苯环）

加聚反应的产物称作加聚物。由一种单体通过加聚反应生成的聚合物称为均聚物,而由两种以上单体通过加聚反应生成的聚合物称为共聚物。在工业上利用加聚反应生产的合成高分子约占合成高分子总量的 80%,最重要的有聚乙烯、聚氯乙烯、聚丙烯和聚苯乙烯等。共聚合反应常用来改进合成高分子的性能,这种改进称为结构改性,如将丙烯腈(A)、丁二烯(B)和苯乙烯(S)进行共聚合制得的 ABS 树脂,是一种综合性能极好的三元共聚物。

缩合聚合是由数种单体,通过缩合反应形成聚合物(也称缩聚物),同时生成水、卤化物、氨等小分子化合物的过程,简称缩聚反应。缩合聚合反应在合成高分子工业上的重要性仅次于加聚反应,常见的缩聚物有聚酰胺(尼龙)、聚酯(涤纶)、环氧树脂、有机硅树脂、酚醛树脂、聚碳树脂等。

在没有加上其他助剂进行改性加工之前的原始聚合物常被称为合成树脂,如氯乙烯树脂(也称 PVC 树脂或直接称 PVC),将树脂与其他助剂配合以后得到的材料,常常根据其特性称为塑料、橡胶、涂料等。

9.1.2　高分子化合物的结构、性质、分类

1) 高分子化合物的分子结构

高分子材料的基本性能与聚合物的结构密切相关。高聚物按分子几何结构形态可分为线型、支链型和体型三种。

（1）线型：线型高聚物的大小分链节排列成线状主链（如图 9-1(a)）。大多数呈卷曲状，线状大分子间以分子间力结合在一起。因分子间作用力微弱，使分子容易相互滑动，因此线型结构的合成树脂可反复加热软化、冷却硬化，称为热塑性树脂。线型高聚物具有良好的弹性、塑性、柔顺性，但强度较低，硬度小，耐热性、耐腐蚀性较差，且可融可熔。

（2）支链型：支链型高聚物的分子在主链上带有比主链短的支链（如图 9-1(b)）。因分子排列较松，分子间作用力较弱，因而密度、熔点及强度低于线型高聚物。

（3）体型：体型高聚物的分子，是由线型或支链型高聚物分子以化学键交联形成，呈空间网状结构（见图 9-1(c)）。由于化学键结合力强，且交联成一个巨型分子，因此体型结构的合成树脂仅在第一次加热时软化，固化后再加热时不会软化，称为热固性树脂。

热固性高聚物具有较高的强度与弹性模量，但塑性小，较硬脆，耐热性、耐腐蚀性较好，不溶不熔。

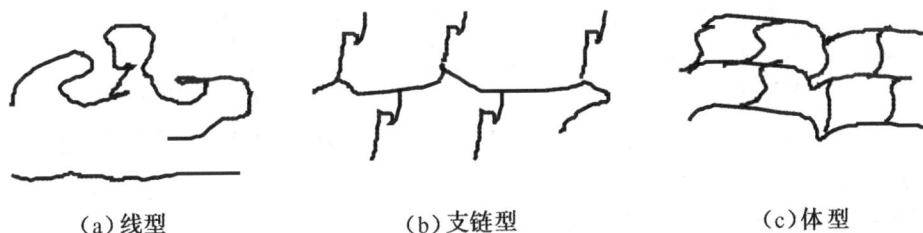

(a)线型　　　　　　　　(b)支链型　　　　　　　　(c)体型

图 9-1　聚合物大分子链的形状

2）高分子化合物的聚集态结构与物理状态

合成高分子的主链主要是由碳原子以共价键结合起来的碳链，高分子长链处于自然卷曲状态，分子纠缠在一起，因而具有可柔性，当有外力作用时，卷曲的分子被拉直，外力去除后分子又恢复到原来的卷曲状态，因此，合成高分子都有一定的弹性。

（1）聚集态结构

聚集态结构是指高分子化合物内部大分子之间的几何排列、堆砌方式和规律。

按其分子在空间排列规则与否，固态高分子化合物中并存着晶态与非晶态两种聚集状态，但与低相对分子质量晶体不同，由于长链高分子处于自然卷曲状态，不容易排列整齐成为周期性的晶体结构，故在晶态高分子化合物中也总有非晶区存在，且大分子链可以同时跨越几个晶区和非晶区。晶区所占的百分比称为结晶度。

一般来说，结晶度越高，则高分子化合物的密度、弹性模量、强度、硬度、耐热性、折光系数等越高，而冲击韧性、黏附力、塑性、溶解度等越小。晶态高分子化合物一般为不透明或半透明的，非晶态高分子化合物则一般为透明的，体型高分子化合物只有非晶态一种。

（2）物理状态

低分子物质可以气、液、固三种状态存在，而高分子化合物的相对分子质量很大，分子间吸力很大，无法以气态存在。此外，高分子化合物的结晶程度往往不及低分子物质，表现出没有明显的熔点，而只有一熔融范围。高分子化合物在不同温度条件下的形态是有差别的，如图 9-2，表现为下列三种物理状态。

① 玻璃态：当低于某一温度时，分子链作用力很大，分子链与链段都不能运动，高分子化合物呈非晶态的固体称为"玻璃态"。高分子化合物保持玻璃态的温度上限称为玻璃化转

变温度 T_g。

温度继续下降,当高分子化合物表现为不能拉伸或弯曲的脆性时的温度,称为脆化温度 T_x,简称"脆点"。

② 高弹态:当温度超过玻璃化温度 T_g 时,由于分子链段可以发生旋转,使高分子化合物在外力作用下能产生大的变形,外力卸除后又会缓慢地恢复原状,高分子化合物的运动状态称为"高弹态"。

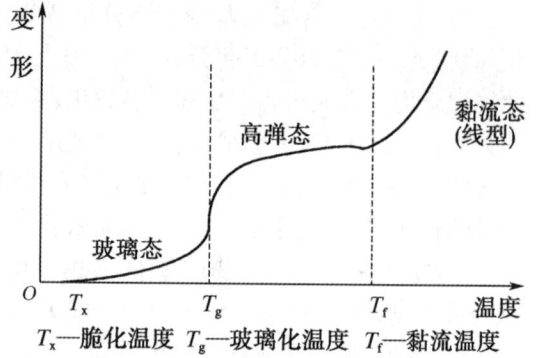

图 9-2　非晶态线型高聚物的变形与温度的关系

T_x—脆化温度　T_g—玻璃化温度　T_f—黏流温度

③ 黏流态:随着温度继续升高,当温度达到"流动温度"T_f 后,高分子化合物呈极黏的液体,这种状态称为"黏流态"。此时,分子链和链段都可以发生运动,当受到外力作用时,分子间相互滑动产生形变,外力卸去后,形变不能恢复。温度也不能太高,超过 T_d 后将发生分解、燃烧。

高分子化合物使用目的不同,对各个转变温度的要求也不同。通常,玻璃化温度 T_g 低于室温的称为橡胶,高于室温的称为塑料。玻璃化温度是塑料的最高使用温度,但却是橡胶的最低使用温度。

3) 高分子化合物的分类

高分子化合物按材料的性能与用途可分为合成树脂(塑料)、合成橡胶、合成纤维、胶黏剂、涂料等,其中合成树脂、合成橡胶及合成纤维三大类通称为三大合成材料。塑料通常指常温下表现为坚硬的高分子材料,橡胶指常温下表现为软而有弹性的高分子材料,而合成纤维指以纤维态应用的高分子材料。许多聚合物,既可以作为塑料,也能作为纤维使用,例如聚丙烯(丙纶)、聚酯(涤纶)、聚酰胺(尼龙)等。同一种聚合物,由于使用助剂不同,既可以做成具有弹性的橡胶又可以做成坚硬的塑料,如聚氯乙烯(PVC)既是门窗和管材的主要原料,也常常用于制造柔软的防水卷材。

高分子化合物也可按其他标准分类,如按分子结构,高分子化合物可分为线型、支链型和体型三类;按合成反应类别,高分子化合物可分为加聚物和缩聚物。

9.1.3　高分子材料的建筑特性

高分子材料是指以人工合成的高分子化合物为基础,配以适当的助剂制配而成的材料。与传统材料相比,高分子建筑材料具有许多优良特性,但也有一些缺点。

(1) 密度小,比强度高,刚度小。高分子材料的密度平均为 1.45 g/cm³,约为钢的 1/5、铝的 1/2,与木材相近或略大,这对减轻建筑物自重,节约建筑成本很有利。高分子材料的绝对强度不高,但比强度高,例如塑料的比强度超过钢和铝,是一种优良的轻质高强材料。高分子材料的刚度小,如塑料的弹性模量只有钢材的 1/20～1/10,且在荷载长期作用下易产生蠕变。但在塑料中加入纤维增强材料,其强度可大大提高,甚至可超过钢材。表 9-1 为金属与高分子材料的性能比较。

表 9-1　金属与高分子材料的性能比较

材料	密度 (g/cm³)	拉伸强度 (MPa)	比强度 (拉伸强度/密度)	弹性模量 (MPa)	比刚度 (弹性模量/密度)
高强度合金钢	7.85	1 280	163	205 800	26 216
铝合金	2.8	410~450	146~161	70 560	25 200
尼龙	1.14	441~800	387~702	4 508	3 954
酚醛木质层压板	1.4	350	250	—	—
玻纤/环氧复合材料	—	—	640	—	24 000
定向聚偏二氯乙烯	1.7	700	412	—	1

（2）加工性能优良，装饰性好。高分子材料的可塑性强，成型温度和压力容易控制，工序简单，生产成本低，生产能耗低，节能效果明显。高分子材料可以被加工成装饰性优异的各种建筑制品，如着色、印花、压花、烫金、电镀等装饰方法，给装饰效果的设计带来了很大的灵活性。

（3）减震、吸声、隔热性好。高分子材料有良好的韧性，在断裂前能吸收较大的能量，具有较好的减震作用。其导热系数小，如泡沫塑料的导热系数只有 0.02~0.046 W/(m·K)，约为金属的 1/1 500，是理想的绝热材料和隔热保温材料。高分子材料还具有较好的吸声作用。

（4）电绝缘性好。大多数高分子材料具有优良的电绝缘性，可与陶瓷、橡胶媲美，在建筑行业中电器线路、控制开关、电缆等方面应用广泛。

（5）耐腐蚀性好。高分子材料的化学稳定性好，对一般的酸、碱、盐及油脂有较好的耐腐蚀性，因此无须定期进行防腐维护，特别适用于建筑管道、化工厂的门窗、地面、墙体等。

（6）减摩和耐磨性好。有些高分子材料在无润滑和少润滑的摩擦条件下，它们的耐磨、减摩性能是金属材料无法比拟的。

（7）耐水性和耐水蒸气性好。高分子材料的吸水性和透水蒸气性是很低的，因此可用于防潮、防水工程。

（8）易老化。高分子材料在光、空气、热及环境介质的作用下，分子结构产生逆变，机械性能变差，寿命缩短。

（9）易燃。高分子材料热稳定性较差，温度升高时其性能明显降低，热塑性塑料的耐热温度一般为 50~90℃，热固性塑料的耐热温度一般为 100~200℃。大多数高分子材料高温时不仅可燃，而且燃烧时发烟，产生有毒气体。高分子材料作为建筑材料使用时通常添加阻燃剂、消烟剂、填充剂等以改善其耐燃性，使它成为具有自熄性、难燃甚至不燃的材料。

高分子建筑材料和制品种类繁多、应用广泛，表 9-2 是高分子建筑材料制品的一般分类和应用。

表 9-2　高分子建筑材料制品的一般分类和应用

种类	薄膜、织物	板材	管材	塑料	溶液、乳液品	模制品
应用	防渗、隔离、木工	屋面、地板、模板、墙面	给排水、电讯、建筑	隔热、防震	涂料、密封剂、黏合剂	管件、卫生洁具、建筑五金、卫生间

9.2 塑料的基本组成、分类及主要性能

塑料是以天然或合成高分子化合物为基体材料,加入适量的填料和添加剂,在高温、高压下塑化成型,且在常温、常压下保持制品形状不变的合成高分子材料。塑料的主要成分是高分子化合物,占塑料总质量的 $30\% \sim 100\%$,常称为合成树脂或树脂。

塑料在建筑中有着广泛的应用。如建筑工程常用塑料制品有塑料壁纸、壁布、饰面板、塑料地板、塑料门窗、管线护套等;绝热材料有泡沫塑料与蜂窝塑料等;防水和密封材料有塑料薄膜、密封膏、管道、卫生设施等;土工材料有塑料排水板、土工织物等;市政工程材料有塑料给水管、塑料排水管、煤气管等。目前,新的高分子化合物不断出现,塑料的性能也在逐步改善,塑料作为土木工程材料有着广阔的前途。

塑料按性能和用途可分为通用塑料、工程塑料、特种塑料和增强塑料。通用塑料主要有聚乙烯、聚氯乙烯、聚丙烯、聚苯乙烯等;工程塑料主要有聚甲醛、聚碳酸酯、聚酰胺(尼龙)、ABS 塑料等;特种塑料主要有氟塑料、聚酰亚胺。通用塑料产量大、用途广、价格低,其中聚乙烯、聚氯乙烯、聚丙烯、聚苯乙烯约占塑料产量的 80%,尤以聚乙烯的产量最大。

9.2.1 塑料的组成

1) 合成树脂

广义地讲,凡作为塑料基材的高分子化合物(高聚物)都称为树脂,现代塑料工业中主要采用合成树脂。合成树脂是塑料的基本组成材料,在塑料中起黏结作用。在单组分塑料中树脂的含量几乎为 100%,如有机玻璃;在多组分塑料中树脂的含量约为 $30\% \sim 70\%$。

塑料的性质主要取决于合成树脂的种类、性质、用途和成分。

2) 填充料

在合成树脂中加入填充料可以降低分子链间的流淌性,可提高塑料的强度、硬度及耐热性,减少塑料制品的收缩,并能有效地降低塑料的成本。

填料一般为化学性质不活泼的固体物质。常用填充料有木粉、滑石粉、硅藻土、石灰石粉、石棉、铝粉、炭黑和玻璃纤维等。塑料中填充料的掺率约为 $40\% \sim 70\%$。

3) 增塑剂

增塑剂可降低塑料的硬度和脆性,使塑料具有较好的塑性、韧性和柔顺性等机械性质。

增塑剂为相对分子质量小、熔点低和难挥发的有机化合物,必须能与树脂均匀地混合在一起,并且具有良好的稳定性。常用的增塑剂有邻苯二甲酸二辛酯、磷酸三甲酚酯、樟脑、二苯甲酮等。

增塑剂能降低塑料制品的机械性能和耐热性,因此应根据塑料的使用性质来选择增塑剂的种类和加入量。

4) 固化剂

固化剂也称硬化剂或熟化剂。固化剂的主要作用是使线型高聚物交联成体型高聚物,

使树脂具有热固性,形成稳定而坚硬的塑料制品。

固化剂的种类很多,通常随塑料的品种及加工条件不同而异。如热塑性酚醛树脂中常用的固化剂为乌洛托品(六亚甲基四胺);环氧树脂中常用的有胺类(乙二胺、间苯二胺)、酸酐类(邻苯二甲酸酐、顺丁烯二酸酐)及高分子类(聚酰胺树脂)。

5)着色剂

加入着色剂可使塑料具有鲜艳的色彩和光泽,改善塑料制品的装饰性。着色剂应色泽鲜明、分散性好、着色力强、耐热耐晒,在塑料加工过程中稳定性好,与塑料中的其他成分不起化学反应,同时不能降低塑料的性能。

常用的着色剂有有机染料、无机颜料,有时也采用能产生荧光或磷光的颜料。

6)润滑剂

在塑料加工时,为降低其内摩擦和增加流动性,便于脱模和使制品表面光滑美观,可加入 0.5%～1% 的润滑剂。

常用的润滑剂有高级脂肪酸及其盐类,如硬脂酸钙、硬脂酸镁等。

7)稳定剂

为防止塑料在热、光及其他条件下过早老化,延长塑料使用寿命而加入的少量物质称为稳定剂。稳定剂应是耐水、耐油、耐化学侵蚀的物质,能与树脂相溶,并在塑料成型过程中不发生分解。常用的稳定剂有抗氯化剂、紫外线吸收剂、热稳定剂、抗氧剂、光屏蔽剂、能量转移剂等。

除上述组成材料以外,在塑料生产中还常常加入一定量的其他添加剂,使塑料制品具有某种特定的性能或满足某种特定的要求。如加入发泡剂可以制得泡沫塑料,加入阻燃剂可以制得阻燃塑料,加入香酯类物质可制得经久发出香味的塑料。

9.2.2　常用的建筑塑料

塑料具有质量轻、比强度高、保温绝热性能好、加工性能好及富有装饰性等优点,但也存在易老化、易燃、耐热性差及刚性差等缺点。塑料在工业与民用建筑中应用广泛。

1)工程塑料的常用品种

(1)聚乙烯塑料(PE)

聚乙烯塑料由乙烯单体聚合而成。按单体聚合方法,可分为高压法、中压法和低压法三种。随聚合方法不同,产品的结晶度和密度不同,随结晶度和密度的增加,聚乙烯的硬度、软化点、强度等随之提高,而冲击韧性和伸长率则下降。高压聚乙烯的结晶度低,密度小,质软,熔点低,适合做食品包装袋、奶瓶等软塑料制品;低压聚乙烯结晶度高,密度大,强度、刚性、熔点都较高,适合做强度、硬度较高的塑料制品,如桶、瓶、管、棒等。

聚乙烯塑料具有较高的化学稳定性和耐水性,强度虽不高,但低温柔韧性大。掺加适量炭黑,可提高聚乙烯的抗老化性能。

(2)聚氯乙烯塑料(PVC)

聚氯乙烯塑料由氯乙烯单体聚合而成,是工程上常用的一种塑料。聚氯乙烯的化学稳定性高,抗老化性好,但耐热性差,在 100℃ 以上时会引起分解、变质而破坏,通常使用温度应在 60～80℃ 以下。根据增塑剂掺量的不同,可制得硬质或软质聚氯乙烯塑料。

软质聚氯乙烯塑料有一定的弹性,可以做地面材料和装饰材料,也可以作为门窗框和止水带。硬质聚氯乙烯塑料有较高的机械性能和良好的耐腐蚀性、耐油性和抗老化性,易焊接,可进行黏结加工,多用作百叶窗、各种板材、波形瓦、地板砖、给排水管等。

(3) 聚丙烯塑料(PP)

聚丙烯塑料由丙烯聚合而成。聚丙烯塑料的特点是质轻(密度 $0.90~g/cm^3$),耐热性较高($100\sim120℃$),刚性、延性和抗水性均好。它的不足之处是低温脆性显著,抗大气性差,故适用于室内。近年来,聚丙烯的生产发展较迅速,聚丙烯已与聚乙烯、聚氯乙烯等共同成为工程塑料的主要品种。

(4) 聚甲基丙烯酸甲酯(PMMA)

由甲基丙烯酸甲酯加聚而成的热塑性树脂,俗称有机玻璃。它的透光性好,因此可以代替玻璃,而且不宜碎裂;低温强度高,吸水性低,耐热性和抗老化性好,成型加工方便。缺点是耐磨性差,表面硬度低,容易划伤,价格较贵。

(5) 聚氨酯树脂(PU)

聚氨酯树脂是性能优异的热固性树脂,力学性能、耐老化性、耐热性都比较好,可用作涂料和黏结剂。

(6) 聚苯乙烯塑料(PS)

聚苯乙烯塑料是一种透明的无定型热塑性塑料,其透光性仅次于有机玻璃。优点是密度低、耐水、耐光、耐化学腐蚀性好,电绝缘性和低吸湿性极好,且易于加工和染色。缺点是抗冲击性差,脆性大,耐热性低。

(7) ABS 塑料

ABS 塑料是一种橡胶改性的聚苯乙烯塑料。不透明,耐热,表面硬度高,尺寸稳定,耐化学腐蚀,电性能良好,易于成型和机械加工。

(8) 酚醛树脂(PF)

酚醛树脂由酚和醛在酸性或碱性催化剂作用下缩聚而成。酚醛树脂的黏结强度高,耐光、耐水、耐热、耐腐蚀,电绝缘性好,但性脆。在酚醛树脂中掺加填料、固化剂等可制成酚醛塑料制品。这种制品表面光洁,坚固耐用,成本低,是最常用的塑料品种之一。

(9) 有机硅树脂(OR)

有机硅树脂由一种或多种有机硅单体水解而成。有机硅树脂耐热、耐寒、耐水、耐化学腐蚀,但机械性能不佳,黏结力不高。用酚醛、环氧、聚酯等合成树脂或用玻璃纤维、石棉等增强,可提高其机械性能和黏结力。

(10) 玻璃纤维增强塑料(玻璃钢)

玻璃纤维增强塑料是用玻璃纤维制品,增强不饱和聚酯或环氧树脂等复合而成的一类热固性塑料,有很高的机械强度,其比强度甚至高于钢材。

2) 常用的工程塑料制品

(1) 塑料门窗

塑料门窗主要采用改性硬质聚氯乙烯(PVC-U)经挤出机形成各种型材。型材经过加工,组装成建筑物的门窗。

塑料门窗可分为全塑门窗、复合门窗和聚氨酯门窗,但以全塑门窗为主。它由 PVC-U 中空型材拼装而成,有白色、深棕色、双色、仿木纹等品种。

塑料门窗与其他门窗相比,具有耐水、耐腐蚀、气密性、水密性、绝热性、隔声性、耐燃性、尺寸稳定性、装饰性好等特点,而且不需粉刷油漆,维护保养方便,同时还能显著节能,在国外已广泛应用。鉴于国外经验和我国实情,以塑料门窗逐步取代木门窗、金属门窗是节约木材、钢材、铝材、能源的重要途径。

(2)塑料管材

塑料管材与金属管材相比,具有质轻、不生锈、不生苔、不易积垢、管壁光滑、对流体阻力小、安装加工方便、节能等特点。近年来,塑料管材的生产与应用已得到了较大的发展,它在工程塑料制品中所占的比例较大。

塑料管材分为硬管与软管。按主要原料可分为聚氯乙烯管、聚乙烯管、聚丙烯管、ABS管、聚丁烯管、玻璃钢管等。在众多的塑料管材中,主要是由聚氯乙烯树脂为主要原料的PVC-U塑料管或简称塑料管。塑料管材的品种有给水管、排水管、雨水管、波纹管、电线穿线管、燃气管等。

(3)塑料壁纸

塑料壁纸是由基底材料(如纸、麻、棉布、丝织物、玻璃纤维)涂以各种塑料,加入各种颜色经配色印花而成。塑料壁纸强度较好,耐水可洗,装饰效果好,施工方便,成本低,应用广泛。塑料壁纸图案变化多样,色彩丰富。通过印花、发泡等工艺,可仿制木纹、石纹、锦缎、织物,也可仿制瓷砖、普通砖等,如果处理得当,甚至能达到以假乱真的程度,为室内装饰提供了极大的便利。塑料壁纸可分为三大类:普通壁纸、发泡壁纸和特种壁纸。

① 普通壁纸。也称塑料面纸底壁纸,即在纸面上涂刷塑料而成。为了增加质感和装饰效果,常在纸面上印有图案或压出花纹,再涂上塑料层。这种壁纸耐水,可擦洗,比较耐用,价格也较便宜。

② 发泡壁纸。发泡壁纸是在纸面上涂上发泡的塑料面。其立体感强,能吸声,有较好的音响效果。为了增加黏结力,提高其强度,可用面布、麻布、化纤布等作底来代替纸底,这类壁纸叫塑料壁布,将它粘贴在墙上不易脱落,受到冲击、碰撞等也不会破裂,因加工方便,价格不高,所以较受欢迎。

③ 特种壁纸。由于功能上的需要而生产的壁纸为特种壁纸,也称功能壁纸。如耐水壁纸、防火壁纸、防霉壁纸、塑料颗粒壁纸、金属基壁纸等。塑料颗粒壁纸易粘贴,有一定的绝热、吸声效果,而且便于清洗。金属基壁纸是一种节能壁纸。近年来生产的静电植绒壁纸,带图案,仿锦缎,装饰性、手感性均好,但价格较高。

(4)塑料地板

塑料地板是发展最早、最快的建筑装修塑料制品。与传统的地面材料相比,塑料地板装饰效果好,色彩丰富,施工维护方便,具有质轻、美观、耐磨、耐腐蚀、防潮、防火、吸声、绝热、有弹性、易于清洗与保养等特点,使用较为广泛。

塑料地板按形状,分为块状塑料地板,可以拼成不同色彩和图案,其装饰效果好,也便于局部修补;卷状塑料地板,其铺设速度快,施工效率高。其中块状占的比例大。

塑料地板按质地分为硬质、半硬质和软质。

塑料地板按产品结构分为单层塑料地板和多层复合塑料地板。

(5)其他塑料制品

① 塑料饰面板。塑料饰面板可分为硬质、半硬质与软质。表面可印木纹、石纹和各种

图案,可以粘贴装饰纸、塑料薄膜、玻璃纤维布和铝箔,也可制成花点、凹凸图案和不同的立体造型;当原料中掺入荧光颜料,能制成荧光塑料板。此类板材具有质轻、绝热、吸声、耐水、装饰性好等特点,适用于做内墙或吊顶的装饰材料。

② 玻璃钢建筑板材。玻璃纤维增强塑料具有质轻、耐水、强度高、耐化学腐蚀、装饰性好等特点,适于做采光或装饰性板材,可制成各种断面的型材或格子板。

③ 塑料薄膜。塑料薄膜耐水、耐腐蚀、伸长率大,可以印花,并能与胶合板、纤维板、石膏板、纸张、玻璃纤维布等黏结、复合。塑料薄膜除用作室内装饰材料外,尚可做防水材料、混凝土施工养护等作用。用合成纤维织物加强的薄膜,是充气房屋的主要材料,它具有质轻、不透气、绝热、运输安装方便等特点。适用于展览厅、体育馆、农用温室、临时粮仓及各种临时建筑。

9.3　土木工程中常用的其他高分子材料

9.3.1　胶黏剂

胶黏剂又称为黏合剂、黏结剂,是一种能在两种物体表面间形成薄膜,并把它们牢固地黏结在一起的具有优良黏合性的物质。随着合成化学工业的发展,胶黏剂的品种和性能获得了很大发展,越来越广泛地应用于建筑构件、材料等的连接,这种连接方法有工艺简单、省工省料、接缝处应力分布均匀、密封和耐腐蚀等优点。

为将材料牢固地黏结在一起,胶黏剂必须具有足够的流动性,且能保证被黏结表面能充分浸润,易于调节黏结性和硬化速度,不易老化,膨胀或收缩变形小,以及足够的黏结强度。

1）胶黏剂的组成

胶黏剂一般都是由多种组分物质组成的,为了达到理想的黏结效果,除了起基本黏结作用的材料外,通常还要加入各种配合剂。

（1）粘料。粘料是胶黏剂的基本成分,又称基料,对胶黏剂的胶接性能起决定性作用。合成胶黏剂的胶料,既可用合成树脂、合成橡胶,也可采用二者的共聚体和机械混合物。用于胶接结构受力部位的胶黏剂以热固性树脂为主;用于非受力部位和变形较大部位的胶黏剂以热塑性树脂和橡胶为主。

（2）固化剂。固化剂能使基本黏合物质形成网状或体型结构,增加胶层的内聚强度。常用的固化剂有胺类、酸酐类、高分子类和硫黄类等。

（3）填充剂。填充剂可改善胶黏剂的性能(如提高强度、降低收缩性、提高耐热性等),常用填料有金属及其氧化物粉末、水泥及木棉、玻璃等。

（4）稀释剂。稀释剂是一种能降低胶黏剂黏度、改善胶黏剂施工性能的物质。常用稀释剂有环氧丙烷、丙酮等。

此外还有防老剂、催化剂等。

2）常用的胶黏剂

（1）环氧树脂胶黏剂（EP）

环氧树脂胶黏剂的组成材料为合成树脂、固化剂、填料、稀释剂、增韧剂等。环氧树脂未固化前是线型热塑性树脂，由于分子结构中含有极活泼的环氧基（ —CH—CH$_2$ ）和多种极

$$\underset{O}{}$$

性基（特别是 OH$^-$），故它可与多种类型的固化剂反应生成网状体型结构高聚物，对金属、木材、玻璃、硬塑料和混凝土都有很高的黏附力，故有"万能胶"之称。

环氧树脂不仅用作结构胶黏剂，粘接金属、陶瓷、玻璃、混凝土等多种材料，还可用于混凝土构件补强、裂缝修补、配置涂料和防水防腐材料等。

（2）聚醋酸乙烯胶黏剂（PVAC）

聚醋酸乙烯乳液胶黏剂俗称白乳胶，是由醋酸乙烯单体、水、分散剂、引发剂以及其他辅助材料经乳液聚合而得，是一种无毒、无味，使用方便，价格便宜，应用普遍的非结构胶黏剂。

对于各种极性材料有较好的黏附力，以粘接各种非金属材料为主，如玻璃、陶瓷、混凝土、纤维织物和木材；耐热性在 40℃ 以下，对溶剂作用的稳定性及耐水性均较差，且有较大的徐变，多作为室温下工作的非结构胶，如粘贴塑料墙纸、聚苯乙烯或软质聚氯乙烯塑料板以及塑料地板等。

（3）聚乙烯醇胶黏剂（PVA）

聚乙烯醇由醋酸乙烯酯水解而得，是一种水溶液聚合物。它无毒，无火灾危险，黏度小，价格低，韧性好，适用期长，对油脂有较好的抵抗力，黏合时对压力要求不严格。

聚乙烯醇胶黏剂适合胶接木材、纸张、织物等。其耐热性、耐水性和耐老化性很差，所以一般与热固性胶结剂一同使用。

（4）聚乙烯缩醛（PVFO）胶黏剂

聚乙烯醇在催化剂存在下同醛类反应，生成聚乙烯醇缩醛，低聚醛度的聚乙烯醇缩甲醛即是目前工程上广泛应用的 107 胶的主要成分。它无臭、无毒、无火灾危险，黏度小，价格低，黏结性能好。

107 胶在水中的溶解度很高，是建筑装修工程上常用的胶黏剂。如用来粘贴塑料壁纸、墙布、瓷砖等，在水泥砂浆中掺入少量 107 胶，能提高砂浆的黏结性、抗冻性、抗渗性、耐磨性和减少砂浆的收缩。也可以配制成地面涂料。

（5）橡胶胶黏剂

橡胶胶黏剂是以橡胶为基料配置而成的胶黏剂。橡胶胶黏剂富有柔韧性，有优异的耐蠕变、耐挠曲及耐冲击振动等特性，起始黏结性高，但耐热性差。常用的橡胶胶黏剂有氯化天然橡胶胶黏剂、氯丁橡胶胶黏剂、丁苯橡胶胶黏剂、丁腈—氯化胶等。橡胶胶黏剂适于黏接包括钢、铝、铜、陶瓷、水泥制品、塑料和硬质纤维板等多种金属和非金属材料。工程上常用在水泥砂浆墙面或地面上粘贴塑料或橡胶制品。

9.3.2 建筑涂料

涂料是指涂敷于物体表面，并能与物体表面材料很好黏结形成连续性薄膜，从而对物体起到装饰、保护或使物体具有某些特殊功能的材料。涂料在物体表面干结形成的薄膜称为

涂膜，又称涂层。建筑涂料主要指用于建筑物表面的涂料，其主要功能是保护建筑物、美化环境及提供特种功能。

1）建筑涂料的功能与分类

近年来，建筑涂料工业发展十分迅速，新品种不断增加，色彩绚丽丰富，是装饰材料的最主要品种。涂料的品种很多，分类方法也不尽相同，习惯分类方法有下列几种：按建筑物的使用部位分类，可分为外墙涂料、内墙涂料、地面涂料、顶棚涂料、屋面涂料等；按照主要成膜物质的性质分类，可分为有机涂料、无机涂料、复合涂料；按涂料状态分类，可分为溶剂型涂料（包括单组分型、双组分型及反应固化型）、水溶性涂料、乳液型涂料和粉末涂料；按涂膜状态分类，可分为薄质涂料、厚质涂料、彩色复层凹凸花纹外墙涂料、砂壁状涂料等；按涂料的功能分类，可分为普通涂料、防水涂料、防火涂料、防霉涂料等。

目前建筑涂料的主要发展方向是研制和生产水乳型合成树脂涂料以及硅溶胶无机外墙涂料，努力提高涂料的耐久性。使用寿命达15～20年的外墙涂料已研制成功。其他功能性建筑涂料，如防火、防水、防霉、杀虫、抗菌、绝热、吸声、纳米、芳香涂料等均在不断开发应用中。

2）涂料的组成

（1）主要成膜物质

主要成膜物质又称为基料、黏结剂或固着剂，在涂料中主要起到成膜及黏结填料和颜料的作用，使涂料在干燥或固化后能形成连续的涂层。主要成膜物质包括以下几类：

① 无机质涂料。无机质涂料中的主要成膜物质包括水泥浆、硅溶胶系、磷酸盐系、硅酸酮系、无机聚合物系和碱金属硅酸盐系等，其中硅溶胶和水溶性硅酸钾、硅酸钠、硅酸钾钠系涂料的应用发展较快。传统的无机黏结剂还有白云石粉、建筑石膏和石灰等。

水泥系主要成膜物质以白色硅酸盐水泥应用最多，它可直接用于要求白色装饰的涂料，也可掺加各种颜料配制彩色涂料。

硅溶胶是以水为分散介质的高分子硅酸胶体溶液，通常呈透明性乳白色，具有较高的渗透性，与基层的黏结力高，耐水性和耐候性好，主要用于外墙涂料。

② 有机质涂料。有机质涂料中的主要成膜物质为各种合成树脂，主要包括乳液型树脂和溶剂型树脂两类。乳液型树脂的成膜过程主要为乳液中水分蒸发浓缩；溶剂型树脂的成膜过程主要为溶剂的挥发，有时还伴随化学反应。

（2）填充颜料

填充颜料与树脂及油料等拌和时呈现其原来固有的颜色，而且由于它的透明性，不能阻止光线透过涂膜，因而遮盖能力很低，也不能给涂料产生美丽的色彩，但它能起到增加涂膜厚度、减小涂膜的收缩、加强涂膜体质、提高涂膜的耐磨性、降低涂料的成本等作用。最常用的体质颜料为轻质碳酸钙、重晶石粉、高岭土及石英粉等。

（3）着色颜料

着色颜料在建筑涂料中也是构成涂料涂膜的组成部分，因而也称之为次要成膜物质。

着色颜料的主要作用是使涂料具有所需的各种颜色，并使涂膜具有一定的遮盖力和对比率。由于建筑涂料通常应用在混凝土及砂浆等碱性基面上，因而必须具备耐受pH大于12的强碱的性能，并且当着色颜料用于建筑物室外装饰时，由于长期暴露在阳光及风雨中，因此要求颜料具有较好的耐光性、耐老化性（耐候性）。

（4）辅助成膜物质

辅助成膜物质主要包括有机溶剂和水。它与涂膜质量和涂料的成本有很大的关系，选用溶剂一般要考虑其溶解能力、挥发率、易燃性和毒性等问题。

有机溶剂主要起到溶解或分散主要成膜物质，改善涂料的施工性能，增加涂料的渗透能力，改善涂料和基层的黏结，保证涂料的施工质量等，施工结束后，溶剂逐渐挥发或蒸发，最终形成连续和均匀的涂膜。常用的有机溶剂有二甲苯、乙醇、正丁醇、丙酮、乙酸乙酯和溶剂油等。水也可作为溶剂，用于水溶性涂料和乳液型涂料。

（5）助剂

为了提高涂料的综合性质，并赋予涂膜以某些特殊功能，在配制涂料时常常加入各种助剂。其中提高固化前涂料性质的助剂有分散剂、乳化剂、消泡剂、增稠剂、防流挂剂、防沉降剂和防冻剂等。提高固化后涂膜性能的助剂有增塑剂、稳定剂、抗氧剂、紫外光吸收剂等。此外还有催化剂、固化剂、催干剂、中和剂、防霉剂、难燃剂等。

3）常用建筑涂料

（1）常用外墙涂料

① 过氯乙烯外墙涂料。过氧乙烯外墙涂料干燥速度快，常温下 2 h 全干；耐大气稳定性好，并具有良好的化学稳定性，在常温下能耐 25% 的硫酸和硝酸、40% 的烧碱以及酒精、润滑油等物质。但附着力较差；热分解温度低（一般应在 60℃ 以下使用）以及溶剂释放性差；含固量较低，很难形成厚质涂层；苯类溶剂的挥发污染环境，伤害人体。

② 氯化橡胶外墙涂料。氯化橡胶外墙涂料又称橡胶水泥漆。它是以氯化橡胶为主要成膜物质，再辅以增塑剂、颜料、填料和溶剂经一定工艺制成。为了改善综合性能有时也加入少量其他树脂。

氯化橡胶外墙涂料具有优良的耐碱、耐候性，且易于重涂维修。

③ 聚氨酯系列外墙涂料。聚氨酯系列外墙涂料是一种优质外墙涂料，其固化后的涂膜具有近似橡胶的弹性，能与基层共同变形，有效地阻止开裂；耐酸碱性、耐水性、耐老化性、耐高温性等均十分优良，涂膜光泽度极好，呈瓷质感。

④ 苯—丙乳胶漆。苯—丙乳胶漆由苯乙烯和丙烯酸酯类单体通过乳液聚合反应制得苯—丙共聚乳液，是目前质量较好的乳液型外墙涂料之一。苯—丙乳胶漆具有丙烯酸酯类的高耐光性、耐候性和不泛黄性等特点；而且耐水、耐酸碱、耐湿擦洗性能优良，外观细腻、色彩艳丽、质感好，与水泥混凝土等大多数建筑材料有良好的黏附力。

⑤ 彩色砂壁状外墙涂料。简称彩砂涂料，是以合成树脂乳液（一般为苯—丙乳液或丙烯酸乳液）为主体制成。着色骨料一般采用高温烧结彩色砂料、彩色陶料或天然带色石屑。彩砂涂料可用不同的施工工艺做成仿大理石、仿花岗石质感和色彩的涂料，因此又称为仿石涂料、石艺漆、真石漆。

彩砂涂料具有丰富的色彩和质感，保色性、耐水性、耐候性好，涂膜坚实，骨料不易脱落，使用寿命可达 10 年以上。

⑥ 水乳型合成树脂乳液外墙涂料。水乳型合成树脂乳液外墙涂料是由合成树脂配以适量乳化剂、增稠剂和水通过高速搅拌分散形成的稳定乳液为主要成膜物质配制而成。所有乳液型外墙涂料由于以水为分散介质，故无毒，不易发生火灾，环境污染少，对人体毒性小，施工方便，易于刷涂、滚涂、喷涂，并可以在潮湿的基面上施工，涂膜的透气性好。目前存

在的主要问题是低温成膜性差,通常必须在10℃以上施工才能保证质量,因而冬季施工一般不宜采用。

⑦ 复层建筑涂料。复层建筑涂料是由两种以上涂层组成的复合涂料。复层建筑涂料一般由基层封闭涂料(底层涂料)、主层涂料、面层涂料所组成。复层建筑涂料按主涂层涂料主要成膜物质的不同,分为聚合物水泥系、硅酸盐系、合成树脂乳液系和反应固化型合成树脂乳液系四大类。

⑧ 硅溶胶无机外墙涂料。硅溶胶无机外墙涂料是以胶体二氧化硅为主要成膜物质,加入多种助剂经搅拌、研磨调制而成的水溶性建筑涂料。硅溶胶无机外墙涂料的遮盖力强、细腻、颜色均匀明快、装饰效果好,而且涂膜致密性好,坚硬耐磨,可用水砂纸打磨抛光,不易吸附灰尘,对基层渗透力强,耐高温性及其他性能均十分优良。硅溶胶还可与某些有机高分子聚合物混溶硬化成膜,构成兼有无机和有机涂料的优点。

(2) 内墙和顶棚涂料

① 乳胶漆。乳胶漆是由合成树脂乳液为主要成膜物质以水作为分散剂,随水分蒸发干燥成膜,涂膜的透气性好,无结露现象,且具有良好的耐水、耐碱和耐候性。常用的品种有醋酸乙烯乳胶漆和醋酸乙烯—丙烯酯有光内墙乳胶漆。后者价格较高。性能优于醋酸乙烯乳胶漆。

② 聚乙烯醇类水溶性内涂料。聚乙烯醇类水溶性内涂料是以聚乙烯醇树脂及其衍生物为主要成膜物质,涂料资源丰富,生产工艺简单,具有一定装饰效果,且价格便宜,但涂料的耐水性、耐水洗刷性和耐久性差。是目前生产和应用较多的内墙顶棚涂料。

③ 多彩内墙涂料。多彩内墙涂料简称多彩涂料,是目前国内外流行的高档内墙涂料,它经一次喷涂即可获得多种色彩的立体涂膜的涂料。目前生产的主要是水包油型(水为分散介质,合成树脂为分散相),为获得理想的涂膜性能,常采用三种以上的树脂混合使用。

多彩涂料的色彩丰富,图案变化多样,立体感强,具有良好的耐水性、耐油性、耐碱性、耐洗刷性。多彩涂料宜在5~30℃下储存,且不宜超过半年。多彩涂料不宜在雨天或湿度高的环境中施工,否则易使涂膜泛白,且附着力也会降低。

(3) 地面涂料

① 溶剂型地面涂料。溶剂型地面涂料是以合成树脂为基料,添加多种辅助材料制成。其性能及生产工艺与溶剂型外墙涂料相似,所不同的是在选择填料及其他辅助材料时比较注重耐磨性和耐冲击性等。

② 合成树脂厚质地面涂料。合成树脂厚质地面涂料属于溶剂型涂料,由于它能形成厚质涂膜,如环氧树脂地面厚质涂料和聚氨酯地面厚质涂料。环氧树脂地面厚质涂料固化后,涂膜坚硬,耐磨,且具有一定的冲击韧性,耐化学腐蚀、耐油、耐水性能好,与基层黏结力强,耐久性好,但施工操作较复杂。聚氨酯地面厚质涂料具有弹性,故步感舒适,黏结性好,其他各项性能均十分优良,但目前价格较高,适用于高级住宅地面装饰。

(4) 特种涂料

特种涂料是各种功能性涂料的总称。许多建筑物涂刷涂料除了一般的装饰要求外,往往还有某些特殊功能,如防水功能、防火功能、防霉功能等。特种涂料的种类很多,在建筑工程中有重要地位。

① 防火涂料。防火涂料主要涂刷在某些易燃材料的表面,以提高易燃材料的耐火能

力,或减缓火焰蔓延传播速度,为人们灭火提供时间。

② 防水涂料。防水涂料的品种很多,但是装饰性的防水涂料主要有聚氨酯、丙烯酸防水涂料和有机硅憎水剂三种。

③ 防霉涂料。防霉涂料是在某些普通涂料中掺加适量相容性防霉剂制成。对防霉剂的基本要求是成膜后能保持抑制霉菌生长的效能,不改变涂料的装饰和使用效果。

④ 防腐涂料。建筑物常用防腐涂料主要有环氧树脂系、聚氨酯系、橡胶树脂系和呋喃树脂系防腐涂料四大类。

其他特种涂料还有防雾涂料、防辐射涂料、防震涂料、杀虫涂料(灭蚊、防白蚁)、耐油涂料、隔热涂料(屋面热反射涂料、保温涂料)、隔声涂料(吸声或隔声)、香型涂料等。所有上述特种涂料,基本上是在普通涂料的生产工艺中掺入相应的特种外掺料制得,因而兼有普通涂料的性能。

9.3.3　土工合成材料

土工合成材料是近几十年发展起来的一种新型岩土工程材料。作为一种土木工程材料,它是以人工合成的聚合物(如塑料、化纤、合成橡胶等)为原料,制成各种类型的产品,置于土体内部、表面或各种土体之间,发挥加强或保护土体的作用,目前已在水利、公路、铁路、工业与民用建筑、海港、采矿、军工等工程各个领域得到广泛的应用。

土工合成材料分为土工织物、土工膜、土工特种材料和土工复合材料等类型。土工特种材料包括土工膜袋、土工网、土工网垫、土工格室、土工织物膨润土垫、聚苯乙烯泡沫塑料(EPS)等。土工复合材料是由上述各种材料复合而成,如复合土工膜、复合土工织物、复合土工布、复合防排水材料(排水带、排水管)等。

1) 土工织物

土工织物属于透水的土工合成材料,是用于岩土工程和土木工程的可渗透的高分子材料,也叫土工布。土工织物的制造过程是首先把高分子原料加工成丝、短纤维、纱或条带,然后再制成平面结构的土工织物。土工织物按制造方法可分为有纺(织造)土工织物和无纺(非织造)土工织物。有纺土工织物由两组平行的呈正交或斜交的经线和纬线交织而成。无纺土工织物是把纤维作定向的或随意的排列,再经过加工而成,产量占土工织物总产量的80%以上。

土工织物突出的优点是重量轻,整体连续性好(可做成较大面积的整体),施工方便,抗拉强度较高,耐腐蚀和抗微生物侵蚀性好。缺点是未经特殊处理,抗紫外线能力低,如暴露在外,受紫外线直接照射容易老化,但如不直接暴露,则抗老化及耐久性能仍较高。

2) 土工膜

土工膜是一种以高分子化合物为基本原料的防水阻隔型材料,土工膜是最早获得工程应用的一种土工合成材料产品。土工膜一般可分为沥青和高分子两大类。含沥青的土工膜目前主要为复合型的(含编织型或无纺型的土工织物),沥青作为浸润黏结剂。高分子土工膜又根据不同的主材料分为塑性土工膜、弹性土工膜和组合型土工膜。

大量工程实践表明,土工膜的不透水性很好,弹性和适应变形的能力很强,能适用于不同的施工条件和工作应力,具有良好的耐老化能力,处于水下和土中的土工膜的耐久性尤为突出。土工膜具有突出的防渗和防水性能。

3）土工格栅

土工格栅是一种主要的土工合成材料，首先在塑料板上冲孔，然后将塑料板拉伸成具有方形或矩形网格的格栅状结构，原材料目前多为聚丙烯和聚乙烯。土工格栅的优点是强度高、延伸率低、模量高、蠕变量小、强摩擦性、强抗腐蚀性和抗老化性。土工格栅常用作加筋土结构的筋材或复合材料的筋材等。

4）土工特种材料

（1）土工膜袋

土工膜袋是一种由双层聚合化纤织物制成的连续（或单独）袋状材料，利用高压泵把混凝土或砂浆灌入膜袋中，形成板状或其他形状结构，常用于护坡或其他地基处理工程。膜袋根据其材质和加工工艺的不同，分为机制和简易膜袋两大类。机制膜袋按其有无反滤排水点和充胀后的形状又可分为反滤排水点膜袋、无反滤排水点膜袋、无排水点混凝土膜袋、铰链块型膜袋。

（2）土工网

土工网是由合成材料条带、粗股条编织或合成树脂压制的具有较大孔眼、刚度较大的平面结构，网孔的形状、大小、厚度和制造方法对土工网的特性影响很大，尤其是力学性能。土工网主要用于软基加固垫层、坡面防护、植草以及用作制造组合土工材料的基材。土工网主要用高密度聚乙烯制造。

（3）土工网垫和土工格室

土工网垫和土工格室都是用合成材料特制的三维结构。土工网垫多为长丝结合而成的三维透水聚合物网垫，土工格室是由土工织物、土工格栅或土工膜、条带聚合物构成的蜂窝状或网格状三维结构，常用作防冲蚀和保土工程，刚度大、侧限能力高的土工格室多用于地基加筋垫层、路基基床或道床中。

（4）聚苯乙烯泡沫塑料（EPS）

聚苯乙烯泡沫塑料（EPS）是近年来发展起来的超轻型土工合成材料。它是在聚苯乙烯中添加发泡剂，用所规定的密度预先进行发泡，再把发泡的颗粒放在筒仓中干燥后填充到模具内加热形成的。EPS具有质量轻、耐热、抗压性能好、吸水率低、自立性好等优点，常用作铁路路基的填料。

5）土工复合材料

土工织物、土工膜、土工格栅和某些特种土工合成材料，将其两种或两种以上的材料互相组合起来就成为土工复合材料。土工复合材料可将不同材料的性质结合起来，更好地满足具体工程的需要，能起到多种功能的作用。如复合土工膜，就是将土工膜和土工织物按一定要求制成的一种土工织物组合物。其中，土工膜主要用来防渗，土工织物起加筋、排水和增加土工膜与土面之间摩擦力的作用。又如土工复合排水材料，它是以无纺土工织物和土工网、土工膜或不同形状的土工合成材料芯材组成的排水材料，用于软基排水固结处理、路基纵横排水、建筑地下排水管道、集水井、支挡建筑物的墙后排水、隧道排水、堤坝排水设施等。路基工程中常用的塑料排水板就是一种土工复合排水材料。

国外大量用于道路的土工复合材料是玻纤聚酯防裂布和经编复合增强防裂布，它能延长道路的使用寿命，从而极大地降低修复与养护成本。从长远经济利益来考虑，应该积极采用和提倡土工复合材料。

复习思考题

1. 与传统土木工程材料相比较,高分子材料有哪些优缺点?
2. 简要说明高分子材料在建筑上的主要应用。
3. 简要说明建筑塑料的基本组成及各组分的作用。
4. 黏结剂有何作用? 黏结塑料墙纸、木材家具和装饰玻璃应分别选用何种黏结剂?
5. 举例说明土工合成材料的应用。

创新思考题

建筑塑料在生产和使用过程中都有哪些有益于和不益于环境的性能?

10 功能材料及新型材料

10.1 概述

在土木工程中,除了结构材料以外,还有许多不以力学性能为主的材料,这些材料赋予建筑物不同的特性,使得建筑物能更好地满足人类使用需求,给人类提供健康、舒适、环保的物质生存空间。

1)建筑功能材料概念、定义

以材料的力学性能以外的功能为特征的材料,称为建筑功能材料。建筑功能材料赋予建筑物防水、防火、绝热、采光、防腐等功能。

2)功能材料的分类

按不同分类原则,建筑功能材料分类见表 10-1。

表 10-1　建筑功能材料分类

分类原则	材　料	基　本　介　绍
使用功能	绝热材料	主要用于维护结构、建筑环境工程,如泡沫塑料、矿棉及其制品、蛭石等
	防水材料	主要用于各种防水工程
	堵水材料	主要用于抢修工程,需要材料能带水操作
	吸声材料	主要用于各类会场、语音室
	隔声材料	主要用于各类会场、语音室
	装饰材料	主要用于家庭装修、公共建筑装修、工业建筑装修
	光学材料	主要用于高速公路、矿井等有光功能要求的工程
	防火材料	主要用于建筑物、构筑物防火
	建筑修复材料	主要用于裂缝、面层的修补
	建筑加固材料	主要用于结构加固工程,如碳纤维布
化学成分	有机功能材料	如环氧树脂、高聚物材料
	无机功能材料	如膨胀蛭石、陶粒
	复合功能材料	如环氧树脂砂浆,各类复合保温板材

建筑功能材料种类繁多,使用时应满足相关的标准、规范及规定的技术要求,与使用条件或环境相适合,同时满足经济性要求。

10.2 绝热材料

在建筑中,将防止室内热量流向室外的材料称为保温材料;通常将防止室外热量进入室内的材料称为隔热材料。习惯上保温、隔热材料统称为绝热材料。在建筑中合理使用绝热材料可以减少能量损失,节约能源,减小外墙厚度,减轻屋面体系的自重及整个建筑物的重量等。

10.2.1 绝热材料的性能

自1973年爆发世界范围的能源危机以来,建筑物的节能逐渐为各个国家所重视,我国先后颁布了一系列的法律,制定了一系列的标准、规程,旨在提高能源的利用率,达到节约能源的目的。这其中,建筑中所用绝热材料种类越来越多,范围应用越来越广泛。

土木工程中,建筑物绝热主要指建筑物外墙、屋顶、地面、门窗等易散失热量的结构部位的隔热保温。绝热材料主要指应用相应部位的材料,绝热材料的绝热性能好坏主要与材料的导热性有关。

材料的导热性是指材料传递热量的能力,材料的导热能力用导热系数表示。导热系数是表示材料的导热能力指标,其意义是指在稳定传热条件下,当材料层单位厚度内的温差为1 K时,在1 s内通过1 m² 表面积的热量。导热系数数值越大,导热能力越强,数值越小,绝热性能越好。导热系数的大小,主要取决于传热介质的成分和结构,同时还与温度、湿度、压力、密度以及热流方向有关。工程中各种物质的导热系数,常采用使用工况条件下的实验测定值。

有关导热系数的测定方法及不同材料的导热系数,不同材料的导热系数值不同,即使同一种材料其导热系数值还与温度、材料结构等因素有关。

选用导热系数小而比热容大的材料,可提高围护结构的绝热性能并保持室内温度的稳定。几种常见材料的导热系数见表10-2。

表 10-2 常见材料的导热系数和比热容

材　　料	导热系数 λ[W/(m·K)]	比热容 c[J/(kg·K)]
静止空气	0.029	1.00
水	0.60	4.19
冰	2.20	2.05
普通混凝土	1.8	0.88
烧结普通砖	0.55	0.84
花岗岩	2.9	0.80
钢	55	0.45
铜	370	0.38
松木(横纹)	0.15	1.63
泡沫塑料	0.03	1.30

10.2.2 绝热材料的基本知识及分类

1）热量传递方式

热量传递是指热量从高温区向低温区的自发流动，是一种由于温差而引起的能量转移现象。自然界中，无论在一种介质内部还是在两种介质之间，只要有温度差存在，就会出现传热过程。热量传递的基本方式有热传导、热对流、热辐射三种。

（1）热传导（导热）

物体各部分之间不发生相对位移时，依靠分子、原子及自由电子等微观粒子的热运动，在宏观上物体各部分无相对位移的热传递现象。热传导在固体、液体和气体中均可发生，但在地球重力场的作用范围内，单纯的热传导过程只会发生于密实的固体中。

（2）热对流

由于流体分子的随机运动和流体整体的宏观运动，从而使流体各部分之间发生相对位移，将热量从一处传向另一处的方式，称为热对流。对流主要发生于液体和气体中，但在多孔性的固体绝热材料中，孔隙内的气体也会发生对流传热。

（3）热辐射

热辐射是依靠物体表面对外发射电磁波而传递热量的方式。任何物体，只要其温度大于绝对温度 0 K，都会对外辐射能量，并且不需直接接触或传递介质，当辐射电磁波遇到其他物体时，将有一部分转化为热量。物体的辐射力随着温度的升高而增大，当两物体存在温差时，由于辐射力的差异，高温物体辐射给低温物体的能量大于低温物体辐射给高温物体的能量，其总结果为热从高温物体传递给低温物体。

2）影响绝热材料的主要因素

绝热就是要最大限度地阻止热量的传递，因此，就要求绝热材料须具有较小的导热系数。影响材料导热系数的主要因素有：

（1）材料的组成与结构

材料的组成与结构在很大程度上影响材料的导热系数，通常来讲有机材料的导热系数小于无机材料的导热系数，非金属材料的导热系数小于金属材料的导热系数，气态物质的导热系数小于液态物质的导热系数，液态物质的导热系数小于固体物质的导热系数。

（2）表观密度

材料自然状态下既包含固体部分，又包含一定的孔隙和空隙。在低温状态下，孔隙或空隙中的气体可看作是无对流的静止空气，仅有导热，没有热对流。由于所有致密固体的导热系数均高于静止空气的导热系数，因此，随着孔隙率的提高或表观密度的减小，其导热系数变小，可以通过降低物质表观密度获得较小的导热系数。

通过降低表观密度来减小导热系数并不是无限的，当表观密度小于某一临界值后，由于孔隙率太高，孔隙中的空气即开始产生对流。与此同时，气体对热辐射的阻隔能力极低，如果孔隙率过高，辐射传热也会相应加强，这时材料的总传热系数反而增大。在工程中，对于不同种类和结构材料，最佳密度要求不同。对于纤维制品，一般为 $30\sim50~\text{kg/m}^3$；对于泡沫塑料制品，一般为 $50\sim100~\text{kg/m}^3$。

（3）孔隙的大小与特性

在表观密度相同的条件下,孔隙的尺寸越小,导热系数越小。当孔隙小至一定尺寸后,空气将完全被气孔壁吸附,孔隙接近于真空状态,导热系数降到最小;当孔隙体积大到一定程度后,由于空气对流的出现,导热系数变大,对于相同的孔隙率和孔隙尺寸,当孔隙彼此封闭时导热系数较小,当孔隙相互连通时导热系数较大。

（4）温湿度

由于开口孔隙的存在,材料的空气湿度大的时候难免要吸收水分,因为水的导热系数比静止的空气要大,因此,当空气湿度较大时,材料的导热系数相应增大。

由于辐射传热的影响,多孔材料的导热系数一般随着温度的升高而增大。

鉴于以上分析可以知道,要使得材料的绝热性能提高,应尽量使用表观密度较低的材料,使其表观密度符合绝热最佳密度;在其他条件允许的情况下,尽量使用有机高分子材料或无定形的无机材料;在表观密度一定的情况下,应使得材料内部的细小、密闭、不连通孔隙尽量多。

实际工程应用中,除考虑以上因素外,绝热材料的应用要与工程实际情况以及工程所处环境相协调,同时要尽量不让绝热材料吸水和吸潮,绝热材料应具有与其使用条件要求相符的化学稳定性和一定的耐久性。

3）建筑物绝热材料的主要性能指标

土木工程中,建筑物绝热主要指建筑物外墙、屋顶、地面、门窗等易散失热量的结构部位的隔热保温。绝热材料主要指应用于相应部位的材料,具体性能要求如下:

土木工程中,常把导热系数小于 0.23 W/(m·K) 的材料称为绝热材料。

选用绝热材料时,一般要求其导热系数不大于 0.23 W/(m·K),表观密度 600 kg/m³ 以下,抗压强度不小于 0.3 MPa。在实际应用中,由于绝热材料抗压强度一般都很低,常将绝热材料与承重材料复合使用。

绝热材料除应具有较小的导热系数外,还应具有适宜的或一定的强度、抗冻性、耐水性、防火性、耐热性和耐低温性、耐腐蚀性,有时还需具有较小的吸湿性或吸水性等。

4）绝热材料的分类

绝热材料按不同分类原则分类,见表 10-3。

表 10-3　绝热材料分类

分类原则	大　类	小　类	举　例
化学组成	无机绝热材料	金　属	不锈钢板、铝箔、铜箔、锡箔等
		非金属	膨胀珍珠岩、膨胀蛭石、陶粒、石棉、岩棉、矿棉等
化学组成	有机绝热材料		泡沫沥青、软木、芦苇、棉花、泡沫酚醛树脂、泡沫橡胶等
	复合绝热材料	金属—无机非金属复合材料	镀膜玻璃
		金属—有机材料复合材料	铝箔夹心隔热膜
		有机—无机复合材料	吸热镀层玻璃板
结构类型	多孔型绝热材料		加气混凝土、泡沫水玻璃、泡沫玻璃等
	纤维型绝热材料		石棉制品、化学纤维、矿渣棉、玻璃棉等
	层状型绝热材料		塑料板、夹芯板、木板等
	散粒型绝热材料		硅藻土、陶粒、膨胀珍珠岩等

5) 不同结构类型绝热材料绝热作用机理介绍

在理解热的传递方式技术上，虽然绝热材料按不同的原则分类可有不同的方法，但绝热材料的绝热原理主要为两大类：一是改变热量传递路径和传热方式；二是利用能量守恒定律，利用某些材料对热辐射的反射作用进行绝热。

（1）改变传热路径和传热方式

以多孔型绝热材料为例，材料通过改变传热路径和传热方式进行绝热作用机理如下：多孔型绝热材料起绝热作用的机理是当热量从高温面向低温面传递时，包括热量在固相中的传导，孔隙中高温固体表面对气体的辐射与对流，孔隙中气体自身的对流与传导，热气体对低温固体表面的辐射与对流，热固体表面与冷固体表面之间的辐射，在常温下，对流和辐射在总的传热中所占比例很小，故以导热为主，而空气的导热系数仅为 0.029 W/(m·K)，大大小于固体的导热系数，故热量通过气孔传递的阻力较大，而且孔隙的存在使热量在固相中的传热路线大大增加，从而传热速度大为减缓。这就是含有大量气孔的材料能起绝热作用的原因。

（2）反射型绝热材料

当外来的热辐射能量投射到物体上时，通常会将其中一部分能量反射掉，另一部分被吸收（一般热射线都不能穿透建筑材料，故透射部分忽略不计）。根据能量守恒原理，反射的能量和被吸收的能量等于入射的总能量。由此可以看出，凡是反射能力强的材料，吸收热辐射的能力就小。故利用某些材料对热辐射的反射作用，在需要绝热的部位表面贴上这种材料，就可以将绝大部分外来热辐射反射掉，从而起到绝热的作用。

10.2.3 常用绝热材料

1) 散粒型无机绝热材料

（1）膨胀珍珠岩及其制品

膨胀珍珠岩是由天然珍珠岩、黑耀岩或松脂岩为原料，经煅烧体积急剧膨胀（约 20 倍）而得蜂窝状白色或灰白色松散颗料。膨胀珍珠岩堆积密度为 40~300 kg/m³，导热系数 λ＝0.025~0.048 W/(m·K)，耐热 800℃，为高效能保温保冷填充材料。膨胀珍珠岩制品是以膨胀珍珠岩为骨料，配以适量胶凝材料，经拌和、成型、养护（或干燥，或焙烧）后制成的板、砖、管等产品。膨胀珍珠岩制品选用时主要考虑表观密度、导热系数、抗压强度、质量含水率等物理技术性能指标。

（2）陶粒

陶粒是用黏土或黏土质页岩等为原料，经高温快速焙烧而获得的一种内部具有大量均匀而互不连通微孔、外壳致密坚硬的人造轻骨料。粒径大于 5 mm 的制品称为陶粒，小于 5 mm 的制品称为陶砂。当其表观密度较小时，可用于配制绝热用混凝土制品。

作绝热用的陶粒，一般要求其堆积密度不大于 800 kg/m³。

2) 多孔轻质类无机绝热材料

蛭石是一种有代表性的多孔轻质类无机绝热材料，它主要含复杂的镁、铁含水铝硅酸盐矿物，由云母类矿物经风化而成，具有层状结构。将天然蛭石破碎，经 850~1 000℃煅烧，体积急剧膨胀（可膨胀 5~30 倍）成为松散颗粒，其堆积密度为 80~200 kg/m³，导热系数为 0.046～0.07 W/（m·K），保温效果佳，可在 1 000～1 100℃下使用。可用于保温隔热层、隔音层、防冻设施及防放射线设施等。

3）纤维状无机绝热材料

（1）石棉是一种可分剥成柔韧细长纤维的硅酸盐矿物的总称。最常见的有蛇纹石石棉和角闪石石棉。石棉纤维具有极高的抗拉强度，并具有耐高温、耐腐蚀、绝热、绝缘等优良特性，是一种优质绝热材料。按照石棉的矿物类型，石棉可分为蛇纹石石棉、角闪石石棉和水镁石石棉三大类型。对于不同的石棉制品，主要考虑其密度、烧失量、含水率、抗拉强度、导热系数等技术物理性能指标。

（2）矿物棉

由熔融的天然硅酸盐岩石经加工制成的纤维材料称为岩棉。生产岩棉的原料主要是一些成分均匀的天然硅酸盐岩石。目前主要采用镁—铁硅酸盐系列的玄武岩、辉绿岩、安山岩等火成岩石作为主要岩棉原料，并使用白云片、泥灰岩等作为辅助原料，同时加入部分矿渣生产岩棉。

由熔融矿渣经加工制成的纤维材料称为矿渣棉。矿渣棉的主要原材料是一些冶金工业废渣，主要是钢铁工业的高炉矿渣，也有的使用铜矿渣、铅矿渣、磷矿渣等其他矿渣。

一般用于 650℃以下岩棉和矿渣的建筑物绝热材料统称矿物棉。矿物棉具有轻质、不燃、绝热和电绝缘等性能，且原料来源广，成本较低，可制成矿棉板、矿棉毡及管壳等。可用作建筑物的墙壁、屋顶、天花板等处的保温和吸声材料，以及热力设备和管道的保温材料。

矿物棉根据产品特性的不同，一般要考虑表观密度、导热系数、有机物含量、不燃性、最高使用温度等技术物理性能指标。

（3）玻璃纤维

玻璃纤维一般分为长纤维和短纤维。短纤维相互纵横交错在一起，构成了多孔结构的玻璃棉，常用作绝热材料。玻璃棉堆积密度约为 45～150 kg/m³，导热系数约为 0.041～0.035 W/(m·K)。玻璃纤维制品的纤维直径对其导热系数有较大影响，导热系数随纤维直径增大而增加。以玻璃纤维为主要原料的保温隔热制品主要有沥青玻璃棉毡和酚醛玻璃棉板，以及各种玻璃毡、玻璃毯等，通常用于房屋建筑的墙体保温层。

4）泡沫状无机绝热材料

（1）泡沫玻璃

泡沫玻璃是用玻璃细粉和发泡剂（石灰石、碳化钙和焦炭）经粉磨、混合、装模、煅烧（800℃左右）而得到的多孔材料。泡沫玻璃导热系数小、抗压强度高、抗冻性好、耐久性好，并且对水分、水蒸气和其他气体具有不渗透性，还容易进行机械加工，可锯、钻、车及打钉等。表观密度为 150～200 kg/m³ 的泡沫玻璃，其导热系数约为 0.042～0.048 W/(m·K)，抗压强度达 0.16～0.55 MPa。泡沫玻璃作为绝热材料在建筑上主要用于保温墙体、地板、天花板及屋顶保温，可用于寒冷地区建筑低层的建筑物。

（2）多孔混凝土

多孔混凝土是指具有大量均匀分布、直径小于 2 mm 的封闭气孔的轻质混凝土，主要有泡沫混凝土和加气混凝土。随着表观密度减小，多孔混凝土的绝热效果增加，但强度下降。

5）有机绝热材料

（1）泡沫塑料

泡沫塑料是以各种树脂为基料，加入各种辅助料经加热发泡制得的轻质保温材料。泡沫塑料目前广泛用作建筑上的保温隔音材料，其表观密度很小，隔热性能好，加工使用方便。常用的泡沫塑料有聚苯乙烯泡沫塑料、脲醛泡沫塑料、聚氨酯泡沫塑料、聚氯乙烯泡沫塑料、泡沫酚醛塑料等。

（2）硬质泡沫橡胶

硬质泡沫橡胶用化学发泡法制成。特点是导热系数小而强度大。硬质泡沫橡胶的表观密度在 0.064～0.12 g/cm³。表观密度越小，保温性能越好，但强度越低。硬质泡沫橡胶的抗碱和抗盐的侵蚀能力较强，但强的无机酸及有机酸对它有侵蚀作用。它不溶于醇等弱溶剂，但易被某些强有机溶剂软化溶解。硬质泡沫橡胶为热塑性材料，耐热性不好，在 65℃ 左右开始软化。硬质泡沫橡胶有良好的低温性能，低温下强度较高且有较好的体积稳定性，可用于冷冻库。

10.3 吸声、隔声材料

随着人们生活水平的提高，对隔绝噪音的要求也越来越高，吸声、隔声材料的应用也越来越广泛且重要。

1）吸声、隔声材料概述

在建筑中，吸声、隔声材料的选用方式各种各样，为了更好地使用吸声、隔声材料，首先要了解吸声、隔声材料的基本知识。

（1）吸声系数及吸声材料

表示吸声材料性能的基本指标最常用的是吸声系数。当声波遇到材料表面时，被吸收声能与入射声能之比，称为吸声系数。吸声系数计算公式如下：

$$\alpha = \frac{E}{E_0} \tag{10-1}$$

式中：α——吸声系数；

E——材料吸收的声能；

E_0——传递给材料的全部声能。

材料的吸声系数在 0 到 1 之间，吸声系数越大，材料的吸声效果越好。

声音来源于振动，每秒振动的次数为振动的频率，其单位是赫兹。振动频率范围很广，但人的耳部构造决定了人耳对声音能感受到的频率。通过研究和实践，一般认为人耳能感受到的频率范围为 100～4 000 Hz。因此，在建筑中通常取 125,250,500,1 000,2 000,4 000(Hz)六个频率的吸声系数来表示材料的吸声频率特性。凡六个频率的平均吸声系数大于 0.2 的材料，称为吸声材料。常用材料的吸声系数值见表 10-4。

表 10-4 常用材料的吸声系数

材料	频率					
	125(Hz)	250(Hz)	500(Hz)	1 000(Hz)	2 000(Hz)	4 000(Hz)
木地板	0.20	0.15	0.10	0.09	0.09	0.09
混凝土地面	0.02	0.02	0.03	0.04	0.04	0.05
塑料面砖	0.03	0.03	0.04	0.05	0.06	0.07
大理石	0.01	0.01	0.02	0.02	0.02	0.03
舞台口	0.30	0.35	0.40	0.45	0.50	0.55
玻璃窗	0.15	0.10	0.08	0.08	0.07	0.05

吸声材料大多为多孔、轻质材料。常用的吸声材料有玻璃棉、岩棉、矿棉等纤维材料及板、毡、石膏板、纤维板等。

材料的吸声系数越高,吸声效果就越好。在音乐厅、影剧院、大会堂、播音室等内部的墙面、地面、顶棚等部位适当采用吸声材料,能改善声波在室内传播的质量,保证良好的音响效果。

(2)隔声基本知识

在生活中,人们有一个共同的认识:围护构件越厚重对声音的隔绝效果越好。这种对隔声原理的认识,就是对"质量定律"的基本认识。声音从声源传至人耳,要通过一定的传播途径,这些途径主要依靠媒质传播。传播声音的媒质可以是气态的、液态的,也可以是固态的物质。

声音的传播途径有两种:一种是固体传声;一种是空气传声。手掌拍在墙体上,引起墙体局部震动,使其成为声源,墙体则成为物质媒质,使振动沿墙体传播,这种传播方式就是所说的固体传声。我们的两手用力互拍后,成为空气中的声源,激发周围的空气振动,以空气为媒质,形成声波,传播至物体,并激发物体媒质的振动,使小部分声能被透射传播到另一空间,这种传播方式称为空气传声。

建筑上把主要起隔绝声音作用的材料称为隔声材料。隔声材料主要用于外墙、门窗、隔墙以及隔断等。

2)吸声材料及其构造

吸声材料的类型、构造及吸声原理见表 10-5。

表 10-5 主要吸声材料相关信息表

吸声材料	构造特征	吸声原理	特性及举例
多孔吸声材料	多孔材料的构造特征是在材料中有许多微小间隙和连续气泡,因而具有适当的通气性能	声波进入材料内部互相贯通的孔隙,空气分子受到摩擦和黏滞阻力,使空气产生振动,从而使声能转化为机械能,最后因摩擦而转变为热能被吸收	多孔材料的吸声系数一般从低频到高频逐渐增大,故对中频和高频的声音吸收效果较好。材料中开放的、互相连通的、细微的气孔越多,其吸声性能越好,如岩棉、玻璃棉

续表 10-5

吸声材料	构造特征	吸声原理	特性及举例
柔性吸声材料	具有密闭气孔和一定弹性的材料	声波引起的空气振动不易传至其内部,只能相应地产生振动,在振动过程中由于克服材料内部的摩擦而消耗了声能,引起声波衰减	这种材料的吸声特性是在一定的频率范围内出现一个或多个吸收频率,如泡沫塑料
薄板振动吸声结构	将胶合板、薄木板、纤维板、石膏板等的周边钉在墙或顶棚的龙骨上,并在背后留有空气层,即成薄板振动吸声结构	在板材的背后设置空气层,只把它们的周边固定在框架上,当射到板材上的声波的频率和这一系统的共振频率一致时,板就发生共振,由于内部摩擦而吸声。该吸声结构主要吸收低频的声波	板状材料做成以共振频率附近为主要吸声范围的吸声构造。建筑中常用的板状材料,其共振频率在 $80\sim300$ Hz 之间,吸声系数一般为 $0.20\sim0.50$

3) 常用隔声材料

日常生活中,我们都知道围护结构构件的面密度越大,声频越高,构件的隔声量就越大。理论证实构件面密度或噪声频率增加,隔声量都会相应增加,这就是质量定律。对于空气声,根据质量定律,其传声的大小主要取决于墙或板的单位面积质量。质量越大,越不易震动,则隔声效果越好。一般认为,固体声的隔绝主要是吸收,这和吸声材料是一致的;而空气声的隔绝主要是反射,因此必须选择密实、沉重的如黏土砖、钢板等作为隔声材料。常用隔声材料分类及应用见表 10-6。

表 10-6　　常用隔声材料分类及应用

分类原则	类	描　　述	举　　例
组成层数	单层隔声材料	由各种匀质材料构成,具有一定厚度的隔声材料	如钢薄板、单层玻璃等
	双层隔声材料	具有一定厚度空气层的双层隔声材料。有时候,空气层中添加柔性隔声材料,提高隔声效果	双层玻璃窗、双层混凝土墙等
	多层隔声材料	将各种不同材质、不同面密度的材料紧密地黏合在一起,组成多层复合构件	如楼板、各类饰面墙体
质　　量	普通隔声材料	常用维护结构材料,普通容重	如混凝土墙、砖墙等
	轻质隔声材料	多孔、比常用普通材料容重轻的材料	如微孔、大孔隔声材料

4) 吸声、隔声材料的区别

吸声材料对入射声能的反射很小,这意味着声能容易进入和透过这种材料;这种材料的材质应该是多孔、疏松和透气,这就是典型的多孔性吸声材料。材料结构特征是:材料中具有大量的、互相贯通的、从表到里的微孔,也即具有一定的透气性。当声波入射到多孔材料表面时,引起微孔中的空气振动,由于摩擦阻力和空气的黏滞阻力以及热传导作用,将相当一部分声能转化为热能,从而起吸声作用。

隔声材料要减弱透射声能,阻挡声音的传播,就不能如同吸声材料那样多孔、疏松、透气,相反,它的材质应该是重而密实,如钢板、铅板、砖墙等一类材料。隔声材料材质的要求是密实,无孔隙或缝隙,有较大的重量。

10.4 装饰材料的基本要求及选用

1) 装饰材料的分类及应用

依据建筑结构施工图完成的建筑产品,虽然已经具备了建筑物的功能,但如果立即投入使用,使用者见到的是结构的本色,灰色的钢筋混凝土、暗色的维护结构,甚至有些接茬部位、节点部位还有钢筋裸露,在感官上不能给使用者一个优美、舒适的环境。实际上,每个建筑物从完成到投入使用,都有一个关键的环节,就是装饰。通过装饰,使得建筑物不仅安全,还能提供舒适、美观、健康的使用环境。装修所用的材料即为建筑装饰材料。

建筑装饰材料是指涂装、铺设在建筑物的表面的材料。装饰材料的主要作用有两个大方面:一是保护下面的结构构件;二是美化环境。建筑装饰材料是建筑装饰工程的物质基础,广泛应用于民用、工业建筑中。

建筑装饰材料的分类见表 10-7。

表 10-7 建筑装饰材料分类表

分类原则	大 类	小 类	举 例
化学成分	金属材料	有色金属材料	铜及铜合金、铝、金、银等
		黑色金属材料	不锈钢、彩色不锈钢瓦等
	非金属材料	有机材料	木材、竹子、藤条、板材等
		无机材料	各种水泥、石膏、饰面砖等
	复合材料	金属与金属复合材料	各种合金材料
		金属与非金属复合	彩色涂层钢板等
		非金属与非金属复合	粉刷砂浆、彩色混凝土等
		有机与无机复合	人造大理石、人造花岗岩等
		有机与有机复合	复合板材、涂料等
环 境	室内装饰材料	吊顶材料	纸面石膏板、纤维板、涂料等
		墙面材料	壁纸、墙布、织物、塑料装饰板等
		地面材料	地砖、木地板、地毯、人造石材等
	室外装饰材料	墙面材料	大理石、防水涂料、金属制品等
		屋面材料	改性沥青、瓷砖、彩色混凝土等
燃烧性能（括号内为按燃烧性能分级）	非燃烧材料（A 级）		花岗岩、石膏板等
	燃烧材料	难燃材料（B1 级）	阻燃墙、装饰防火板
		可燃材料（B2 级）	胶合板、墙纸等
		易燃材料（B3 级）	油漆
功能及作用	装饰装修材料（仅起装饰作用）		地毯、涂料、墙纸等
	功能性材料（功能及装饰作用兼有）		防水涂料、保温砂浆、吸声涂料等

2）装饰材料的基本要求

对于装饰材料的性能，除要考虑基本的物理、力学性能外，还要考虑热工、声学、光学等性能以及可持续发展的环保性能等。主要性能要求如下：

（1）基本性能

装饰材料基本性能指标主要考虑密度、表观密度、堆积密度、孔隙率、密实度、强度、变形等物理、力学指标。不同的装饰材料的物理性能指标要满足相应的国家标准、规程的要求。

（2）热工性能

很多装饰材料不仅具有装饰作用，还具有保温特性。因此，热工性能也要满足相应的国家标准、规程的要求。主要包括导热性、热变形性、耐极冷极热性、耐燃性。

（3）声学性能

装饰材料声学性能指标主要考虑材料的吸声性、隔声性等。

（4）光学性能

给使用者提供舒适、美观的各种身体感官享受是装饰材料的重要功能之一，因此光学性能是很多建筑装饰工程师看重的装饰材料性能。

光学性能主要包括颜色、透光性、透视性、滤色性、光泽性、光污染等性能。

材料的颜色实质上是材料对光谱的反射，并非是材料本身固有的。它主要与光线的光谱组成有关，还与观看者的眼睛对光谱的敏感性有关。颜色选择合适、组合协调能创造出更加美好的工作、居住环境，因此，颜色对于材料的装饰效果就显得极为重要。

光泽是材料表面的一种特性，是有方向性的光线反射性质，它对形成于表面的物体形象的清晰程度，亦即反射光线的强弱起着决定性的作用。在评定材料的外观时，其重要性仅次于颜色。镜面反射则是产生光泽的主要因素。

材料的透视性也是与光线有关的一种性质。既能透光又能透视的物体，称为透明体；只能透光而不能透视的物体，称为半透明体；既不能透光又不能透视的物体，称为不透明体。例如，普通门窗玻璃大多是透明的；磨砂玻璃和压花玻璃是半透明的；釉面砖则是不透明的。

质感是材料质地的感觉，主要是通过线条的粗细，凹凸不平程度对光线吸收、反射强弱不一产生观感上的区别。质感不仅取决于饰面材料的性质，而且取决于施工方法，同种材料不同的施工方法也会产生不同的质地感觉。

（5）环保性能

这里所说的装饰材料的环保性能是指材料在生产、使用、废弃全寿命周期中要使用较低的能源，要不污染环境，有益于人体健康，要有高的回收率。

随着地球的资源、可利用的能源的减少，人们的环境保护意识越来越强。因此，建筑装饰材料的环保性能越来越重要。我国制定了一系列的标准、规范来加强控制装饰材料的环保性能，在保障人类身体、安全健康的前提下保护环境。

表 10-8 列举了一些控制环境污染和装饰材料环保性能及相关性能指标的标准。

表 10-8 装饰材料相关标准

标 准 名 称	标准编号
室内装饰装修材料　胶黏剂中有害物质限量	GB 18583—2008
装饰装修胶黏剂制造、使用和标识通用要求	GB/T 22377—2008
环境标志产品技术要求　室内装饰装修用溶剂型木器涂料	HJ/T 414—2007
室内装饰装修材料　内墙涂料中有害物质限量	GB 18582—2020
室内装饰装修材料　溶剂型木器涂料中有害物质限量	GB 18581—2020
室内装饰装修材料　地毯、地毯衬垫及地毯胶黏剂有害物质释放限量	GB 18587—2001
室内装饰装修材料　聚氯乙烯卷材地板中有害物质限量	GB 18586—2001
装饰墙覆盖物、卷筒和嵌板式	NF D63—013—2011
塑料,固体表面的装饰材料,第 1 部分:分类和规范	ISO 19712—1—2008
塑料装饰性固体表面材料,性能测定,单件商品	BS ISO 19712—2—2013
室内装饰类纺织商品验收技术要求	SB/T 10472—2012
硬木和装饰胶合板	ANSI/HPVA HP—1—2009
室内装饰装修材料　人造板及其制品中甲醛释放限量	GB 18580—2017
建筑装饰装修工程施工质量验收规范	GB 50210—2011
室内装饰装修材料　壁纸中有害物质限量	GB 18585—2001
室内装饰装修材料　木家具中有害物质限量	GB 18584—2001
装修壁纸和墙壁覆盖物用胶黏剂	JIS A6922—2003
嵌装式装饰石膏板	JC/T 800—2007
装饰用泡沫塑料的燃烧试验	UL 1975—2006

　　装饰材料种类繁多,标准、规范规程也很多,实际工程中,根据工程特点选用装饰材料,所用材料要满足相应的标准。此处只列出一部分相关标准,让大家对装饰材料的质量控制有个初步认识。

　　3)装饰材料的选用

　　不同环境、不同部位对装饰材料的要求也不同,选用装饰材料时,主要考虑的是装饰效果,颜色、光泽、透明性等应与环境相协调。除此以外,材料还应具有某些物理、化学和力学方面的基本性能,如一定的强度、耐水性和耐腐蚀性等,以提高建筑物的耐久性,降低维修费用。

　　对于室外装饰材料,也即外墙装饰材料,应兼顾建筑物的美观和对建筑物的保护作用。外墙除需要时承担结构荷载外,主要是根据生产、生活需要作为围护结构,达到遮挡风雨、保温隔热、隔音防水等目的。因所处环境较复杂,直接受到风吹、日晒、雨淋、冻害的袭击,以及空气中腐蚀气体和微生物的作用,应选用能耐大气侵蚀、不易褪色、不易玷污、不泛霜的材料。

　　对于室内装饰材料,要妥善处理装饰效果和使用安全的矛盾。优先选用环保型材料和不燃烧或难燃烧等消防安全型材料,尽量避免选用在使用过程中会挥发有毒成分和在燃烧时会产生大量浓烟或有毒气体的材料,努力创造一个美观、整洁、安全、舒适的生活和工作环境。

10.5 防水材料

10.5.1 防水材料概述

建筑物的防水是保证房屋建筑能够防止雨水、地下水及其他水分渗透的重要组成部分,是建筑产品一项重要的使用功能,它关系到人们居住和使用的环境和卫生条件,也直接影响着建筑物的使用寿命。防水材料就是应用于需要防水部位的材料,防水材料是建筑工程上不可缺少的建筑材料之一。

建筑防水工程要求设计、施工应严格执行有关规范、标准规定,以确保工程质量。防水材料是影响防水工程的关键因素。防水材料也可以用于其他工程,如公路桥梁、水利工程等。

防水材料可根据其特性分为柔性和刚性两类。柔性防水材料是指具有一定柔韧性和较大延伸率的防水材料,如防水卷材、有机涂料,它们构成柔性防水层。刚性防水材料是指采用较高强度和无延伸能力的防水材料,如防水砂浆、防水混凝土等,它们构成刚性防水层。

防水材料主要包括卷材、涂料、密封材料、堵漏材料、刚性防水材料等,其发展对我国化学建材的发展将起到十分重要的作用。防水材料的分类见表10-9。

表 10-9　防水材料的分类及特点

种类	形式	特　点
防水卷材	1. 无胎体卷材 2. 以纸或织物等为胎体的卷材	1. 拉伸强度高,抵抗基层和结构物变形能力强,防水层不易干裂; 2. 防水层厚度可按防水工程质量要求控制; 3. 防水层较厚,使用年限长; 4. 便于大面积施工
防水涂料	1. 水乳型 2. 溶剂型	1. 防水层薄,质量轻,可减轻屋面荷载; 2. 有利于基层形状不规则部位的施工; 3. 施工方便,一般为冷施工; 4. 抵抗变形能力较差,使用年限短
密封材料	1. 膏状或糊状	1. 使用时为膏状或糊状,经过一段时间或氧化处理后为塑性、弹塑性或弹性体; 2. 适用于任何形状的接缝和孔槽
	2. 固体带状或片状	1. 埋入接缝两侧的混凝土中间能与混凝土紧密结合; 2. 抵抗变形能力强; 3. 防水效果可靠

10.5.2　各类防水材料简介

1）防水卷材

防水卷材是防水材料的重要品种之一，广泛用于各类建筑物屋面、地下和构筑物等的防水工程中，主要包括沥青系防水卷材、聚合物改性沥青防水卷材、合成高分子防水卷材三大系列。沥青系具有温度稳定性和耐老化性较差，拉伸强度和延伸率低，特别是用于室外暴露部位时，高温易于流淌老化，低温易于脆裂变形，使用期短，维修费高。聚合物改性沥青卷材和合成高分子卷材被广泛使用，不仅提高了建筑防水功能，而且促进了屋面防水构造的改革，显著延长了使用寿命。

对于防水卷材一般要有一定的抗渗能力，吸水率低，浸泡后防水能力降低少；大气稳定性好；在阳光紫外线、臭氧老化下性能持久；温度稳定性好，高温不流淌变形，低温不脆断，在一定温度条件下，保持性能良好；一定的力学性能，能承受施工及变形条件下产生的载荷，具有一定强度和伸长率；施工性良好，便于施工，工艺简便；污染少，对人身和环境无污染。

（1）沥青防水卷材

沥青防水卷材是用原纸、纤维织物、纤维毡等胎体浸涂沥青，表面撒布粉状、粒状或片状材料制成可卷曲的片状防水材料。沥青防水卷材一般为叠层铺设、热粘贴施工。

（2）高聚物改性沥青防水卷材

高聚物改性沥青防水卷材是以合成高分子聚合物改性沥青为涂盖层，纤维织物或纤维毡为胶体，粉状、粒状、片状或膜材料为覆盖面材料制成的可卷曲片状防水材料。它克服了传统防水卷材温度稳定性差、延伸率小的不足，具有高温不流淌、低温不限裂、拉伸强度高、延伸率较大等优异性能，且价格适中。此类防水卷材按厚度可分为 2 mm、3 mm、4 mm、5 mm 等规格，一般为单层铺设，也可复合使用，根据不同卷材可采用热熔法、冷黏法和自黏法施工。

（3）合成高分子防水卷材

合成高分子防水卷材是以合成橡胶、合成树脂或它们两者的共混体为基料，加入适量的化学助剂和填充料，经混炼、压延或挤出等工序加工而成的可卷曲的片状防水材料，可分为加筋、增强型两种。合成高分子防水卷材具有拉伸强度和抗撕裂强度高、断裂延伸率大、耐热性和低温柔性好、耐腐蚀、耐老化等一系列优异的性能，是新型高档防水卷材。

2）防水涂料

防水涂料是一种流态或半流态的高分子物质，可用刷、喷等工艺涂布在基层表面，经溶剂或水分挥发或各组分间的化学反应，形成具有一定弹性和一定厚度的连续薄膜，使基层表面与水隔绝，起到防水、防潮作用。

3）建筑密封材料

建筑密封材料是指能承受位移并具有高气密性及水密性而嵌入建筑接缝中的定型和不定型的材料。定型密封材料是具有一定形状和尺寸的密封材料，如密封条带、止水带等；不定型密封材料通常是冻稠状的材料，分为弹性密封材料和非弹性密封材料。

10.6 智能混凝土材料

10.6.1 智能混凝土材料概述

智能混凝土是在混凝土原有组分基础上复合智能型组分,使混凝土具有自感知和记忆、自适应、自修复特性的多功能材料。根据这些特性可以有效地预报混凝土材料内部的损伤,满足结构自我安全检测需要,防止混凝土结构潜在脆性破坏,并能根据检测结果自动进行修复,显著提高混凝土结构的安全性和耐久性。正如上面所述,智能混凝土是自感知和记忆、自适应、自修复等多种功能的综合,缺一不可。

10.6.2 智能混凝土材料简介

1)损伤自诊断混凝土

自诊断混凝土具有压敏性和温敏性等自感应功能,其中最常用的是碳类、金属类和光纤、碳纤维智能混凝土。碳纤维是一种高强度、高弹性且导电性能良好的材料。在水泥基材料中掺入适量碳纤维不仅可以显著提高强度和韧性,而且其物理性能,尤其是电学性能也有明显的改善,可以作为传感器并以电信号输出的形式反映自身受力状况和内部的损伤程度。在碳纤维的损伤自诊断混凝土中,碳纤维混凝土本身就是传感器,可对混凝土内部在拉、压、弯静荷载和动荷载等外因作用下的弹性变形和塑性变形以及损伤开裂进行监测。试验发现,在水泥浆中掺加适量的碳纤维作为应变传感器,它的灵敏度远远高于一般的电阻应变片。在疲劳试验中还发现,无论在拉伸还是在压缩状态下,碳纤维混凝土材料的体积电导率会随疲劳次数发生不可逆的降低。因此,可以应用这一现象对混凝土材料的疲劳损伤进行监测。通过标定这种自感应混凝土,研究人员决定阻抗和载重之间的关系,由此可确定以自感应混凝土修筑的公路上的车辆方位、载重和速度等参数,为交通管理的智能化提供材料基础。

2)自调节智能混凝土

自调节智能混凝土具有电力效应和电热效应等性能。目前技术上相对比较成熟的主要是应用形状记忆合金制备自调节智能混凝土。形状记忆合金具有形状记忆效应,若在室温下给以超过弹性范围的拉伸塑性变形,当加热至少许超过相变温度,即可使原先出现的残余变形消失,并恢复到原来尺寸。在混凝土中埋入形状记忆合金,利用形状记忆合金对温度的敏感性和不同温度下恢复相应形状的功能,在混凝土结构受到异常荷载干扰时,通过记忆合金形状的变化,使混凝土结构内部应力重分布并产生一定的预应力,从而提高混凝土结构的承载力。

3)自修复智能混凝土

在人类现实生活中可以见到人的皮肤划破后,经一段时间皮肤会自然长好,而且修补得天衣无缝;骨头折断后,只要接好骨缝,断骨就会自动愈合。自愈合混凝土就是模仿生物组织,对受创伤部位自动分泌某种物质,而使创伤部位得到愈合的机能,在混凝土传统组分中复合特性组分(如含有黏结剂的液芯纤维或胶囊)在混凝土内部形成智能型仿生自愈合神经网络系统,模仿动物的这种骨组织结构和受创伤后的再生、恢复机理。采用黏结材料和基材相复合的方法,使材料损伤破坏后,具有自行愈合和再生功能,恢复甚至提高材料性能的新型复合材料。

10.7　新型土木工程材料及其发展趋势

纵观土木工程的发展,土木工程材料的发展在其中起着重要的作用。随着新型土木工程结构的出现,新型土木材料也层出不穷。新型材料和新型结构的发展相互促进、相互支持。

所谓新型土木工程材料是区别于传统的混凝土、钢、砖等而具有新的性能的材料。新型土木工程材料品种、门类繁多。从功能上分,有墙体材料、装饰材料、门窗材料、保温材料、防水材料、黏结和密封材料,以及与其配套的各种五金件、塑料件及各种辅助材料等。从材质上分,有天然材料、化学材料、金属材料、非金属材料等。

人类使用最早的土木工程材料是木材、茅草和芦苇等,随着人类的发展,未来新型土木工程材料的发展将遵循"取之于自然,再回归于自然"的原则,向着仿生、再生节能、绿色、复合多功能、智能化方向发展。

1) 新型仿生建材

仿生建材就是仿照生物躯体的组织结构、化学成分、色彩及生态特征,研究、制造出新型材料来满足人类对材料性能和品种日益增长的要求。

在建筑材料的结构和功能上,人们利用仿生学的原理已取得了很大的成效。以蜜蜂为例,蜜蜂用蜂蜡建造起来的蜂巢美观实用,轻质高强。人们从蜂巢上获得了启示,为了减轻钢筋混凝土的自重,创造发明了如蜂窝多孔状的建筑材料,如加气混凝土,还有泡沫塑料、泡沫橡胶、泡沫玻璃等。实践证明,这些内有气泡的蜂窝状材料,既隔热又保温,结构轻巧又美观,目前已广泛应用于建筑中。

自然界中存在的生物种类数不胜数。这些生物是经过亿万年的不断进化而形成的。在进化中,不同生物为适应环境而生存,不断繁衍进化,具备了某些特征。每一种生物特征无一不存在着科学的问题。研究生物特征制造新型仿生材料,为人类构筑舒适、环保的生存空间,有着广阔的应用发展前景。

2) 新型再生节能建材

新型再生节能建筑材料是指利用建筑垃圾等废弃物生产的新型节能建材。即将建筑施工和拆除过程中产生的渣土、混凝土块、沥青混凝土块、木材、金属等建筑垃圾,进行资源再生利用生产的建筑材料。在当前的科学技术和社会生产力条件下,已经可以利用各类工业废渣生产水泥、砌块、装饰砖和装饰混凝土等;利用废弃的泡沫塑料生产保温墙体材料;利用无机抗菌剂生产各种抗菌涂料和建筑陶瓷等各种新型节能建筑材料。

近几十年来,随着我国经济的发展,城市化进程加快,建筑业进入高速发展阶段,大量旧建筑已达到使用年限。21 世纪是我国建筑业拆除、新建的高峰期。伴随拆除、新建带来的是大量的建筑垃圾和砂石等材料的减少和枯竭。目前,我国建筑垃圾除小部分用作道路和建筑物的基础垫层外,大部分采用堆放或填埋的方式进行处理,严重污染环境。

二次世界大战之后,日本、德国等国家重建家园,已注意到了建筑垃圾的问题,并开始了再生混凝土等再生建筑材料的研究开发与利用。日本是一个面积小资源少的岛国,在建筑垃圾再生利用研究方面起步早,日本对建筑垃圾的再生利用率已高达 95% 左右。美国的建筑垃圾处理利用率达 90% 以上。而中国建筑垃圾的处理利用率只有 5% 左右。如今,建筑垃圾再生利用已经成为发达国家共同的研究课题,有些国家以立法的形式来保证和促进其研究的进行。

将建筑垃圾作为再生资源循环利用不仅可以减少垃圾排放量,节约垃圾处理费用,减少垃圾处理对环境的污染,又可以充分利用可再生资源,减少建筑原材料的消耗,保护生态环境。随着我国政府对资源环境问题的重视,再生节能材料的研究与开发具有极其重要的现实意义。

3）复合多功能建材

复合多功能建材是指材料在满足某一主要的建筑功能的基础上,附加了其他使用功能的建筑材料。例如抗菌自洁涂料,它既能满足一般建筑涂料对建筑主体结构材料的保护和装饰墙面的作用,同时又具有抵抗细菌的生长和自动清洁墙面的附加功能,使得人类的居住环境质量进一步提高,满足人们对健康居住环境的要求。

4）智能化建材

所谓智能化建材是指材料本身具有自我诊断和预告失效、自我调节和自我修复的功能并可继续使用的建筑材料。当这类材料的内部发生异常变化时,能将材料的内部状况反映出来,以便在材料失效前采取措施,甚至材料能够在材料失效初期自动进行自我调节,恢复材料的使用功能。如自动调光玻璃,根据外部光线的强弱自动调节透光率,保持室内光线的强度平衡,既避免了强光对人的伤害,又可调节室温和节约能源。

复习思考题

1. 什么是绝热材料？建筑中,绝热材料主要应用于什么部位？
2. 什么是吸声材料？吸声材料有哪些性能要求？
3. 什么是隔声材料？隔绝空气声与隔绝固体声的作用原理有何不同？
4. 吸声材料和绝热材料的性质有何异同？
5. 工程中常用防水材料有哪几大类？各类材料有何优点？
6. 对建筑密封材料的要求有哪些？
7. 对装饰材料的基本要求和选用原则是什么？
8. 玻璃的生产工艺是什么？

创新思考题

1. 用于北方寒冷地区和南方炎热地区的绝热材料是否所有性能要求都一样？如果不一样,有什么区别？
2. 实际施工中,对于一栋住宅楼和一座工业厂房,是否可以选择完全一样的装饰材料？
3. 实际工程中,既要绝热又要隔声,同时还要考虑装饰性能的维护构件材料如何选取？

附录　土木工程材料试验

试验一　水泥性能试验

一、采用标准

1. 水泥细度检验方法（80 μm 筛筛析法）GB/T 1345—2005
2. 水泥标准稠度用水量、凝结时间、安定性检验方法 GB/T 1346—2011
3. 水泥胶砂强度检验方法 GB/T 17671—2021

二、水泥试验的一般规定

1. 以同一水泥厂、同期到达、同品种、同等级的水泥，按表 1 规定的取样单位取样。取样应有代表性。可连续取样，也可从 20 个以上不同部位取等量样品，总量至少 12 kg。

表 1　水泥试验规定的取样单位

水泥厂年产量（万 t）	>120	60～120	30～60	10～30	<10
取样单位（t）≤	1 200	1 000	600	400	200

2. 试验室温度应为：（20±2）℃；相对湿度：>50%；养护温度：（20±1）℃；养护湿度：>90%。

三、水泥细度检验

（一）试验目的：检验水泥颗粒的粗细

（二）负压筛法

1. 主要仪器设备

（1）负压筛　负压筛由圆形筛框和筛网组成，筛框有效直径为 142 mm，高为 25 mm，方孔边长为 0.080 mm。

（2）负压筛析仪（如图 1）　负压筛析仪由筛座、负压筛、负压源及收尘器组成，其中筛座由转速为（30±2）r/min 的喷气嘴、负压表、控制板、微电机及壳体等构成。筛析仪负压可调范围为 4 000～6 000 Pa，喷气嘴的上口平面与筛网之间的距离为 2～8 mm。

（3）天平　最大称量为 100 g，分度值不大于 0.05 g。

2. 试验方法

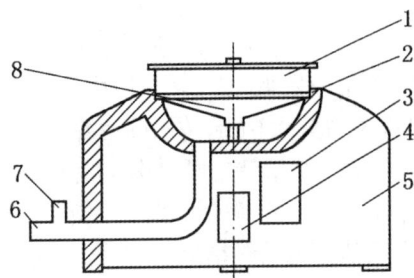

图 1　负压筛析仪

1—0.45 mm方孔筛；2—橡胶垫圈；3—控制板
4—微电机；5—壳体；6—抽气口（接收尘器）
7—风门（调节负压）；8—喷气嘴

（1）筛析试验前，应把负压筛装在筛座上，盖上筛盖，接通电源，检查控制系统，调节负压至 4 000～6 000 Pa 范围内。

（2）称取试样 25 g，置于洁净的负压筛中，盖上筛盖，放在筛座上，开动筛析仪连续筛析 2 min，在此期间如有试样附着在筛盖上，可轻轻敲击，使试样落下。筛毕，用天平称量筛余物。

（3）水泥试样筛余百分数按下式计算（结果计算至 0.1%）：

$$F = \frac{R_s}{W} \times 100\%$$

式中：F——水泥试样的筛余物百分数；

R_s——水泥筛余物的质量（g）；

W——水泥试样的质量（g）。

（4）结果评定以二次检验所得结果的平均值作为鉴定结果。若两次筛余结果绝对误差大于 0.5% 时（筛余值大于 5.0% 时，可放至 1.0%），应再做一次试验，取两次相近结果的算术平均值作为最终结果。

（三）水筛法

1. 主要仪器设备（见图 2）

（1）标准筛　为方孔铜丝网筛布，方孔边长 0.080 mm；筛框有效直径 125 mm，高 80 mm。

（2）筛支座　能带动筛子转动，转速为 50 r/min。

（3）喷头　直径 55 mm，面上均匀分布 90 个孔，孔径 0.5～0.7 mm。

（4）天平　最大称量为 100 g，分度值不大于 0.01 g。

2. 检验方法

（1）称取水泥试样 25 g，倒入筛内，立即用洁净水冲洗至大部分细粉通过，再将筛子置于筛支座上，用水压（0.05±0.02）MPa 的喷头连续冲洗 3 min，喷头离筛网约 50 mm。

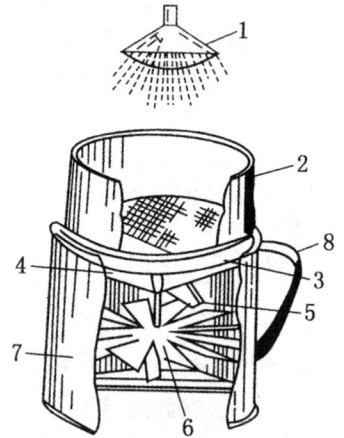

图 2　水泥细度筛

1—喷头；2—标准筛；3—旋转托架；
4—集水斗；5—出水口；6—叶轮；
7—外筒；8—把手

（2）筛毕取下，将筛余物冲到一边，用少量水把筛余物全部冲至蒸发皿（或烘样盘）中，沉淀后将清水倒出，烘干后称量，精确至 0.01 g，按水筛法筛余百分数计算式计算，即得筛余百分数。

（3）结果评定以二次检验所得结果的平均值作为鉴定结果。若两次筛余结果绝对误差大于 0.5% 时（筛余值大于 5.0% 时，可放至 1.0%）应再做一次试验，取两次相近结果的算术平均值作为最终结果。

（4）注意事项　应保持洁净，定期检查校正，常用的筛子可浸于水中保存，一般使用 10 次后，须用 0.1～0.5 mol 醋酸或食醋进行清洗；喷头应防止孔眼堵塞。

注：细度检验有负压筛、水筛法和干筛法三种，在检验工作中，如负压筛法与水筛法或干筛法的测定结果有争议时，以负压筛法为准。

四、水泥标准稠度用水量测定

1. 试验目的

测定水泥标准稠度用水量，用于水泥凝结时间和安定性试验。

2. 主要仪器设备

（1）标准稠度测定仪（见图3）　滑动部分的总量为（300±1）g（金属空心试锥，锥底直径40 mm，高 50 mm）；试杆 ϕ10，长 50 mm；试模：深 40 mm，上内径 ϕ65 mm，下内径 ϕ75 mm；平板玻璃厚≥2.5 mm。

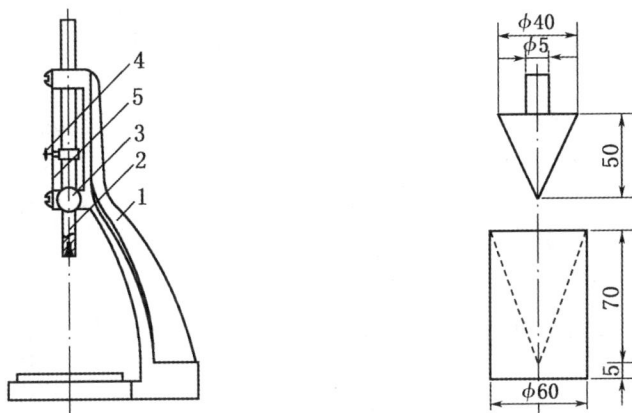

图 3　标准稠度测定仪

1—铁座；2—金属圆棒；3—松紧螺丝；4—指针；5—标尺；5—出水口

（2）净浆搅拌机　应符合 JC/T 729 规定的要求。

3. 测定方法

（1）标准稠度用水量可用调整水量和固定水量两种方法中的任一种测定，如发生争议时，以调整水量方法为准。

（2）测定前须检查，测定仪的金属棒应能自由滑动，试锥降至锥模顶面位置时，指针应对准标准尺零点，搅拌机应运转正常。

（3）湿布擦抹搅拌锅和搅拌叶片，称取水泥试样 500 g 和量取拌和水，备用。拌和用水量当采用调整水量方法时按经验加水，采用固定水量方法时用水量为 142.5 mL，量水精确至 0.5 mL。

（4）拌和时，将锅置于搅拌机上，升至搅拌位置，将水倒入搅拌锅内，开动机器，同时在5～10 s 内将水泥试样倒入搅拌锅内，慢速搅拌 120 s 后停 15 s，将叶片和锅壁上的水泥浆刮入锅内，再高速搅拌 120 s。

（5）拌和完毕，立即将净浆一次性装入锥模内，用小刀插入并振动数次，刮去多余净浆，抹平后迅速放到试锥下面的固定位子上。将试锥降至净浆表面，拧紧螺丝，然后突然放松，让试锥自由沉入净浆中，到试锥停止下沉时，记录试锥下沉深度 S，或标准稠度用水量百分数，整个操作应在搅拌后 1.5 min 内完成。

（6）用调整水量方法测定，以下沉深度为（28±2）mm 时的拌和水量为标准稠度用水量（P），以水泥质量百分数计（P＝拌和用水量 mL/500×100%）。如超出范围，须另称试样，调整水量，重新测定，直至 S 值达到（28±2）mm 时为止。

（7）用固定水量方法测定时，根据测得的试锥下沉深度 S（mm），按下列经验公式计算标准稠度用水量 P（%）。

$$P = 33.4 - 0.185S$$

计算所得标准稠度用水量应作试拌验证。如该用水量水泥净浆未能达到标准稠度,则应调整水量重新配料拌和,直至达到标准稠度。

注:试锥下沉深度小于 13 mm 时则不能用固定水量方法,应用调整水量方法测定。

五、水泥净浆凝结时间测定

1. 试验目的

测定水泥的初凝和终凝时间,作为评定水泥质量的依据之一。

2. 主要仪器设备

(1) 测定仪 与测定标准稠度时所用的测定仪相同,但试锥应换成试针,装净浆用的锥模应换成圆模。试针,初凝针长 50 mm,终凝针长 30 mm,直径 $\phi 1.13$ mm,截柱圆锥模(附环形附件)

(2) 净浆搅拌机 与测定标准稠度时所用的相同。

3. 测定方法

(1) 测定前,将圆模放在底板上,在内侧稍涂上一层机油,调整测定仪使试针接触底板时指针对准标尺零点。

(2) 称取水泥试样 500 g,以标准稠度用水量,按测定标准稠度时拌和净浆的方法制成净浆,立即装入圆模,振动数次后刮平,然后放入养护箱内,养护箱内的养护条件为温度(20±1)℃,相对湿度≥90%。

(3) 测定时,从养护箱取出圆模放到试件下,使试件与净浆面接触,拧紧螺丝 1～2 s 后突然放松,试针自由沉入净浆,此时观察指针停止下沉时的读数。自加水之时起 30 min 后进行第一次测定,临近初凝时每隔 15 min 测一次,临近终凝时每隔 15 min 测定一次。初凝或终凝状态时应立即重复测一次,当两个结论相同时才能定为初凝或终凝状态。每次测定不得让试针落入原针孔内,在整个测定过程中试针插入的位置,至少要距圆模内壁 10 mm。每次测定完毕,须将圆模放回养护箱内,并将指针擦净。测定过程中,圆模应不受振动。

(4) 自加水时起,至试针沉入净浆中距底板(4±1)mm 时,所需时间为初凝时间;至试针沉入净浆中不超过 0.5 mm 时,所需时间为终凝时间。

六、水泥安定性检验

1. 试验目的

测定水泥的体积安定性,作为评定水泥质量的依据之一。

2. 主要仪器设备

(1) 净浆搅拌机 与标准稠度测定时所用的相同。

(2) 沸煮箱 有效容积约为 410 mm×240 mm×310 mm,篦板结构应不影响试验结果,篦板与加热器之间的距离大于 50 mm。箱的内层由不易锈蚀的金属材料制成,能在(30±5)min 内将箱内的试验用水由室温加热至沸腾并可保持沸腾状态 3 h 以上,整个试验过程中不需补充水量。

(3) 雷氏夹(见图 4) 由铜质材料制成,主要由两根针及其他机构组成。当一根指针的根部先悬挂在一根金属丝或尼龙丝上,另一根指针的根部再挂上 300 g 质量的砝码时,两根指针的针尖距离应在(17.5±2.5)mm 范围以内,当去掉砝码后针尖的距离能恢复至挂砝码前的状态。

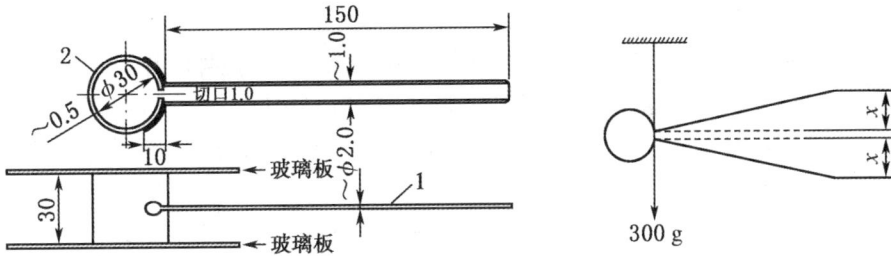

图 4 雷氏夹

1—指针;2—环模

(4) 雷氏膨胀值测定仪(见图 5),标尺最小刻度为 1 mm。

3. 检验方法

(1) 安定性检验方法可以用试饼法也可用雷氏法,有争议时以雷氏法为准。

(2) 试饼法 称取水泥试样 500 g,以标准稠度用水量,按标准稠度测定时拌和净浆的方法制成净浆,从其中取出净浆约 150 g 分成两等份,使其成球形,放在涂过油的玻璃板上,轻轻振动玻璃板,并用湿布擦过的小刀,由边缘向饼的中央抹动,做成直径 70～80 mm、中心厚约 10 mm、边缘渐薄、表面光滑的试饼。接着将试饼放入养护箱内,自成型时起养护(24±3)h。

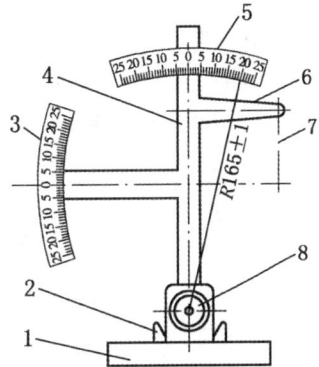

图 5 雷氏膨胀值测定仪

1—底座;2—模子座;3—测弹性标尺;
4—立柱;5—测膨胀值标尺;6—悬臂;
7—悬丝;8—弹簧顶扭

从玻璃板上取下试饼,置于沸煮箱内水中的箅板上,在(30±5)min 加热至沸,再连续沸煮 3 h±5 min。在整个沸煮过程中,使水面高出试样。煮毕将水放出,待箱内温度冷却至室温时取出检查。

试饼煮后,经肉眼观察未发现裂纹,用直尺检查没有弯曲,称为体积安定性合格。反之,为不合格。

(3) 雷氏法 采用雷氏法时,每个雷氏夹需配备质量约 70～80 g 的玻璃板两块,将预先准备好的雷氏夹放在已稍擦油的玻璃板上,并立刻将已制好的标准稠度净浆装满试模。装模时一只手轻轻扶持试模,另一只手用宽约 10 mm 的小刀插捣 15 次左右,然后抹平,盖上稍涂油的玻璃板,接着立刻将试模移至养护箱内养护(24±2)h。

调整好沸煮箱内的水位,要能保证在整个煮沸过程中不需中途添水,从玻璃板上取下雷氏夹试件,先测量试件指针尖端间的距离(A),精确到 0.5 mm,接着将试件放入水中箅板上,指针朝上,试件之间互不交叉,然后在(30±5)min 内加热至沸并恒沸 3 h±5 min。

沸煮结束后,立即放掉箱中的热水,打开箱盖,待箱体冷却至室温,取出雷氏夹,测量试件指针尖端的距离(C)记录至小数点后一位。当两试件煮后增加距离($C-A$)的平均值不大于 5.0 mm 时,即认为该水泥安定性合格。当两个试件的($C-A$)值差超过 5.0 mm 时,应取同一样品立即重新做一次试验,再如此,则认定该水泥安定性不合格。

七、水泥胶砂强度检验

1. 试验目的

测定水泥胶砂试件的抗折强度和抗压强度,评定水泥的等级。

2. 主要仪器设备

（1）行星式胶砂搅拌机（图 8）　由搅拌叶片和搅拌锅组成，搅拌叶片既绕自身轴线自转又沿搅拌锅周边公转，运动轨迹似行星式。低挡转速：自转（140±5）r/min，公转（62±5）r/min；高挡转速：自转（285±10）r/min，公转（125±10）r/min；搅拌锅内径（202±0.36）mm，深 180 mm；叶片与锅底、锅壁的工作间隙 3 mm。

（2）胶砂振实台（图 6）　振幅为（150±0.3）mm；频率为 60 次/（60 s±2 s）；台盘上空试模包括臂模套和卡具的总重量为（20±0.5）kg，卡具和模套连成一体，模套框内部尺寸为长 160 mm、宽 132 mm、高 20 mm，宽度方向等分三格，隔板厚 6 mm，卡紧时模套能压紧试模并与试模内侧对齐；台盘中心到臂杆轴中心的距离为（800±1）mm；台盘中心到滚轮和凸轮轴线的水平距离为（100±1）mm。控制器和计数器灵敏可靠，能控制振实台 60 次后自动停止。

注：振实台代用设备可用振动台，其全波振幅（0.75±0.02）mm，频率 2 800～3 000 次/min，制造符合 JC/T723，并配有下料漏斗。

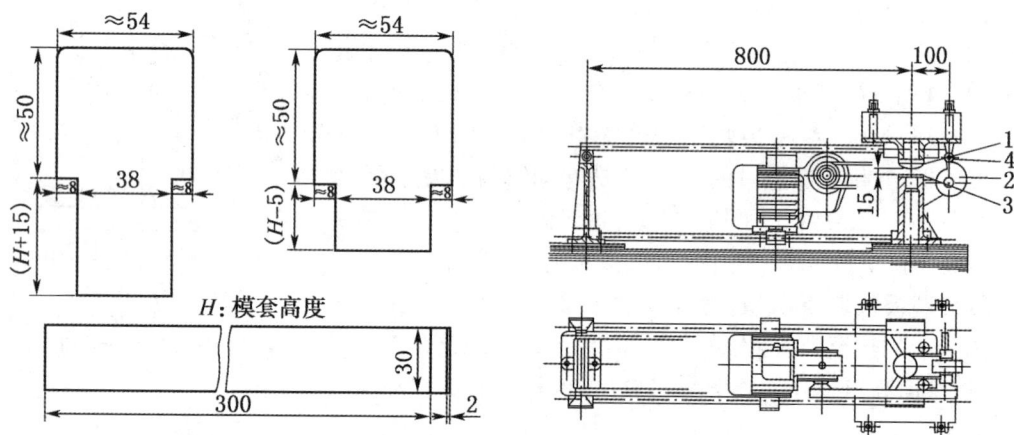

图 6　振实台与播料器

1—突头；2—凸轮；3—止动器；4—随动轮

（3）播料器及金属刮平尺（图 6）。

（4）试模（图 7）　为可拆卸三联模。试模模腔的基本尺寸为长（160±0.8）mm、宽 39.90～40.05 mm、深 40～40.10 mm；试模组件安装紧固后，隔板与端板的上平面平齐，内壁各接触面应互相垂直，垂直公差不大于 0.2 mm。

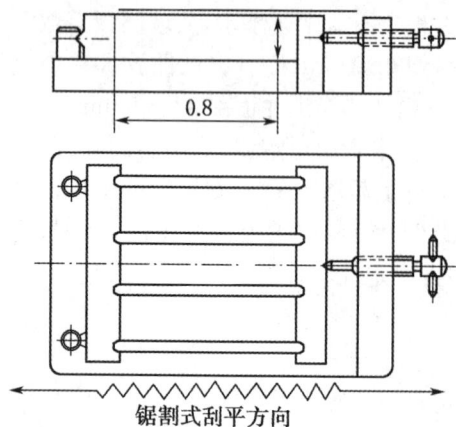

图 7　试模

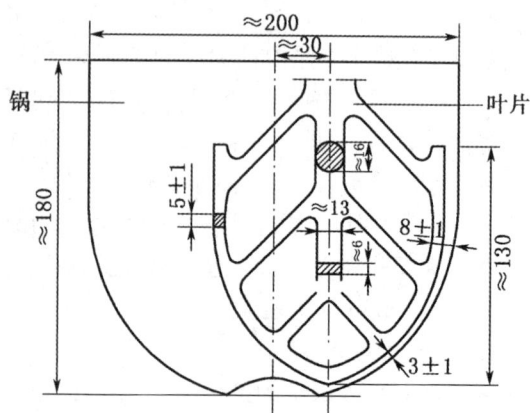

图 8　搅拌机

（5）抗折试验机（图9） 一般采用杠杆比为1：50的电动抗折试验机，也可以采用性能符合要求的其他抗折试验机。抗折夹具的加荷与支撑圆柱直径为(10 ± 0.1)mm，两个支撑圆柱中心间距为(100 ± 0.2)mm。

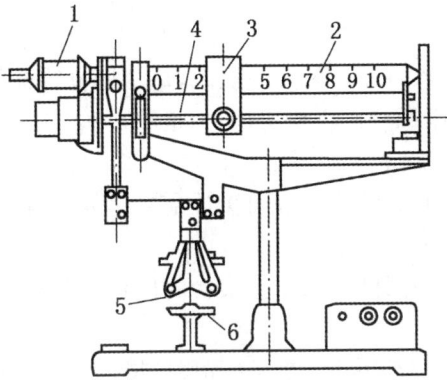

图9 抗折试验机

1—平衡砝；2—大杠杆；3—游动砝码
4—丝杆；5—抗折夹具；6—手轮

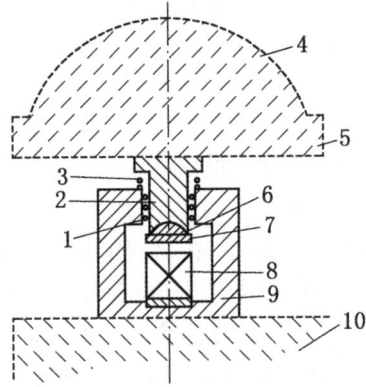

图10 抗压强度试验夹具

1—滚珠轴承；2—滑块；3—复位弹簧；4—压力机球座；
5—压力机上压板；6—夹具球座；7—夹具上压板；
8—试体；9—底板；10—夹具下垫板

（6）抗压试验机及抗夹压具（图10） 抗压强度试验机以200～300 kN为宜，在较大的五分之四量程范围内使用时记录的荷载应有$\pm1\%$的精度，并具有按规定$(2\,400\pm200)$N/s速率的加荷能力。抗夹压具上下压板材料应采用维氏硬度大于600的硬质钢，最好采用碳化钨，上下压板长度(40 ± 0.1)mm，上下压板宽度大于40 mm，上下压板与试件整个接触面的平面公差为0.01 mm。

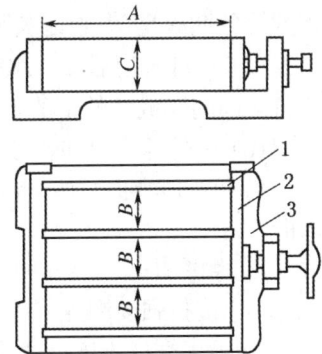

图11 试模

1—隔板；2—端板；3—底座
A：160 mm；B、C：40 mm

3. 胶砂配合比

胶砂的质量配合比应为水泥质量：标准砂质量＝1：3，水灰比0.5。一锅胶砂成型三条试件，每锅材料用量见表2所示。

表2 每锅胶砂材料用量

水　泥	标准砂	水
(450 ± 2)g	$(1\,350\pm5)$g	(225 ± 1)mL

4. 胶砂制备

（1）把水加入锅里，再加入水泥，把锅放在固定架上，上升至固定位置。

（2）立即开动机器，低速搅拌30 s后，在第二个30 s开始试验的同时均匀地将标准砂子加入。当各级砂分装时，从最粗粒级开始，依次将所需的每级砂量加完。把机器转至高速，再搅拌30 s。

（3）停拌90 s，用一胶皮刮具将叶片和锅壁上的胶砂刮入锅中间，在高速下继续搅拌

60 s。各个搅拌阶段,时间误差应在±1 s以内。

5. 试件成型

(1) 试模准备。成型前将试模擦净,四周模板与底座的接触面上应涂黄油,紧密装配,防止漏浆。内壁均匀地刷一层机油。

(2) 将准备好的试模和模套固定在振实台上。

(3) 用勺子直接从搅拌锅里将胶砂分两层装入试模。装第一层时,每个槽里约放300 g胶砂,用大播料器垂直架在模套顶部沿每个模槽来回一次将料层播平,接着振实60次,再装入第二层胶砂,用小播料器播平,再振实60次。

(4) 移走模套,从振实台上取下试模,用刮尺沿试模长度方向缓慢刮去超过试模部分的胶砂,将试模表面刮平,在试模上盖一块玻璃板或其他盖板。

(5) 在试模上做标记或加字条标明试件编号和试件相对于振实台的位置。编号时应将试模中的三条试件分在两个以上的龄期内。

注:当采用代用振动台成型时:① 在搅拌胶砂的同时将试模和下料漏斗紧固在振动台的中心;② 将搅拌好的胶砂装入下料漏斗,开动振动台,胶砂通过漏斗流入试模,振动(120±5)s停车;③ 取下试模,用刮平尺沿试件长度方向刮平试件表面,接着在试模上做标记或用字条表明试件编号。

6. 试件的养护

(1) 将试模放入养护箱养护。养护20~24 h脱模,脱模应防止试件损伤。硬化慢的水泥允许延期脱模,但须记录脱模时间。

(2) 试件脱模后放入水槽中养护,养护温度(20±1)℃,水平放置,刮平面应朝上,养护试件之间间隔或试件上的表面的水深不得小于5 mm。

(3) 试件养护龄期:24 h±15 min,48 h±30 min,3 d±45 min,7 d±2 h,28 d±8 h。

注:达养护龄期的试件应在试验前15 min从水中取出,擦去试件表面沉积物,并用湿布覆盖至试验时为止。

7. 强度测定

(1) 抗折强度测定

① 采用杠杆式抗折试验机,试件放入前,应使杠杆成平衡状态。

② 将取出后的试件侧面朝下装入夹具。试件放入后,调整夹具,使杠杆在试件折断时尽可能地接近平衡位置。

③ 以(50±10)N/s的速率加载,直至试件折断。

④ 抗折强度按下式计算(精确至0.1 MPa):

$$R_f = \frac{1.5 F_r L}{b^3}$$

式中:R_f——抗折强度(MPa);

$\quad\quad F_r$——抗折破坏荷载(N);

$\quad\quad L$——支撑圆柱中心距(一般为100 mm)(mm);

$\quad\quad b$——试件截面边长(40 mm)(mm)。

⑤ 以一组三个试件抗折强度结果的算术平均值作为试验结果。当三个值中有一个超出平均值±10%时,应剔除后再取平均值作为抗折强度试验结果;当三个强度值中有两个超出平均值±10%时,则以剩余一个作为抗折强度结果。

（2）抗压强度

① 将抗折试验折断后的断块侧面朝上装入抗压夹具，使抗压试件中心与压力机中心对准。

② 以（2 400±200）N/s 的速率加载至试件破坏。

③ 抗压强度按下式计算（精确至 0.1 MPa）：

$$R_c = \frac{F_c}{A}$$

式中：R_c——抗压强度（MPa）；

　　　F_c——抗压破坏荷载（N）；

　　　A——受压面积（即 40 mm×40 mm）（mm²）。

④ 以一组六个抗压试件的抗压强度测定值的算术平均值为试验结果。如六个测定值中有一个超出六个平均值的±10%，就应剔除这个结果，而以剩下五个的平均值为结果。如果五个测定值中再有超过它们平均数±10%的，则此组结果作废。当六个测定值中同时有两个或两个以上超出平均值的±10%时，则此组结果作废。

试验二　普通混凝土性能试验

Ⅰ. 普通混凝土用砂的性能试验

一、采用标准　普通混凝土用砂、石质量及检验方法　JGJ 52—2006

二、取样与缩分方法

1. 取样

在料堆上取样时，取样部位应均匀分布，取样前先将取样部位表层铲除。取砂样时，由各部位抽取大致相等的砂共八份，组成一级样品。

每批验收至少应进行颗粒级配、泥块含量检验。若检验不合格时，应重新取样。对不合格项进行加倍复检，若仍有一个试样不能满足标准要求，应按不合格品处理。

砂石各单项试验的取样数量见表 3 所示，须做几项试验时，如确能保证样品经一项试验后不致影响另一项试验的结果，可用同组样品进行几项不同的试验。

表 3　各单项砂试验的最少取样量

试验项目	筛分析	表观密度	堆积密度	含水率	含泥量	泥块含量
最少取样量（g）	4 400	2 600	5 000	1 000	4 400	20 000

2. 缩分

砂样缩分可采用分料器或人工四分法进行。四分法缩分的步骤为：将样品放在平整洁净的平板上，在潮湿状态下拌和均匀，摊成厚度约为 20 mm 的圆饼，在饼上画两条正交直径,将其分成大致相等的四份,取其对角的两份按上述方法继续缩分,直至缩分后的样品数量略多于进行试验所需量为止。

三、砂的筛分析试验

1. 试验目的

测定砂在不同孔径筛上的筛余量,用于评定砂的颗粒级配,以及计算砂的细度模数,评定砂的粗细程度。

2. 仪器设备

(1) 标准筛　包括孔径为 9.5 mm、4.75 mm、2.36 mm、1.18 mm、0.60 mm、0.30 mm、0.15 mm 的方孔筛,以及筛的底盘和盖各一只。

(2) 天平　称量 1 000 g,感量 1 g。

(3) 摇筛机。

(4) 烘箱　能使温度控制在(105±5)℃。

(5) 浅盘和硬、软毛刷等。

3. 试样制备

试验前先将试样通过 9.5 mm 筛,并算出筛余百分率。若试样含泥量超过 5%,则应先用水洗。称取每份不少于 550 g 的试样两份,分别倒入两个浅盘中,在(105±5)℃的温度下烘干到恒重,冷却至室温备用。

4. 试验步骤

(1) 准确称取烘干试样 500 g。

(2) 将孔径为 9.5 mm、4.75 mm、2.36 mm、1.18 mm、0.60 mm、0.30 mm、0.15 mm 的筛子按筛孔大小顺序(大孔在上,小孔在下)叠置,加底盘后,将试样倒入最上层 9.5 mm 筛内,加盖后,置于摇筛机上摇筛约 10 min(如无摇筛机,可改用手筛)。

(3) 自摇筛机上取下,按孔径从小到大逐个用手在洁净浅盘上进行筛分,直至每分钟的筛出量不超过试样总量的 0.1% 时为止。通过的颗粒并入下一个筛,并和下一个筛中试样一起过筛。按这样的顺序进行,直至每个筛全部筛完为止。

各号筛的余量: 在生产控制检验时不得超过下式的量:

$$m_r = \frac{A\sqrt{d}}{200}$$

仲裁时,不得超过下式的量:

$$m_r = \frac{A\sqrt{d}}{300}$$

式中：m_r——在一个筛上的剩余量(g);

　　　d——筛孔尺寸(mm);

　　　A——筛的面积(mm^2)。

否则应将该筛余试样分成两份再次进行筛分,并以其筛余量之和作为该筛余量。

(4) 称量各筛余试样质量(精确到 1 g),所有各筛和分计筛余量和底盘中剩余量的总和与筛分前的试样总量相比,其相差不得超过 1%。

5. 计算结果

(1) 分计筛余百分率　各号筛上的筛余量除以试样总量的百分率(精确至 0.1%)。

（2）累计筛余百分率　该号筛分计筛余百分率与大于该号筛的各号筛上分计筛余百分率的总和（精确到 1%）。

（3）根据累计筛余百分率的计算结果，绘制筛分曲线，并评定该试样的颗粒级配分布情况。

（4）按下式计算砂的细度模数 μ_f（精确至 0.01）：

$$\mu_f = \frac{(\beta_2 + \beta_3 + \beta_4 + \beta_5 + \beta_6) - 5\beta_1}{100 - \beta_1}$$

式中：$\beta_1, \beta_2, \cdots, \beta_6$ 分别为 9.5 mm、4.75 mm、2.36 mm、1.18 mm、0.60 mm、0.3 mm、0.15 mm 各筛上的累计筛余百分率。

（5）试验应采用两个试样平行试验，并以其试验结果的算术平均值作为测定值。如两次试验所得的细度模数之差大于 0.20 时，应重新取样进行试验。

四、砂的表观密度测定

1. 试验目的

测定砂的表观密度用于混凝土配合比设计。

2. 主要仪器设备

（1）天平　称量 1 000 g，感量 1 g。

（2）容量瓶　500 mL。

（3）烘箱、干燥器、烧杯（500 mL）、浅盘、温度计、铝制料勺等。

3. 试样制备

用四分法缩取试样 650 g，置于温度为（105±5）℃的烘箱中烘至恒重，并在干燥器中冷却至室温。

4. 测定步骤

（1）称取烘干试样 300 g（m_0），装入盛有半瓶冷开水的容量瓶中，摇转容量瓶，使试样充分搅动以排除气泡，塞紧瓶塞。

（2）静置 24 h 后打开瓶塞，然后用滴管加水，使水面与瓶颈刻度平齐。塞紧瓶塞，擦干瓶外水分，称其质量（m_1）。

（3）倒出瓶中的水和试样，将瓶内外清洗干净，再注入与上面水温相差不超过 2℃的冷开水至瓶颈刻度线，盖紧瓶塞，擦干瓶外水分，称其质量（m_2）。试验应在 15～25℃的温度范围内进行。从试样加水静置的最后 2 h 起至试验结束，其温度相差不应超过 2℃。

（4）结果计算

试样的表观密度 ρ_0 按下式计算（精确至 10 kg/m³）：

$$\rho_0 = \left(\frac{m_0}{m_0 + m_2 - m_1} - \alpha_t\right) \times 1\,000 \quad (kg/m^3)$$

式中：α_t——考虑称量时水温对表观密度影响的修正系数，可按表 4 查取。

表 4　不同水温下对砂的表观密度的修正系数

水温（℃）	15	16	17	18	19	20	21	22	23	24	25
α_t	0.002	0.003	0.003	0.004	0.004	0.005	0.005	0.006	0.006	0.007	0.008

(5) 表观密度应以两次平行试验结果的算术平均值作为测定值,如两次结果之差大于 20 kg/m³ 时,应重新取样试验。

五、砂的堆积密度测定

1. 试验目的

测定砂的堆积密度,用于混凝土配合比设计。

2. 主要仪器设备

(1) 台秤　称量 5 kg,感量 5 g。

(2) 容量筒　金属制圆柱形筒,容积为 1 L,内径为 108 mm,净高 109 mm,筒壁厚 2 mm,筒底厚 5 mm。

容量筒应先校正其容积,以温度为 (20±2)℃ 的饮用水装满容量筒,用玻璃板沿筒口滑行,使其紧贴水面,不能夹有气泡,然后称量。用下式计算筒的容积:

$$V = m_2 - m_1$$

式中:m_1——容量筒和玻璃板重量(kg);

　　　m_2——容量筒、玻璃板和水的总重量(kg);

　　　V——容量筒容积(L)。

3. 试样制备

用四分法缩取试样约 3 L,置于温度为 (105±5)℃ 的烘箱中烘至恒重,取出冷却至室温,再用 4.75 mm 孔径的筛子过筛,分成大致相等的两份备用。试样烘干后如有结块,应在试验前捏碎。

4. 测定步骤

(1) 称容量筒重量 m_1(kg),将其放入不受振动的浅盘中,用料斗或铝制料勺将一份试样徐徐装入容量筒(漏斗同料口或料勺距容量筒筒口不应超过 50 mm)直至试样装满并超出容量筒筒口。

(2) 用直尺将多余的试样沿筒口中心线向相反方向刮平。称容量筒连试样的总重量 m_2(kg)。

5. 结果计算

试样的堆积密度 ρ_0' 按下式计算(精确至 10 kg/m³):

$$\rho_0' = \frac{(m_2 - m_1)}{V} \times 1\,000 \quad (\text{kg/m}^3)$$

式中:V——容量筒容积(L)。

堆积密度以两次试验结果的算术平均值作为测定值。

六、砂的含水率测定

1. 试验目的

测定砂的含水率,用于修正混凝土配合比中水和砂的用量。

2. 主要仪器设备

(1) 天平　称量 2 kg,感量 2 g。

(2) 烘箱、干燥器、浅盘等。

3. 测定步骤

（1）由样品中取各重约 500 g 的试样两份，分别放入已知质量的干燥容器(m_1)中称量，记下每盘试样与容器的质量(m_2)，将容器连同试样放入温度为(105 ± 5)℃的烘箱中烘干至恒重，取出置于干燥器中冷却至室温。

（2）称量烘干后的试样与容器的质量(m_3)。

4. 结果计算

试样的含水率 ω_{wt} 应按下式计算（精确至 0.1%）：

$$\omega_{wt} = \frac{m_2 - m_3}{m_3 - m_1} \times 100\%$$

以两次试验结果的算术平均值作为测定值。

七、砂的含泥量试验

1. 试验目的

测定砂的含泥量，作为评定砂质量的依据之一。

2. 仪器设备

（1）天平　　称量 1 kg，感量 1 g。

（2）筛　　孔径为 0.75 mm 及 1.18 mm 各一个。

（3）烘箱、洗砂用的容器及烘干用的浅盘等。

3. 试样制备

将样品在潮湿状态下用四分法缩分至约 1 100 g，置于温度为(105 ± 5)℃的烘箱中烘干至恒重，冷却至室温后，立即各称取 400 g(m_0)的试样两份备用。

4. 实验步骤

（1）取烘干的试样一份置于容器中，并注入饮用水，使水面高出砂面约 150 mm，充分搅混均匀后，浸泡 2 h，然后用手在水中淘洗试样，使尘屑、淤泥和黏土与砂粒分离，并使之浮于或溶于水中。缓缓地将浑浊液倒入 1.18 mm 及 0.75 mm 的筛（1.18 mm 的筛放置上面）上，滤去小于 0.75 mm 的颗粒，试验前筛子的两面应先用水润湿，在整个试验过程中应注意避免砂粒丢失。

（2）再次在容器中加水，重复上述过程，直到容器内洗出的水清澈为止。

（3）用水冲洗余留在筛上的细粒，并将 0.75 mm 筛放在水中（使水面略高出筛中砂粒的上表面）来回摇动，以充分洗除小于 0.75 mm 的颗粒。然后将两只筛上余留的颗粒和容器中已经洗净的试样一并装入浅盘，置于温度为(105 ± 5)℃的烘箱中烘干至恒重。取出来冷却至室温后，称试样的质量(m_1)。

5. 结果计算

砂的含泥量 ω_c 应按下式计算（精确至 0.1%）：

$$\omega_c = \frac{m_0 - m_1}{m_0} \times 100\%$$

式中：m_0——试验前的烘干试样质量（g）；

　　　m_1——试验后的烘干试样质量（g）。

以上两个试验结果的算术平均值作为测定值。两结果的差值超过 0.5% 时，应重新取样进行试验。

八、砂的泥块含量试验

1. 试验目的

测定砂的泥块含量,作为评定砂质量的依据之一。

2. 仪器设备

(1) 天平 称量 2 000 g,感量 2 g。

(2) 烘箱 温度控制在(105±5)℃。

(3) 试验筛 孔径为 0.60 mm 及 1.18 mm 各一个。

(4) 洗砂用的容器及烘干用的浅盘等。

3. 试样制备

将样品在潮湿状态下用四分法缩分至约 3 000 g,置于温度为(105±5)℃的烘箱中烘干至恒重,冷却至室温后,用 1.18 mm 筛筛分,取筛上的砂 400 g 分为两份备用。

4. 实验步骤

(1) 试样 200 g(m_1)置于容器中,并注入饮用水,使水面高出砂面约 150 mm。充分拌混均匀后,浸泡 24 h,然后用手在水中捏碎泥块,再把试样放在 0.60 mm 筛上,用水淘洗,直至水清澈为止。

(2) 保留下来的试样应小心地从筛里取出,装入浅盘后,置于温度为(105±5)℃的烘箱中烘干至恒重,冷却后称重(m_2)。

5. 结果计算

砂中泥块含量 ω_{c1} 应按下式计算(精确至 0.1%):

$$\omega_{c1} = \frac{m_1 - m_2}{m_1} \times 100\%$$

式中:ω_{c1}——泥块含量(%);

  m_1——试验前的干燥试样质量(g);

  m_2——试验后的干燥试样质量(g)。

取两次试样试验结果的算术平均值作为测定值。两次结果的差值超过 0.4% 时,应重新取样进行试验。

Ⅱ. 石子性能试验

一、采用标准 普通混凝土用砂、石质量及检验方法标准 **JGJ 52—2006**

取样与缩分方法如下:

1. 取样

石子应按同产地同规格分批取样和检验。用大型工具(如火车、货船、汽车)运输的,以 400 m³ 或 600 t 为一验收批。用小型工具(如马车等)运输的,以 200 m³ 或 300 t 为一验收批。不足上述数量者为一批论。

在料堆上取样时,取样部位应均匀分布,取样前先将取样部位表层铲除。取石子样时,由各部位抽取大致相等的石子 16 份(在料堆的顶部、中部和底部各由均匀分布的 16 个不同部位取得)组成一组样品。

每验收批至少应进行颗粒级配,泥块含量,针、片状颗粒含量检验。若检验不合格时,应重新取样。对不合格项,进行加倍复检,若仍有一个试样不能满足标准要求,应按不合格品处理。

石子试验的取样数量见表5。须作几项试验时,如确能保证样品经一项试验后不致影响另一项试验的结果,可用同组样品进行几项不同的试验。

表5　各单项石子试验的最少取样数量(kg)

试验项目	最大粒径(mm)							
	9.5	16.0	19.0	26.5	31.5	37.5	63.0	75.0
筛分析	8.0	15.0	16.0	20.0	25.0	32.0	50.0	64.0
表观密度	8.0	8.0	8.0	8.0	12.0	16.0	24.0	24.0
含水率	2	2	2	2	3	3	4	6
堆积密度与空隙率	40.0	40.0	40.0	40.0	80.0	80.0	120.0	120.0
含泥量	8.0	8.0	24.0	24.0	40.0	40.0	80.0	80.0
泥块含量	8.0	8.0	24.0	24.0	40.0	40.0	80.0	80.0
针、片状颗粒	3.2	4.0	8.0	12.0	20.0	40.0	40.0	40.0
碱集料反应	20.0	20.0	20.0	20.0	20.0	20.0	20.0	20.0

2. 缩分

石子缩分采用四分法进行。将样品倒在平整洁净的平板上,在自然状态下拌和均匀,堆成锥体,然后用四分法将样品缩分至略多于试验所需量。

二、碎石或卵石的筛分析试验

1. 试验目的

测定石子在不同孔径筛上的筛余量,用于评定石子颗粒级配。

2. 主要仪器设备

(1) 筛孔径为 90.0 mm、75.0 mm、63.0 mm、53.0 mm、37.5 mm、31.5 mm、26.5 mm、19.0 mm、16.0 mm、9.50 mm、4.75 mm、2.36 mm 的圆孔筛,以及筛的底盘和盖各一只,其规格质量应符合 GB 6003—85《试验筛》的规定(筛框内径均为 300 mm)。

(2) 天平或台秤　称量 10 kg,感量 1 g。

(3) 烘箱、容器、浅盘等。

(4) 摇筛机。

3. 试样制备

从取回试样中用四分法将样品缩分至略多于表6所规定的试样数量,烘干或风干后备用。

表6　筛分析所需试样的最少用量

最大粒径(mm)	9.5	16.0	19.0	26.5	31.5	37.5	63.0	75.0
试样用量不少于(kg)	1.9	3.2	3.8	5.0	6.3	7.5	12.6	16.0

4. 实验步骤

(1) 按表 6 规定称取试样。

(2) 将套筛置于摇筛机上,摇 10 min,取下套筛,按筛孔大小顺序逐个手筛,至每分钟通过量不超过试样总量的 0.1% 为止。当筛余颗粒的粒径大于 19.0 mm 时,在筛分过程中允许用手指拨动颗粒。

(3) 称出各筛筛余的质量(精确至 1 g)。

5. 结果计算

(1) 计算分计筛余百分率和累计筛余百分率(计算方法同砂)。分别精确至 0.1% 和 1%。

(2) 根据各筛的累计筛余百分率,评定该试样的颗粒级配。

(3) 筛分后,如每号筛的筛余量与筛底的筛余量之和同原试样质量之差>1% 时,须重新试验。

三、碎石或卵石的表观密度测定(简易方法)

1. 试验目的

测定石子的表观密度,用于混凝土配合比设计。

2. 主要仪器设备

(1) 天平　称量 2 kg,感量 1 g。

(2) 广口瓶　容积 1 000 mL,磨口,并带玻璃片。

(3) 筛(孔径 9.25 mm)、烘箱、毛巾、刷子等。

3. 试样制备

将试样筛去 4.75 mm 以下的颗粒,用四分法缩分至规定试样量,洗刷干净后分成两份备用。

4. 测定步骤

(1) 按表 7 规定的数量称取试样。

表 7　表观密度试验所需的试样最少用量

最大粒径(mm)	26.5	31.5	37.5	63.0	75.0
试样最少用量(kg)	2.0	3.0	4.0	6.0	6.0

(2) 将试样浸水饱和,然后装入广口瓶中。装试样时广口瓶应倾斜放置,注入饮用水,玻璃片覆盖瓶口,以上下左右摇晃方法排除气泡。

(3) 气泡排尽后,再向瓶中注入饮用水至水面出瓶口边缘,然后用玻璃片沿瓶口迅速滑行,使其紧贴瓶口水面。擦干瓶外水分后,称取试样,水、瓶和玻璃片总重量(G_1)。

(4) 将瓶中试样倒入浅盘中,置于(105±5)℃的烘箱中烘干至恒重,然后取出放在带盖的容器中冷却至室温后称重(G_0)。

(5) 将瓶洗净,重新注入饮用水,用玻璃板紧贴瓶口水面,擦干瓶外水分后称重(G_2)。

5. 结果计算

试样的表观密度 ρ_{g0} 按下式计算(精确至 10 kg/m³):

$$\rho_{g0} = \left(\frac{G_0}{G_0 + G_2 - G_1} \right) \times 1\,000 \quad (\text{kg/m}^3)$$

以两次试验结果的算术平均值作为测定值,两次结果之差应小于 $20\,\text{kg/m}^3$,否则应重新取样试验。

四、碎石或卵石的堆积密度

1. 试验目的

测定石子的堆积密度,用于混凝土配合比设计。

2. 主要仪器设备

(1) 台秤 称量 $10\,\text{kg}$,感量 $10\,\text{g}$。

(2) 容量筒 金属制,规格见表 8。容量筒应先校正其容积,以温度为 $(20\pm5)℃$ 的饮用水装满容量筒,用玻璃板沿筒口滑移,使其紧贴水面,擦干筒外壁水分后称重,用下式计算筒的容积(V):

$$V = m_2 - m_1$$

式中:m_1——容量筒和玻璃板质量(kg);

m_2——容量筒、玻璃板和水总质量(kg)。

表 8 容量筒的规格要求及取样数量

碎石或卵石的最大粒径 (mm)	容量筒容积 (L)	容量筒规格		筒壁厚度(mm)
		内径(mm)	净高(mm)	
9.5 16.0 19.0 26.5	10	208	294	2
31.5 37.5	20	294	294	3
63.0 75.0	30	360	294	4

(3) 烘箱、平头铁铲等。

3. 试样制备

用四分法缩取试样不少于表 5 规定的数量,放于浅盘中,在 $(105\pm5)℃$ 的烘箱中烘干,也可以摊在清洁的地面上风干,拌匀后分成两份备用。

4. 测定步骤

(1) 称容量筒质量 G_2(kg)。

(2) 取试样一份,置于平整干净的地板(或铁板)上,用平头铁铲铲起试样,使石子自由落入容量筒内。此时,从铁铲的齐口至容量筒上口的距离应保持在 $50\,\text{mm}$ 左右,装满容量筒并除去凸出筒口表面的颗粒,并以合适的颗粒填入凹陷部分,使表面稍凸起部分和凹陷部分的体积大致相等,称取试样和容量筒共重(G_1)。

5. 结果计算

堆积密度 ρ'_{g0} 按下式计算(精确至 $10\,\text{kg/m}^3$):

$$\rho'_{g0} = \frac{G_1 - G_2}{V} \times 1\,000 \quad (\text{kg/m}^3)$$

以两次试验结果的算术平均值作为测定值。

五、碎石和卵石的含水率测定

1. 试验目的

测定石子的含水率,用于修正混凝土配合比中水和石子的用量。

2. 主要仪器设备

(1) 天平　称量 5 kg,感量 5 g。

(2) 烘箱、浅盘等。

3. 测试步骤

(1) 按表 5 规定的数量称取试样,分成两份备用。

(2) 将一份试样装入干净的容器中,称取试样和容器的总质量(m_1),并在(105 ± 5)℃的烘箱中烘干至恒重。

(3) 取出试样,冷却后称取试样与容器的总质量(m_2)。

4. 结果计算

试样的含水率 ω_{wc} 按下式计算(精确至 0.1%):

$$\omega_{wc} = \frac{m_1 - m_2}{m_2 - m_3} \times 100\%$$

式中：m_1——烘干前试样与容器总质量(g);

　　　m_2——烘干后试样与容器总质量(g);

　　　m_3——容器质量(g)。

以两次检验结果的算术平均值作为测定值。

六、碎石或卵石的含泥量试验

1. 试验目的

测定石子的含泥量,作为评定石子质量的依据之一。

2. 仪器设备

(1) 台秤　称量 10 kg,感量 1 g。

(2) 试验筛　孔径为 0.75 mm 及 1.18 mm 的筛各一个。

(3) 容器　容器约 10 L 的瓷盘或金属盒。

(4) 烘箱、浅盘。

3. 试样制备

试验前,将试样用四分法缩分至表 9 所规定的量(注意防止细粉丢失),并置于温度为(105 ± 5)℃的烘箱内烘干至恒重,冷却至室温后分成两份备用。

表 9　含泥量试验所需的试样最小用量

最大粒径(mm)	9.5	16.0	19.0	26.5	32.5	37.5	63.0	75.0
试样量不少于(kg)	2.0	2.0	6.0	6.0	10.0	10.0	20.0	20.0

4. 试验步骤

(1) 称取试样一份(G_1)装入容器中摊平,注入饮用水,使水面高出石子表面 150 mm,用手在水中淘洗颗粒,使尘屑、淤泥和黏土与石子颗粒分离,缓缓地将浑浊液倒入 1.18 mm 及 0.75 mm 的套筛(1.18 mm 筛放置上面)上,滤去 0.75 mm 的颗粒。试验前筛子的两面应先用水湿润。在整个试验过程中应注意避免大于 0.75 mm 的颗粒丢失。

（2）再次加水于容器中,重复上述过程,直至容器内的水目测清澈为止。

（3）用水冲洗剩余在筛上的细粒,并将 0.75 mm 筛放在水中(使水面略高出筛内颗粒上表面)来回摇动,以充分洗除小于 0.75 mm 的颗粒。然后,将两只筛上余留的颗粒和筒中已洗净的试样一并装入浅盘,置于温度为(105±5)℃的烘箱中烘干至恒重。取出冷却至室温后,称量 G_2(精确至 1 g)。

5. 结果计算

碎石或卵石的含泥量 Q_a 应按下式计算(精确至 0.1%)：

$$Q_a = \frac{G_1 - G_2}{G_1} \times 100\%$$

式中：G_1——试验前烘干试样的量(g)；

　　G_2——试验后烘干试样的量(g)。

以两个试样试验结果的算术平均值作为测定值(精确至 0.1%)。

七、碎石和卵石中泥块含量试验

1. 试验目的

测定石子的泥块含量,作为评定石子质量的依据之一。

2. 仪器设备

（1）天平　称量 10 kg,感量 1 g。

（2）试验筛　孔径 2.36 mm 及 4.75 mm 的筛各一个。

（3）洗石用水筒及烘干用的浅盘等。

3. 试样制备

试验前,将样品用四分法缩分至略大于表 5 所示的量,缩分应注意防止所含黏土块被压碎。缩分后的试样在(105±5)℃烘箱内烘至恒重,冷却至室温后筛除小于 4.75 mm 的颗料,分成两份备用。

4. 试验步骤

（1）筛除小于 4.75 mm 以下的颗粒,称量(G_1)。

（2）将试样在容器中摊平,加入饮用水使水面高出试样表面,充分拌匀,24 h 后把水放出,用手捻压泥块,然后把试样放在 2.36 mm 筛上用水淘洗,直至洗出的水目测清澈为止。

（3）将筛上的试样小心地从筛里取出,置于温度为(105±5)℃的烘箱中烘干至恒重。取出冷却至室温后称量(G_2),精确至 1 g。

5. 结果计算

泥块含量 Q_b 应按下式计算(精确至 0.1%)：

$$Q_b = \frac{G_1 - G_2}{G_1} \times 100\%$$

式中：G_1——4.75 mm 筛筛余量(g)；

　　G_2——试验后烘干试样的量(g)；

以两个试样试验结果的算术平均值作为测定值(精确至 0.1%)。

八、碎石或卵石中针状和片状颗粒的总含量试验

1. 试验目的

测定石子中针、片状颗粒含量,作为评定石子质量的依据之一。

2. 仪器设备

(1) 针状规准仪和片状规准仪。

(2) 天平 称量 10 kg,感量 1 g。

(3) 试验筛 孔径分别为 4.75 mm、9.5 mm、16.0 mm、19.0 mm、26.5 mm、31.5 mm、37.5 mm 的筛各一个。

(4) 卡尺

3. 试样制备

试验前,按表 10 的规定取样,缩分至略大于表中规定的数量,烘干或风干后备用。

表 10 针、片状试验所需的试样最少质量

最大粒径(mm)	9.5	16.0	19.0	26.5	31.5	37.5	63.0	75.0
试样最少质量(kg)	0.3	1.0	2.0	3.0	5.0	10.0	10.0	10.0

表 11 针、片状试验的粒级划分及其相应的规准仪孔宽或间距

粒级(mm)	4.75~9.5	9.5~16.0	16.0~19.0	19.0~26.5	26.5~31.5	31.5~37.5
片状规准仪上相对应的孔宽(mm)	3	5.2	7.2	9.	11.3	14.3
针状规准仪上相对应的间距(mm)	18	31.2	43.2	54	67.8	85.8

4. 试验步骤

称取试样一份,按表 11 规定的粒级筛分,用规准仪逐粒对试样进行鉴定,凡颗粒长度大于针状规准仪上相对应间距者为针状颗粒,厚度小于片状规准仪相应孔宽者为片状颗粒。

粒径大于 37.5 mm 的碎石或卵石可用卡尺鉴定其针片状颗粒,卡尺卡口的设定宽度应符合表 12 的规定。

表 12 大于 37.5 mm 粒级颗粒针、片状颗粒含量试验的粒级划分及相应的卡尺卡口设定宽度(mm)

粒级(mm)	37.5~53.0	53.0~63.0	63.0~75.0	75.0~90.0
鉴定片状颗粒的卡口宽度(mm)	18.1	23.0	27.6	33.0
鉴定针状颗粒的卡口宽度(mm)	108.6	139.2	165.6	198.0

5. 结果计算

碎石或卵石中针、片状颗粒含量 Q_c 应按下式计算(精确至 0.1%):

$$Q_c = \frac{G_2}{G_1} \times 100\%$$

式中:G_2——试样中所含针、片状颗粒的总重(g);

G_1——试样总重(g)。

Ⅲ、普通混凝土性能检验

一、普通混凝土稠度、强度试验

(一)采用标准

1. 普通混凝土拌合物性能试验方法标准　GB/T 50080—2016

2. 普通混凝土力学性能试验方式标准　GB/T 50081—2019

(二)拌合物取样和拌制方法

1. 取样方法

(1) 同一组混凝土拌合物应从同一盘混凝土或同一车混凝土中取样。取样数量应多于试验所需量的 1.5 倍,且不少于 20 L。

(2) 混凝土拌合物的取样应具有代表性,宜采用多次采样的方法。一般在同一盘混凝土或同一车混凝土中的约 1/4 处、1/2 处和 3/4 处之间分别取样,从第一次取样到最后一次取样不宜超过 15 min,然后人工搅拌均匀。

(3) 从取样完毕到开始做各项试验不宜超过 5 min。

2. 试样制备的一般规定

(1) 拌混凝土的原材料应符合有关技术要求,并与施工实际用料相同。水泥如有结块,应用 0.9 mm 筛将结块筛除。

(2) 在试验室制备混凝土拌合物时,温度应保持(25±5)℃或与施工现场保持一致。所用原材料温度应与拌和场所的温度相同。

(3) 材料用量以质量计。称量精度:骨料为±1%,水、水泥和外加剂均为±0.5%。

(4) 拌合物从加水拌和时算起,全部操作(包括稠度测定或试件成型等)须在 30 min 内完毕。

(5) 从试样制备完毕到开始做各项试验不宜超过 5 min。

(6) 主要仪器设备

① 搅拌机　容量 75～100 L,转速为 18～22 r/min。

② 磅秤　称量 50 kg,感量 50 g。

③ 天平(称量 5 kg,感量 5 g)、量筒(200 mL、1 000 mL)、拌铲、拌板(1.5 m×2 m 左右)、盛器。

3. 试样制备方法

(1) 人工拌和:① 按配合比称量各材料。② 将拌板和拌铲用湿布润湿后,将砂、水泥倒在拌板上,用拌铲自拌板的一端翻至另一端,如此重复至色均匀,再加上石子,翻拌到均匀。③ 将干混合料堆成堆,在中间做一凹坑,倒入部分拌和用水,然后仔细翻拌,逐步加入全部用水,继续翻拌直至均匀为止。④ 拌和时间从加水时算起,在 10 min 内完毕。

(2) 机械搅拌:① 按配合比称量各材料。② 按配合比先预拌适量混凝土进行挂浆,以免正式拌制时浆体的损失。③ 开动搅拌机依次加入石子、砂子和水泥,干拌均匀,再将水徐徐加入,全部加料时间不超过 2 min。④ 将拌合物自搅拌机中卸出,倒在拌板上,再人工拌和 1～2 min,使其均匀。

（三）稠度试验（坍落度法）

1. 试验目的

测定混凝土的坍落度，评定塑性混凝土的和易性。

2. 主要仪器设备

（1）坍落度筒　坍落度筒是由钢板或其他金属制成的圆台形筒（图 12）。底面和顶面应相互平行并与锥体的轴线垂直。在筒外 2/3 高度处安装两个把手，下端应焊脚踏板。筒的内部尺寸为：底部直径（200±2）mm，顶部直径（100±2）mm，高度（300±2）mm。

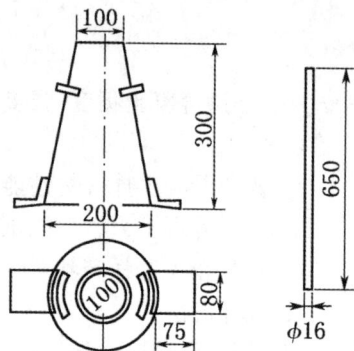

（2）捣棒（直径 16 mm、长 650 mm 的钢棒，端部应磨圆）、小铲、尺、拌板、镘刀等。

图 12　混凝土坍落度筒与捣棒

3. 试验步骤

（1）润湿坍落度筒及其他工具，并把筒放在不吸水的刚性水平底板上，然后用脚踩住两边的脚踏板，使坍落度筒在装料时保持位置固定。

（2）把按要求拌好的混凝土拌合物用小铲分三层均匀地装入筒内，使捣实后每层高度为筒高的 1/3 左右。每层用捣棒捣 25 次。插捣应沿螺旋方向由外向中心进行，每次插捣应在截面上均匀分布。插捣筒边混凝土时，捣棒可以稍稍倾斜。插捣底层时，捣棒应穿透整个深度；插捣第二层和顶层时，捣棒应插透本层至下一层的表面。浇灌顶层时，混凝土应灌到高出筒口。在插捣过程中，如混凝土沉落到低于筒口，则应随时添加。顶层插捣完后，刮去多余混凝土并用抹刀抹平。

（3）清除筒边底板上的混凝土后，垂直平稳地提起坍落度筒。坍落度筒的提高过程应在 5～10 s 内完成。

（4）从开始装料到提起坍落度筒的整个进程应不间断地进行，并应在 150 s 内完成。

（5）提起坍落度筒后，量测筒高与坍落后的混凝土试体最高点之间的高度差，即为该混凝土拌合物的坍落度值。

（6）坍落度筒提起后，如试件发生崩坍或一边剪坏现象，则应重新取样进行测定。如第二次仍出这种现象，则表示该拌合物的和易性不好，应予记录备查。

（7）测定坍落度后，观察拌合物的下述性质，并进行记录：

①黏聚性　用捣棒在已坍落的拌合物锥体侧面轻轻击打；如果锥体逐渐下沉，表示黏聚性良好；如果锥体倒坍、部分崩裂或出现离析，即为黏聚性不好。

②保水性　提起坍落度筒后如有较多的稀浆从底部析出，锥体部分的拌合物也因失浆而骨料外露，则表示保水性不好。如无这种现象，则表明保水性良好。

（8）当混凝土拌合物的坍落度大于 220 mm 时，用钢尺测量混凝土扩展后最终的最大直径和最小直径，在这两个直径之差小于 50 mm 的条件下，用其算术平均值作为坍落扩展值，否则此次试验无效。

（9）混凝土拌合物坍落度和坍落扩展值以毫米为单位，测量精确至 1 mm。

（四）拌合物表观密度试验

1. 试验目的

测定混凝土拌合物的表观密度，用于校正混凝土配合比中各项材料的用量。

2. 仪器设备

（1）容量筒　金属制成的圆筒，两旁有手把。对骨料最大粒径不大于 37.5 mm 的拌合物采用容积为 5 L 的容量筒，其内径与筒高均为（186±2）mm，筒壁厚为 3 mm；骨料最大粒径大于 37.5 mm 时，容量筒的内径与筒高均应大于骨料最大粒径的 4 倍。容量筒上缘及内壁应光滑平整，顶面与底面应平行并与圆柱体的轴垂直。

（2）台秤　称量 50 kg，感量 50 g。

（3）振动台　频率应为（50±3）Hz，空载时的振幅应为（0.5±0.1）mm。

（4）捣棒　直径 16 mm、长 600 mm 的钢棒，端部应磨圆。

3. 测定步骤

（1）用湿布把容量筒外擦干净，称出筒重，精确到 50 g。

（2）混凝土的装料及捣实方法应根据拌合物的稠度而定。坍落度不大于 70 mm 的混凝土，用振动台振实为宜，大于 70 mm 的用捣棒捣实为宜。

采用捣棒捣实，应根据容量筒的大小决定分层与插捣次数。用 5 L 容量筒时，混凝土拌合物应分两层装入，每层的插捣次数应大于 25 次；用大于 5 L 的容量筒时，每层混凝土的高度不应大于 100 mm，每层的插捣次数应按每 100 cm² 截面不小于 12 次计算。各次插捣应均匀地分布在每层截面上，插捣底层时捣棒应贯穿整个深度，插捣第二层时，捣棒应插透本层至下层的表面。每一层捣插完后用橡皮锤轻轻沿容器外壁敲打 5～10 次，进行振实，直至拌合物表面插捣孔消失并不见大气泡为止。

采用振动台振实时，应将混凝土拌合物灌到高出容量筒口。装料时可用捣棒稍加插捣，振动过程中混凝土沉落到低于筒口，则应随时添加混凝土，振动直至表面出浆为止。

（3）用刮尺齐筒口将多余的混凝土拌合物刮去表面，如有凹陷应予填平。将容量筒外壁擦净，称出混凝土与容量筒总质量，精确到 5 g。

4. 结果计算

混凝土拌合物表观密度 ρ_h（kg/m³）应按下式计算：

$$\rho_h = \frac{W_2 - W_1}{V} \times 1\,000$$

式中：W_1——容量筒容量（kg）；

　　　W_2——容量筒及试样总容量（kg）；

　　　V——容量筒容积（L）；

试验结果的计算精确至 10 kg/m³。

（五）普通混凝土立方体抗压强试验

1. 试验目的

测定混凝土立方体抗压强度，作为评定混凝土强度等级的依据。

2. 主要仪器设备

（1）压力试验机　试验机的精度（示值的相对误差）至少应为±2%，其量程应能使试件的预期破坏荷载不小于全量程的 20%，也不大于全量程的 80%。混凝土强度等级≥C60 时，试件周围应设防崩裂网罩。

（2）振动台　振动频率为(50±3)Hz,空载振幅约为 0.5 mm。

（3）试模　试模由铸铁或钢制成,应具有足够的刚度,拆装方便。试模内表面应机械加工,其不平度应为每 100 mm 不超过 0.05 mm,组成后各相邻面不垂直度应不超过±0.5°。

（4）捣棒、小铁铲、金属直尺、抹刀等。

3. 试件的制作

（1）立方体抗压强度试验以同时制作同样养护同一龄期的三块试件为一组,每组试件所用的混凝土拌合物应由同一次拌和成的拌合物中取出,取样后应立即制作试件。

（2）试件尺寸按骨料最大颗粒粒径选用。制作前,应将试模擦干净并在其内壁涂上一层矿物油脂或其他脱模剂。

（3）坍落度不大于 70 mm 的混凝土宜用振动振实。将拌合物一次性装入试模,装料时应用抹刀沿试模内壁略加插捣并使混凝土拌合物高出试模上口。振动时应防止试模在振动台上自由跳动。开动振动台至拌合物表面出现水泥浆时为止,记录振动时间。振动结束后先刮去多余的混凝土,并用镘刀抹平。

坍落度大于 70 mm 的混凝土宜用捣棒人工捣实。将混凝土拌合物分两层装入试模,每层厚度大致相等。插捣应按螺旋方向从边缘向中心均匀进行。插捣底层时,捣棒应达到试模底面;插捣上层时,捣棒应穿入下层深度 20～30 mm。插捣时捣棒应保持垂直,不得倾斜。同时,还应用抹刀沿试模内壁插入数次。每层插捣次数应根据试件的截面而定,一般 100 cm² 截面积不应小于 12 次。插捣完毕,刮去多余的混凝土,并用抹刀抹平。

表 13　不同骨料最大粒径选用试件尺寸、插捣次数及抗压强度换算系数

试件尺寸(mm)	骨料最大粒径(mm)	每层插捣次数(次)	抗压强度换算系数
100×100×100	30	12	0.95
150×150×150	40	25	1
200×200×200	60	50	1.05

4. 试件的养护

（1）采用标准养护的试件成型后应用湿巾覆盖表面以防止水分蒸发,并应在温度为(20±5)℃的情况下静置一昼夜至两昼夜,然后编号拆模。

拆模后的试件应立即放在温度为(20±2)℃、湿度为 90% 以上标准养护室中养护。在标准养护室内试件应放在架上,彼此间隔为 10～20 mm,并应避免用水直接冲淋试件。

（2）无标准养护室时,混凝土试件可在温度为(20±2)℃的不流动水中养护。水的 pH 不应小于 4。

（3）同条件养护的试件成型后应覆盖表面。试件的拆模时间可与实际构件的拆模时间相同,拆模后,试件仍需保持同条件养护。

5. 抗压强度试验

（1）试件自养护地点取出后应尽快进行试验,以免试件内部的温度发生显著变化。先将试件擦净,测量尺寸(精确到 1 mm),据此计算试件的承压面积,并检查其外观。如实测尺寸与公称尺寸之差不超过 1 mm,可按公称尺寸计算承压面积。

（2）将试件安放在下承压板上,试件的承压面与成型时的顶面垂直。试件的中心应与试验机下压板中心对准。开动试验机,当上压板与试件接近时,调整球座,使接触均衡。

(3) 加压时,应连续而均匀地加荷,加荷速度应为:混凝土强度等级低于 C30 时,取每秒钟 0.3~0.5 MPa;当混凝土强度等级≥C30 时,取每秒钟 0.5~0.8 MPa。当试件接近破坏而开始加速变形时,停止调整试验机油门,直至试件破坏。然后记录破坏荷载。

6. 结果计算

(1) 混凝土立方体试件抗压强度 f_{cu} 应按下式计算(精确至 0.1 MPa):

$$f_{cu} = \frac{P}{A}$$

式中:P——破坏荷载(N);

　　A——受压面积(mm^2);

　　f_{cu}——混凝土立方体试件抗压强度(MPa)。

(2) 以三个试件算术平均值作为该组试件的抗压强度值(精确至 0.1 MPa)。三个测定值的最大值或最小值中如有一个与中间值的差超过中间值的 15%时,则把最大值及最小值一并舍除,取中间值作为该组试件的抗压强度值。如有两个测定值与中间值的差超过中间值的 15%,则该组试件的试验结果无效。

(3) 混凝土抗压强度是以 150 mm×150 mm×150 mm 立方体试件的抗压强度为标准,其他尺寸试件的测定结果,均应换算成边长为 150 mm 立方体试件的标准抗压强度,换算时分别乘以表中的换算系数。

试验三　建筑砂浆性能试验

一、采用标准　建筑砂浆基本性能试验方法 JGJ/T 70—2009

二、砂浆拌合物取样和拌制方法

1. 取样方法

(1) 建筑砂浆试验用料应根据不同要求,从同一盘搅拌或同一车运送的砂浆中取出。

(2) 施工中取样进行砂浆试验时,其取样方法和原则应按现行有关施工验收规范执行。应在使用地点的砂浆罐、砂浆运送车或搅拌机出料口,至少从三个不同部位集取。所取试样的数量应多于试验用料的 1~2 倍。

(3) 砂浆拌合物取样后应尽快进行试验。试验前,试样应经人工再翻拌,以保证其质量均匀。

2. 拌制方法

(1) 一般规定

① 砂浆所用的原材料应符合质量标准,并要求提前运入试验室内,拌和时试验室的温度应保持在(20±5)℃。

② 水泥如有结块应充分混合均匀,以 0.9 mm 筛过筛,砂也应以 5 mm 筛过筛。

③ 拌制前应将搅拌机、拌和铁板、拌铲、抹刀等工具表面用水润湿,注意拌和铁板上不得有积水。

（2）主要仪器设备

① 砂浆搅拌机。

② 拌和铁板：约为 1.5 mm×2 mm，厚度约 3 mm。

③ 磅秤：称量 50 kg，感量 50 g。

④ 台秤：称量 10 kg，感量 5 g。

⑤ 拌铲、抹刀、量筒、盛器等。

（3）拌和方法

① 人工拌和　a. 将称量好的砂子倒在拌板上，然后加入水泥，用拌铲拌和至混合物颜色均匀为止。b. 将混合物堆在一堆，在中间做一凹槽，将称好的石灰膏或黏土膏倒入凹槽中（若为水泥砂浆，则将称好的水的一半倒入凹槽中），再加入适量的水将石灰膏（或黏土膏）调稀，然后与水泥、砂共同拌和，用量筒逐次加水并拌和，直到拌合物色泽一致，和易性凭经验调整至符合要求为止。水泥砂浆每翻拌一次，需用铲将全部砂浆压切一次。一般需拌和 3～5min（从加水完毕时算起）。

② 机械拌和　a. 先拌适量砂浆（应与正式拌和的砂浆配合比相同），使搅拌机内壁黏附一薄层水泥砂浆，使正式拌和时的砂浆配合比准确。b. 先称出各材料用量，再将砂、水泥装入搅拌机内。c. 开动搅拌机，将水徐徐加入（混合砂浆需将石灰膏或黏土膏用水稀释至浆状），搅拌约 3 min（搅拌的用水量不宜少于搅拌机容量的 20%，搅拌时间不宜少于 2 min）。d. 将砂浆拌合物倒入拌和铁板，用拌铲翻拌约两次，使之均匀。

三、砂浆稠度试验

1. 试验目的

砂浆稠度即砂浆在外力作用下的流动性，反映了砂浆的可操作性。设计砂浆配合比时，可以通过稠度试验来确定满足施工要求的用水量。

2. 主要仪器设备

（1）砂浆稠度仪　由试锥、容器和支座三部分组成，试锥高度为 145 mm，锥底直径为 75 mm，试锥连同滑杆的重量为 300 g；盛砂浆容器高为 180 mm，锥底内径为 150 mm；支座分底座、支架及稠度显示三个部分。

（2）钢制捣棒　直径 10 mm，长 350 mm，端部磨圆。

（3）秒表、铁铲等。

3. 试验步骤

（1）将盛浆容器和试锥表面用湿布擦干净，检查滑杆能否自由滑动。

（2）将砂浆拌合物一次性装入容器，使砂浆表面低于容器口 10 mm 左右，用捣棒自容器中心向边缘插捣 25 次，然后轻轻地将容器摇动或敲击 5～6 下，使砂浆表面平整，随后将容器置于稠度测定仪的底座上。

（3）放松试锥滑杆的制动螺丝，使试锥尖端与砂浆表面刚好接触，拧紧制动螺丝，使齿条侧杆下端刚好接触滑杆上端，并将指针对准零点。

（4）突然松开制动螺丝，使试锥自由沉入砂浆中，待 10 s，立即固定螺丝，将齿条测杆下端接触滑杆上端，从刻度盘上读出下沉距离（精确至 1 mm），即为砂浆的稠度值。

（5）圆锥形容器内的砂浆，只允许测定一次稠度，重复测定时应重新取样测定。

4. 结果评定

取两次试验结果的算术平均值作为砂浆稠度的测定结果,计算值精确至 1 mm。若两次试验之差大于 20 mm,则应另取砂浆搅拌后重新测定。

四、砂浆分层度试验

1. 试验目的

测定砂浆的分层度,评定砂浆的保水性。

2. 主要仪器设备

(1) 分层度仪 其内径为 150 mm,上节高度为 200 mm,下节带底净高 100 mm,用金属板制成,上下层之间加设橡胶垫圈。

(2) 砂浆稠度仪、木锤等。

3. 试验步骤

(1) 先按砂浆稠度试验方法测定拌合物的稠度。

(2) 将砂浆拌合物一次性装入分层度筒内,待装满后,用木锤在容器周围距离大约相等的四个不同地方轻轻敲击 1~2 下,如砂浆沉落到低于筒口,则应随时添加,然后刮去多余的砂浆,并用抹刀抹平。

(3) 静置 30 min,去掉上节 200 mm 砂浆,余留的 100 mm 砂浆倒入拌和锅内重新拌 2 min,然后再按上述的稠度试验方法测定其稠度。前后测得的稠度之差即为该砂浆分层度值(cm)。

4. 结果评定

(1) 取两次试验结果的算术平均值作为该砂浆的分层度值。

(2) 两次分层度试验值之差若大于 20 mm,应重新试验。

五、砂浆立方体抗压强度试验

1. 试验目的 砂浆立方体抗压强度是评定砂浆强度等级的依据,它是砂浆质量的主要指标。

2. 主要仪器设备

(1) 试模:内壁边长为 70.7 mm 的无底立方体金属试模。

(2) 压力机:试验机精度(表示值的相对误差)不大于 ±2%,其量程应能使试件的预期破坏荷载值不小于全量程的 20%,也不大于全量程的 80%。

3. 试件制作及养护

(1) 将无底试模置于有一层吸水性较好的湿纸的普通黏土砖上(砖的吸水率不小于 10%,含水率不大于 2%),试模内壁涂刷薄层机油或脱模剂。向试模内一次性注满砂浆,并使其高出模口,用捣棒均匀地由外向里按螺旋方向插捣 25 次,然后在四侧用油灰刀沿试模壁插捣数次,高出模口的砂浆沿试模顶面削去抹平。

(2) 试件制作后应在(20±5)℃温度环境下静置一昼夜(24±3)h,当气温较低时,可适当延长时间,但不应超过两昼夜,然后进行编号拆模,并在标准养护条件下继续养护至 28 d,然后进行试压。

标准养护条件是:水泥混合砂浆应为(20±3)℃,相对湿度 60%~80%;水泥砂浆和微沫砂浆应为(20±3)℃,相对湿度 90% 以上;养护期间,试件彼此间隔不小于 10 mm。

当无标准养护条件时,可采用自然养护,其条件是:水泥混合砂浆应为正温度,相对湿度为 60%～80% 的不通风的室内或养护箱;水泥砂浆和微沫砂浆应为正温度并保持试块表面湿润状态(如湿砂堆中)。养护期间必须做好温度记录。在有争议时,以标准养护条件为准。

4. 抗压强度试验步骤

(1) 试件从养护地点取出后应尽快进行试验,以免试件内部的温湿度发生显著变化。先将试件擦干净,测量尺寸,并检查其外观。试件尺寸测量精确至 1 mm,并据此计算试件的承压面积。若所测尺寸与公称尺寸之差不超过 1 mm,可按公称尺寸进行计算。

(2) 将试件置于压力机的下压板上,试件的承压面积应与成型时的顶面垂直,试件中心应与下压板中心对准。

(3) 开动压力机,当上压板与试件接近时,调整球座,使接触面均衡受压,加荷应均匀而连续,加荷速度应为每秒钟 0.5～1.5 kN(砂浆强度不大于 5 MPa 时取下限为宜,大于 5 MPa 时取上限为宜),当试件接近破坏而开始快速变形时,停止调整压力机油门,直至试件破坏,记录破坏荷载 N_u。

5. 结果计算

单个试件的抗压强度按下式计算(精确至 0.1 MPa):

$$f_{m,cu} = \frac{N_u}{A}$$

式中:$f_{m,cu}$——砂浆立方体抗压强度(MPa);

N_u——立方体破坏荷载(N);

A——试件承压面积(mm^2)。

每组试件为 6 个,取 6 个试件测量值的算术平均值作为该组试件的抗压强度值,平均值计算精确至 0.1 MPa。

当 6 个试件的最大或最小值与平均值的差超过 20% 时,以中间 4 个试件的平均值作为该组试件的抗压强度值。

6. 附注

以上砂浆抗压强度试验适用于吸水基底的砂浆,对用于不吸水基底的砂浆(如用于装配式混凝土结构中的接缝的砂浆、水泥砂浆制品等)则可参照《钢丝网水泥用砂浆力学性能试验方法》(GB/T 7897—2008)进行试验。该试验标准与 JGJ 70—90 的主要区别如下:

(1) 试模。内壁边长 70.7 mm 的有底方体试模。

(2) 成型。稠度不大于 90 mm 的砂浆,采用振动台振实 30～50 s;大于 90 mm 时采用捣棒人工捣实。人工捣实时,用直径 16 mm 的钢棒分两层插捣,每层插捣 12 次。用于测定现场构件砂浆性能时,试件成型方法应与实际施工采用的方法相同。

注:振动台的振动频率为(50±3)Hz,空载时的振幅约为 0.5 mm。

(3) 结果评定。砂浆抗压强度试验结果按每组 3 个测量值的算术平均值评定。3 个测量值中的最大或最小值,如有一个与中间值的差值超过中间值的 15%,则取中间值作为该组试件的强度值;如有两个测量值与中间值的差值超过中间值的 15%,则该组试件的试验结果无效。

试验四　钢筋性能试验

一、采用标准

1. 金属材料　拉伸试验　第 1 部分:室温试验方法 GB/T 228.1—2021。
2. 金属材料　弯曲试验方法 GB 232—2010。

二、取样方法、复验与判定

1. 取样

钢筋应按批进行检验和验收,每批重量不大于 60 t。每批应由同一牌号、同一炉罐号、同一规格、同一交货状态的钢筋组成。

公称容量不大于 30 t 的冶炼炉炼的钢坯和连续坯轧制的钢筋,允许由同一牌号、同一冶炼方法、同一浇注方法的不同炉罐号组成混合批,但每批不多于 6 个炉罐号。各炉罐号含碳量之差不得大于 0.02%,含锰量之差不大于 0.15%。

自每批同一截面尺寸的钢筋中任取四根,于钢筋距端部 50 cm 处截取一定长度拉伸:$10d+200$ mm,冷弯 $5d+100$ mm,d 为钢筋直径。四根钢筋试样,两根做拉伸试验,两根做冷弯试验。拉伸、冷弯试验用钢筋试样不允许进行车削加工。

2. 复验与判断

在拉伸试验的两根试件中,如果其中一根试件的屈服点、抗拉强度和伸长率三个指标中有一个指标达不到钢筋标准中的规定数值,应再抽取双倍(四根)钢筋,制取双倍(四根)试件做试验,如仍有一根试件达不到标准规定数,则拉伸试验项目判为不合格。

在冷弯试验中,如仍有一根试件不符合标准要求,冷弯试验项目判为不合格。

三、拉伸试验

1. 试验目的

拉伸试验是测定钢材在拉伸过程中应力和应变之间的关系曲线以及屈服、抗拉强度和伸长率三个重要指标,来评定钢材的质量。

2. 仪器设备

(1) 万能材料试验机(精确度±1%)。

(2) 尖量爪游标卡尺(精确度为 0.1 mm)。

(3) 带有摩擦棘轮的千分尺(精确度为 0.01 mm)。

3. 试验步骤和结果计算

(1) 根据钢筋直径 d 确定试件的标距长度。原始标距 $L_0=5d_0$,如钢筋长度比原始标距长许多,可以标出相互重叠的几级原始标距。

(2) 在钢筋的纵肋上标出标距端点,并沿标距长度以 d_0 或 5 mm、10 mm 作分格标志。

(3) 试验机测力盘指针调零,并使主、副指针重叠。

(4) 将试件固定在试验机夹头板内,开动机器进行拉伸。拉伸速度:屈服前,应力增加速度按表 14 规定:屈服后,试验机活动夹头在荷载下的移动速度不大于 $0.5L_c$/min(L_c 为两夹头之间的距离)。

表14 试件屈服前的应力增加速率

钢筋的弹性模量 （N/mm²）	应力速度[N/(mm²·s)]	
	最 小	最 大
<150 000	1	10
>150 000	3	30

（5）拉伸中，测力盘指针首次停止转动的恒定荷载，或指针回转后不计初始瞬时效应的最小荷载，就为测力盘指针首次停止转动时的恒定荷载，或指针回转后不计初始瞬时效应时的最小荷载，就为屈服点荷载 P_s(N)。按下式可求得试件的屈服点：

$$\sigma_s = \frac{P_s}{F_0}$$

式中：σ_s——屈服点应力（MPa）；

P_s——屈服点荷载（N）；

F_0——试件（钢筋）横截面（mm²）；

σ_s 应计算至1 MPa，小数点后数字按四舍五入法处理，最后结果修至约5 N/mm²。

表15 钢筋的公称横截面面积

公称直径 （mm）	公称横截面面积 （mm²）	公称直径 （mm）	公称横截面面积 （mm²）
8	50.27	22	380.1
10	78.54	25	490.9
12	113.1	28	615.8
14	153.9	32	804.2
16	201.1	36	1 018
18	254.5	40	1 257
20	314.2	50	1 963

（6）测得屈服荷载后，连续加荷至试件拉断，由测力盘读出最大荷载 P_b(N)。按下式可求得试件的抗拉强度：

$$\sigma_b = \frac{P_b}{F_0}$$

式中：σ_b——抗拉强度（MPa）；

P_b——最大荷载（N）；

F_0——试件（钢筋）公称横截面（mm²）。

σ_b 的计算精度同 σ_s。

（7）伸长率测定

① 将已拉断的试件在断裂处对齐紧密对接，尽量使其轴线位于一条直线上。如拉断处由于各种原因形成缝隙，则此缝隙应计入试件拉断后的标距部分长度内。

② 断后标距 l_1 的测量。

直接法：如拉断处到邻近标距端点大于(1/3)l_0 时，可用卡尺直接测出已被拉长的标距长度 l_1(mm)。

移位法：如拉断处到邻近标距小于或等于$(1/3)l_0$时，可按下述移位法来确定l_1。

在长段上从拉处O取基本等于短段格数，得B点，接着取等于长段所余格数（偶数图(a)之半，得C点；或者取所余格数（奇数图(b)），减1与加1之半，得C与C_1点。移位后的l_1分别为$AO+OB+2AB$或者$AO+OB+BC+BC_1$。

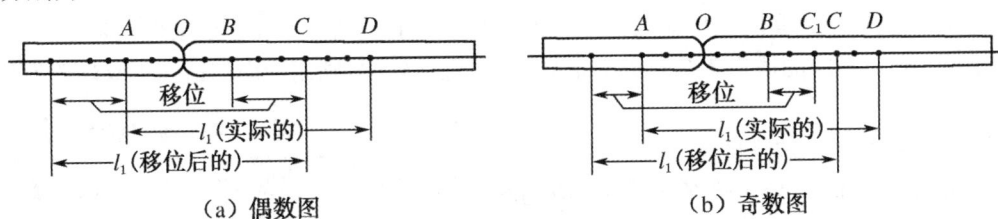

（a）偶数图　　　　　　　　　（b）奇数图

图13　用移位法计算标距

③ 如用直接量测所求得的伸长率能达到标准规定值，则可不采用移位法。

④ 伸长率按下式计算（精确至1%）：

$$\delta = \frac{l_1 - l_0}{l_0} \times 100\%$$

式中：δ——伸长率（若原始标距$l_0 = 5d_0$，则伸长率记为δ_5）（$\%$）；

l_0——原始标距长度（mm）；

l_1——试件拉断后直接测或由移位法确定的标距部分的长度（mm），精确至$0.1\ \text{mm}$。

如试件在标距点上或标距外断裂，则试验结果无效，应重做试验。

四、冷弯试验

1. 试验目的

检查钢筋承受规定弯曲角度的弯曲变形性能。

2. 仪器设备

万能材料试验机或压力试验机。

3. 试验步骤

(1) 试件长度$L_0 = 5d_0 + 150\ \text{mm}$，$d_0$为钢筋的公称直径（mm）。

(2) 选择弯心直径(d)和弯曲角度。

(3) 调节两支持辊间的距离，使其等于$(d + 2.5d_0) \pm 0.5d_0$。

(4) 按规定放置试件，然后平稳地施加压力，使钢筋弯曲到规定的角度或出现裂纹、裂缝、裂断为止。

4. 结果评定

检查试件弯曲处的外面及侧面，若无裂纹、裂缝或裂断，则评定试样合格。

试验五　沥青性能试验

一、采用标准

1. 沥青取样法　GB/T 11147—2010。

2. 沥青针入度测定法　GB/T 4509—2010。

3. 沥青延度测定法　GB 4508/T—2010。

4. 沥青软化点测定法　环球法　GB 4507—2014。

二、取样方法

1. 取样方法

从桶、袋、箱中取样应在样品表面以下及容器侧面以内至少 5 cm 处采取。若沥青是能够打碎的,则用干净的适当工具打碎后取样;若沥青是软的,则用干净的适当工具切割取样。

2. 取样数量

（1）同批产品的取样数量

当能确认是同一批生产的产品时,应随机取出一件,按上述取样方式取 4 kg 供检验用。

（2）非同批产品的取样数量

当不能确认是同一批生产的产品或按同批产品取样取出的样品,经检验不符合规格要求时,则需按随机取样的原则选出若干件后,再按上述取样方式取样,其件数等于总件数的立方根。表 16 给出了不同装载件数所要取出的样品件数。每个样品的质量应不少于 0.1 kg,这样取出的样品,经充分混合后取出 4 kg 供检验用。

表 16　石油沥青取样件数

装载件数	选取件数
2～8	2
9～27	3
28～64	4
65～125	5
126～216	6
217～343	7
344～512	8
513～729	9
730～1 000	10
1 001～1 331	11

三、针入度测定

1. 试验目的

针入度反映了石油沥青的黏滞性,是评定牌号的主要依据。

2. 仪器设备

（1）针入度仪（如图 14）　试验温度为（25±0.1）℃时,标准针、连杆与附加砝码的合重为（100±0.05）g。

（2）标准针　经淬火的规定尺寸的不锈钢针。

（3）试样皿　金属制,平底筒状,内径为 55 mm,深 35 mm。

（4）恒温水浴　容量不小于 10 L,能保持温度在试验温度的±0.1℃范围内。水中应备有一个带孔的支架,位于水面下不小于 100 mm,距浴底不少于 50 mm 处。

（5）平底玻璃皿　容量不小于 0.35 L,深度没过试样皿。内设一个不锈钢的三腿支架,能使试样皿稳定。

（6）秒表　刻度≤0.1 s。

温度计　刻度范围 0～50℃,分度为 0.1℃。

金属皿或瓷皿（熔化试样用）、砂浴（用煤气炉或电炉加热）。

3. 样品的制备

小心加热样品,不断搅拌以防局部过热,加热到使样品能够流动。加热时焦油沥青的加

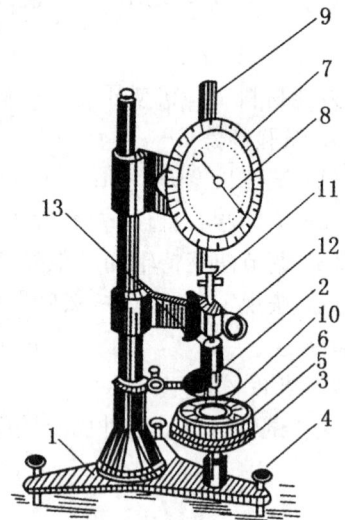

图 14　针入度仪

1—底座;2—小镜;3—圆形平台;
4—调平螺丝;5—保温皿;6—试样;
7—刻度盘;8—指针;9—活动齿杆;
10—标准针;11—连杆;12—按钮;13—砝码

热温度不超过软化点的 60℃,石油沥青不超过软化点的 90℃。加热时间不超过 30 min。加热、搅拌过程中避免试样中进入气泡。

将试样倒入预先选好的试样皿中。试样浓度应大于预计穿入浓度 10 mm。同时将试样倒入两个试样皿。

松松地盖住试样皿以防灰尘落入。在 15～30℃的室温下冷却 1～1.5 h(小试样皿)或 1.5～2.0 h(大试样皿),然后将两个试样皿和平底玻璃皿一起放入恒温水浴中,水面应没过试样表面 10 mm 以上。在规定的温度下冷却。小皿恒温 1～1.5 h,大皿恒温1.5～2.0 h。

4. 测定步骤

(1)调节针入度计的水平,检查连杆,使之能自由滑动,洗净擦干并装好标准针,按试验条件放好砝码。

(2)从恒温水浴中取出试样皿和平底玻璃皿,放置在针入度仪的平台上。慢慢放下连杆,使针尖与试样表面恰好接触。拉下活杆与连杆顶端接触,调节刻度使指针指零。

(3)开动秒表,同时用手紧压按钮,使标准针自由地穿入沥青中,经过 5 s,停压按钮,使指针停止下沉。

(4)拉下活杆与标准针连杆顶部接触,这时刻度盘指针的读数即为试样的针入度。

(5)同一试样重复测定至少 3 次,在每次测定前都应将试样和平底玻璃皿放入恒温水浴中,每次测定后都应将标准针取下,用浸有溶剂(煤油、苯、汽油或其他溶剂)的布或棉花擦净,再用干布或棉花擦干。每次穿入点相互距离与盛样皿边缘距离都不得小于 10 mm。

5. 评定结果

取 3 次测定针入度的平均值,取至整数,作为实验结果。3 次测定的针入度值相差不应大于表 17 所列数值,否则试验应重做。

表 17　针入度测定允许最大差值

针入度	0～49	50～149	150～249	250～350
最大差值	2	4	6	8

四、延度测定

1. 试验目的

延度反映了石油沥青的塑性,是评定牌号的依据之一。

2. 试验仪器

(1)延度仪(如图 15)　为一带标尺的长方形容器,内装有移动速度为(5±0.5)cm/min 的拉伸滑板。

(2)试模　由两个端模 1 和两侧模 2 组成,其形状尺寸如图 15 所示。

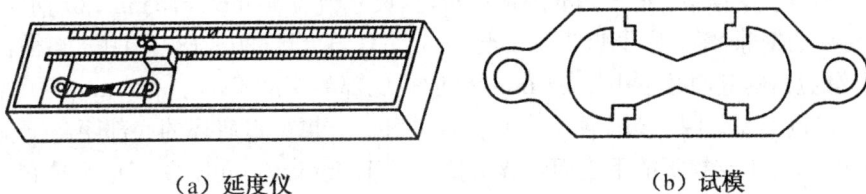

（a）延度仪　　　　　　　　（b）试模

图 15　延度仪与试模

（3）温度计 0～50℃，分度 0.1℃。

（4）瓷皿或金属皿（溶沥青用）、筛（筛孔 0.3～0.5 mm）、刀（切沥青用）、金属板（附有夹紧模具的活动螺丝）、砂浴（用煤气炉或电炉加热）、甘油滑石粉隔离剂（甘油 2 份，滑石粉 1 份，以重量计）等。

3. 准备工作

（1）将隔离剂拌和均匀，涂于磨光的金属板上及侧模的内侧面，将试模在金属垫板上卡紧。

（2）小心地加热样品，以防局部过热，直到完全变成液体能够倾倒。石油沥青样品加热至倾倒温度的时间不超过 2 h，其加热温度不超过预计沥青软化点 110℃；煤焦油沥青样品加热至倾倒温度的时间不超过 30 min，其加热温度不超过煤焦油沥青预计软化点 55℃。把熔化了的样品过筛，在充分搅拌之后，把样品倒入模具中，在组装模具时要小心，不要弄乱了配件。在倒样时使试样呈细流状，自模的一端至另一端往返倒入，使试样略高出模具，将试件在空气中冷却 30～40 min，然后放在规定温度的水浴中保持 30 min 取出，用热的直刀或铲子将高出模具的沥青刮出，使试样与模具齐平。

（3）恒温：将支撑板、模具和试件一起放入水浴中，并在试验温度下保持 85～95 min，然后从板上取下试件，拆掉侧模具，立即进行拉伸试验。

4. 测定步骤

（1）试件移至延度仪水中，然后将模具两端的孔分别装在滑板及两端的金属柱上，水面距试件表面应不少于 25 mm，水温保持在（25±0.5）℃。

（2）开动延度仪，此时仪器不得有振动，观察沥青的延伸情况。在测定时如沥青细丝浮于水面或沉于底时，则加入乙醇（酒精）或食盐水调整水的比重至与试样的比重相近后再进行测定。

（3）试件拉断时指针所指标尺上的读数，即为试样的延度（以"cm"表示）。

（4）正常的试验应将试样拉成锥形，直至在断裂时实际横断面面积接近于零。如果 3 次试验得不到正常结果，则报告在该条件下延度无法测定。

5. 结果评定

若 3 次测定值在其平均值的 5% 以内，取平行测定的 3 个结果的平均值作为测定结果。若 3 次测定值不在其平均值的 5% 以内，但其中两个较高值在平均值的 5% 之内，则弃去最低测定值，取两个较高值的平均值作为测定结果。

五、软化点测定

1. 试验目的

软化点反映了石油沥青的温度稳定性，是评定牌号的依据之一。

2. 仪器与材料

（1）沥青软化点测定仪器：① 环：两只黄铜肩或锥环，其内环尺寸为 19.8 mm，外环尺寸为 23.0 mm；② 支撑板：扁平光滑的黄铜板，其尺寸约为 50 mm×75 mm；③ 钢球，两只直径为 9.5 mm 的钢球，每只质量为 3.50 g±0.05 g；④ 温度计（30～180℃）；⑤ 浴槽：如图 16 所示能加热的烧杯，其内径不小于 85 mm，离加热底部的深度不小于 120 mm；⑥ 环支撑架和支架：一只铜支撑架用于支撑两个水平位置的环。支撑架上肩环的底部距离下支撑板的上表面为 25 mm，下支撑板的下表面距离浴槽底部 16 mm±3 mm；⑦ 钢球定位仪：两只钢球定位器用于使钢球定位于试样中央，其一般形状如图 16。

（2）电炉或其他加热器、刀（切沥青用）、筛（筛孔 0.3～0.5 mm²）、甘油滑石粉隔离剂、新煮沸的蒸馏水、甘油。

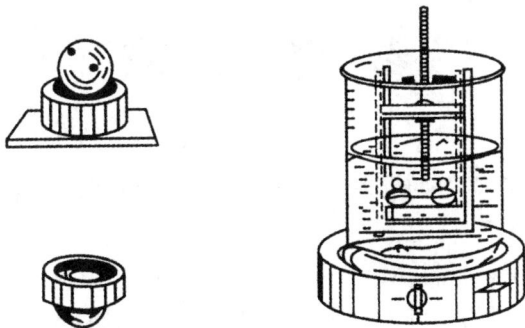

图 16 软化点测定仪

3. 准备工作

(1) 将黄铜环置于涂有隔离剂的支撑板上,小心地加热样品,并不断搅拌以防局部过热,直到完全变成液体能够倾倒。石油沥青样品加热至倾倒温度的时间不超过 2 h,其加热温度不超过预计沥青软化点 110℃;煤焦油沥青样品加热至倾倒温度的时间不超过 30 min,其加热温度不超过煤焦油沥青预计软化点 55℃。

(2) 将试样注入黄铜环内至略高于环面为止,如估计软化点在 120℃ 以上,应将铜环与支撑板预热至 80~100℃。

(3) 让试样在室温下冷却至少 30 min。当试样冷却后,用稍加热的小刀或刀干净地刮去多余的沥青,使得每一个圆片饱满且和环的顶部齐平。

(4) 所有石油沥青试样的准备和测试必须在 6 h 内完成,煤焦油沥青必须在 4.5 h 内完成。

4. 试验步骤

(1) 选择下列一种加热介质:新煮沸过的蒸馏水适于软化点为 30~80℃ 的沥青,起始加热介质温度为 5℃±1℃;甘油适于软化点为 80~157℃ 的沥青,起始加热介质的温度为 30℃±1℃;为了进行比较,所有软化点低于 80℃ 的沥青应在水浴中测定,而高于 80℃ 的在甘油浴中测定。

(2) 把仪器放在通风橱内并配置两个样品环、钢球定位器,将温度计插入合适的位置,浴槽装满加热介质,并使各仪器处于适当位置。用镊子将钢球置于浴槽底部,使其同支架的其他部位达到相同的起始温度。

(3) 如果有必要,将浴槽置于冰水中,或小心地加热并维持适当的起始浴温达 15 min,并使仪器处于适当位置,注意不要玷污浴液。

(4) 再次用镊子从浴槽底部将钢球夹住并置于定位器中。

(5) 从浴槽底部加热使温度以恒定的速率 5℃/min 上升。为防止通风的影响有必要时可用保护装置。试验期间不能取加热速率的平均值,但在 3 min 后,升温速度达到 5℃/min±0.5℃/min,若温度上升速率超过此限定范围,则此次试验失败。

(6) 当两个试环的球刚触及下支撑板时,分别记录温度计所显示的温度。无需对温度计的浸没部分进行校正,取两个温度的平均值作为沥青的软化点。如果两个温度的差值超过 1℃,则重新试验。

5. 结果评定

取平行测定两个结果的算术平均值作为测定结果。

参 考 文 献

[1] 湖南大学，天津大学，同济大学，东南大学等.土木工程材料[M].2版.北京：中国建筑工业出版社，2011

[2] 彭小芹.土木工程材料[M].2版.重庆：重庆大学出版社，2010

[3] 赵斌.建筑装饰材料[M].天津：天津科学技术出版社，2006

[4] 王培铭.无机非金属材料学[M].上海：同济大学出版社，1999

[5] 严家伋.道路建筑材料[M].北京：人民交通出版社，1999

[6] 肖争鸣，李坚利.水泥工艺技术[M].北京：化学工业出版社，2006

[7] 黄晓明，赵永利，高英.土木工程材料[M].南京：东南大学出版社，2007

[8] 苏达根.土木工程材料[M].4版.北京：高等教育出版社，2019

[9] 陈宝璠.土木工程材料[M].北京：中国建材工业出版社，2008

[10] 杨静.建筑材料[M].北京：中国水利水电出版社，2004

[11] 叶列平.土木工程科学前沿[M].北京：清华大学出版社，2006

[12] 李慧.钢铁冶金概论[M].北京：冶金工业出版社，1993

[13] 钱晓倩.土木工程材料[M].杭州：浙江大学出版社，2003

[14] 符芳.土木工程材料[M].南京：东南大学出版社，2006

[15] 吴科如，张雄.土木工程材料[M].上海：同济大学出版社，2008

[16] 贾致荣.土木工程材料[M].北京：中国电力出版社，2010

[17] 张正雄.土木工程材料[M].北京：人民交通出版社，2008

[18] 黄晓明，潘钢华.土木工程材料[M].南京：东南大学出版社，2001

[19] 雷颖占，董祥，陈长冰，等.土木工程概论[M].北京：中国电力出版社，2009

[20] 邓学钧，黄晓明，黄卫.路基路面工程[M].北京：人民交通出版社，2008

[21] 李立寒，张南鹭，孙大权，等.道路工程材料[M].北京：人民交通出版社，2010

[22] 申爱琴.道路工程材料[M].北京：人民交通出版社，2010

[23] 柯昌君，杨国忠，董祥，等.建筑与装饰材料[M].郑州：黄河水利出版社，2006

[24] 柳俊哲.土木工程材料[M].北京：科学出版社，2005

[25] 董祥.碾压混凝土在我国道路建设中的意义及工程应用实例[J].建筑科学，2008，24(11)：105-108

[26] 董祥，方新财.透水性路面的铺面材料与工程应用[J].筑路机械与施工机械化，2009，26(6)：39-42

[27] 韦甦，孙红，陈炜，等.OGFC透水沥青路面在城市道路的应用[J].新型建筑材料，2007(6)：57-60

[28] 夏燕.土木工程材料[M].武汉：武汉大学出版社，2009

〔29〕 施惠生.土木工程材料:性能、应用与生态环境〔M〕.北京:中国电力出版社,2008

〔30〕 (日)子安胜.建筑吸声材料〔M〕.高履泰,译.北京:中国建筑工业出版社,1975

〔31〕 康玉成.建筑隔声设计〔M〕.北京:中国建筑工业出版社,2004

〔32〕 韩静云.建筑装饰材料及其应用〔M〕.北京:中国建筑工业出版社,2000

〔33〕 郑大勇.防水工程(上、下册).工程建设分类设计系列图集〔M〕.北京:中国建筑工业出版社,2004